智囊图书·建筑书系

"十二五"全国土建类模块式创新规划教材

建筑工程质量与安全管理

JIANZHU GONGCHENG ZHILIANG YU ANQUAN GUANLI

主　审　胡兴福
主　编　王万德　张　岩
副主编　陈　楠　王　亮　傅鸣春　张贵良
　　　　贾淑明　谢仲立　刘　坤　要永在
　　　　赵建军　武根元
编　者　殷雨时　王　启　石宇光　余秀娣

哈尔滨工业大学出版社

内容简介

本书共 9 个模块，主要内容包括：建筑工程质量管理概述、建筑工程施工质量控制、建筑工程施工质量验收、建筑工程质量通病控制、建筑工程安全生产管理、建筑施工现场安全管理与文明施工、建筑施工安全生产技术、建筑工程安全管理资料、劳动保护管理与职业健康。

本书可作为土建类相关专业教学用书，也可作为相关专业工程技术人员的学习资料或参考书。

图书在版编目（CIP）数据

建筑工程质量与安全管理 / 王万德，张岩主编. —哈尔滨：哈尔滨工业大学出版社，2012.12
ISBN 978-7-5603-3840-8

Ⅰ.①建… Ⅱ.①王… ②张… Ⅲ.①建筑工程—工程质量—质量管理—高等学校—教材②建筑工程—安全管理—高等学校—教材　Ⅳ.①TU71

中国版本图书馆 CIP 数据核字 (2012) 第 264130 号

责任编辑	苗金英
封面设计	唐韵设计
出版发行	哈尔滨工业大学出版社
社　　址	哈尔滨市南岗区复华四道街 10 号　邮编 150006
传　　真	0451-86414749
网　　址	http://hitpress.hit.edu.cn
印　　刷	天津市蓟县宏图印务有限公司
开　　本	850mm×1168mm　1/16　印张 20.75　字数 622 千字
版　　次	2012 年 12 月第 1 版　2012 年 12 月第 1 次印刷
书　　号	ISBN 978-7-5603-3840-8
定　　价	38.00 元

（如因印装质量问题影响阅读，我社负责调换）

序言1

新中国成立以来,建筑业随着国家的建设而发展壮大,为国民经济和社会发展作出了巨大贡献。建筑业的发展,不仅提升了人民的居住水平,加快了城镇化进程,而且带动了相关产业的发展。随着国家建筑产业政策的不断完善,一些举世瞩目的建设成果不断涌现,如奥运工程、世博会工程、高铁工程等,这些工程为经济、文化、民生等方面的发展发挥了重要作用。

建设行业的发展在一定程度上带动了土建类职业教育的发展。当前建设行业人力资源的层次主要集中在施工层面,门槛相对较低,属于劳动密集型产业,建筑工人知识水平偏低,管理技术人员所占比例不高。因此,以培养建设行业生产一线的技能型、复合型工程技术人才为主的土建类职业教育得到飞速发展,逐渐发挥其培育潜在人力资源的作用。土建类专业是应用型学科,将专业人才培养与施工过程对接,构建"规范引领、施工导向、工学结合"的模式是我国当前土建类职业教育一直探讨的方式。各院校在建立实践教学体系的同时,人才培养全过程要渗透工学结合的思想。

根据《国家中长期人才发展规划纲要(2010~2020年)》的要求,以及教育部和建设部《关于实施职业院校建设行业技能型紧缺人才培养培训工程的通知》、《关于我国建设行业人力资源状况和加强建设行业技能型紧缺人才培养培训工作的建议》的要求,哈尔滨工业大学出版社特邀请国内长期从事土建类职业教育的一线教师和建设行业从业人员编写了本套教材。本套教材按照"以就业为导向、以全面素质为基础、以能力为本位"的教育理念,按照"需求为准、够用为度、实用为先"的原则进行编写。内容上体现了土木建筑领域的新技术、新工艺、新材料、新设备、新方法,反映了现行规范(规程)、标准及工程技术发展动态,教材不但在表达方式上紧密结合现行标准,忠实于标准的条文内容,也在计算和设计过程中严格遵照执行,吸收了教学改革的成果,强调了基础性、专业性、应用性和创业性。大到教材中的工程案例,小到教材中的图片、例题,均取自于实际工程项目,把学生被动听讲变成学生主动参与实际操作,加深了学生对实际工程项目的理解,体现了以能力为本位的教材体系。教材的基础知识和技能知识与国家劳动部和社会保障部颁发的职业资格等级证书相结合,按各类岗位要求进行编写,以应用型职业需要为中心,达到"先培训、后就业"的教学目的。

目前,我国的建设行业教育事业取得了长足的发展,但不能忽视的是土建类专业教材建

设、建设行业发展急需进一步规范和引导,加快土建类专业教学的改革势在必行。教育体系与课程内容如何与国际建设行业接轨,如何避免教材建设中存在的内容陈旧、老化问题,如何解决土建类专业教育滞后于行业发展和科技进步的局面,无疑成为我们目前最值得思考和解决的关键问题,而本系列教材的出版,应时所需,正是在有针对性地研究和分析当前建设行业发展现状,启迪土建类专业教育课程体系改革,落实产学研结合的教学模式下出版的,相信对建设行业从业人员的指导、培训以及对建设行业人才的培养有较为现实的意义。

  本系列教材在内容的阐述上,在遵循学生获取知识规律的同时,力求简明扼要,通用性强,既可用于土建类职业教育和成人教育,也可供从事土建工程施工和管理的技术人员参考。

清华大学 石永久

序言 2

改革开放以来,随着经济持续高速的发展,我国对基本建设也提出了巨大的需求。目前我国正进行着世界上最大规模的基本建设。建筑业的从业人口将近五千万,已成为国民经济的重要支柱产业。我国按传统建造的建筑物大多安全度设置水准不高,加上对耐久性重视不够,尚有几百亿平方米的既有建筑需要进行修复、加固和改造。所以说,虽然随着经济发展转型,新建工程将会逐渐减少,但建筑工程所处的重要地位仍然不会动摇。可以乐观地认为:我国的建筑业还将继续繁荣几十年甚至更久。

基本建设是复杂的系统工程,它需要不同专业、不同层次、不同特长的技术人员与之配合,尤其是对工程质量起决定性作用的建筑工程一线技术人员的需求更为迫切。目前以新材料、新工艺、新结构为代表的"三新技术"快速发展,建筑业正经历"产业化"的进程。传统"建造房屋"的做法将逐渐转化为"制造房屋"的方式;建筑构配件的商品化和装配程度也将不断提高。落实先进技术、保证工程质量的关键在于高素质一线技术人员的配合。近年来,我国建筑工程技术人才培养的规模不断扩大,每年都有大批热衷于建筑业的毕业生进入到基本建设的队伍中来,但这仍然难以满足大规模基本建设不断增长的需要。

最快捷的人才培养方式是专业教育。尽管知识来源于实践,但是完全依靠实践中的积累来直接获取知识是不现实的。学生在学校接受专业教育,通过教师授课的方式使学生从教科书中学习、消化、吸收前人积累的大量知识精华,这样学生就可以在短期内获得大量实用的专业知识。专业教学为培养大批工程急需的技术人才奠定了良好的基础。由哈尔滨工业大学出版社组织编写的这套教材,有针对性地按照教学规律、专业特点、学者的工作需要,聘请在相应领域内教学经验丰富的教师和实践单位的技术人员编写、审查,保证了教材的高质量和实用性。

通过教学吸收知识的方式,实际是"先理论,后实践"的认识过程。这就可能会使学习者对专业知识的真正掌握受到一定的限制,因此需要注意正确的学习方法。下面就对专业知识的学习提出一些建议,供学习者参考。

第一,要坚持"循序渐进"的学习、求知规律。任何专业知识都是在一定基础知识的平台上,根据相应专业的特点,经过探索和积累而发展起来的。对建筑工程而言,数学、力学基础、制图能力、建筑概念、结构常识等都是学好专业课程的必要基础。

第二,学习应该"重理解,会应用"。建筑工程技术专业的专业课程不像有些纯理论性基础课那样抽象,它一般都伴有非常实际的工程背景,学习的内容都很具体和实用,比较容易理解。但是,学习时应注意:不可一知半解,需要更进一步理解其中的原理和技术背景。不仅要"知其然",而且要"知其所以然"。只有这样才算真正掌握了知识,才有可能灵活地运用学到的知识去解决各种复杂的具体工程问题。"理解原理"是"学会应用"的基础。

第三,灵活运用工程建设标准-规范体系。现在我国已经具有比较完整的工程建设标准-规范体系。标准规范总结了建筑工程的经验和成果,指导和控制了基本建设中重要的技术原则,是所有从业人员都应该遵循的行为准则。因此,在教科书中就必然会突出和强调标准-规范的作用。但是,标准-规范并不能解决所有的工程问题。从事实际工程的技术人员,还得根据对标准-规范原则的理解,结合工程的实际情况,通过思考和分析,采取恰当的技术措施解决实际问题。因此,学习期间的重点应放在理解标准-规范的原理和技术背景上,不必死抠规范条文,应灵活地应用规范的原则,正确地解决各种工程问题。

第四,创造性思维的培养。目前市场上还流行各种有关建筑工程的指南、手册、程序(软件)等。这些技术文件是基本理论和标准-规范的延伸和具体应用。作为商品和工具,其作用只是减少技术人员重复性的简单劳动,无法替代技术人员的创造性思维。因此在学习期间,最好摆脱对计算机软件等工具的依赖,所有的作业、练习等都应该通过自己的思考、分析、计算、绘图来完成。久而久之,通过这些必要的步骤真正牢固地掌握知识,增长技能。投身工作后,借助相关工具解决工程问题,也会变得熟练、有把握。

第五,对于在校学生而言,克服浮躁情绪,养成踏实、勤奋的学习习惯非常重要。不要指望通过一门课程的学习,掌握有关学科所有的必要知识和技能。学校的学习只是一个基础,工程实践中联系实际不断地巩固、掌握和更新知识才是最重要的考验。专业学习终生受益,通过在校期间的学习跨入专业知识的门槛只是第一步,真正的学习和锻炼还要靠学习者在长期的工程实践中的不断积累。

第六,学生应有意识地培养自己学习、求知的技能,教师也应主动地引导和培养学生这方面的能力。例如,实行"因材施教";指定某些教学内容以自学、答疑的方式完成;介绍课外读物并撰写读书笔记;结合工程问题(甚至事故)进行讨论;聘请校外专家作专题报告或技术讲座……总之,让学生在掌握专业知识的同时,能够形成自主寻求知识的能力和更广阔的视野,这种形式的教学应该比教师直接讲授更有意义。这就是"授人以鱼(知识),不如授人以渔(学习方法)"的道理。

第七,责任心的树立。建筑工程的产品——房屋为亿万人民提供了舒适的生活和工作环境。但是如果不能保证工程质量,当灾害来临时就会引起人民生命财产的重大损失。人民信任地将自己生命财产的安全托付给我们,保证建筑工程的安全是所有建筑工作者不可推卸的沉重责任。希望每一个从事建筑行业的技术人员,从学生时代起就树立起强烈的责任心,并在以后的工作中恪守职业道德,为我国的基本建设事业作出贡献。

中国建筑科学研究院　徐有邻

PREFACE 前言

质量和施工安全对建筑工程来说非常重要。建筑设施中的缺陷或故障会导致巨大的成本损耗，即使是微小的缺陷也会影响建筑工程的完美。建筑工程又是事故风险较高的行业，政府对建筑安全问题极为重视。近年来建设部、安全生产监督管理总局对建筑工程的管理力度加大，要求所有建筑工程从建设单位到分包单位配备安全员，并要求对施工作业人员实行三级安全教育，特殊工种和高危岗位的工作人员要通过国家相关部门的考试后持证上岗。针对建筑工程的质量和安全管理的岗位需求，我们编写了这本教材，力求适应建筑工程质量和安全管理方面的人才培养要求。

教材特点

本教材以面向企业、面向施工一线培养土建类专业人才为指导思想，针对建筑工程与市政工程建设人才培养的需要，根据住房和城乡建设部颁布的《建筑和市政工程施工现场专业人员职业标准》要求，紧扣职业标准，以施工现场技术岗位工作人员应具备的基本知识为基础，既保证教材内容的系统性和完整性，又注重理论联系实际、解决实际问题能力的培养；既注重内容的先进性、实用性，又便于实施案例教学和实践教学。

课时分配

本书为建筑工程技术及相关专业教材，可作为成人教育土建类及相关教材，也可作为建筑工程岗位培训教材及一、二级注册建造师考试自学教材，还可供从事建筑工程技术及相关工作的人员参考使用。

序 号	章节内容		推荐课时
1	绪论		1 课时
2	模块 1	建筑工程质量管理概述	2 课时
3	模块 2	建筑工程施工质量控制	5 课时
4	模块 3	建筑工程施工质量验收	8 课时
5	模块 4	建筑工程质量通病控制	10 课时
6	模块 5	建筑工程安全生产管理	6 课时
7	模块 6	建筑施工现场安全管理与文明施工	6 课时
8	模块 7	建筑施工安全生产技术	10 课时
9	模块 8	建筑工程安全管理资料	6 课时
10	模块 9	劳动保护管理与职业健康	4 课时
合 计			58 课时

教师在教学过程中应根据各专业的特点对教学内容加以适当的调整，并依据建筑工程施工技术的发展，结合一定的工程实例组织教学。

本书编写过程中得到了中建三局、中铁九局、中铁十三局的领导和同志们的大力支持和帮助，在此一并表示衷心的感谢！

由于本书篇幅较大，涉及内容较多，加之编者学识和经验所限，书中难免存在疏漏或不妥之处，衷心希望读者对本书提出宝贵意见。

编　者

编审委员会

总顾问：徐有邻
主　任：胡兴福
委　员：（排名不分先后）

胡　勇	赵国忱	游普元
宋智河	程玉兰	史增录
张连忠	罗向荣	刘尊明
胡　可	余　斌	李仙兰
唐丽萍	曹林同	刘吉新
武鲜花	曹孝柏	郑　睿
常　青	王　斌	白　蓉
张贵良	关　瑞	田树涛
吕宗斌	付春松	

本 | 书 | 学 | 习 | 导 | 航

模块概述

简要介绍本模块与整个工程项目的联系，在工程项目中的意义，或者与工程建设之间的关系等。

学习目标

包括学习目标和能力目标，列出了学生应了解与掌握的知识点。

课时建议

建议课时，供教师参考。

模块1 建筑工程质量管理概述

模块2 建筑工程施工质量控制

模块3 建筑工程施工质量验收

技术提示

言简意赅地总结实际工作中容易犯的错误或者难点、要点等。包括"技术提示"、"安全警示"、"概念提示"等。

基础与工程技能训练

以基本的简答、选择、案例分析题为主,考核学生对基础知识的掌握程度。

目录 Contents

绪 论 /1
- ☞ 模块概述 /1
- ☞ 学习目标 /1
- ☞ 能力目标 /1
- ☞ 课时建议 /1

0.1 建筑行业发展现状 /1
- 0.1.1 我国建筑行业概况介绍 /1
- 0.1.2 我国建筑业的质量标准 /3
- 0.1.3 我国建筑行业的品牌策略 /3
- 0.1.4 我国建筑业中建筑企业的问题及其对策 /4
- 0.1.5 建筑行业的发展趋势 /5

0.2 建筑工程质量管理现状分析 /6
- 0.2.1 建筑工程质量管理的发展 /6
- 0.2.2 我国建筑工程质量管理现状分析 /7

0.3 建筑工程安全管理现状分析 /7
- 0.3.1 建筑工程安全生产管理的基本概念 /7
- 0.3.2 建筑工程安全管理的特点 /7
- 0.3.3 我国建筑工程安全管理现状分析 /8

0.4 本课程的内容及学习方法 /8
- 0.4.1 本课程的研究对象与任务 /8
- 0.4.2 本课程的学习方法与学习目标 /9

模块 1 建筑工程质量管理概述

- ☞ 模块概述 /10
- ☞ 学习目标 /10
- ☞ 能力目标 /10
- ☞ 课时建议 /10

1.1 术语及工程质量管理的概念 /11
- 1.1.1 质量及建设工程质量 /11
- 1.1.2 工程质量的特点及影响因素分析 /12
- 1.1.3 建筑工程质量管理及其重要性 /14

1.2 质量管理体系 /16
- 1.2.1 ISO 9000 族标准的构成和特点 /17
- 1.2.2 质量管理体系的基础和术语 /18
- 1.2.3 质量管理体系的建立、实施与认证 /21

❊基础与工程技能训练 /22

模块 2 建筑工程施工质量控制

- ☞ 模块概述 /24
- ☞ 学习目标 /24
- ☞ 能力目标 /24
- ☞ 课时建议 /24

2.1 施工质量控制概述 /25
- 2.1.1 质量控制概述 /25
- 2.1.2 施工质量控制的原则 /25
- 2.1.3 施工质量控制的措施 /26

2.2 施工质量控制的方法和手段 /27
- 2.2.1 施工质量控制的方法 /27
- 2.2.2 施工质量控制的手段 /29

2.3 施工质量五大要素的控制 /31
- 2.3.1 人的因素控制 /32
- 2.3.2 机械设备控制 /32
- 2.3.3 材料的控制 /33
- 2.3.4 方法的控制 /34
- 2.3.5 环境因素控制 /34

❊基础与工程技能训练 /36

模块 3 建筑工程施工质量验收

- ☞ 模块概述 /38

☞ 学习目标 /38
☞ 能力目标 /38
☞ 课时建议 /38

3.1 建筑工程施工质量验收的术语和基本规定 /39
 3.1.1 施工质量验收的有关术语 /39
 3.1.2 施工质量验收的基本规定 /41
3.2 建筑工程施工质量验收的划分 /47
 3.2.1 施工质量验收层次划分的目的 /47
 3.2.2 施工质量验收划分的层次 /47
 3.2.3 单位工程的划分 /48
 3.2.4 分部工程的划分 /48
 3.2.5 分项工程的划分 /48
 3.2.6 检验批的划分 /53
3.3 建筑工程施工质量验收 /53
 3.3.1 检验批质量验收 /53
 3.3.2 分项工程质量验收 /56
 3.3.3 分部（子分部）工程质量验收 /57
 3.3.4 单位（子单位）工程质量验收 /104
3.4 建筑工程施工质量验收的程序与组织 /112
 3.4.1 检验批及分项工程的验收程序与组织 /112
 3.4.2 分部工程的验收程序与组织 /112
 3.4.3 单位（子单位）工程的验收程序与组织 /112
❀基础与工程技能训练 /113

模块 4　建筑工程质量通病控制

☞ 模块概述 /116
☞ 学习目标 /116
☞ 能力目标 /116
☞ 课时建议 /116

4.1 地基与基础工程常见质量通病及防治 /117
 4.1.1 桩基础 /117
 4.1.2 基坑支护开挖工程 /127
 4.1.3 地下室防水工程 /129
4.2 主体结构工程常见质量通病及防治 /131
 4.2.1 模板工程 /131
 4.2.2 钢筋工程 /134
 4.2.3 混凝土工程 /135
 4.2.4 砖砌体工程 /138
4.3 建筑防水工程常见质量通病及防治 /140
 4.3.1 防水基层 /140
 4.3.2 卷材防水工程 /141
 4.3.3 涂膜防水工程 /144
 4.3.4 刚性防水工程 /145
4.4 建筑地面工程常见质量通病及防治 /146
 4.4.1 水泥地面 /146
 4.4.2 水磨石地面 /150
 4.4.3 板块地面（地砖、大理石、花岗岩）/152
 4.4.4 木质地面 /153
 4.4.5 楼地面渗漏 /154
4.5 保温隔热工程常见质量通病及防治 /155
 4.5.1 屋面保温层 /155
 4.5.2 屋面隔热 /157
 4.5.3 外墙保温 /158
❀基础与工程技能训练 /160

模块 5　建筑工程安全生产管理

☞ 模块概述 /163
☞ 学习目标 /163
☞ 能力目标 /163
☞ 课时建议 /163

5.1 建筑工程安全生产管理概述 /164
 5.1.1 建筑工程安全生产的特点 /164
 5.1.2 建筑工程安全管理的要素 /165
 5.1.3 我国建筑安全生产的状况 /166
5.2 建筑工程安全生产管理体制 /168
 5.2.1 我国安全生产工作格局 /168
 5.2.2 建筑工程各方责任主体的安全责任 /170
5.3 建筑工程安全生产管理制度 /175
 5.3.1 概述 /175
 5.3.2 建筑施工企业安全生产许可证制度 /175
❀基础与工程技能训练 /177

模块6　建筑施工现场安全管理与文明施工

- ☞ 模块概述 /182
- ☞ 学习目标 /182
- ☞ 能力目标 /182
- ☞ 课时建议 /182

6.1 建筑施工现场生活区安全管理 /183
　　6.1.1 现场文明施工要求 /183
　　6.1.2 办公室、生活区及食堂卫生管理 /183
　　6.1.3 施工现场安全色标管理 /184

6.2 施工现场料具安全管理 /186
　　6.2.1 料具管理内容 /186
　　6.2.2 料具运输、堆放、保管与租赁 /186
　　6.2.3 料具使用管理 /189
　　6.2.4 施工机械的使用管理 /190

6.3 文明施工 /191
　　6.3.1 文明施工基本要求 /191
　　6.3.2 文明施工管理内容 /192
　　6.3.3 建筑施工环境保护 /192
　　6.3.4 文明工地的创建 /193

6.4 施工现场保卫工作与消防管理 /195
　　6.4.1 施工现场保卫工作 /195
　　6.4.2 施工现场消防管理 /196

6.5 施工现场安全事故管理 /198
　　6.5.1 工伤事故的定义与分类 /198
　　6.5.2 事故的报告与统计 /200
　　6.5.3 安全事故调查处理 /201
　　6.5.4 工伤保险 /202

6.6 事故应急救援与预案 /202
　　6.6.1 事故应急救援的基本概念 /202
　　6.6.2 事故应急救援的预案编制 /202
　　6.6.3 事故应急救援的培训与演练 /204

6.7 安全教育 /205
　　6.7.1 安全教育的分类 /205
　　6.7.2 安全教育与培训的时间要求 /206
　　6.7.3 安全教育对象 /206
　　※ 基础与工程技能训练 /207

模块7　建筑施工安全生产技术

- ☞ 模块概述 /209
- ☞ 学习目标 /209
- ☞ 能力目标 /209
- ☞ 课时建议 /209

7.1 土方工程 /210
　　7.1.1 土方开挖与回填的施工安全技术措施 /210
　　7.1.2 特殊地段（区）土方开挖施工安全技术措施 /210

7.2 基坑工程 /211
　　7.2.1 基坑工程概述 /211
　　7.2.2 基坑开挖监测 /212
　　7.2.3 深基坑土石方开挖 /212

7.3 模板工程 /214
　　7.3.1 模板分类 /214
　　7.3.2 模板安装的安全要求 /214

7.4 拆除工程 /216
　　7.4.1 拆除工程施工准备 /216
　　7.4.2 拆除工程安全施工管理 /216
　　7.4.3 拆除工程安全技术管理 /218
　　7.4.4 拆除工程文明施工管理 /219

7.5 脚手架工程 /219
　　7.5.1 脚手架分类和脚手架的常用术语 /219
　　7.5.2 脚手架设置的一般要求 /221
　　7.5.3 脚手架的破坏种类、原因、预防措施及卸荷措施 /223

7.6 现场临时用电 /225
　　7.6.1 概述 /225
　　7.6.2 外电防护与接地接零保护 /225
　　7.6.3 配电系统 /227
　　7.6.4 现场照明和电气防火 /229

7.7 垂直运输机械 /230
　　7.7.1 塔式起重机 /230
　　7.7.2 施工升降机 /231
　　7.7.3 物料提升机 /231

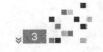

7.8 起重机械 /232
　7.8.1 索具设备 /232
　7.8.2 行走式起重机械 /235
　7.8.3 结构吊装 /236

7.9 高处作业 /238
　7.9.1 高处作业的含义 /238
　7.9.2 高处作业分级 /238
　7.9.3 高处作业的种类和特殊高处作业的类别 /238
　7.9.4 高空作业基本类型 /239
　7.9.5 高处坠落事故的具体预防、控制 /240
　7.9.6 高处坠落事故的综合预防、控制 /240

7.10 建筑机械 /241
　7.10.1 土石方机械 /241
　7.10.2 桩工机械 /244
　7.10.3 混凝土机械 /245
　7.10.4 钢筋加工机械 /247

7.11 焊接工程 /249
　7.11.1 电焊、气焊、气割 /249
　7.11.2 焊接工程安全管理及事故预防 /250
☆基础与工程技能训练 /253

模块 8　建筑工程安全管理资料

☞模块概述 /256
☞学习目标 /256
☞能力目标 /256
☞课时建议 /256

8.1 建筑工程安全资料分类 /257
　8.1.1 安全生产责任制 /278
　8.1.2 安全目标管理 /280
　8.1.3 安全施工组织设计 /281
　8.1.4 分部（分项）工程安全技术交底 /283
　8.1.5 安全检查 /284
　8.1.6 安全教育 /286
　8.1.7 班前安全活动 /288
　8.1.8 特种作业上岗证 /288
　8.1.9 工伤事故处理 /289
　8.1.10 安全标志 /289

8.2 建筑工程安全资料编制 /290
　8.2.1 编制要求 /290
　8.2.2 编制的基本原则 /290

8.3 建筑工程安全资料管理 /290
　8.3.1 安全资料管理 /290
　8.3.2 安全资料保管 /291
　8.3.3 计算机安全资料管理系统简介 /291
☆基础与工程技能训练 /292

模块 9　劳动保护管理与职业健康

☞模块概述 /294
☞学习目标 /294
☞能力目标 /294
☞课时建议 /294

9.1 劳动防护用品管理 /295
　9.1.1 劳动防护用品的定义 /295
　9.1.2 劳动防护用品安全管理 /296

9.2 建筑职业病及其防治 /299
　9.2.1 建筑职业病的危害 /300
　9.2.2 建筑职业病的防治 /301

9.3 职业健康安全与环境管理 /307
　9.3.1 职业健康安全与环境管理 /307
　9.3.2 职业健康管理体系与环境管理体系 /308
☆基础与工程技能训练 /313

参考文献 /315

绪论

模块概述

建筑行业是我国经济发展的支柱产业之一，建筑工程更是建筑行业最普遍开展的行业，建筑工程产品的质量与施工安全取决于建筑施工过程中的质量管理与安全管理。作为建筑工程行业的学习者及从业人员，首先必须熟悉我国建筑工程质量管理与安全管理的现状。

学习目标

1. 了解我国建筑行业的发展现状；
2. 熟悉建筑工程质量管理的现状；
3. 熟悉建筑工程安全管理的现状。

能力目标

1. 培养学生具有初步进行建筑施工质量控制与管理的能力；
2. 培养学生具有建筑施工安全技术与初步进行管理的能力。

课时建议

1 课时

0.1 建筑行业发展现状

0.1.1 我国建筑行业概况介绍

建筑业分为"狭义建筑业"和"广义建筑业"。狭义建筑业主要包括建筑产品的生产（即施工）活动，广义建筑业则涵盖了建筑产品的生产以及与建筑生产有关的所有的服务内容，包括规划、勘察、设计、建筑材料与成品及半成品的生产、施工及安装，建成环境的运营、维护及管理，以及相关的咨询和中介服务等，反映了建筑业整个经济活动空间。本教材中所谈的建筑工程是狭义的建筑业。其实，无论是狭义还是广义，建筑业作为国民经济的支柱产业，不可避免地具有宏观经济形势相关性和政策敏感性，这决定了建筑企业在制定战略的时候，会密切关注国家宏观经济政策、动态及各项经济指标。

近年来，我国经济一直呈高速增长态势，国家统计局公布的数据显示，2011年我国经济增长为9.2%。从国家整体经济发展状况来看，我国的工业生产、建筑、零售等基本情况总体保持良好，这意味着我国经济未来几年将继续保持稳定增长的态势。2011年建筑业总产值（营业额）超过10万亿元，据专家预测，中国2012年的经济增长可能为7.9%。根据我国未来固定资产投资的状况，建筑业增加值将达到15万亿元以上，年均增长7.8%，占国内生产总值的7%左右。未来建筑业热点将集中在以下几个方面。

1. 铁路建设

"十二五"期间将是中国大规模铁路建设时期，铁路部门计划续转和新安排建筑项目达200多个，其中客运专线项目28个，建设总投资12 500亿元人民币。2011年作为"十二五"的第一年，铁路建设已经呈现出如火如荼的局面。据了解，2011年上半年我国完成铁路基本建设投资621.9亿元，同比增长1.9倍。其中铁路基建大中型项目完成投资613.64亿元，同比增长2倍。可以预见，我国铁路新一轮大规模建设即将展开，随着铁路投资的放开，以及参与铁路建筑项目资质限制的松动，铁路建设市场将成为建筑企业另一个充满机遇的细分行业市场。

2. 公路建设

按照交通部已经确定的公路水路交通发展2020年以前的具体目标和本世纪中叶的战略目标，到2020年，公路基本形成由国道主干线和国家重点公路组成的骨架公路网，建成东、中部地区高速公路网和西部地区八条省际间公路通道，45个公路主枢纽和96个国家公路枢纽；到2020年，全国公路总里程达到2.5×10^6 km，高速公路达到7×10^4 km。因此，未来10年应是我国路桥建设持续、稳定发展的时期。

3. 城市轨道建设

据中国交通运输协会城市轨道交通专业委员会完成的报告显示，现在我国已经进入城市轨道交通快速发展的新时期。目前，在国内40多座百万人口以上的特大城市中，已经有30多座城市开展了城市快速轨道的建设或建设前期工作，约有14个大城市上报城市轨道交通网规划方案，拟规划建设55条线路，长约1 500 km，总投资5 000亿元。

4. 水运港口建设

随着中国经济的持续、快速发展，我国港口，特别是沿海港口建设，一直保持着一个较快的发展趋势。今年，各地按照"十二五"规划的港口建设相继开工，呈现出一片港口建设热潮，而且投资规模都以百亿元、千亿元人民币计算，水运港口建设方面逐渐呈现出建设规模大、投入资金丰富等特点。据了解，未来5年，交通部将进一步拓展资金渠道，扩大水运建设资金规模，加大对长江航道和内河港口等基础设施的投入力度。大规模的水运港口建设，以及对现有码头泊位的大型化、专业化改造，将为建筑行业的发展提供更多的机遇和市场。

5. 城市建设

首先，从城市化率来看，目前我国城市化率只有31%，低于世界平均水平15个百分点，根据对中国经济增长的潜力和中国人口增长的综合分析，可以预测，未来20年内，中国城市化水平将提高到60%左右，这意味着城市化率每年需提高约1.5个百分点。其次，从我国城市的功能分区看，我国目前很多城市的功能分区并不合理，为了使城市土地价值最大化，必将对功能区进行重新划分，而这将导致现在很大一批城市住房资源的重新优化配置，很多需要配套和重建。

6. 房地产开发

近两年，为促进房地产市场健康发展，国家出台了一系列宏观调控政策，房地产投资增速过猛势头得到初步遏制，过热的购房需求有所降温，但从投资总量上看，房地产市场的建设需求仍是建筑行业企业应重点关注的细分行业市场之一。参照我们过去二十余年居民收入增长速度以及住房改造速度，2020年中国城镇居民人均住房面积可能达到35 m^2，即平均每户现有城镇居民还要增加10多平方米。因此，可以大胆断言，在未来相当长的一段时间，尽管房地产商可能会面临重新洗牌的局面，但房地产业将处于稳定发展的黄金时期。

7. 能源建设

在我国经济快速发展的过程中，能源不足的矛盾已经显现，未来包括火电、水电、核电在内的能源建设仍将持续，水、电、气等的能源调度工程也将全面展开并继续投入。同时，"十二五"规划将进一步加大国内煤炭、石油、天然气的勘探开发力度，积极开发水电，加快发展核电，鼓励发展新能源和可再生能源；积极稳妥地开展国际能源资源合作，积极利用国际能源市场增加和保障供应，以保障"十二五"经济社会发展目标的实现。

建筑业的未来发展方向是形成一批主业突出、核心能力强的大型公司和企业集团，并以大型企业集团为核心，大型企业与众多中小企业实行专业化分工协作的分层竞争的企业组织结构。建筑企业要朝着总承包方向发展，以管理、技术、资金、知识为经营基础，为业主提供整体综合服务。中小型建筑企业应向专业化、特色化方向发展，做专做精，从而形成建筑业不同层次的竞争空间，重构工程总承包、施工承包、分包三大梯度塔式结构形态。我国拥有世界上最庞大的建筑产业大军，通过企业的兼并、合作、收购、联合、联营等形式，造就一批具有竞争力的工程总承包集团。这样有利于优势互补，是资金、人才和技术的集中和重组。如今一些大型建筑企业通过不断地分离、改制、重组，然后与具有一定资质的设计单位，材料设备供应企业，以及与自己形成互补竞争力的建筑业企业结成战略联盟，共同参与国际竞争，提高企业核心竞争力，开拓更广阔的国际市场。

0.1.2 我国建筑业的质量标准

建筑业是国家重要的产业部门，国家每年固定资产投资额巨大。"百年大计，质量第一"，这是建筑业的基本工作方针。总结历史的经验教训，每当出现建设高潮的时候，工程的质量就容易出现问题。特别是市场经济带来的竞争虽是促使质量管理上新台阶的有利条件，但市场还有消极的一面，当它还处于发育阶段时，会带来商品生产的盲目性，一些企业为利润所诱惑，容易忽视质量。现在有的建筑企业质量管理走下坡路，组织不健全，人员素质低，质量管理名不符实。有的建筑企业故意偷工减料，粗制滥造，弄虚作假，以次充好。近年全国发生工程倒塌事故虽是个别现象，但性质严重，后果不堪设想，这就要求企业要提高认识，加强管理；要求政府主管部门要强化市场管理，强化政府的监督职能，完善相应的约束机制。

企业受到来自市场多方面的压力，如有的产品未经质量认证不得出口，不得进入某某省市，未取得 ISO 9000 质量体系认证证书的企业不得参与××工程的投标或不得进入××市场都是企业面临的压力。我国一些省、市的建设企业正在积极推行 ISO 9000 系列标准，争取尽早取得 ISO 9000 认证证书。虽然目前建筑企业受到的这种市场压力还不大，但是这种压力将是建筑企业实施 ISO 9000 系列标准的原动力，这种真正的原动力必然推动 ISO 9000 系列标准贯彻实施。我国的建筑业必将在实施 ISO 9000 系列标准中，把质量管理提高到一个新水平。

实施 ISO 9000 系列标准，进行质量体系认证，是一个更新观念的过程，过去单纯地以符合设计图纸作为质量好坏的衡量标准，即只强调符合性。这种观念要更新，要强调产品的适用性，产品质量要以用户满意为标准，包括建筑产品从设计、施工到使用和服务全过程的质量。最根本的是获得用户的满意评价，如国外的一些企业强调产品要具有魅力，叫作"魅力质量"或"无缺陷产品"，我们要博采世界各国之长，为我所用，使我们的产品和工程质量能与世界的名优产品和国际工程的质量相媲美，这也是参与国内外建筑大市场竞争的需要。

0.1.3 我国建筑行业的品牌策略

诚信对于建筑业、建筑企业和建筑执业者来说都非常重要。特别是在社会主义市场经济不断发展的今天，诚信更加重要。党的十六届三中全会提出：要建立健全社会信用体系，增强全社会的信用意识。社会信用体系建设，是整顿与规范市场经济秩序的治本之策。建立符合现代市场经济发展要求的社会信用体系，是完善市场经济体制的重要内容。如何建立规范健康的市场信用体系，在建筑工程行业已经引起了各方的广泛关注。

中国建筑市场的不断发展，促使中国建筑业逐渐进入品牌竞争时代。一方面，品牌展示了企业的综合形象，具有不可估量的市场价值，它的形成始终贯穿于企业发展之中；另一方面，品牌是一个建筑企业综合素质的标识，它不能被企业的规模和业绩所替代。综观现代建筑企业的成功与失败，无一不与其品牌塑造的成败密切相关。因此可以说，品牌已经成为建筑企业生存与发展的重要支柱，以及建筑企业参与国际竞争的利器。甚至可以说，品牌必然是未来建筑企业的核心竞争力。

因受一些先入为主的观念影响，建筑企业决策者可能对品牌存在一些误解，因此，为了有效地塑造建筑企业品牌，建筑企业决策者需要确立正确的品牌观。

0.1.4 我国建筑业中建筑企业的问题及其对策

我国建筑企业，特别是国有建筑企业主要存在七大类问题，这些问题如何及时解决，如何解决到位，将关系到相当一部分建筑企业今后几年的发展趋势和市场生存。

1. 社会职能难以摆脱，员工整体素质不高

我国国有建筑企业的社会职能长期以来难以彻底摆脱，离退休人员逐年增加，企业统筹外支出绝对数额居高不下，企业需要分流的人员，特别是富余人员数量偏多，合理的人员流动机制没有真正建立起来；员工队伍规模偏大，整体素质普遍不高；计划经济条件下的管理方法和经营理念没有真正树立起来，没有真正确立端正的市场观念，危机意识、竞争意识普遍不强。

2. 技术创新相对滞后

目前国内众多建筑企业在同一层次竞争，企业技术水平档次差距不大，技术特点、特色不明显。目前，知识资源是技术创新的第一要素，传统的生产要素（劳动力、土地、资本）已逐渐失去主导地位，前沿科技成为创新竞争的主要焦点，高新技术群中的前沿科技是世界瞩目的制高点。对建筑业来说，通过降低材料和劳动力成本来提高建筑产品竞争力的发展空间已经在逐渐缩小。强化以技术创新为核心的市场竞争力，才能提高竞争层次，形成独具特色的竞争优势，提高建筑生产的附加值，与高新技术接轨，已经成为建筑业持续发展的必然选择。

3. 融资能力普遍较弱

融资能力和资金实力会影响建筑企业的发展速度和发展水平，融资能力将决定企业的发展后劲。从景气调查资料来看，自建立景气调查制度以来，建筑业流动资金景气指数始终处于不景气区间。随着建筑业对外开放和运作的国际化，开展国际工程承包更要求承包商要有雄厚的资金作后盾，按照一般的国际惯例要求出具银行保函或一定数量的保证金，并在工程初期垫付使用。而我国建筑企业在向金融机构提出申请开具保函时，往往由于企业的财物状况不佳，或企业产权不清，无法得到银行保函，错失良机。

提高企业融资能力的主要途径有以下几个方面：

①寻求银企合作的办法，通过企业与银行建立伙伴关系，解决企业资金问题。
②开展企业合作，使资金得到有效运用。
③通过优势企业上市等办法，向社会筹集资金。
④有条件的企业应积极操作 BT、BOT 等方式，通过滚雪球的办法提高自己的资金运作能力。

4. 市场开拓能力不强

企业的市场开拓能力取决于企业所提供产品的品质，顾客满意度，拓展市场的战略、策略，所提供产品、服务的技术创新含量。通过优良的质量、诚信的经营，赢得用户的信任，服务于特定的客户群，持久稳定地占据市场份额；通过了解业主的特殊需求并加以满足，给业主提供组合服务，占领既有市场；通过锲而不舍的努力，追踪项目，进行市场营销，开辟新市场，以一个项目为原点，辐射周边市场；通过企业收购、兼并重组进入或拓展新的市场；在经济全球化的大背景下，我国建筑企业主动加入"走出去"的行列，在更大范围、更广领域、更高层次上参与国际经济合作与竞争，通过对国际市场的分析，确定主要专业市场和区域市场目标；培养企业的国际工程承包人才；转变企业机制，使之适合国际化企业的运作规律；学习国际商务经验，更灵活地驾驭国际工程承包市场。尽管许多建筑企业在上述各个方面已经取得了一定的经验，但市场开拓能力的提升仍有很大空间。

5. 工程总承包实施能力不高

建筑企业间的竞争长期以来都建立在低层次的价格竞争上，技术差异普遍不大。未来随着建筑工程行业格局的重组，大型工程公司逐步向工程总承包方向转移，主要依靠综合技术能力，进行差异化竞争，提升竞争层次。工程总承包企业的核心竞争力体现在独创的工艺设计、设备采购以及对施工安装分包企业和土建设计的协调管理上，其融资能力的提升也是发展的重点。实施工程总承包要求企业集团的总部能有效进行职能转变，从松散的行政管理转向专业的业务管理，发挥统一指挥、调配等作用。

6. 综合管理水平亟待加强

现代企业制度、经营机制、人力资源管理体制、项目管理机制等方面的改革滞后，仍然是制约建筑企业提高竞争力的关键性、深层次原因。全行业的统计分析表明，国有企业或国有控股企业在市场竞争中的优势正在失去，而且呈现加速状态。因此，在现有改革基础上继续实施深化改革，调整产权结构，建立科学有效的公司治理结构，变革经营模式和机制，彻底改变传统的人事、用工、分配制度与政策，提高总分包机制下的项目管理与控制的综合水平，是提高企业竞争力不能回避的重要任务。

7. 品牌管理重视不够

建筑企业长期不重视公共宣传的作用，只是在施工项目现场悬挂标语和标识进行小范围的营销，或者虽然制订了品牌战略，但是大多华而不实。根据企业发展需要，建筑企业应提倡全员营销理念，提高企业知名度，树立企业品牌，扩大市场占有率。保证在建工程质量、遵守合同承诺、改变维修服务的被动做法，主动回访客户，提供优质服务、建立承包商的信誉、重视企业形象的创立，积极开展企业形象建设和管理，研究制订企业形象战略对企业发展具有非常重要的现实意义。

关键问题解决对策：不论是外部因素还是内部问题，作为建筑企业来说，所有问题想一下子都解决是不可能的，要找到问题的关键，从根本上解决影响或制约本企业发展的关键问题。

我国建筑企业只有尽快适应行业结构调整和未来发展趋势的要求，积极塑造关键竞争要素，提升核心竞争能力，才能在新的形势下求得生存和发展。目前，我国建筑企业需要重新审视自身的发展并制订科学的战略规划，帮助企业顺利地跨越内外部障碍，避免企业出现重大的方向性错误，通过合理整合企业内部各种经营和管理活动，提高精细管理能力，面对不断变化的外部环境做出及时有效的反应，在日益激烈的市场竞争中获得一席之地，增强企业的竞争实力，实现企业的发展目标。

首先，要理性判断企业目前的市场地位，明确企业的战略发展方向，明确阐述企业的发展目标是什么，如何实现这个目标，如何让企业绝大部分管理人员和技术人员知晓、理解并接受企业今后的走向和发展的途径。

其次，根据组织调整对人的需求，企业需要制订人力资源需求规划，及时进行企业人力资源调整。人力资源调整主要有三种方式：内部培养、现有部分人员分流、社会人员招聘。但必须强调的是，不管现有人员分流还是外部人员招聘，应当以人员与岗位的适应性作为参考或评价标准。

最后，要做到人尽其才，企业就必须调整现有人力资源管理办法和相关政策。作为各种人力资源人生或事业发展的平台，企业应当建立起一套能够吸引人、留住人的人力资源政策，建立起一套行之有效的人力资源激励与考评办法，形成企业内部相对公平的竞争机制，塑造新型的文化氛围，最终实现企业内部人员可以在任何地方任何人面前自豪地说："我是这家企业的员工！"总而言之，我国建筑企业亟待转变管理行为，变传统企业管理为现代企业管理，从管物转变到管人上来，即从重视对物的分配、调度、安置、收入、支出转变到重视人的管理上来；变传统人事管理为现代人力资源管理，重视人的素质、人的协调、人的激励、人的控制，重视人力资源合理配置，重视人的潜能开发，真正实现"以人为本"的企业管理境界。

综上所述，我国建筑企业变革应将影响或者制约企业发展的关键问题作为一个完整体系，进行系统性思考。在转型或变革过程中，企业应当以战略管理提升为核心，以组织调整为突破口，以人力资源调整为重点，以企业文化重塑为支撑。

0.1.5 建筑行业的发展趋势

采用社会化大生产方式来建造最终建筑产品的方式就是建筑工业化，即从传统的以手工操作为主的小生产方式逐步向社会化大生产方式过渡，使劳动生产率、建设速度、主要建筑产品的数量等各项技术经济指标跨入世界先进行列，走建筑工业化、现代化道路，极大地提高建筑生产力，出色地完成建设任务，更好地满足人们物质文化生活的需要，为国民经济创造雄厚的物质技术基础。

其工业化的内容包括：采用先进、适用的技术、工艺和装备，科学合理地组织施工，发展施工专业化，提高机械化水平，减少繁重、复杂的手工劳动和湿作业；发展建筑构配件、制品、设备生产并形成规模经营，为建筑市场提供各类建筑使用的系列化的通用建筑构配件和制品；制定统一的建筑模数和重要的基础标准，合理解决标准化与多样化的关系，建立和完善产品标准、工艺标准、企业管理标准、工法，不断提高建筑标准化水平；采用现代管理方法和手段，优化资源配置，科学地进行组织和管理。

对于一个建筑企业来说，"安全第一"、"质量为本"已成为格言。过硬的质量、可靠的安全管理以及良好的企业形象已成为企业的立足之本。然而，由于建筑业属于劳动密集型产业，特别是目前的从业人员中存在大量的农民工，这部分人群大多数受教育程度较低，质量安全意识较淡薄，这与建筑业的蓬勃发展，科学技术的进步，日益激烈的市场竞争极不协调，对建筑业的全面协调和可持续发展产生极大的影响。

0.2 建筑工程质量管理现状分析

0.2.1 建筑工程质量管理的发展

美国质量管理专家朱兰博士说："20世纪是生产力的世纪，21世纪是质量的世纪。"现在，我们已经迎来了以质量为主题的21世纪，我们必须迎接这个挑战。世界著名的管理专家桑德霍姆教授说："质量是打开世界市场的金钥匙。"随着我国加入WTO，日趋激烈的国际竞争和挑战，对工程建设的能力和工程项目的质量水平提出了更高的要求。

建筑工程质量的优劣，直接影响到国家财产和人民生命财产的安全。建筑项目作为一种商品，不同于其他工业产品，从建筑物的生产过程、性质等方面可以看到，建筑物具有庞体性、固定性、多样性、综合性等特点。建筑工程项目，从投资策划、设计、施工到交付使用要经历一个比常规产品长得多的生产过程，并且要投入大量的资金、人力、材料、能源。

质量低劣的建筑产品在进行返修、加固、补强等过程中，不但大幅度消耗人工、器材、能源，延长工期，提高造价，而且将给业主增加使用过程中的改造费用。同时，也会缩短建筑物的使用寿命，降低建筑物的经济价值。

建筑工程项目质量的优劣，关系到工程的适用性和经济效益。建筑物与人们的生产生活息息相关，人们购买某一种产品时，往往购买的不是产品本身，而是产品带来的功能，好的产品要满足人们的使用功能就必须有好的质量作为保证。

建筑工程质量的优劣，关系到建筑企业的长久发展。质量是企业的生命，是企业发展的根本保证。产品质量已成为一个企业在市场中立足的根本和发展的保证。产品质量的优劣决定产品的生命，乃至企业的发展命运。没有质量就没有市场，没有质量就没有效益，没有质量就没有发展。产品或服务质量是决定企业素质、企业发展、企业经济实力和竞争优势的主要因素。质量还是争夺市场最关键的因素，谁能够用灵活快捷的方式提供用户满意的产品或服务，谁就能赢得市场的竞争优势。"靠质量树信誉，靠信誉拓市场，靠市场增效益，靠效益求发展"，这一企业生存和发展的生命链，已被国内外众多的企业家所认识，对于建筑生产企业来说，在竞争激烈的市场角逐中认识更加深刻。把质量视为企业的生命，把名优产品当作市场竞争的法宝，把质量管理作为企业管理的重中之重，已被多数建筑企业的经营管理者们所认同，从这一意义上讲，建筑市场的竞争已转化为产品质量的竞争。

0.2.2 我国建筑工程质量管理现状分析

目前我国建筑工程质量管理存在着很多问题,对建筑业的健康发展有一定的影响,具体问题如下所述。

1. 不认真履行基本建设程序

有的工程未办理施工许可、质量监督手续即开工建设,严重违反基本建设程序规定;有的工程不严格执行施工图审查制度,存在图纸未经审查合格即用于施工,以及重大修改和变更不重新报审的情况;有的建筑项目脱离正常监管,工程质量存在失控风险。有的工程竣工不进行试车运转、不经验收就交付使用,致使不少工程项目留有严重隐患,房屋倒塌事故也常有发生。

2. 企业质量管理体系不健全,质量管理不严格

一些企业质量管理体系存在漏洞,相关人员责任不落实,如工程勘察野外记录、工程验收记录等无有效签字,不按施工技术方案对质量缺陷进行处理等;勘察设计深度不足,甚至违反强制性标准要求,如勘察钻孔数量少、钻孔深度达不到要求、设计计算书存在缺漏项、荷载及配筋取值不足等;施工质量通病仍比较普遍,不少工程混凝土有胀模、烂根、夹渣、裂缝现象;少数工程混凝土回弹强度不达标,甚至不按设计图纸施工,存在质量安全隐患。

3. 监理、施工图审查等单位责任落实不到位

监理工作力度较弱,把关不严,如现场监理人员配备不齐,旁站监理不到位,监理通知单和监理日志缺失,对出现的质量问题督促整改不力;施工图审查存在错审、漏审现象,特别是对勘察文件的审查深度不够。同时,一些施工图审查单位对违反强制性条文的行为不记录、不上报,客观上纵容了勘察设计单位的违法违规行为。

4. 从业人员技术水平欠缺,技术力量不足

部分地区特别是偏远地区监理工程师等注册执业人员严重不足,超资格范围执业情况仍较普遍;部分技术人员水平偏低,对标准规范理解不准、掌握不深、经验不足;一线操作工人缺乏有效培训,缺乏基本的质量安全常识,职业素质较低。

5. 部分地区质量监管薄弱,执法不严

不少工程质量监督机构面临经费不足、人员紧缺的问题,影响监管力度;部分监督人员技术能力不够,如有些明显的质量问题,当地质量监督机构多次巡查、抽查却未能发现;工作责任心不强,对违法违规行为的处罚不严,督促整改不到位,监督责任不落实。

0.3 建筑工程安全管理现状分析

0.3.1 建筑工程安全生产管理的基本概念

建筑工程安全生产管理是指建设行政主管部门、建筑安全监督管理机构、建筑施工企业及有关单位对建筑安全生产过程中的安全工作进行计划、组织、指挥、控制、监督、调节和改进等一系列致力于满足生产安全的管理活动。

0.3.2 建筑工程安全管理的特点

1. 安全生产管理涉及面广、涉及单位多

由于建筑工程规模大,生产工艺复杂、工序多,在建造过程中流动作业多,高处作业多,作业位置多变,可能遇到的不确定因素多,所以安全管理工作涉及范围大,控制面广。安全管理不仅是施工单位的责任,还包括建设单位、勘察设计单位、监理单位,这些单位也要为安全管理承担相应的责任与义务。

2. 安全生产管理动态性

（1）建筑工程项目的单件性

建筑工程项目的单件性，使得每项工程所处的条件不同，所面临的危险因素和防范措施也会有所改变。例如，施工人员在转移工地后，熟悉一个新的工作环境需要一定的时间，有些制度和安全技术措施会有所调整，同样也要有个熟悉的过程。

（2）建筑工程项目施工的分散性

因为现场施工时分散于施工现场的各个部位，尽管有各种规章制度和安全技术交底的环节，但是面对具体的生产环境时，仍然需要自己的判断和处理，有经验的人员必须能够适应不断变化的情况。

（3）安全管理的交叉性

建筑工程项目是开放系统，受自然环境和社会环境影响很大，安全管理需要把工程系统和环境系统及社会系统相结合。

（4）安全管理的严谨性

安全状态具有触发性，安全管理措施必须严谨，一旦失控，就会造成损失和伤害。

0.3.3 我国建筑工程安全管理现状分析

目前我国正在进行历史上也是世界上规模最大的基本建设。工程建设的巨大投资和从业人员的规模使得安全事故所造成的后果异常严重、损失异常巨大。我国工程建设的安全水平一直较低，每年由于安全事故丧生的从业人员有数千人之多，直接经济损失逾百亿元。特别是近年来重大恶性事故频发，已引起我国政府和人民群众的普遍关注。较低的安全水平已成为阻碍国家建设和社会发展的重要因素。多年来，我国在建筑安全方面做了大量工作，取得了显著的成绩。特别是制定了许多安全技术标准、规范和规程，有效地预防和控制了安全事故的发生。然而安全形势依然严峻。大量的调查表明，大量事故都源于安全管理的不完善或者失误，违规违章操作就是典型的管理不善的结果。因此，如何在有限的资源条件下，有效、高效地进行科学管理，是进一步提高我国建筑安全管理水平的关键所在。

0.4 本课程的内容及学习方法

0.4.1 本课程的研究对象与任务

建筑工程质量与安全管理是建筑工程技术与建筑工程管理等专业的核心主干课程之一，也是土建类其他专业的主要专业课程之一。本课程体系是紧密结合建筑工程项目管理"三控制、三管理、一协调"中质量与安全两大核心任务而设立的，教材以建筑业现场管理岗位的施工员、质检员、安全员、监理员、材料员等岗位所需知识和技能要求为基础，同时紧密结合建筑业执业资格考试（一级建造师、二级建造师）岗位所需知识和能力要求。

本课程的主要任务包括两个方面，一是使学生能掌握建筑工程质量管理及工程质量检验、检测相关知识和施工验收规范要求，熟悉我国建筑施工类技术规范的现状；二是对安全管理基本知识、施工过程安全技术与控制、施工安全事故处理及应急救援的原理、方法及应用有一个深入的了解。

在学习建筑材料、施工技术、项目管理等相关专业及基础课程的基础上，通过本课程的教学使学生掌握工程项目管理中的两个主要工作技能——建筑工程质量控制的基本方法和安全控制的基本方法，培养学生具有从事工程项目质量与安全管理的基本能力。

通过学习相关建设工程规范，了解影响工程质量的主要因素和工程质量检验方法、质量控制方法、质量检验规范规定；熟悉安全管理的基本理论、方法和相关国家法规要求，控制具体的建筑工程

安全管理措施、文明施工要求、现行安全规范等。

0.4.2 本课程的学习方法与学习目标

1. 本课程的学习方法

教师在本课程的教学工作中应采用灵活多样的教学方法。

（1）角色扮演法

在日常教学活动中，安排学生按照不同的学习岗位，扮演各种实际的工作角色，如安全员、质检员等。通过设计的学习情景的完成，使学生熟悉工作岗位职责和工作任务要求，激发学生的学习兴趣，提高学习的主动性。打破学完理论再开展实践教学的传统教学方法，将学习和实训有机融合。在学习一个任务单元的过程中，强调学生通过实训，消化和掌握所学知识。如在钢筋质量检验教学中，设计学生自己动手加工钢筋，并将自己的成果进行检验评定，可以大大提高学生的学习兴趣和学习效果。

（2）1+1引导教学法

由于质量和安全管理都是实践性很强的专业技能，为了使学生切实达到课程的教学目标，要求为每一位学生都联系和配备一名工程单位的技术人员作为校外指导教师，在一段时间内，跟随师傅在工程现场参与实际项目的质量检验和安全管理，从而在校内就实现理论和实践的有机融合，同时由校内指导教师对其进行1+1指导。

（3）现场教学法

在学习过程中，适当将教室移到工程现场，结合具体工程实际，进行质量检测与安全管理知识内容和工作技能的学习锻炼。现场教学中，注重企业人员当教师，学校教师当助教，但是教学任务和教学内容应当由教师和企业人员共同拟定，使现场教学具有针对性。

（4）案例教学法

教学过程中，依托案例，引导学生去思考案例中体现出来的各种问题，通过分析、讨论，去发现问题，解决问题。教学中，注重提高学生应用知识分析问题和解决问题的能力。在教学环节中，经常给学生安排实际工作中的任务，使学生在任务的引领下，通过"学习知识—分析问题—解决问题—总结经验—效果评价"的各个教学环节，达到主动学习并提高持续学习能力。

2. 本课程的学习目标

本课程依据高职高专的教学规律和教学特点，以适应社会需要为目标，本着理论知识适度、技术应用能力强、知识面宽的要求，并力求注重内容实用和案例典型；教学内容严格执行现行建设工程质量、安全规范及法律、法规，并与实际工程项目紧密结合。

模块 1
建筑工程质量管理概述

模块概述

"百年大计,质量第一",这是我国建筑业多年来一贯奉行的质量方针。建筑工程作为建筑业的产品,其质量特征不同于其他产品:它不能像其他产品那样,实行"三包"(包退、包换、保修),质量检验时也不能像其他产品那样,可以拆卸或解体。建筑产品具有一次性,要保证建筑工程质量,必须确定质量的标准和管理体系。

学习目标

1. 了解质量管理体系标准的产生和发展;
2. 掌握质量管理的八项原则及质量管理体系的基础;
3. 熟悉质量管理体系文件的构成。

能力目标

1. 能够对影响工程质量的因素进行初步分析;
2. 熟悉质量管理体系文件的适用范围。

课时建议

2 课时

1.1 术语及工程质量管理的概念

1.1.1 质量及建设工程质量

1. 质量

质量的概念有广义和狭义之分。广义的质量概念是相对于全面质量管理阶段而形成的，是指产品或服务满足用户需要的程度，这是一个动态的概念。它不仅包括有形的产品，还包括无形的服务，不再是与标准对比，而是用活的用户的要求去衡量。他不仅指结果的质量——产品质量，而且包括过程质量——工序质量和工作质量。狭义的质量概念是相对于产品质量检验阶段而形成的，是指产品与特定技术标准符合的程度。这是一个静止的概念，是指活动或过程的结果——产品的特性与质量标准是否相符合及符合的程度。据此可将产品划分为合格品与不合格品或者一、二、三等品。

国际化标准化组织（ISO）为了规范全球范围内的质量管理活动，颁布了《质量管理和质量保证——术语》即 ISO 8402：1994。

根据我国国家标准《质量管理和质量保证——术语》（GB/T 6583—1994），质量的定义是"反映实体满足明确和隐含需要的能力的特征总和"。定义中指出的"明确需要"，一般是指在合同环境中，用户明确提出的要求或需要。通常通过合同及标准、规范、图纸、技术文件做出明文规定，由供方保证实现。定义中指出的"隐含需要"，一般是指非合同环境中，用户未提出或未提出明确要求，而由生产企业通过市场调研进行识别与探明的要求或需要。这是用户或社会对产品服务的"期望"，也就是人们所公认的，不言而喻的那些"需要"。如住宅实体能满足人们最起码的居住功能就属于"隐含需要"。"特性"是指实体所特有的性质，它反映了实体满足需要的能力。

2. 建筑工程质量

建筑工程质量是指承建工程的使用价值，工程满足社会需要所必须具备的质量特征。它体现在工程的性能、寿命、可靠性、安全性和经济性五个方面。

（1）性能

性能是指对工程使用目的提出的要求，即对使用功能方面的要求。应从内在的和外观两个方面来区别，内在质量多表现在材料的化学成分、物理性能及力学特征等方面。

（2）寿命

寿命是指工程正常使用期限的长短。

（3）可靠性

可靠性是指工程在使用寿命期限和规定的条件下完成工作任务能力的大小及耐久程度，是工程抵抗风化、有害侵蚀、腐蚀的能力。

（4）安全性

安全性是指建设工程在使用周期内的安全程度，是否对人体和周围环境造成危害。

> **技术提示：**
> 在许多情况下，质量特征难以定量，且大多与时间有关，只有通过使用才能最终确定，如可靠性、安全性、经济性等。

（5）经济性

经济性是指效率、施工成本、使用费用、维修费用的高低，包括能否按合同要求，按期或提前竣工，工程能否提前交付使用，尽早发挥投资效益等。

上述质量特征，有的可以通过仪器测试直接测量而得，如产品性能中的材料组成、物理力学性能、结构尺寸、垂直度、水平度，它们反映了工程的直接质量特征。

3. 工序质量

工序质量也称施工过程质量，指施工过程中劳动力、机械设备、原材料、操作方法和施工环境五大要素对工程质量的综合作用过程，也称生产过程中五大要素的综合质量。在整个施工过程中，任何一个工序的质量存在问题，整个工程的质量都会受到影响，为了保证工程质量达到质量标准，必须对工序质量给予足够注意。必须掌握五大要素的变化与质量波动的内在联系，改善不利因素，及时控制质量波动，调整各要素间的相互关系，保证连续不断地生产合格产品。

所谓工序能力是指工序在一定时间内处于控制状态下的实际加工能力。任何生产过程，产品质量特征值总是分散分布的。工序能力越高，产品质量特征值的分散程度越小；工序能力越低，产品质量特征值的分散程度越大。

4. 工作质量

工作质量是指参与工程的建设者，为了保证工程的质量所从事工作的水平和完善程度。

工作质量包括：社会工作质量，如社会调查、市场预测、质量回访等；生产过程工作质量，如思想工作质量、管理工作质量和后勤工作质量等。工作质量的好坏是建筑工程的形成过程的各方面、各环节工作质量的综合反映，而不是单纯靠质量检验检查出来的。为保证工程质量，要求有关部门和人员精心工作，对决定和影响工程质量的所有因素严加控制，即通过工作质量来保证和提高工程质量。

技术提示：

工作质量直接决定了实体质量，工程实体质量的好坏是决策、建设工程勘察、设计、施工等单位各方面、各环节工作质量的综合反映。

1.1.2 工程质量的特点及影响因素分析

广义的工程质量不仅包括工程的实体质量，还包括形成实体质量的工作质量。工作质量是指参与工程的建设者，为了保证工程实体质量所从事工作的水平和完善程度，包括社会工作质量，如社会调查、市场预测、质量回访和保修服务等；生产过程工作质量，如管理工作质量、技术工作质量和后勤工作质量等。

1. 工程质量的特点

由于建筑项目建设过程中涉及面广，是一个极其复杂的综合过程，具有项目位置固定、生产流动、结构类型不一、质量要求不一、施工方法不一、体型大、整体性强、建设周期长、受自然条件影响大等特点，因此，建筑项目的质量比一般工业产品的质量更难以控制。其特点主要表现在以下几方面。

（1）影响质量的因素多

如设计、材料、机械、地形、地质、水文、气象、施工工艺、操作方法、技术措施、施工进度、投资、管理制度等，均直接影响施工项目的质量。

（2）容易产生质量变异

因建筑项目建设过程不像工业产品生产，有固定的生产条件和流水线，有规范化的生产工艺和完善的检测技术，有成套的生产设备和稳定的生产环境，有相同系列规格和相同功能的产品；同时，由于影响施工项目质量的偶然性因素和系统性因素都较多，因此，很容易产生质量变异。如材料性能微小的差异、机械设备正常的磨损、操作微小的变化、环境微小的波动等，均会引起偶然性因素的质量变异；当使用材料的规格、品种有误，施工方法不妥，操作不按规程，机械故障、仪表失灵，设计计算错误等，则会引起系统性因素的质量变异，造成工程质量事故。为此，在施工中要严防出现系统性因素的质量变异，要把质量变异控制在偶然性因素范围内。

（3）容易产生第一、二判断错误

建筑项目由于工序交接多，中间产品多，隐蔽工程多，若不及时检查实质，事后再看表面，就容易产生第二判断错误，也就是说，容易将不合格的产品，认为是合格的产品；反之，若检查不认真，测量仪不准，读数有误，则会产生第一判断错误，也就是说容易将合格产品，认为是不合格产品。这一点，在进行质量检查验收时，应特别注意。

（4）质量检查不能解体、拆卸

建筑项目建成后，不可能像某些工业产品那样，再拆卸或解体检查内在的质量，或重新更换零件；即使发现质量问题，也不可能像工业产品那样实行"包换"或"退款"。

（5）质量要受投资、进度的制约

建筑项目的质量受投资、进度的制约较大，如一般情况下，投资大、进度慢，质量就好；反之，质量就差。因此，项目在建设工程中，还必须正确处理质量、投资、进度三者之间的关系，使其达到对立的统一。

2. 工程质量的影响因素分析

工程项目具有周期长的特点，工程质量不是在旦夕之间形成的。工程建设各阶段紧密衔接，互相制约影响，所以工程建设的每一阶段均对工程质量的形成产生十分重要的影响。

（1）可行性研究是决定工程建设成败与否的首要条件

当前，各类公共工程和国有单位投资的工程，是由政府批准立项的，不少项目筹划过程的规范性和科学性较差。有的工程立项建设滞后，工程上了再立项；有的工程可行性研究不从客观实际出发，马虎粗糙，工程是否可行完全取决于领导意志；有的项目资金、原材料、设备不落实，垫资施工，迫使设计单位降低设计标准，施工单位偷工减料，凡此种种，都严重影响工程质量。

（2）工程勘察、设计阶段是影响工程质量的关键环节

地质勘察工作的内容、深度和可靠程度，将决定工程设计方案能否正确考虑场地的地层构造、岩土的性质、不良地质现象及地下水位等工程地质条件。地质勘察失控会直接产生工程质量隐患，如果依据不合格的地质勘察报告进行设计，就会产生严重的后果。

（3）工程设计采用什么样的平面布置和空间形式，选用什么样的工程主体结构决定工程建设是否安全可靠

从我国目前的实际情况来看，设计不规范的现象还很严重，如不执行强制性设计标准和安全标准，设计不符合抗震强度要求等。至于有些工程无证设计，盲目套用设计图纸，或违反设计规范等引发的工程质量问题，后果更为严重。国务院于2000年1月30日发布实施的《建设工程质量管理条例》（以下简称《质量管理条例》）确立了施工图设计文件审查批准制度，就是为了强化设计质量的监督管理。

（4）工程的施工阶段是影响工程质量的决定环节

工程项目只有通过施工阶段才能成为实实在在的东西，施工阶段直接影响工程的最终质量。我国工程实践中，违反施工顺序、不按设计图施工、施工技术不当以及偷工减料等影响工程质量的事例不胜枚举。《质量管理条例》正式确立了建设工程质量监督制度，监督施工阶段的质量是工程质量监督机构的工作重点。

（5）竣工验收和交付使用阶段是影响工程质量的重要环节

在工程竣工验收阶段，建设单位组织设计、施工、监理等有关单位对施工阶段的质量进行最终检验，以考核质量目标是否符合设计阶段的质量要求。这一阶段是工程建设向交付使用转移的必要环节，体现了工程质量水平的最终结果。《质量管理条例》确立了竣工验收备案制度，这是政府加强工程质量管理，防止不合格工程流向社会的一个重要手段。在交付使用阶段，首先要做好工程的保护工作。如果保护不当，使工程受到破损、污染等损害，那么设计和施工阶段的工作再出色，也只能是前功尽弃。

安全警示：

很多用户不懂工程质量方面的知识，为达到装修效果盲目破坏工程主体结构，往往导致十分严重的质量隐患，直接影响了工程的使用寿命。

1.1.3 建筑工程质量管理及其重要性

1. 建筑工程质量管理的概念

（1）质量管理

质量管理是一个综合概念。美国质量管理专家朱兰给质量管理下的定义是：质量管理是用来确定和达到质量规格的所有手段的总和。我国《质量名词术语》给质量管理下的定义是：为保证和提高产品或工程质量进行的调查、计划、组织、协调、控制、检查、处理及信息反馈等各种活动的总称。国际标准 ISO 8402：1994 对质量管理的定义是："确定质量方针、目标和职责，并通过质量体系中的质量策划、质量控制、质量保证和质量改进来使其得以实现的所有管理职能的全部活动。"一个企业的质量管理应包括的内容是：制定质量标准，建立质量管理的组织系统、进行工序管理、质量问题的分析处理、制定质量保证目标等。

（2）建筑工程质量管理

广义的建筑工程质量管理，泛指建设全过程的质量管理。其管理的范围贯穿于工程建设的决策、勘察、设计、施工的全过程。一般意义的质量管理，指的是工程施工阶段的管理。它从系统理论出发，把建设工程质量形成的过程作为整体，以正确的设计文件为依据，结合专业技术、经营管理和数理统计，建立一整套施工质量保证体系，对影响工程质量的各种因素进行综合治理，建成符合标准、用户满意的工程项目。

建筑工程质量管理，要求把质量问题消灭在它的形成过程中，工程质量好与坏，以预防为主，并以全过程、多环节致力于质量的提高。这就是要把工程质量管理的重点，以事后检查把关为主变为预防、改正为主，组织施工要制定科学的施工组织设计，从管结果变为管因素，把影响质量的诸因素查找出来，发动全员、全过程、多部门参加，依靠科学理论、程序、方法，参加施工人员均不应发生重大伤亡事故，使建筑工程全过程都处于受控制状态。

建筑工程的质量管理工作可以分为两大部分，首先是做好工程设计，以确保结构安全和使用功能；其次是必须做好项目施工质量管理的基础工作，然后在此基础上建立一个建筑项目完善的质量体系。建筑工程的质量管理工作按其实施者不同，目前在现有机制下分三部分：

① 业主的质量管理——工程建设监理的质量管理工作。业主的质量责任就是对建设实施全过程的质量管理。其特点是外部的、横向的管理。工程建设监理的质量管理，是指监理单位受业主委托，为保证工程合同规定的质量标准对建筑工程项目进行的质量管理，其管理的依据除国家制定的法律、法规外，主要是合同文件、设计图纸。在设计阶段及其前期的质量管理以审核可行性研究报告及设计文件、图纸为主，审核设计是否符合业主要求。在施工阶段驻现场实地监理，检查是否严格按图施工，并达到合同文件规定的质量标准。

② 政府的质量管理——政府监督机构的质量监督。政府的质量管理是外部的、纵向的管理。政府管理依据主要是有关的法律文件和法定技术标准。在前期以建设、设计、勘察、施工、监理单位资质等级以及施工图设计、施工组织设计为主，后期注重工程施工过程中影响结构安全和使用功能和安全功能的主要部位及构件的质量管理、检查。管理方式以检查工程参建各方的质量行为和实体工程质量的宏观控制为主。

③ 承包商的质量管理。承包商的质量管理是内部的、自身的管理。质量原则作为可持续建筑的一条原则具有非常重大的意义。它包括优质的社区规划、优秀的建筑设计和优良的施工质量、良好的物业管理，这才能为人们创造良好的生活氛围和持续的发展空间。

2. 建筑工程质量管理的重要性

《中华人民共和国建筑法》第一条明确了制定此法的目的是"加强对建筑活动的监督管理，维护建筑市场秩序，保证建筑工程的质量和安全，促进建筑业的健康发展"。本法的第三条又再次强调了对建筑活动的基本要求是"建筑活动应当确保建筑工程质量和安全，符合国家的建筑工程安全标准"。由此可见，建筑工程质量与安全问题在建筑活动中占有极其重要的地位。数十年来几乎所有建筑工地上都悬挂着"百年大计，质量为本"的醒目标语，这实质上是对质量与安全的高度概括。所以，建筑工程质量是项目建设的核心，是决定工程建设成败的关键。它对提高工程项目的经济效益、社会效益和环境效益具有重大意义，它直接关系到国家财产和人民生命安全，关系着社会主义建设事业的发展。

要确保和提高工程质量，必须加强质量管理工作。目前，质量管理工作已经越来越被人们所重视，大部分企业领导清醒地认识到高质量的产品和服务是市场竞争的有效手段，是争取用户、占领市场和发展企业的根本保证，但是与国民经济发展水平和国际水平相比，我国的质量水平仍有很大差距。国际标准化组织（ISO）于1987年发布了通用的ISO 9000《质量管理和质量保证》系列标准，现已采用ISO 9000—2000版。我国等同采用，发布了GB/T 19000，19001，19004—2000。该系列标准得到了国际社会和国际组织的认可和采用，已成为世界各国共同遵守的工作规范。

作为建筑工程产品的工程项目，投资和耗费的人工、材料和能源都相当大，投资者付出巨大的投资，要求获得理想的、满足使用要求的工程产品，以期待在预定时间内能发挥作用，为社会经济建设和物质文化生活需要做出贡献。如果工程质量差，不但不能发挥应有的效用，而且会因质量、安全等问题影响国计民生和社会环境安全。因此，要从发展战略的高度来认识质量问题，质量已关系到国家的命运、民族的未来，质量管理的水平已关系到行业的兴衰、企业的命运。

建筑项目质量的优劣，不但关系到工程的使用性，而且关系到人民生命财产的安全和社会安定。由于施工质量低劣，造成工程质量事故或潜在隐患，其后果是不堪设想的。

应用案例1.1

2003年11月3日，湖南省衡阳一场火灾坍塌事故导致20名消防官兵当场牺牲。尤为令人震惊的是，这座竣工才5年的大厦，在火灾后仅3小时就轰然坍塌。事后经调查，它竟是一座既无施工许可证也未经过竣工验收的违章建筑，其施工质量、材料标准均存在严重问题。这是一个典型的"豆腐渣工程"。

（引自新华网2003年12月22日报道）

应用案例1.2

2007年8月13日16时45分，湖南省凤凰县正在建设中的堤溪沱江大桥发生特别重大的坍塌事故，造成64人死亡，4人重伤，18人轻伤，直接经济损失3 974.7万元。事后经调查，事故主要原因是拱桥上部结构施工工序不合理、石料质量不合格，加上质量监督流于形式，工程设计、工程施工违规转包。

（引自广东电台、广东广播新闻2007年8月14日报道）

在工程建设过程中，加强质量管理，确保国家和人民生命财产安全是施工项目管理的头等大事。工程质量的优劣，直接影响国家经济建设的速度。工程质量差本身就是最大的浪费，低劣的质量一方面需要大幅度增加返修、加固、补强等人工、材料、能源的消耗；另一方面还将给用户增加使用过程中的维修、改造费用。同时，低劣的质量必将缩短工程的使用寿命，使用户遭受经济损失。此外，质量低劣还会带来其他的间接损失（如停工、降低使用功能、减产等），给国家和使用者造成的浪费、损失将会更大。一些工程在建造前不进行工程地质勘查或勘查深度不足或勘测结果质量较差；也有一些工程因设计错误或施工质量低劣，结果房屋尚未交工使用，已出现明显的不均匀沉降、倾斜、变形、裂缝，为了避免造成更大的损失而不得不将其拆除。

质量问题所造成的经济损失直接影响着我国经济建设的速度。综上所述，可以用"工程质量、人命关天、质量责任、重于泰山"来概括工程质量管理的重要性。

为了搞好工程项目质量管理工作，使我国的建筑项目质量管理逐步步入法制化、规范化的轨道，近年来由国务院、国家建委、国家计委、建设部及地区建设政府主管部门制定了一系列有关工程质量管理的法律和法规。自1998年以来，我国相继颁布了《建筑法》、《建设工程质量管理条例》、《工程建设标准强制性条文》、《建设工程质量监督机构监督工作指南》、《GB/T 19000—2000》等一系列最新的法律法规，这一系列法规的颁布、实施，进一步强化了建筑项目质量管理，保证了国家工程建设的顺利进行。综上所述，加强工程质量管理是加速社会主义现代化建设的需要；是企业实现科学管理、文明施工的有力保证；是提高企业综合素质和经济效益的有效途径；也是提高企业市场竞争能力的有力武器。为此，这些法规已成为指导我国建设工程质量管理的法典和灵魂。

1.2 质量管理体系

"ISO 9000族"是国际标准化组织（ISO）在1994年提出的概念。是指"由ISO/TC 176（国际标准化组织质量管理和质量保证技术委员会）制定的所有国际标准"。该标准族可帮助组织实施并有效运行质量管理体系，是质量管理体系通用的要求或指南。它不受具体的行业或经济部门的限制，可广泛适用于各种类型和规模的组织，在国内和国际贸易中促进相互理解和信任。

国际标准化组织（ISO）于1979年成立了质量管理和质量保证技术委员会（TC 176），负责制定质量管理和质量保证标准。1986年发布了ISO 8402《质量——术语》标准，1987年发布了ISO 9000《质量管理和质量保证标准——选择和使用指南》、ISO 9001《质量体系——设计开发、生产、安装和服务的质量保证模式》、ISO 9002《质量体系——生产、安装和服务的质量保证模式》、ISO 9003《质量体系——最终检验和试验的质量保证模式》、ISO 9004《质量管理和质量体系要素——指南》6项标准，通称为ISO 9000系列标准。

1987年版的ISO 9000系列标准发布以后被许多国家和地区广泛采用，为了使1987年版的ISO 9000系列标准更加协调和完善，1990年，ISO/TC 176质量管理和质量保证技术委员会决定对标准进行修订。第一阶段修改主要对质量保证要求（ISO 9001、ISO 9002、ISO 9003）和质量管理指南（ISO 9004）的技术内容作局部修改，总体结构和思路不变，通过ISO 9000—1与ISO 8402两项标准，引入了一些新的概念，如：过程和过程网络、受益者、质量改进、产品（硬件、软件、流程性材料和服务）等概念和定义，为第二阶段修改提供过渡的理论基础。1994年ISO/TC 176完成了对标准第一阶段的修订工作，发布了1994年版的ISO 8402、ISO 9000—1、ISO 9001、ISO 9002、ISO 9003和ISO 9004—1这6项国际标准，并制定发布了其他10项指南性国际标准。1994年后，ISO 9000族又陆续发布了一些其他支持性技术指南标准，到1999年底，已陆续发布了27项标准和文件。

ISO/TC 176充分考虑了1987版和1994版标准以及现有其他管理体系标准的使用情况和经验，同时根据大家希望质量管理体系和环境管理体系标准能遵从相同模式的要求，对ISO 9000族标准进行了第二次修改，并于2000年12月15日正式发布了2000版本的ISO 9000族标准，其中ISO 19011标准于2002年10月1日正式发布。新标准在总结质量管理实践经验的基础上，将国际质量宗师（朱兰、戴明、费根堡姆等）对质量管理的经营理念和质量改进的方法以及质量管理思想，全面地融合在新版标准中，为新标准注入了更为丰富的内涵。

ISO 9000族标准是世界上许多经济发达国家质量管理实践经验的科学总结，具有通用性和指导性。实施ISO 9000族标准，可以促进组织质量管理体系的改进和完善，对促进国际经济贸易活动、消除贸易技术壁垒、提高组织的管理水平都能起到良好的作用。概括起来，主要有以下几方面的作用和意义：

①实施ISO 9000族标准有利于提高产品质量，保护消费者利益。
②为提高组织的运作能力提供了有效的方法。

③有利于增进国际贸易，消除技术壁垒。

④有利于组织的持续改进，持续满足顾客的需求和期望。

1987年3月ISO 9000系列标准正式发布以后，我国在原国家标准局部署下组成了"全国质量保证标准化特别工作组"，1988年12月正式发布了等效采用ISO 9000标准的GB/T 10300《质量管理和质量保证》系列国家标准，1989年8月1日起在全国实施。

1992年5月我国决定等同采用ISO 9000系列标准，制订并发布了GB/T 19000—1992 idt ISO 9000：1987系列标准，1994年又发布了1994版的GB/T 19000—ISO 9000族标准。

2000年我国又及时发布了等同采用的2000版ISO 9000族国家标准，其核心标准主要有下列4个：

GB/T 19000—2000 idt ISO 9000：2000《质量管理体系——基础和术语》

GB/T 19001—2000 idt ISO 9001：2000《质量管理体系——要求》

GB/T 19004—2000 idt ISO 9004：2000《质量管理体系——业绩改进指南》

GB/T 19011—2003 idt ISO 19011：2002《质量和（或）环境管理体系审核指南》

其中GB/T 19000、19001、19004三项标准于2000年12月28日正式发布，2001年6月1日实施。GB/T 19011标准于2003年5月23日发布，2003年10月1日实施。

1.2.1 ISO 9000族标准的构成和特点

1. ISO 9000族标准的构成

2000版ISO 9000族标准由核心标准和其他支持性的标准和文件组成（详见表1.1）。

表1.1　2000版ISO 9000族标准的文件结构

核心标准	
ISO 9000	质量管理体系——基础和术语
ISO 9001	质量管理体系——要求
ISO 9004	质量管理体系——业绩改进指南
ISO 19011	质量和（或）环境管理体系审核指南
其他标准	
ISO 10006	质量管理体系——项目质量管理指南
ISO 10007	质量管理体系——技术状态管理指南
ISO 10012	质量管理体系——测量设备的要求
ISO 10015	质量管理培训指南
技术报告或技术规范	
ISO/TR 10013	质量管理体系文件指南
ISO/TR 10017	ISO 9001：2000中的统计技术指南
ISO/TS 16949	汽车生产件及相关维修零件组织应用GB/T 19001—2000的特别要求
小册子	
	小型组织实施ISO 9001标准的应用

（1）ISO 9000：2000《质量管理体系——基础和术语》

该标准取代了ISO 8402：1994和ISO 9000—1：1994的一部分。

该标准在引言中介绍了质量管理的八项原则是组织改进业绩的框架，也是ISO 9000族质量管理体系标准的理论基础。该标准表述了建立和运行质量管理体系应遵循的12个方面的质量管理体系基础知识，体现了八项质量管理原则的具体应用；给出了有关质量的术语共80个相关术语及其定义。

（2）ISO 9001：2000《质量管理体系——要求》

该标准提供了质量管理体系的要求，供组织需要证实其具有稳定地提供满足顾客要求和适用法律法规要求产品的能力时应用。组织可通过体系的有效应用，包括持续改进体系的过程及保证符合顾客与适用的法律法规要求，增强顾客满意度。

该标准应用了以过程为基础的质量管理模式的结构，鼓励组织在建立实施和改进质量管理体系及提高其有效性时，采用过程方法，通过满足顾客要求，增强顾客满意度。过程方法的优点是对质量管理体系中诸多单个过程之间的关系及过程的组合和相互作用进行连续的控制，以达到质量管理体系的持续改进。

该标准规定所有的要求是通用的，适用于各种类型、不同规模和提供不同产品的组织，可供组织内部使用，也可用于认证或合同目的。

（3）ISO 9004：2000《质量管理体系——业绩改进指南》

该标准以八项质量管理原则为基础，帮助组织用有效和高效的方式识别并满足顾客和其他相关方的需求和期望，实现、保持和改进组织的整体业绩和能力，从而使组织获得成功。该标准超越了ISO 9001的要求，不用于认证或合同的目的，也不是ISO 9001的实施指南。

该标准的结构，也应用了以过程为基础的质量管理模式，鼓励组织在建立、实施和改进质量管理体系及提高其有效性和效率时，采用过程方法，以便通过满足相关方要求来提高对相关方的满意程度。

（4）ISO 19011：2000《质量和（或）环境管理体系审核指南》

该标准遵循"不同管理体系可以有共同管理和审核要求"的原则，为审核原则、审核方案的管理、质量管理体系审核和环境管理体系审核的实施提供了指南，也对审核员的能力和评价提供了指南。它适用于所有运行质量和/或环境管理体系的组织，指导其内审和外审的管理工作。标准也对其他领域的审核具有借鉴意义。

2. ISO 9000族标准的特点

从结构和内容上看，2000版质量管理体系标准具有以下特点：

①标准可适用于所有产品类别、不同规模和各种类型的组织，并可根据实际需要删减某些质量管理体系要求。

②采用了以过程为基础的质量管理体系模式，强调了过程的联系和相互作用，逻辑性更强，相关性更好。

③强调了质量管理体系是组织其他管理体系的一个组成部分，便于与其他管理体系相容。

④更注重质量管理体系的有效性和持续改进，减少了对形成文件的程序的强制性要求。

⑤将质量管理体系要求和质量管理体系业绩改进指南这两个标准，作为协调一致的标准使用。

1.2.2 质量管理体系的基础和术语

1. 质量管理体系的基础

八项质量管理原则是质量管理实践经验和理论的总结，尤其是ISO 9000族标准实施的经验和理论研究的总结。ISO/TC 176用高度概括同时又易于理解的语言，总结出质量管理的八项原则。它是质量管理的最基本、最通用的一般性规律，适用于所有类型的产品和组织，是质量管理的理论基础。

八项质量管理原则实质上也是组织管理的普遍原则，是现代社会发展、管理经验日渐丰富，管理科学理论不断演变发展的结果。八项质量管理原则充分体现了管理科学的原则和思想，因此使用这八项质量管理原则还可以对组织的其他管理活动具有很好的参考意义。

八项质量管理原则是组织的领导者有效实施质量管理工作必须遵循的原则，同时它也为组织内所有从事质量管理工作的人员学习、理解、掌握ISO 9000族标准提供了帮助。

八项质量管理原则分别是:

(1) 以顾客为关注焦点

组织依存于顾客。因此,组织应当理解顾客当前和未来的需求,满足顾客要求并争取超越顾客期望。任何组织(工业、商业、服务业或行政组织)均提供满足顾客要求和期望的产品(包括软件、硬件、流程性材料、服务或它们的组合)。如果没有顾客,组织将无法生存。因此,任何一个组织均应始终关注顾客,将理解和满足顾客的要求作为首要工作加以考虑,然后转化顾客要求,使顾客要求得以满足。同时还要注意定期测量顾客的满意程度,处理好与顾客的关系,加强联系和沟通。顾客的要求是不断变化的,为了使顾客满意,创造竞争的优势,组织还应了解顾客未来的需求,并争取超越顾客的期望。

(2) 领导作用

领导者确立组织统一的宗旨及方向。他们应当创造并保持使员工能充分参与实现组织目标的内部环境。

领导者是一个企业的核心,对决策和领导一个组织起关键作用。在组织的管理活动中,领导作用体现在制定方针和目标、规定职责、建立体系、实现策划、控制和改进等活动。质量方针、质量目标构成了组织宗旨的组织部分,即组织预期实现的目标。而组织与产品实现及有关的活动形成了组织的运作方向。当运作方向与组织的宗旨相一致时,组织才能实现其宗旨。领导者的作用体现在能否将组织的运作方向与组织宗旨统一,使其一致,并创造一个全体员工都能充分参与实现组织目标的内部氛围和环境。

(3) 全员参与

各级人员都是组织之本,只有他们的充分参与,才能使他们的才干为组织带来收益。

人是管理活动的主体,也是管理活动的客体。人的积极性、主观能动性、创造性的充分发挥,人的素质的全面发展和提高,既是有效管理的基本前提,也是有效管理应达到的效果之一。组织的质量管理是通过组织内各职能各层次人员参与产品实现过程及支持过程来实施的。因此有必要规定好各部门和各岗位人员的职责和权限,为他们创造良好的工作环境。同时,过程的有效性取决于各级人员的意识、能力和主动精神。随着市场竞争的加剧,全员的主动参与更为重要。人人充分参与是组织良好运作的必然要求。

(4) 过程方法

将活动和相关的资源作为过程进行管理,可以更高效地得到期望的结果。

通过利用资源和实施管理,将输入转化为输出的一组活动,可以视为一个过程。一个过程的输出可直接形成下一个或几个过程的输入。

为使组织有效运行,必须识别和管理众多相互关联的过程。系统地识别和管理组织所应用的过程,特别是这些过程之间的相互作用,可称之为"过程方法"。

采用过程方法的好处是由于基于每个过程考虑其具体的要求,所以资源的投入、管理的方式和要求、测量方式和改进活动都能互相有机地结合并做出恰当的考虑与安排,从而可以有效地使用资源,降低成本,缩短周期。

(5) 管理的系统方法

将相互关联的过程作为系统加以识别、理解和管理,有助于组织提高实现目标的有效性和效率。

一个组织是由各个部门组成的,部门之间的联系好比是由大量错综复杂、互相关联的过程组成的网络。为了成功地领导和运作一个组织,需要采用一种系统和透明的方式进行管理。这里的"系统"的含义是指将组织中为实现目标所需的全部的相互关联或相互作用的一组要素予以综合考虑。

质量管理体系的构成要素是过程。一组完备的相互关联的过程的有机组合构成了一个系统。对构成系统的过程予以识别,理解并管理系统,可以帮助组织提高实现目标的有效性及效率。这是一种管理的系统方法，其优点是可使过程相互协调，最大限度地实现预期的结果。

（6）持续改进

持续改进总体业绩应当是组织的一个永恒目标。

目前，社会发展迅猛，环境不断变化，而变革是获得成功的重要原因。持续改进是增强满足要求的能力的循环活动，是组织自身生存和发展的需要。持续改进的对象可以是质量管理体系、过程、产品等。持续改进可作为过程进行管理。在对该过程的管理活动中应重点关注改进的目标及改进的有效性和效率。

持续改进作为一种管理理念、组织的价值观，在质量管理体系中是必不可少的重要要求。

（7）基于事实的决策方法

有效决策建立在数据和信息分析的基础上。

成功的结果取决于活动实施之前的精心策划和正确的决策。决策是一个在行动之前选择最佳行动方案的过程。

决策作为过程就应有信息或数据输入。决策过程的输出即决策方案是否理想，取决于输入的信息和数据以及决策活动本身的水平。决策方案的水平也决定了某一结果的成功与否。在对数据和信息进行科学分析时可借助于统计技术等工具和方法。

（8）与供方互利的关系

组织与供方是相互依存的，互利的关系可增强双方创造价值的能力。

随着生产社会化的不断发展，组织的生产活动分工越来越细，专业化程度越来越高。通常某一产品不可能由一个组织从最初的原材料开始加工直至形成顾客使用的产品并销售给最终顾客。这往往是通过多个组织分工协作，即通过供应链来完成的。因此任何一个组织都有其供方或合作伙伴。供方或合作伙伴所提供的材料、零部件或服务对组织的最终产品有着重要的影响。供方或合作伙伴提供的高质量的产品将使组织为顾客提供高质量的产品提供保证，最终确保顾客满意。组织的市场扩大，则为供方或合作伙伴增加了提供更多产品的机会。所以，组织与供方或合作伙伴是互相依存的。组织与供方的良好合作交流将最终促使组织与供方或合作伙伴均增强创造价值的能力，优化成本和资源，对市场或顾客的要求联合起来做出灵活快速的反应并最终使双方都获得效益。

2. 术语

ISO 9000：2000 中有术语 80 个，分成 10 个方面。

术语的 10 个方面有：

①有关质量的术语 5 个：质量、要求、质量要求、等级、顾客满意。

②有关管理的术语 15 个：体系、管理体系、质量管理体系、质量方针、质量目标、管理、最高管理者、质量管理、质量策划、质量控制、质量保证、质量改进、持续改进、有效性、效率。

③有关组织的术语 7 个：组织、组织结构、基础设施、工作环境、顾客、供方、相关方。

④有关过程和产品的术语 5 个：过程、产品、项目、设计和开发、程序。

⑤有关特性的术语 4 个：特性、质量特性、可信性、可追溯性。

⑥有关合格（符合）的术语 13 个：合格（符合）、不合格（不符合）、缺陷、预防措施、纠正措施、纠正、返工、降级、返修、报废、让步、偏离许可、放行。

⑦有关文件的术语 6 个：信息、文件、规范、质量手册、质量计划、记录。

⑧有关检查的术语 7 个：客观证据、检验、试验、验证、确认、坚定过程、评审。

⑨有关审核的术语 12 个：审核、审核方案、审核准则、审核证据、审核发现、审核结论、审核委托方、受审核方、审核员、审核组、技术专家、能力。

⑩有关测量过程质量保证的术语 6 个：测量控制体系、测量过程、计量确认、测量设备、计量特征、计量职能。

1.2.3 质量管理体系的建立、实施与认证

1. 质量管理体系的建立和实施

GB/T 19000 质量管理体系标准对质量体系文件的重要性作了专门的阐述，要求企业重视质量体系文件的编制和使用。编制和使用质量体系文件本身是一项具有动态管理要求的活动。因为质量体系的建立、健全要从编制完善体系文件开始，质量体系的运行、审核与改进都是依据文件的规定进行的，质量管理实施的结果也要形成文件，作为证实产品质量符合规定要求及质量体系有效的证据。

质量管理体系的建立是企业按照八项质量管理原则，在确定市场及顾客需求的前提下，制定企业的质量方针、质量目标、质量手册、程序文件及质量记录等体系文件，确定企业在生产（或服务）全过程的作业内容、程序要求和工作标准，并将质量目标分解落实到相关层次、相关岗位的职能和职责中，形成企业质量管理体系执行系统的一系列工作。质量管理体系的建立还包含着组织不同层次的员工培训，使体系工作的执行要求为员工所了解，为形成全员参与的企业质量管理体系的运行创造条件。

质量管理体系的建立需识别并提供实现质量目标和程序改进所需的资源，包括人员、基础设施、环境、信心等。

质量管理体系的实施运行是在生产及服务的全过程按质量管理文件体系制定的程序、标准、工作要求及目标分解的岗位职责进行的。

在质量管理体系运行的过程中，按各类体系文件要求，监视、测量和分析过程的有效性和效率，做好文件规定的质量记录，持续收集、记录并分析过程的数据和信息，全面体现产品的质量和过程符合要求及可追溯的效果。

按文件规定的办法进行管理评审和考核：过程运行的评审考核工作，应针对发现的主要问题，采取必要的改进措施，使这些过程达到所策划的结果和实现对过程的持续改进。

落实质量体系的内部审核程序，有组织、有计划地开展内部质量审核活动，其主要目的是：评价质量管理程序执行情况及适用性；揭露过程中存在的问题，为质量改进提供依据；建立质量体系运行的信息；向外部审核单位提供体系有效的证据。

为确保体系内部审核的效果，企业领导应进行决策领导，制定审核政策、计划，组织内审人员队伍，落实内部审核，并对审核发现的问题采取纠正措施和提供人、财、物等方面的支持。

2. 质量管理体系的认证

质量认证是第三方依据程序对产品、过程或服务符合规定的要求给予书面保证。质量认证分为产品质量认证和质量管理体系认证两种。

（1）产品质量认证

产品质量认证分为合格认证和安全认证。经国家质量监督检验检疫总局产品认证机构国家认可委员会认可的产品认证机构，可对建筑用水泥、玻璃等产品进行认证，产品合格认证自愿进行。与人身安全有关的产品，国家规定必须经过安全认证，是强制性的，如电线电缆、电动工具、低压电器等。

（2）质量管理体系认证

由于工程行业产品具有单项性，不能以某个项目作为质量认证的依据，因此，只能对企业的质量管理体系进行认证。

质量管理体系认证是指根据有关的质量保证模式标准，由第三方机构对供方（承包方）的质量管理体系进行评定和注册的活动。这里的第三方机构指的是经国家质量监督检验检疫总局质量体系认可委员会认可的质量管理体系认证机构。质量管理体系认证机构是个专职机构，各认证机构具有自己的认证章程、程序、注册证书和认证合格标志，国家质量监督检验检疫总局对质量认证工作实行统一管理。

基础与工程技能训练

一、单选题

1. ISO 9000 族标准是（　　）。
   A. 产品要求的国际标准　　　　　　　　B. 由 ISO/TC 176 制定的所有国际标准
   C. 质量管理体系审核的依据　　　　　　D. 用于检验产品质量的国际标准

2. 针对特定产品、合同或项目的质量管理体系的过程和资源做出规定的文件是（　　）。
   A. 质量目标　　　　B. 质量计划　　　　C. 质量手册　　　　D. 程序文件

3. ISO 9001 标准规定的质量管理体系要求（　　）。
   A. 是为了统一质量管理体系的结构和文件　　B. 是为了统一组织的质量管理体系过程
   C. 是为了规定与产品有关的法律法规要求　　D. 以上都不是

4. 质量方针应包括（　　）。
   A. 产品的目标　　　　　　　　　　　　B. 满足规定的要求的承诺
   C. 持续改进的承诺　　　　　　　　　　D. B+C

5. 通常是有形产品，其量具有连续性特性的产品是（　　）。
   A. 软件　　　　B. 硬件　　　　C. 流程性材料　　　　D. 服务

二、多选题

1. 2000 版 ISO 9000 族标准的构成有（　　）。
   A. ISO 9000《质量管理和质量保证标准——选择和使用指南》
   B. ISO 9000《质量管理体系——基础和术语》
   C. ISO 9000《质量管理体系——要求》
   D. ISO 9000《质量管理体系——业绩改进指南》
   E. ISO 9000《质量和（或）环境管理体系审核指南》

2. ISO 9000：2000 标准中有关特性的术语有（　　）。
   A. 特性　　　　B. 质量特性　　　　C. 适用性
   D. 可信性　　　E. 可追溯性

3. 评价质量管理体系时应对每一个被评价的过程提出的基本问题是（　　）。
   A. 过程是否已被识别并适当规定　　　　B. 职责是否已被分配
   C. 程序是否得到实施和保持　　　　　　D. 在实现所要求的结果方面，过程是否有效

4. 以下（　　）属于持续改进质量管理体系的改进活动。
   A. 分析和评价现状，以识别改进区域　　B. 确定改进目标
   C. 查找质量问题的原因，找出责任者　　D. 寻找可能的解决方法，以实现这些目标
   E. 实施选定的解决方法

5. 质量管理体系运行过程中按各类体系文件要求监视、测量和分析过程的有效性和效率，做好文件规定的（　　）。
   A. 质量记录　　　　　　　　　　　　　B. 持续收集
   C. 质量评估　　　　　　　　　　　　　D. 分析过程的数据和信息

三、判断题

1. 持续改进的对象可以是质量管理体系、过程、产品等。（　　）

2. ISO 9000 族标准强调质量管理体系是组织管理体系的一个组成部分，应与其他管理体系相容。
（　　）
3. 不合格品在经过纠正后应进行再次验证。（　　）
4. 设计和开发的输出应包含或引用产品的接收准则。（　　）
5. 过程的监视和测量包括对生产和服务提供过程的监视和测量。（　　）
6. 对供方的评价选择就是对供方提供的产品质量的好坏进行选择和评价。（　　）
7. 组织应对与供方签订的采购合同进行评审。（　　）
8. 管理的系统方法和过程方法研究的对象都与过程有关。（　　）
9. 组织应对顾客以口头的方式提出的与产品有关的要求进行确认。（　　）
10. 阐明所取得的结果或提供所完成活动的证据文件是质量计划。（　　）

四、案例题

深圳的腾龙酒店、上海梅陇地区一住宅小区的 6 栋多层住宅、郑州一栋建筑面积为 9 800 ㎡ 的 7 层住宅楼等均因质量问题严重，加固无意义，决定拆除。

模块 2
建筑工程施工质量控制

模块概述

随着国民经济持续高速增长,基础建设投资项目不断增加,建筑施工队伍和建材生产企业也随之大量发展。但由于对施工质量未能进行有效的控制,重大工程质量事故时有发生,并出现了一批粗制滥造的"豆腐渣"工程,给国家和人民的生命财产造成重大的损失和危害,也给社会带来消极影响。工程质量已经成为实施扩大内需、加大基础设施建设和发展国民经济等重大决策成败的关键。对建设工程质量实施有效控制,保证工程质量达到预期目标,是建设工程项目管理的主要任务之一。

学习目标

1. 了解质量控制的概念;
2. 理解质量控制原则;
3. 掌握施工质量的五大影响因素、质量控制的措施和方法。

能力目标

1. 能够运用所学知识进行现场质量检查;
2. 能指导施工人员进行正确的施工操作。

课时建议

5 课时

2.1 施工质量控制概述

2.1.1 质量控制概述

我国国家标准 GB/T 19000—2008《质量管理体系——基础和术语》中,对于质量控制的定义是:"质量控制是质量管理的一部分,致力于满足质量要求。"

质量控制的目标是确保产品的质量能满足顾客、法律法规等方面所提出的质量要求,如适用性、可靠性、安全性等。质量控制的范围涉及产品质量形成全过程的各个环节,如设计过程、采购过程、生产过程、安装过程等。

质量控制的工作内容包括作业技术和活动,也就是包括专业技术和管理技术两个方面。围绕产品质量形成全过程的各个环节,对影响工作质量的人、机、料、法、环五大因素进行控制,并对质量活动的成果进行分阶段验证,以便及时发现问题,采取相应措施,防止不合格质量问题重复发生,尽可能地减少损失。因此,质量控制应以贯彻预防为主和检验把关相结合的原则。必须对干什么、为何干、怎么干、谁来干、何时干、何地干等做出规定,并对实际质量活动进行监控。

因为质量要求是随着时间的发展而在不断变化的,为了满足新的质量要求,就要注意质量控制的动态性,要随着工艺、技术、材料、设备的不断改进,研究新的控制方法。

2.1.2 施工质量控制的原则

(1)坚持质量第一

工程质量是建筑产品使用价值的集中体现,业主最关心的就是工程质量的优劣,或者说业主的最大利益在于工程质量。在项目施工中必须树立"百年大计,质量第一"的思想。

(2)坚持以人为控制核心

人是质量的创造者,质量控制必须"以人为核心",把人作为质量控制的动力,发挥人的积极性、创造性。

(3)坚持预防为主

预防为主的思想,是指事先分析影响产品质量的各种因素,找出主要因素从而采取措施加以重点控制,把质量问题消灭在萌芽状态或发生之前,做到防患于未然。

过去通过对成品或竣工工程进行质量检查,才能对工程的合格与否做出鉴定,这属于事后把关,不能预防质量事故的产生。我们提倡严格把关和积极预防相结合,并以预防为主为方针,这样才能使工程质量在施工的全过程中处于控制范围之内。

(4)坚持质量标准

质量标准是评价工程质量的尺度,数据是质量控制的基础。考查工程质量是否符合要求,必须通过严格检查,以数据为依据。

(5)坚持全面控制

①全过程的质量控制。全过程指的是:工程质量产生、形成和实现的过程。建筑安装工程质量是勘察设计质量、原材料与成品半成品质量、施工质量、使用维护质量的综合反映。为了保证和提高工程质量,质量控制不能仅限于施工过程,而必须贯穿于从勘察设计到使用维护的全过程,要把所有影响工程质量的环节和因素控制起来。

②全员的质量控制。工程质量是项目各方面、各部门、各环节工作质量的集中反映。提高工程项目质量依赖于上自项目经理下至一般员工的共同努力。所以,质量控制必须把项目所有人员的积极性和创造性充分调动起来,做到人人关心质量控制,人人做好质量控制工作。

2.1.3 施工质量控制的措施

对施工项目而言，质量控制就是为了确保合同、规范中所规定的质量标准，所采取的一系列检测、监控措施、手段和方法。施工项目质量控制的主要措施如下：

1. 以人的工作质量确保工程的质量

工程质量是人（包括直接和间接参与工程建设的决策者、管理者和作业者）所创造的。人的政治思想素质、责任感、事业心、质量观、业务能力、技术水平等都直接影响工程的质量。统计资料表明，80%以上的质量安全事故都是人的失误造成的。为此，我们对工程质量的控制始终应"以人为本"，狠抓人的工作质量，避免人的失误，充分调动人的积极性，发挥人的主导作用，增强人的质量观和责任感，使每个人牢牢树立"百年大计，质量第一"的思想，认真负责地做好本职工作，以优秀的工作质量来创造优质的工程质量。

2. 严格控制工程材料的质量

任何一项工程施工，均需投入大量的各种原材料、成品、半成品、构配件和机械设备，要采用不同的施工工艺和施工方法，这是构成工程质量的基础。材料质量不符合要求，工程质量也就不可能符合标准。所以，严格控制工程中材料的质量是确保工程质量的前提。为此，对工程材料的订货、采购、检查、验收、取样、试验都应进行全面控制，从组织货源，优选供货厂家，直到使用认证，做到层层把关，对施工过程中所采用的施工方案要进行充分论证，要做到技术合理、工艺先进，这样才有利于安全文明施工，有利于提高工程质量。

3. 全面控制施工过程，重点控制工序质量

任何一个工程项目都是由若干个分项、分部工程组成的，要确保整个工程项目的质量，达到整体优化的目的，就必须全面控制施工过程，使每一个分项、分部工程都符合质量标准，而每一个分项、分部工程又是通过一道道工序来完成的。由此可见，工程质量是在工序中创造的。为此要确保工程质量就必须重点控制工序质量，对每一道工序质量都必须进行严格检查，当上一道工序质量不符合要求时，决不允许进入下一道工序施工。只有每一道工序质量都符合要求，整个工程项目的质量才能得到保证。

4. 严把分项工程质量检验评定关

分项工程质量等级是分部工程、单位工程质量等级评定的基础。分项工程质量等级不符合标准，分部工程、单位工程的质量也不可能被评为合格；而分项工程质量等级评定正确与否，又直接影响分部工程和单位工程质量等级评定的真实性和可靠性。为此，在进行分项工程质量检验评定时，一定要坚持质量标准，严格检查，一切用数据说话，避免出现第一、第二判断错误。

5. 贯彻"预防为主"的方针

"预防为主"，防患于未然，把质量问题消灭于萌芽之中，这是现代化管理的观念。预防为主就是要加强对影响质量因素的控制，对工程材料质量的控制就是要从对质量的事后检查把关，转向对质量的事前控制、事中控制；从对产品质量的检查，转向对工作质量的检查、对工序质量的检查、对中间产品的质量检查。这些是确保施工项目质量的有效措施。

6. 严防系统性因素的质量变异

系统性因素，如：使用不合格的材料、违反操作规程、混凝土强度等级达不到设计要求、机械设备发生故障等，都必然会造成不合格产品或工程质量事故的发生。系统性因素的特点是易于识别、易于消除，是可以避免的，只要我们增强质量观念，提高工作质量，精心施工，完全可以预防系统性因素引起的质量变异。为此，工程质量的控制，就是要把质量变异控制在偶然性因素引起的范围内，要严防或杜绝由系统性因素引起的质量变异，以免造成工程质量事故。

2.2 施工质量控制的方法和手段

质量是工程项目的灵魂。因此，只有提高工程质量，才能杜绝各种安全隐患，确保工程顺利完成。而确保工程项目质量的关键就在于施工阶段施工质量的控制，因为建筑工程实体最终形成于施工阶段，工程的施工阶段是工程使用价值和工程质量的实现与形成阶段。

2.2.1 施工质量控制的方法

施工项目质量控制的方法，主要是审核有关技术文件、报告和直接进行现场检查或必要的试验等。

1. 审核有关技术文件、报告或报表

对技术文件、报告、报表的审核，是项目经理对工程质量进行全面管理的重要手段，其具体内容有：

①审核有关技术资质证明文件和质量保证体系文件。
②审核开工报告，并经现场核实。
③审核施工组织设计、施工方案及技术措施。
④审核有关材料、半成品和构配件的质量检验报告。
⑤审核反映工序质量动态的统计资料或控制图表。
⑥审核设计变更、修改图纸和技术核定书。
⑦审核有关质量问题的处理报告。
⑧审核有关应用新技术、新工艺、新材料、新结构的现场试验报告和鉴定报告。
⑨审核有关工序交接检查，分项、分部工程质量检查报告。
⑩审核并签署现场有关技术签证、文件等。

2. 现场质量检查

（1）现场质量检查的内容

①开工前检查。目的是检查是否具备开工条件，开工后是否能够保持连续正常施工，能否保证工程质量。
②工序交接检查。对于重要的工序或对工程质量有重大影响的工序，应严格执行"三检"制度，在自检、互检的基础上，还要组织专职人员进行工序交接检查。未经监理工程师（或建设单位技术负责人）检查认可，不得进行下道工序施工。
③隐蔽工程的检查。施工中凡是隐蔽工程都必须经检查认证后方可进行隐蔽掩盖。
④停工后、复工前的检查。因处理质量问题或某些客观因素等导致停工，之后需要复工时，应该经检查认可后才能复工。
⑤分项、分部工程完工后的检查。分项、分部工程完工后，应经检查认可，并签署验收记录之后，才允许进行下一工程项目的施工。
⑥成品保护检查。检查成品有无保护措施，或保护措施是否有效可靠。

此外，还应经常深入现场，对施工操作质量进行巡视检查；必要时，还应进行跟班或追踪检查。

（2）现场质量检查的方法

项目施工质量的好坏，取决于原材料的质量、施工工艺质量、人员素质等综合原因的影响，质量是做出来的，不是检查出来的。但是严格的检查和验收可以影响施工质量，起到"关口"的作用。

所以，不仅要对工程的实体技术资料进行检查，还必须对工程项目的质量进行检查。对于现场所用原材料、半成品、工序过程或工程产品质量进行检验的方法，一般可以分为以下三类。

1）目测法

目测法即凭借感官进行检查，也称观感质量检验。其手段可归纳为"看、摸、敲、照"四个字。

①看，就是根据质量标准要求进行外观目测检查。如：施工顺序是否合理，工人操作是否正确，混凝土成型是否符合要求，清水墙面是否洁净，内墙抹灰大面及口角是否平直，喷涂的密实度和颜色是否良好、均匀，地面是否光洁平整等，都是通过目测检查、评价的。

②摸，就是通过手感触摸进行检查、鉴别，主要用于装饰工程的某些检查项目。如：水刷石、干粘石黏结牢固程度，油漆的光滑度，浆活是否牢固、不掉粉，地面有无起砂等，都可通过手摸来加以鉴别。

③敲，就是运用敲击工具进行音感检查。对地面工程、装饰工程中的水磨石、面砖、石材饰面和大理石贴面等，均应进行敲击检查，通过声音的虚实确定有无空鼓，还可根据声音的清脆和沉闷，判定属于面层空鼓还是底层空鼓。如：用手敲玻璃，若发出颤动声响，一般是底灰不满或压条不实。

④照，对于难以看到或光线较暗的部位，则可采用人工光源或反射光照射的方法进行检查。例如，可以用照的方法检查墙面和顶棚涂饰的平整度，管道井、电梯井等内的管线、设备安装质量，装饰吊顶内连接及设备安装质量等；可用镜子检查室内木门上方油漆是否刷到位，水暖管道靠墙侧是否涂刷银粉等。

2）实测法

实测法又称量测法，就是利用测量工具或计量仪表，通过实际测量的结果和规定的施工规范或质量标准的允许偏差相对照，从而判断质量是否符合要求。其手法可归纳为"靠、吊、量、套"四个字。

①靠，就是用直尺、塞尺配合来检查诸如墙面、地面、屋面、路面的平整度。

②吊，就是利用托线板以及线锤吊线来检查垂直度。如：墙面等砌体垂直度的检查、门窗框的垂直度检查等。

③量，就是用测量工具和计量仪表等检查构件的断面尺寸、轴线、标高、湿度、温度等数值的偏差。这种方法使用最多，主要是检查允许偏差项目。如：大理石板拼缝尺寸与超差数量，用卷尺测量构件的尺寸，用经纬仪或吊线检查外墙砌砖上下窗口偏差，用钢针刺入保温层尺量检查管道保温厚度，混凝土塌落度的检测等。

④套，是以方尺套方，辅以塞尺检查。如：阴阳角的方正、踢脚线的垂直度、预制构件的方正等项目的检查。对门窗口及构配件的对角线（窜角）检查，也是套方的特殊手段。

3）试验法

试验法是指必须通过进行现场试验或试验室试验等理化试验手段，取得数据，才能对质量进行分析判断的检查方法。包括以下两点：

①理化试验。工程中常用的理化试验包括物理力学性能方面的试验和化学成分及其含量的测定两个方面。力学性能的检验如各种力学指标的测定，包括：材料的抗拉强度、抗压强度、抗折强度、抗弯强度、冲击韧性、硬度、承载力等的测定。各种物理性能方面的测定，如：材料的密度、含水量、凝结时间、安定性、抗渗、耐热、耐磨性能等。各种化学方面的试验，如化学成分及其含量的测定，包括：钢筋中的磷、硫含量，混凝土粗骨料中的活性氧化硅成分，以及耐酸、耐碱、抗腐蚀性等。此外，必要时还可以在现场通过诸如对桩或地基的静力载荷试验或打试桩，从而确定其承载力；对混凝土进行现场钻芯取样，通过试验室的抗压强度试验，确定混凝土是否达到设计要求的强度等级；通过对钢结构进行稳定性试验，确定是否会产生失稳现象；对钢筋对焊接头进行拉力试验，来检验焊接的质量；以及通过管道压水试验判断其渗漏或耐压情况；通过防水层的蓄水或淋水试验，来检验防水层的防水质量等。

②无损检测和检验。借助某些专业的仪器、仪表等手段探测结构构件或材料、设备的内部组织结构或损伤状态。如：混凝土回弹仪可现场检查混凝土的强度等级；借助钢筋扫描仪检查钢筋混凝土构件中钢筋放置的位置是否正确；借助超声波探伤仪

技术提示：

隐蔽工程完工后，须进行验收，确保不留隐患，合格后才能进行后续施工。否则今后发现问题，需要返工，既影响质量，又拖延工期。业主和承包方都将蒙受损失。

可检查钢筋的焊接质量等。

2.2.2 施工质量控制的手段

施工质量控制应贯彻全面全过程质量管理的思想，运用动态控制原理，进行质量的事前控制、事中控制和事后控制。

1. 事前质量控制

事前质量控制是指在正式施工活动开始之前进行的事前主动质量控制，通过编制施工质量计划，明确质量目标，制定施工方案，设置质量管理点，落实质量责任，分析可能导致质量目标偏离的各种影响因素，针对这些影响因素制定有效的预防措施，防患于未然。

（1）掌握和熟悉质量控制的技术依据

监理人员应掌握和熟悉质量控制的技术依据有：

①设计图纸及设计说明书。

②建筑工程施工质量验收规范和有关技术规范或规程。

③自审设计图纸及设计资料。

④组织技术交底及图纸会审。

⑤根据业主要求另指定的质量指标及验收标准。

（2）施工场地的质检验收

①现场障碍物，包括地下、架空管线等按设计拆除、迁建，及清除后的验收。

②现场定位轴线及高程标桩的测设、验收。

（3）施工用材料的验收

①审核工程所用材料、半成品的出厂证明、技术合格证或质量保证书。

②某些工程材料、制品须审查样品后方能订货。

③某些工程材料、制品使用前须进行抽检或试验。材料、制品抽检或试验的范围根据工程性质和质量监理要求另行确定。

④凡采用新材料、新型制品，应检查技术鉴定文件。

⑤对重要原材料、制品、设备的生产工艺、质量控制、检测手段应进行实地考察，并帮助生产厂家完善其质保措施。

⑥结构构件生产厂家，应检查其生产许可证，并考察生产工艺及质保体系。

（4）施工机械的质量控制

①凡直接危及工程质量的施工机械，应按技术说明书检验其相应的技术性能，不符合要求的，不得在工程中使用。

②施工中使用的衡器、量具、计量装置等设备应有相应的技术合格证，正式使用前应进行校验或校正。

（5）审查施工单位提交的施工组织设计（或施工方案）

①施工组织设计的编制、审查和批准应符合规定的程序。

②施工组织设计应符合国家的技术政策，充分考虑承包合同规定的条件、施工现场条件及法规条件的要求，突出"质量第一、安全第一"的原则。

③施工组织设计的针对性：承包单位是否了解并掌握了本工程的特点及难点，施工条件是否分析充分。

④施工组织设计的可操作性：承包单位是否有能力执行并保证本工程工期和质量目标；该施工组织设计是否切实可行。

⑤技术方案的先进性：施工组织设计采用的技术方案和措施是否先进适用，技术是否成熟。

⑥质量管理和技术管理体系、质量保证体系、安全保证体系是否健全且切实可行。

⑦安全、环保、消防和文明施工措施是否切实可行并符合有关规定。

⑧施工组织设计中是否包括项目风险管理规划内容，风险防范对策是否合理、可行。

⑨监理工程师审查施工组织设计或施工方案时，在满足合同和法规要求的前提下，应尊重承包单位的自主技术决策和管理决策。

（6）生产环境、管理环境改善的措施

①协助施工单位完善质量保证工作体系。

②主动与当地质监站联系，汇报在本项目开展质监的具体办法，争取当地质监站的支持和帮助。

③审核施工单位在原材料、制品试件取样及试验的方法或方案。

④审核施工单位制定的成品保护的措施、方法。

⑤施工单位试验室的资质考察。

⑥完善质量报表、质量事故的报告制度等。

2. 事中质量控制

事中质量控制指的是在施工质量形成过程中，对影响施工质量的各种因素进行全面的动态控制。事中控制首先是对质量活动的行为约束，其次是对质量活动过程和结果的监督控制。事中控制的关键是坚持质量标准，控制的重点是工序质量、工作质量和质量控制点的控制。

所谓的质量控制点，是为了保证工序质量而确定的控制对象、关键部位或薄弱环节。设置质量控制点是保证到达工序质量要求的必要前提。选择作为质量控制点的对象可以是：施工过程中的关键工序或环节以及隐蔽工程；施工中的薄弱环节，或质量不稳定的工序、部位或对象；对后续工程施工或后续工序质量或安全有重大影响的工序、部位或对象；采用新技术、新工艺、新材料的部位或环节；施工上无足够把握的、施工条件困难的或技术难度大的工序或环节。

重要程度及监督控制要求不同的质量控制点，按照检查监督的力度不同可以分为见证点和停止点。

（1）见证点

见证点，也称W点。凡是被列为见证点的质量控制对象，在规定的关键工序（控制点）施工前，施工单位应提前通知监理人员在约定的时间内到现场进行见证和对其施工实施监督。如果监理人员未能在约定时间内到现场见证和监督，则施工单位有权进行该点的相应工序操作和施工。

（2）停止点

停止点，也称待检点或H点。它是重要性高于见证点的质量控制点。它通常是针对特殊工程或特殊工序而言的。所谓特殊工程通常是指施工过程或工序施工质量不易或不能通过其后的检验和试验而充分得到验证。因此对于特殊的工序或施工过程，或者是某些万一发生质量事故则难以挽救的施工对象，就应设置停止点。

凡被列为停止点的控制对象，要求必须在规定的控制点到来之前通知监理方派人对控制点实施监控，如果监理方未在约定时间到现场监督检查，施工单位应停止进入该停止点相应的工序，并按照合同规定在约定的时间等待监理方，未经认可不能越过该点继续活动。

（1）施工工艺过程质量控制

①观察。指以"目视"、"目测"进行的检查监督。

②现场检查、旁站。指以现场巡视、观察及量测等方式进行的检查监督，并严格按《建筑工程施工旁站监理管理办法》规定进行监理以保证工程质量。

③测量。指借助于测量仪器、设备进行的检查。

④试验。指通过试件、取样进行的试验检查，并根据规定进行见证送样检测，或通水、通电、通气进行的试验等，按规定做桩基检测并取得桩基认定证书。

（2）工序交接检查

坚持上道工序不经检查验收不准进行下道工序的原则。上道工序完成后，先由施工单位进行自检、专职检，认为合格后再通知现场监理工程师或其代表到现场会同检验。检验合格并签名认可后方能进行下道工序。

（3）隐蔽工程检查验收

隐蔽工程完成后，先由施工单位自检、专职检，初验合格后填报隐蔽工程质量验收通知单，报告现场监理工程师检查验收。对人工挖孔桩的持力层还须经原设计人员和地质勘探人员认真检查。

（4）审核设计变更和图纸修改

设计单位提出的因设计原因而造成的变更，由设计部审核。施工单位、监理单位、建设方提出的设计变更，首先由监理单位审核后报工程部审核，并经监审部审签，对于不影响结构安全增加造价6 000元以下的，由现场甲方代表审核并报工程部部长审批后以工程联系单的形式实施。

（5）行使质量监督权，下达停工指令

为了保证工程质量，出现下述情况之一者，监理工程师在征得业主同意后有权指令施工单位立即停工整改。

①未经检验即进行下一道工序作业者。

②工程质量下降经指出后，未采取有效改正措施，或采取了一定的措施，但效果不好，继续作业者。

（6）建立质量监理日记

现场监理工程师及监理人员应逐日记录有关工程质量动态及影响因素的情况。

（7）组织现场质量协调会

现场质量协调会一般由现场监理工程师或总监主持。协调会后应印发会议纪要。

（8）定期向业主报告有关工程质量动态情况

现场监理组每月向业主报告质量方面的情况，重大质量事故及其他质量方面的重大事件则不定期地提出报告。

3. 事后质量控制

事后质量控制也称事后质量把关，以使不合格的工序或最终产品（包括单位工程或整个工程项目）不流入下道工序、不进入市场。事后控制包括对质量活动结果的评价、认定和对质量偏差的纠正。控制的重点是发现施工质量方面的缺陷，并通过分析提出施工质量改进的措施，保持质量处于受控状态。

①单位、单项工程竣工验收。凡单位、单项工程完工后，施工单位初验合格再提出验收申报表。

②项目竣工验收。

③审核竣工图及其他技术资料。

④整理工程技术文件资料并编目建档。

⑤移交工程技术资料。

⑥工程进入质量保修期的监理工作。

> **技术提示：**
> 事前控制是先导；事中控制是关键；事后控制是弥补。

2.3 施工质量五大要素的控制

影响施工项目质量的因素主要有五个方面，即4M1E，指的是：人（Man）、机械（Machine）、材料（Material）、方法（Method）和环境（Environment），如图2.1所示。

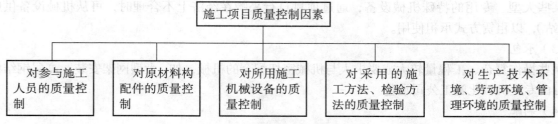

图2.1 质量因素的控制

技术提示：
事前对人、机、料、法、环这五个方面的因素严加控制，是保证施工项目质量的关键。

2.3.1 人的因素控制

人，是指直接参与施工的组织者、指挥者和操作者。作为控制的对象，是要避免产生失误；作为控制的动力，是要充分调动人的积极性，发挥人的主导作用。为此，除了加强思想政治教育、劳动纪律教育、职业道德教育、专业技术培训，健全岗位责任制，改善劳动条件，公平合理地激励劳动热情以外，还需根据工程特点，从确保质量出发，在技术水平、生理缺陷、心理行为、错误行为等方面来控制人的使用。如：对技术复杂、难度大、精度高的工序或操作，应由技术熟练、经验丰富的工人来完成；反应迟钝、应变能力差的人，不能操作快速运行、动作复杂的机械设备；对某些要求万无一失的工序和操作，一定要分析人的心理行为，控制人的思想活动，稳定人的情绪；对具有危险源的现场作业，应控制人的错误行为，严禁吸烟、打赌、嬉戏、误判断、误动作等。

此外，严禁无技术资质的人员上岗操作。对不懂装懂、图省事、碰运气、有意违章的行为，必须及时制止。总之，在使用人的问题上，应从政治素质、思想素质、业务素质和身体素质等方面综合考虑，全面控制。

2.3.2 机械设备控制

机械设备控制包括对工程设备、施工机械设备和各类施工器具等的控制。工程设备是指组成工程实体的工艺设备和各类机具，如：各类生产设备、装置和辅助配套的电梯、泵机，以及通风空调、消防、环保设备等，它们是工程项目的重要组成部分，其质量的优劣直接影响到工程使用功能的发挥；施工机械设备是指施工过程中使用的各类机具设备，包括运输设备、吊装设备、操作工具、测量仪器、计量器具以及施工安全设施等。

施工机械设备是所有施工方案和工法得以实施的重要物质基础，要根据不同工艺的特点和技术要求，选用合适的机械设备，正确使用、管理和保养好机械设备。为此要健全"人机固定"制度、"操作证"制度、岗位责任制度、交接班制度、"技术保养"制度、"安全使用"制度、机械设备检查制度等，确保机械设备处于最佳使用状态。

1. 机械设备使用形式决策

施工项目上所使用的机械设备应根据项目特点及工程量，按必要性、可能性和经济性的原则确定其使用形式。机械设备的使用形式包括：自行采购、租赁、承包和调配等。

（1）自行采购

根据项目及施工工艺特点和技术发展趋势，确有必要时才自行购置机械设备。应使所购置机械设备在项目上达到较高的机械利用率和经济效果，否则采用其他使用形式。

（2）租赁

某些大型、专用的特殊机械设备，通过项目自行采购在经济上不合理时，可从机械设备供应站（租赁站），以租赁方式承租使用。

（3）承包

某些操作复杂、工程量较大或要求人与机械密切配合的机械，如：大型网架安装、高层钢结构吊装，可由专业机械化施工公司承包。

（4）调配

一些常用机械，可由项目所在企业调配使用。

究竟采用何种使用形式，应通过技术经济分析来确定。

2. 注意机械配套

机械配套有两层含义：其一，一个工种的全部过程和环节配套，如：混凝土工程，搅拌要做到上料、称量、搅拌与出料的所有过程配套，运输要做到水平运输、垂直运输与布料的各个过程以及浇灌、振捣各个环节都机械化且配套；其二，主导机械与辅助机械在规格、数量和生产能力上配套，如：挖土机的斗容量要与运土汽车的载重量和数量相配套。

现场的施工机械如果能够合理配备、配套使用，就能充分发挥机械的效能，获得较好的经济效益。

3. 机械设备的合理使用

合理使用机械设备，正确地进行操作，是保证项目施工质量的重要环节。应贯彻人机固定原则，实行定机、定人、定岗位责任的"三定"制度。要合理划分施工段，组织好机械设备的流水施工。当一个项目有多个单位工程时，应使机械在单位工程之间流水，减少进出场时间和装卸费用。搞好机械设备的综合利用，尽量做到一机多用，充分发挥其效率。要使现场环境、施工平面布置适合机械作业要求，为机械设备的施工创造良好的条件。

4. 机械设备的保养与维修

为了保持机械设备的良好技术状态，提高设备运转的可靠性和安全性，减少零件的磨损，延长使用寿命、降低消耗、提高机械施工的经济效益，应做好机械设备的保养工作。保养分为例行保养和强制保养。例行保养的主要内容有：保持机械的清洁，检查运转情况，防止机械腐蚀，按技术要求润滑等。强制保养是按照一定周期和内容分级进行保养。

对机械设备的维修可以保证机械的使用效率，延长使用寿命。机械设备修理是对机械设备的自然损耗进行修复，排除机械运行的故障，对损坏的零部件进行更换、修复。

2.3.3 材料的控制

材料包括工程材料和施工用料，又包括原材料、成品、半成品、构配件等。各类材料是工程施工的物质条件，材料质量是工程质量的基础，材料质量不符合要求，工程质量就不可能达到标准。所以，加强对材料质量的控制，是保证工程质量的重要基础。

材料控制主要是严格检查验收，正确合理地使用，建立管理台账，进行收、发、储、运等各环节的技术管理，避免混料和将不合格的原材料使用到工程上。

1. 对供货方质量保证能力进行评定

对供货方质量保证能力进行评定的原则包括：

①材料供应的表现状况，如：材料质量、交货期等。

②供货方质量管理体系对于按要求如期提供产品的保证能力。

③供货方的顾客满意程度。

④供货方交付材料之后的服务和支持能力。

⑤其他，如价格、履约能力等。

2. 建立材料管理制度，减少材料损失、变质

对材料的采购、加工、运输、贮存建立管理制度，可加快材料的周转，减少材料占用量，避免材料损失、变质，按质、按量、按期满足工程项目的需要。

3. 对原材料、半成品、构配件进行标识

①进入施工现场的原材料、半成品、构配件要按型号、品种分区堆放，予以标识。

②对有防湿、防潮要求的材料，要有防雨防潮措施，并有标识。

③对容易损坏的材料、设备，要做好防护。

④对有保质期要求的材料，要定期检查，以防过期，并做好标识。

标识应具有可追溯性，即应标明其规格、产地、日期、批号、加工过程、安装交付后的分布和

场所。

4. 加强材料检查验收

用于工程的主要材料，进场时应有出厂合格证和材质化验单；凡是标识不清或认为质量有问题的材料，需要进行追踪检验，以确保质量；凡是未经检验和已经验证为不合格的原材料、半成品、构配件和工程设备不能投入使用。

5. 发包人提供的原材料、半成品、构配件和设备

发包人所提供的原材料、半成品、构配件和设备用于工程时，项目组织应对其做出专门的标识，接受时须进行验证，储存或使用时给予保护和维护，并使其得到正确的使用。上述材料经验证不合格者，不得用于工程。发包人有责任提供合格的原材料、半成品、构配件和设备。

6. 材料质量抽样和检验方法

材料质量抽样应按规定的部位、数量及采选的操作要求进行。材料质量的检验项目分为一般试验项目和其他试验项目。一般试验项目即通常进行的试验项目；其他试验项目是根据需要而进行的试验项目。材料质量检验方法有书面检验、外观检验、理化检验和无损检验等。

2.3.4 方法的控制

施工方法包括施工技术方案、施工工艺、施工组织设计、施工技术措施、工法等。从某种程度上说，技术工艺水平的高低，决定了施工质量的优劣。采用先进合理的工艺、技术，依据规范的工法和作业指导书进行施工，必将对组成质量因素的产品精度、平整度、清洁度、密封性等物理、化学特性等方面起到良性的推进作用。比如：近年来，建设部在全国建筑业中推广应用的10项新的应用技术，包括地基基础和地下空间工程技术、高性能混凝土技术、高效钢筋和预应力技术、新型模板及脚手架应用技术、钢结构技术、建筑防水技术等，对确保建设工程质量和消除质量通病起到了积极作用，收到了明显的效果。

施工方法的控制主要应切合工程实际、能解决施工难题、技术可行、经济合理，有利于保证质量、加快进度、降低成本。

2.3.5 环境因素控制

影响工程质量的环境因素比较多，主要有现场自然环境、施工质量管理环境、施工作业环境。

现场自然环境，主要指工程地质、水文、气象条件和周边建筑、地下障碍物以及其他不可抗力等。例如，在地下水位高的地区，若在雨期进行基坑开挖，遇到连续降雨或排水困难，就会引起基坑塌方或地基受水浸泡影响承载力等；在寒冷地区冬期施工措施不当，工程会因受到冻融而影响质量；在基层未干燥或大风天进行卷材屋面防水层的施工，就会导致粘贴不牢及空鼓等质量问题。

施工质量管理环境，主要指施工单位质量保证体系、质量管理制度和各参建施工单位之间的协调等。根据承发包的合同结构，理顺管理关系，建立统一的现场施工组织系统和质量管理的综合运行机制，确保质量保证体系处于良好的状态，创造良好的质量管理环境和氛围，是施工顺利进行、提高施工质量的保证。

施工作业环境，主要指施工现场的给排水条件，各种能源介质供应，施工照明、通风、安全防护措施，施工场地空间条件和通道，以及交通运输和道路条件等。

环境因素对工程质量的影响，具有复杂而多变的特点，如气象条件变化万千，温度、湿度、大风、暴雨、酷暑、严寒等都直接影响工程质量。又如：前一工序往往就是后一工序的环境，前一分项、分部工程也就是后一分项、分部工程的环境。因此，根据工程特点和具体条件，应对影响质量的环境因素，采取有效的措施严加控制。尤其是施工现场，应建立文明施工和文明生产的环境，保持材料、工件堆放有序，道路畅通，工作场所清洁整齐，施工程序井井有条，为确保质量、安全创造良好的条件。

1. 建立环境管理体系，实施环境监控

随着经济的高速增长，环境问题已经迫切地摆在我们面前，它严重地威胁着人类社会的健康生存和可持续发展，并日益受到全社会的普遍关注。在项目的施工过程中，项目组织也要重视自己的环境表现和环境形象，并以一套系统化的方法规范其环境管理活动，满足法律的要求和自身的环境方针，以求得生存和发展。

环境管理体系是整个管理体系的一个组成部分，包括为制定、实施、实现、评审和保持环境方针所需的组织结构、计划活动、职责、惯例、程序、过程和资源。

环境管理体系是一个系统，因此需要不断地监测和定期评审，以适应变化着的内外部因素，有效地引导项目组织的环境活动。项目组织内的每一个成员都应承担环境改进的职责。

实施环境监控时，应确定环境因素，并对环境做出评价。

①项目的活动、产品和服务中包含哪些环境因素？
②项目的活动、产品和服务是否产生重大的、有害的环境影响？
③项目组织是否具备评价新项目环境影响的程序？
④项目所处的地点有无特殊的环境要求？
⑤对项目的活动、产品和服务的任何更改或补充，将如何作用于环境因素和与之相关的环境影响？
⑥如果一个过程失败，将产生多大的环境影响？
⑦可能造成环境影响的时间出现的频率？
⑧从影响、可能性、严重性和频率方面考虑，有哪些是重要的环境因素？
⑨这些重大的环境影响是当地的、区域性的还是全球性的？

在环境管理体系运行中，应根据项目的环境目标和指标，建立对实际环境表现进行测量和监测的系统，其中包括对遵循环境法律和法规的情况进行评价；还应对测量的结果做出分析，以确定哪些部分是成功的，哪些部分是需要采取纠正措施和予以改进的活动。管理者应确保这些纠正和预防措施的贯彻，并采取系统的后续措施来确保它们的有效性。

2. 对影响工程项目质量的环境因素控制

（1）工程技术环境

工程技术环境包括工程地质、水文地质、气象等。需要对工程技术环境进行调查研究：工程地质方面要摸清建设地区的钻孔布置图、工程地质剖面图及土壤试验报告；水文地质方面要摸清建设地区全年不同季节的地下水位变化、流向及水的化学成分，以及附近河流和洪水情况等；气象方面要了解建设地区的气温、风速、风向、降雨量、冬雨季月份等。

（2）工程管理环境

工程管理环境包括质量管理体系、环境管理体系、安全管理体系、财务管理体系等。上述各管理体系的建立与正常运行，能够保证项目各项活动的正常、有序进行，也是搞好工程质量的必要条件。

（3）劳动环境

劳动环境包括劳动组织、劳动工具、劳动保护与安全施工等。劳动组织的基础是分工和协作，分工得当既有利于提高工人的熟练程度，又便于劳动力的组织与运用；协作最基本的问题是配套，即各工种和不同等级工人之间互相匹配，从而避免停工、窝工，获得最高的劳动生产率。劳动工具的数量、质量、种类应便于操作、使用，有利于提高劳动生产率。劳动保护与安全施工，是指在施工过程中，以改善劳动条件、保证员工的生产安全、保护劳动者的健康而采取的一些管理活动，这项活动有利于发挥员工的积极性和提高劳动生产率。

基础与工程技能训练

一、单选题

1. 以下关于质量控制的说法正确的是（　　）。
   A. 致力于满足质量要求的一系列相关活动
   B. 确立质量方针
   C. 实施质量方针的全部职能及工作内容
   D. 对有关质量工作效果进行评价和改进的一系列工作

2. 在施工现场质量检查过程中，通常用"靠、吊、量、套"等方法进行实测检查。其中，对于地面平整度的检查通常采用的手段是（　　）。
   A. 靠　　　　　　B. 吊　　　　　　C. 量　　　　　　D. 套

3. 施工质量控制的基本出发点是控制（　　）。
   A. 人的因素　　　B. 材料的因素　　C. 机械的因素　　D. 方法的因素

4. 某项目为了确保使用钢材的质量，对钢材进行了抗拉试验，抗拉试验属于（　　）。
   A. 物理性能试验　B. 化学性能试验　C. 无损试验　　　D. X射线探伤试验

二、多选题

1. 在施工质量的五大影响因素中，方法的因素主要包括（　　）等方面。
   A. 施工技术方案　　　　B. 施工工艺　　　　C. 施工技术措施
   D. 施工技术标准　　　　E. 施工检验方法

2. 选择质量控制点的原则通常包括（　　）。
   A. 施工中的薄弱环节　　　　　　B. 对下道工序有较大影响的上道工序
   C. 施工投入资源大的工序和部位　D. 施工无把握、施工条件困难的工序
   E. 采用新技术或者新员工的部位或环节

3. 在用试验法进行质量检查中，需要进行现场试验的有（　　）。
   A. 桩的静载试验　　　　　　　　B. 下水管道的通水试验
   C. 防水层的蓄水试验　　　　　　D. 混凝土试块强度试验
   E. 供热管道的压力试验

4. 施工机械设备是指施工过程中使用的各类机具设备，包括（　　）。
   A. 运输设备和操作工具　　　　　B. 测量仪器和计量器具
   C. 工程实体配套的工艺设备　　　D. 电梯、泵机、通风空调设备
   E. 施工安全设施

三、判断题

1. 在使用机械设备时，应贯彻人机固定原则，实行定人、定机、定操作的"三定"制度。（　　）
2. 施工方法控制的主要原则是应切合工程实际、能解决施工难题、技术可行、经济合理。（　　）
3. 事中控制的关键是坚持质量标准，控制的重点是工序质量、工作质量和质量控制点的控制。（　　）
4. 某工程在施工的过程中，地下水位比较高，若在雨季进行基坑开挖，遇到连续降雨或排水困难，就会引起基坑塌方或地基受水浸泡影响承载力，这属于现场自然环境对工程质量的影响。（　　）

四、案例题

例一：2000年10月，某市电视台演播中心演播厅在浇筑屋面混凝土时，模板支撑系统失稳坍

塌，造成6人死亡、35人受伤的重大伤亡事故。发生事故的直接原因是：模板支撑系统架体搭设存在严重缺陷，水平连杆不足，模板支架与结构缺少连接，导致架体立杆局部失稳垮塌。

例二：2000年11月，某市经济开发区某公司扩建厂房工程，14名工人在20 m高处浇筑锅炉房屋面混凝土时，模板平台排架支撑倒塌，造成11人死亡、2人重伤、1人轻伤的重大伤亡事故。发生事故的直接原因是：模板支撑系统搭设不合理，立杆水平间距过大，没有设置连续的竖向斜撑和水平、斜向拉结，架体立杆失稳导致支撑系统坍塌。

针对上述两个案例，综合解答下列问题：

（1）分析这两起事故说明什么道理。

（2）针对此工程，编制对模板支撑系统质量、问题的控制技术措施。

（3）根据监督管理制度，如何来进行强制性控制？

模块 3
建筑工程施工质量验收

模块概述

质量管理离不开质量验收，建筑产品的形成是一个复杂的动态过程，在施工过程中由于受到各种因素的影响，工程质量不可避免地存在一定程度的波动。建筑工程着重过程控制，在施工过程中对建筑产品进行检查验收，把工程质量的"事后把关"变成"事前控制"，确保建筑产品合格，这是企业实施质量方针的需要，也是保证施工质量的重要环节。

学习目标

1. 熟悉建筑工程施工质量验收的有关术语和基本规定；
2. 了解施工质量验收层次划分的目的；
3. 掌握施工质量验收划分的层次；
4. 掌握检验批、分项工程、分部（子分部）工程、单位（子单位）工程质量验收的合格规定和验收方法及验收记录、核查表格的填写；
5. 熟悉建筑工程施工质量验收的程序和组织。

能力目标

1. 能够对现场施工质量验收检验进行合理的划分；
2. 能够按照标准要求准确填写各种施工质量验收表格；
3. 能够按照《建筑工程施工质量验收统一标准》及相关规范、标准对各验收层次组织验收，并给出结论。

课时建议

8 课时

3.1 建筑工程施工质量验收的术语和基本规定

3.1.1 施工质量验收的有关术语

现行的系列建筑工程施工质量验收规范涉及很多术语，《建筑工程施工质量验收统一标准》中给出了 17 个术语，在其有关章节中被引用。除本标准中使用外，还可以作为建筑工程各专业施工质量验收规范引用的依据。《建筑工程施工质量验收统一标准》的术语是从本标准的角度赋予其含义的，同时还分别给出了相应的推荐性英文术语。正确理解相关术语的含义，有利于正确把握现行各行各业施工质量验收规范的执行。

（1）建筑工程（Building Engineering）

为新建、改建或扩建房屋建筑物和附属构筑物设施所进行的规划、勘察、设计和施工、竣工等各项技术工作和完成的工程实体。

（2）建筑工程质量（Quality of Building Engineering）

反映建筑工程满足相关标准规定或合同约定的要求，包括其在安全、使用功能及耐久性能、环境保护等方面所有明显的隐含能力的特性总和。

建筑工程作为一种特殊的产品，除具有一般产品共有的质量特性外，还具有特定的内涵。

①适用性。适用性即功能，是指工程满足使用目的的各种性能。包括：尺寸规格、保温、隔热等物理性能；耐酸、耐腐蚀、防火等化学性能；地基基础牢固程度、结构满足承载力、刚度和稳定性等结构性能等。

②耐久性。耐久性即寿命，是指工程在规定的条件下，满足规定功能要求使用的年限，也就是工程竣工后的合理使用寿命周期。鉴于建筑物本身结构类型不同、质量要求不同、施工方法不同、使用性能不同的个性特点，目前国家对建设工程的合理使用寿命周期还缺乏统一的规定，仅在少数技术标准中，提出了明确要求。

③安全性。安全性是指工程建成后在使用过程中保证结构安全、保证人身和环境免受危害的程度。建筑工程产品的结构安全度，抗震、耐火及防火能力，人民防空的抗辐射、抗核污染、抗爆炸波等能力能否达到特定的要求，都是安全性的重要标志。工程交付使用之后，必须保证人身财产、工程实体都能免遭工程结构破坏及外来危害的伤害。

④经济性。经济性是指工程从规划、勘察、设计、施工到整个产品使用寿命周期内的成本和消耗的费用。工程经济性具体表现在设计成本、施工成本、使用成本三者之和。

⑤与环境的协调性。建筑工程与环境的协调性是指工程与其周围生态环境协调，与所在地区经济环境协调以及与周围已建工程相协调，以适应可持续发展的要求。

（3）验收（Acceptance）

建筑工程在施工单位自行质量检查评定的基础上，参与建设活动的有关单位共同对检验批、分项、分部、单位工程的质量进行抽样复验，根据相关标准以书面形式对工程质量达到合格与否做出确认。建筑工程施工质量验收包括工程施工质量的中间验收和工程竣工验收两个方面。通过对工程建设中间产品和最终产品的质量验收，从过程控制和终端把关两个方面进行工程项目的质量控制，以确保达到业主所要求的功能和使用价值，实现建设投资的经济效益和社会效益。工程项目的竣工验收，是项目建设程序的最后一个环节，是全面考核项目建设成果、检查设计与施工质量、确认项目能否投入使用的重要步骤。

（4）进场验收（Site Acceptance）

对进入施工现场的材料、构配件、设备等按相关标准规定要求进行检验，对产品达到合格与否做

> **技术提示：**
> 顺利并尽快完成竣工验收，标志着项目建设阶段的结束和生产使用阶段的开始，其对促进项目的早日投产使用，及早发挥投资效益，有着非常重要的意义。

出确认。

（5）检验批（Inspection Lot）

按同一的生产条件或按规定的方式汇总起来供检验用的，由一定数量样本组成的检验体，是施工质量验收的最小单位，是建筑工程质量验收的基础。

（6）检验（Inspection）

对检验项目中的性能进行量测、检查、试验等，并将结果与标准规定要求进行比较，以确定每项性能是否合格所进行的活动。

（7）见证取样检测（Evidential Testing）

在监理单位或建设单位的监督下，由施工单位有关人员现场取样，并送至具备相应资质的检测单位所进行的检测。

（8）交接检验（Handing Over Inspection）

由施工的承接方与完成方经双方检查并对可否继续施工做出确认的活动。

（9）主控项目（Dominant Item）

建筑工程中的对安全、卫生、环境保护和公众利益起决定性作用的检验项目，主要包括以下内容：

①重要材料、构件及配件、成品及半成品、设备性能及附件的材质、技术性能等。

②结构的强度、刚度和稳定性等检验数据、工程性能的检验。

③一些重要的允许偏差项目，必须控制在允许偏差限值之内。

（10）一般项目（General Item）

除主控项目以外的检验项目，主要包括以下内容：

①在一般项目中，允许有一定偏差的，如用数据标准判断，其偏差范围不得超过规定值。

②对不能确定偏差值而又允许出现一定缺陷的项目，则以缺陷的数量来区分。如砖砌体预埋拉结筋，其留置间距偏差等。

③一些无法定量的而采用定性的项目。如碎拼大理石地面颜色协调，无明显裂缝和坑洼；管道接口项目，无外露油麻等需要监理工程师来合理控制。

（11）抽样检验（Sampling Inspection）

按照规定的抽样方案，随机地从进场的材料、构配件、设备或建筑工程检验项目中，按检验批抽取一定数量的样本所进行的检验。

（12）抽样方案（Sampling Scheme）

根据检验项目的特性所确定的抽样数量和方法。

（13）计数检验（Counting Inspection）

在抽样的样本中，记录每一个体有某种属性或计算每一个体中的缺陷数目的检查方法。

（14）计量检验（Quantitative Inspection）

在抽样检验的样本中，对每一个体测量其某个定量特性的检查方法。

（15）观感质量（Quality of Appearance）

通过观察和必要的测量所反映的工程外在质量。

（16）返修（Repair）

对工程不符合标准规定的部位采取整修等措施。在建筑工程施工中，这是最常用的一类处理方案，通常当工程的某个检验批、分项或分部的局部质量虽未达到有关规范、标准或设计要求，存在一定缺陷，但通过修补或更换器具、设备后还可达到要求的标准，又不影响使用功能和外观要求，在此情况下可以进行返修处理。

（17）返工（Rework）

对不合格的工程部位采取的重新制作、重新施工等措施。当质量未达到规定的标准或要求，存在严重质量问题，并对结构的使用和安全构成重大影响，且又无法通过返修处理的情况下，可对检验批、分项、分部工程甚至整个工程进行返工处理。

3.1.2 施工质量验收的基本规定

《建筑工程施工质量验收统一标准》中的基本规定是验收规范体系中的核心内容,是建筑工程施工质量验收的基本规则,是整个验收规范体系的纲领,在基本规定中给出了全过程验收的主导思想。

根据《建筑工程施工质量验收统一标准》的规定,施工现场质量管理应有相应的施工技术标准、健全的质量管理体系、施工质量检验制度和综合施工质量水平评定考核制度。施工现场质量管理可根据《建筑工程施工质量验收统一标准》中附录 A 的要求进行检查记录。

针对施工现场质量管理,《建筑工程施工质量验收统一标准》中给出了四项要求:

(1)有相应的施工技术标准

即企业标准、施工工艺、工法、操作规程等施工操作依据,这些企业标准必须高于国家标准、行业标准,这是保证国家标准贯彻落实的基础。

(2)有健全的质量管理体系

按照质量管理规范建立必要的组织、制度,并赋予其应有的权利和责任,保证质量控制措施的落实。质量管理体系可以是通过 ISO 9000 族系列认证的,也可以不是通过认证的。为了保证其具有可操作性,应满足统一标准中附录 A 表的要求,见表 3.1。

表 3.1 施工现场质量管理检查记录

开工日期:

工程名称		施工许可证	
建设单位		项目负责人	
设计单位		项目负责人	
监理单位		总监理工程师	
施工单位		项目经理		项目技术负责人	

工程编号	项 目	内 容
1	现场管理制度	
2	质量责任制	
3	主要专业工种操作上岗证书	
4	分包方资质与对分包单位的管理制度	
5	施工图审查情况	
6	地质勘察资料	
7	施工组织设计、施工方案及审批	
8	施工技术标准	
9	工程质量检验制度	
10	搅拌站及计量设置	
11	现场材料、设备存放与管理	
12		

检查结论:

总监理工程师:
(建设单位项目专业负责人)　　年　月　日

(3)有施工质量检验制度

其施工质量检验要有具体的规定、明确检验项目和制度等,重点是竣工后的抽查检测,检测项目、检测时间、检测人员应具体落实。

三结合的检验制度是我国企业长期检验工作的经验总结，是行之有效的。所谓三检制，就是实行操作者的自检、工人之间的互检和专职检验人员的专检相结合的一种检验制度。

①自检。自检就是生产者对自己所生产的产品，按照图纸、工艺或合同中规定的技术标准自行进行检验，并做出是否合格的判断。这种检验充分体现了生产工人必须对自己所生产产品的质量负责。通过自检，使生产者充分了解自己生产的产品在质量上存在的问题，并开动脑筋，寻找出现问题的原因，进而采取改进的措施，这也是工人参与质量管理的重要形式。

②互检。互检就是生产工人相互之间进行检验。互检主要有：下道工序对上道工序流转过来的产品进行抽检；同一工程、同一工序轮班交接时进行的相互检验；小组质量员或班组长对本小组工人加工出来的产品进行抽检等。这种检验不仅有利于保证加工质量，防止疏忽大意而造成成批地出现废品，而且有利于搞好班组团结，加强工人之间良好的群体关系。

③专检。专检就是由专业检验人员进行的检验。专业检验是现代化大生产劳动分工的客观要求，它是互检和自检不能取代的。而且三检制必须以专业检验为主导，这是由于现代生产中，检验已成为专门的工种和技术，专职检验人员无论对产品的技术要求、工艺知识和检验技能，都比生产工人熟练，所用检测仪器也比较精密，检验结果比较可靠，检验效率也比较高；其次，由于生产工人有严格的生产定额，定额又同奖金挂钩，所以容易产生错检和漏检，有时操作者的情绪也有影响。那种以相信群众为借口，主张完全依靠自检，取消专检，是既不科学，也不符合实际情况的。

贯彻执行专检与自检、互检相结合的制度，要处理好这三者的关系。施工单位应坚持三检制，一般情况下，由班组初检、施工队复检、质检处（科）终检。初检可由班组长或班组兼职质检员担任，终检必须由质检部门专职质检员担任。三检制是施工单位自评工程质量的依据，属自检；而监理单位的抽检，属复检性质，是监理单位核定单元（或工序）质量等级的依据。

（4）提出了综合施工质量水平评定考核制度

其将企业资质、人员素质、工程实体质量及前三项的要求形成综合效果和成效，包括工程质量的总体评价、企业的质量效益等。目的是经过综合评价，不断提高施工管理水平。

施工现场质量管理检查的主要内容，都属于事前控制，是在工程开工前检查。为了保证工程质量达到合格的规定，应重点控制：现场的质量管理，在质量方面指挥和控制组织的活动是否协调并有实效，组织机构的设置和职责的分配与落实是否到位。

对现场操作人员要检查主要专业工种是否持有上岗证书，有利于形成操作人员素质保障制度。分包方的资质检查，应重点审查控制施工组织者、管理者的资质与质量管理水平，主要专业工种和关键的施工工艺及新技术、新工艺、新材料等应用方面的能力；检查主承包单位对分包单位的质量管理方面的约束机制。施工图纸是施工单位质量控制的重要依据，设计交底和图纸会审做得好，能事先消灭图纸中的质量隐患，有利于施工单位更进一步了解设计意图、工程结构特点、施工的工艺要求及确定采取的技术措施。检查施工组织设计，重点要抓住组织体系特别是质量管理体系是否健全，施工现场总体布局是否合理，能否有利于保证施工质量，检查施工组织技术措施针对性和有效性。对施工方案的检查，主要应检查施工程序的安排、施工机械设备的选择、主要项目的施工方法。施工方法是施工方案的核心，要检查是否可行，是否符合国家有关规定的施工规范和质量验评标准等。材料和设备通过物化劳动，将构成工程的组成部分，故它们质量的好坏与工程质量关系重大，对于材料、设备的检查要进行全过程控制，检查是否从进场、存放、使用等方面进行了系统控制。凡涉及安全、功能的有关产品是否坚持按各专业工程质量验收规范规定进行复验，是否得到了监理工程师或建设单位技术负责人的检查认可。一般一个单位（子单位）工程、一个项目或一个标段检查一次。

技术提示：

检查不合格不许开工，且应重新落实，再申报检查，合格后方准许开工。

> **技术提示：**
> 施工现场质量管理检查记录应由施工单位按表3.1填写，总监理工程师（建设单位项目负责人）进行检查，并做出检查结论。

根据《建筑工程施工质量验收统一标准》的规定，建筑工程应按下列规定进行施工质量控制：

①建筑工程采用的主要材料、半成品、成品、建筑构配件、器具和设备应进行现场验收。凡涉及安全、功能的有关产品，应按各专业工程质量验收规范规定进行复验，并应经监理工程师（建设单位技术负责人）检查认可。

②各工序应按施工技术标准进行质量控制，每道工序完成后，应进行检查。

③相关各专业工种之间，应进行交接检验，形成记录。并经监理工程师（建设单位技术负责人）检查认可。

加强工序质量的控制是落实过程控制的基础，工程质量的过程控制是有形的，要落实到可操作的工序中去，统一标准中充分考虑了这一点，规定了建筑工程施工过程质量控制的主要方面。

（1）加强进场验收

对用于建筑工程的主要材料、半成品、成品、建筑构配件、器具和设备应加强进场验收，对照供货合同和产品出厂质量合格证明进行仔细检查，检查应有书面记录和专人签字，未经检验或检验不合格不得进入现场。对于涉及安全、功能的有关产品，应按相关专业工程质量验收规范的规定进行复验。复验时其检验批次的划分、试样的抽取方法、质量指标的认定等都应按有关产品相应的产品标准规定进行。最后，还要经过监理工程师的检查认可签字才能用于工程，否则不得用于工程。

（2）加强工序质量控制，落实过程控制

工程质量是在施工工序中形成的，而不是靠最后检验出来的。为了把工程质量从事后检查把关，转向事前控制，达到"以预防为主"的目的，必须加强施工工序的质量控制。工序质量的检验，就是利用一定的方法和手段，对工序操作及其完成产品的质量进行实际而及时的测定、查看和检查，并将所测得的结果同该工序的操作规程及形成质量特性的技术标准进行比较，从而判断是否合格或是否优良。工序质量的检验，也是对工序活动的效果进行评价。工序活动的效果，归根结底就是指通过每道工序所完成的工程项目质量或产品的质量如何，是否符合质量标准。

①控制点的确定。在工艺流程控制点中，找比较重要的控制点进行检查，查看其控制措施的落实情况、措施的有效情况，并对其质量指标进行测量，看其数据是否达到规范规定。这种检查不必停止生产，可边生产边检查。控制点的检查，可以是操作班组、专业质量检查员、监理工程师等，可做记录，也可不做。班组可将这些数据作为生产班组自检记录，以说明控制措施的有效性和控制的结果。专业质量检查人员也可作为控制数据记录。

②质量合格标准的确定。按工序的工艺流程，在各点应建立施工技术标准进行质量控制，并在质量检验中正确执行这些技术标准，使工艺流程中的每个点都在操作中达到要求。

③工序质量检验。在一些重要的控制点和检查点进行全面检查，凡是能反映该工序质量的指标都可以检查和检验，这种检查可以是生产班、组自检，专职项目专业质量检查员认可；也可以是专职项目专业质量检查员自行检查。在检查时要停止生产或生产告一段落，检查完成的应填写规定的表格，可作为生产过程控制结果的数据，也可能是检验批中的检验数据，填入检验批自行检验评定表。

④处理。就是根据比较合格标准和检验结果来判断工程或产品的质量是否符合规程、标准的要求，并得出结论。判定要用事实、数据说话，防止主观、片面，真正做到以事实、数据为依据，以标准、规范为准绳。根据判定的结果，对合格与优良的工程或产品的质量予以认证，对不合格者则要找

原因，采取对策措施予以调整、纠偏或返工。

（3）加强交接检验

各工序完成之后或各专业工种之间，应进行交接检验。各工序施工完成形成检验批，也有一些不形成检验批，但为了给后道工序提供良好的工作条件，使后道工序的质量得到保证，同时经过后道工序的确认，也为前道工序质量给予认可，加强交接检验能够促进前道工序的质量控制。既使质量得到控制，也分清了质量责任，促进了后道工序对前道工序质量的保护。交接检验应形成记录，并经监理工程师签字认可。这样，既能保证交接工作正确执行标准，符合规范规定，又便于分清发生质量问题的责任，防止发生不必要的纠纷。

《建筑工程施工质量验收统一标准》规定，建筑工程施工质量验收必须满足以下10个方面的要求。

（1）建筑工程质量应符合本标准和相关专业验收规范的规定

《建筑工程施工质量验收统一标准》与各专业验收规范是一个统一的整体，进行工程质量验收时必须相互配套使用，共同完成一个单位（子单位）工程质量的验收。单位（子单位）工程的整体验收由《建筑工程施工质量验收统一标准》完成，检验批、分项、分部（子分部）工程的质量验收由各专业质量验收规范完成。

（2）建筑工程施工应符合工程勘察、设计文件的要求

本条款包含两方面的含义：

①施工依据设计文件进行。按图施工是施工的常规，勘察是对设计及施工需要的工程地质提供地质资料及现场资料情况的，是设计的主要基础资料之一。设计是将工程项目的要求经济合理地形成设计文件，设计符合有关技术法规和技术标准的施工图纸，且应通过施工图设计文件审查。施工符合设计文件的要求是确保建设项目质量的基本要求，是施工必须遵守的。

②工程勘察还应为工程场地及施工现场场地条件提供地质资料。进行施工总平面规划，应充分考虑工程环境及施工现场环境，对于判定地下工程施工方案以及桩基施工过程的控制效果是否合理，工程勘察报告将起到重要作用。所以，施工也应符合工程勘察的有关规定。

（3）参加工程施工质量验收的各方人员应具备规定的资格

这是保证工程验收质量的有效措施。因为验收规范的落实必须由掌握验收规范的人员来执行，没有一定的工程技术理论和工程实践经验的人来掌握验收规范，验收规范再好也是没用的。检验批、分项工程质量的验收应为监理单位的监理工程师，施工单位的则为专业质量检查员、项目技术负责人；分部（子分部）工程质量的验收应为监理单位的总监理工程师，勘察、设计单位的单位项目负责人，分包单位、总包单位的项目经理；单位（子单位）工程质量的验收应为监理单位的总监理工程师、施工单位的单位项目负责人，设计单位的单位项目负责人、建设单位的单位项目负责人。单位（子单位）工程质量控制资料核查与单位（子单位）工程安全和功能检验资料核查及主要功能抽查，应为监理单位的总监理工程师；单位（子单位）工程观感质量检查应由总监理工程师组织三名以上监理工程师和施工单位（含分包单位）项目经理等参加。各有关人员应按规定资格持上岗证上岗。

由于各地的情况不同，工程的内容、复杂程度不同，对专业质量检查员，项目技术负责人、项目经理等人员，不能规定死，非要求什么技术职称才行，这里只提一个原则要求，具体的由各地建设行政主管部门去规定，但一定要引起重视。施工单位的质量检查员是掌握企业标准和国家标准的具体人员，他是施工企业的质量把关人员，要给他充分的权力，使其充分行使独立执法的职能。各企业以及各地都应重视质量检查员的培训和选用。这个岗位一定要持证上岗。

（4）工程质量的验收均应在施工单位自行检查评定的基础上进行

①分清责任。施工单位应对检验批、分项、分部（子分部）、单位（子单位）工程按操作依据的标准（企业标准）等进行自行检查评定。待检验批、分项、分部（子分部）、单位（子单位）工程符合要求后，再交给监理工程师、总监理工程师进行验收，以突出施工单位对施工工程的质量负责。

②企业应按不低于国家验收规范质量指标的企业标准来操作和自行检查评定。监理或总监理工程师应按国家验收规范验收,监理人员要对验收的工程质量负责。

③验收应形成资料,由企业检查人员和监理单位的监理工程师和总监理工程师签字认可。

(5)隐蔽工程在隐蔽前应由施工单位通知有关单位进行验收,并应形成验收文件

建筑工程终检局限性很大,隐蔽工程的验收是控制的重点。施工单位应对隐蔽工程先进行检查,符合要求后通知建设单位、监理单位、勘察单位、设计单位和质量监督单位等参加验收。对质量控制有把握时,也可按工程进度先通知,然后先行检查,或与有关人员一起检查认可。由施工单位先填好验收表格,并填上自检的数据、质量情况等,然后再由监理工程师验收并签字认可,形成文件。监理可以旁站或平行监理,也可抽查检验,这些应在监理方案中明确。

(6)涉及结构安全的试块、试件以及有关材料,应按规定进行见证取样检测

见证取样和送检制度是指在建设监理单位或建设单位见证下,对进入施工现场的有关建筑材料,由施工单位专职材料试验人员在现场取样或制作试件后,送至符合资质资格管理要求的试验室进行试验的一个程序。见证取样检测是为了加强工程结构安全的监督管理,保证建筑工程质量检测工作的科学性、公正性和准确性。建设部发[2000]211号文《关于印发〈房屋建筑工程和市政基础设施工程实施见证取样和送检的规定〉的通知》,通知对其检测范围、数量、程序都做了具体规定。在建筑工程质量验收中,应按其规定执行。鉴于检测会增加工程造价,如果超出这个范围,其他项目进行见证取样检测的,应在承包合同中做出规定,并明确费用承担方,施工单位应在施工组织设计中具体落实。

①文件规定的范围、数量如下:

见证取样和送检的比例不得低于有关技术标准中规定应取样数量的30%。下列试块、试件和材料必须实施见证取样和送检:

a.用于承重结构的混凝土试块。

b.用于承重墙体的砌筑砂浆试块。

c.用于承重结构的钢筋及连接接头试件。

d.用于承重墙的砖和混凝土小型砌块。

e.用于拌制混凝土和砌筑砂浆的水泥。

f.用于承重结构的混凝土中使用的掺加剂。

g.地下、屋面、厕浴间使用的防水材料。

h.国家规定必须实行见证取样和送检的其他试块、试件和材料。

②按规定确定见证人员。见证人员应由建设单位或监理单位具备建筑施工试验知识的专业技术人员担任,并通知施工单位、检测单位和监督机构等。

③见证人应在试件或包装上做好标识、封志,标明工程名称、取样日期、样品名称及数量及见证人签名。

④见证及取样人员应对见证试样的代表性和真实性负责。见证人员应做见证记录,并归入施工技术档案。

⑤检测单位应按委托单,检查试样上的标识和封套,确认无误后,再进行检测。检测应符合有关规定和技术标准,检测报告应科学、真实、准确。检测报告除按正常报告签章外,还应加盖见证取样检测的专用章。

⑥定期检查其结果,并与施工单位质量控制试块的评定结果比较,及时发现问题,及时纠正。

(7)检验批的质量应按主控项目和一般项目验收

验收规范的内容不全是检验批验收的内容,除了检验批的主控项目、一般项目外,还有总则、术语及符号、基本规定、一般规定等,以及对其施工工艺、过程控制、验收组织、程序、要求等的辅助规定。除了黑体字的强制性条文应作为强制执行的内容外,其他条文不作为验收内容。而检验批的

验收内容，只按列为主控项目、一般项目的条款来验收，只要这些条款符合规定，检验批就应通过验收。不能随意扩大内容范围和提高质量标准。如需要扩大内容范围和提高质量标准时，可在承包合同中规定，并明确增加费用及扩大部分的验收规范和验收的人员等事项。为避免引起对质量指标范围和要求的不同，明确了具体质量要求。这些要求既是对执行验收的人员做出的规定，也是对各专业验收规范编写时的要求。

（8）对涉及结构安全和使用功能的重要分部工程应进行抽样检测

对涉及结构安全和使用功能的重要分部工程应进行抽样检测，这是验收规范修订的重大突破。以往工程完工后，通常是不能进行检测的，按设计文件要求施工完成就行了。以往多是过程中的检查或该工序完成后的检查。但是有些工序，特别是隐蔽工序，当有关工序完成后很可能改变了前道工序原来的质量情况，如钢筋在绑扎完进行检查，位置都是符合要求的，但将混凝土浇筑完，钢筋的位置是否保持原样，就不好判定了，这就需要验证检测。还有混凝土强度的实体检测、防水效果检测、管道强度及畅通的检测等，都需要验证性的检测，这样对正确评价工程质量很有帮助。验证性检测不宜采用破损、半破损检测。验证性检测项目在分部（子分部）工程中给出，可以由施工、监理、建设单位等一起抽样检测，也可以由施工方进行，请有关方面的人员参加。监理、建设单位等也可自己进行验证性抽测。但抽测范围、项目应严格控制，以免增加工程费用，建议以验收规范列出的项目为准。对照抽测项目，检查施工单位制订的施工质量抽样检验制度。按规定的项目检测，都有检测计划，并都进行了检测，结果符合要求即为合格。

（9）承担见证取样检测及有关结构安全检测的单位应具有相应资质

要求有关单位具有相应的资质可以保证见证取样检测、结构安全和使用功能抽样检测的数据可靠和结果的可比性，以及检测的规范性，确保检测的准确。检测单位的相应资质，是指经过管理部门确认其是该项检测任务的单位，具有相应设备及条件，人员经过培训有上岗证，有相应的管理制度，并通过计量部门的认可。

在开工前制定施工质量检测制度时，针对检测项目，应对检测单位进行资质查对，符合检测项目资质的检测单位才能承担检测任务。

（10）工程的观感质量应由验收人员进行现场检查，并应共同确认

为了强调完善手段和确保结构质量，验收规范将观感质量放到比较次要的位置。但不能不要，观感质量还得兼顾，完工后的现场综合检查很必要，可以对工程的整体效果有一个核实，宏观性地对工程整体进行一次全面的验收检查，其内容也不仅局限于外观方面，如对缺损的局部，提出进一步完善修改；对一些可操作的部件，进行试用，能开启的进行开启检查，以及对总体的效果进行评价等。

但由于这项工作受人为及评价人情绪的影响较大，对不影响安全、功能的装饰等外观质量，只评出好、一般、差，而且规定并不影响工程质量的验收。对差的评价，能修的就修，不能修的就协商解决。评好、一般、差的标准，依据就是各分项工程的主控项目及一般项目中的有关标准，由验收人员综合考虑，一般可这样操作：如果某些部位质量较好，细部处理到位，就可以评为"好"；如果没有明显的达不到要求之处，则评为"一般"；如果有的部位达不到要求，或有明显的缺陷，但不影响安全或使用功能的，则评为"差"。

验收人员以监理单位为主，由总监理工程师组织，不少于3个监理工程师参加，并由施工单位的项目经理、技术、质量部门的人员及分包单位项目经理及有关技术、质量人员参加，其观感质量的好、一般、差，经过现场检查，在听取各方面的意见后，以总监理工程师为主导，与监理工程师共同确定。这样做既能将工程的质量进行一次宏观的全面评价，又不影响工程的结构安全和使用功能的评价，既突出了重点，又兼顾了一般。

根据《建筑工程施工质量验收统一标准》的规定，检验批的质量检验，应根据检验项目的特点在下列抽样方案中进行选择：

①计量、计数或计量-计数等抽样方案。
②一次、二次或多次抽样方案。
③根据生产连续性和生产控制稳定性情况，尚可采用调整型抽样方案。
④对重要的检验项目，当可采用简易快速的检验方法时，可选用全数检验方案。
⑤经实践检验有效的抽样方案。

检验批质量检验评定的抽样方案，可根据检验项目的特点进行选择。对于检验项目的计量、计数检验，可分为全数检验和抽样检验两大类。

对于重要的检验项目，当可采用简易快速的非破损检验方法时，宜选用全数检验。对于构件截面尺寸或外观质量等检验项目，宜选用合格质量水平的生产方风险 α 和使用方风险 β 的一次或二次抽样方案，也可选用经实践检验有效的抽样方案。

根据《建筑工程施工质量验收统一标准》的规定，在制订检验批的抽样方案时，对生产方风险（或错判概率 α）和使用方风险（或漏判概率 β）可按下列规定选用：

①主控项目：对应于合格质量水平的 α 和 β 均不宜超过5%。
②一般项目：对应于合格质量水平的 α 不宜超过5%，β 不宜超过10%。

合格质量水平的生产方风险 α 是指合格批被判为不合格的概率，即合格批被拒收的概率；使用方风险 β 为不合格批被判为合格批的概率，即不合格批被误收的概率。抽样检验必然存在这两类风险，要求通过抽样检验的检验批100%合格是不合理的，也是不可能的，在抽样检验中，两类风险一般控制范围是：α，1%~5%；β，5%~10%。对于主控项目，其 α、β 均不宜超过5%；对于一般项目，α 不宜超过5%，β 不宜超过10%。

3.2 建筑工程施工质量验收的划分

3.2.1 施工质量验收层次划分的目的

建筑工程一般施工周期较长，从开工到竣工交付使用，要经过若干工序、若干专业工种的共同配合，故工程质量合格与否取决于各工序和各专业工种的质量。建筑工程施工质量验收涉及建筑工程施工过程控制和竣工验收控制，是工程施工质量控制的重要环节。为确保工程竣工质量达到合格的标准，合理划分建筑工程施工质量验收层次是非常必要的。特别是不同专业工程的验收批如何确定，将直接影响到质量验收工作的科学性、经济性和实用性及可操作性。因此有必要建立统一的工程施工质量验收的层次划分。通过验收批和中间验收层次及最终验收单位的确定，实施对工程施工质量的过程控制和终端把关，确保工程施工质量达到工程项目决策阶段所确定的质量目标和水平。

3.2.2 施工质量验收划分的层次

随着经济发展和施工技术进步，自改革开放以来，又涌现了大量建筑规模较大的单体工程和具有综合使用功能的综合性建筑物，几万平方米的建筑物比比皆是，十万平方米以上的建筑物也不少。这些建筑物的施工周期一般较长，受多种因素的影响，诸如后期建设资金不足，部分停建、缓建，已建成可使用部分需投入使用，以发挥投资效益等；投资者为追求更大的投资效益，在建设期间，需要将其中一部分提前建成使用；规模特别大的工程，一次性验收也不方便。因此，原标准整体划分一个单位工程验收已不适应当前的情况，故本标准规定，可将此类工程划分为若干个子单位工程进行验收。同时，随着生产、工作、生活条件要求的提高，建筑物的内部设施也越来越多样化；建筑物相同部位的设计也呈多样化；新型材料大量涌现；加之施工工艺和技术的发展，使分项工程越来越多。因此，按建筑物的主要部位和专业来划分分部工程已不适应要求。可将建筑规模较大的单体工程和具有综合使用功能的综合性建筑物工程划分为若干个子单位工程进行验收。在分部工程中，按相近的工作内容和系统划分为若干个子分部工程，每个子分部工程中包括若干个分项工程，每个分项工程中包含若干个检验批。检验批是工程施工质量验收的最小单位、最小层次。

3.2.3 单位工程的划分

单位工程的划分应按下列原则确定：

①具备独立施工条件并能形成独立使用功能的建筑物及构筑物为一个单位工程。如一栋住宅楼、一个商店、一所学校的一个教学楼、一个办公楼等均为一个单位工程。

②规模较大的单位工程，可将其能形成独立使用功能的部分划分为一个子单位工程。子单位工程的划分一般可根据工程的建筑设计分区、使用功能的显著差异、结构缝的设置等实际情况，在施工前由建设、监理、施工单位自行商定，并据此收集整理施工技术资料和验收。如一个大型建筑有32层大楼及裙房，裙房竣工后具备使用功能，可以按计划将裙房先投入使用，这个裙房就可以以子单位工程进行验收。大型建筑工程也可以分为两个或两个以上子单位工程进行验收，各子单位验收完毕，整个单位工程也就验收完了，并且可以以子单位工程办理竣工备案手续。

③室外工程可根据专业类别和工程规模划分单位（子单位）工程。室外单位（子单位）工程、分部工程按表3.2划分。

表3.2 室外工程划分

单位工程	子单位工程	分部（子分部）工程
室外建筑环境	附属建筑	车棚、围墙、大门、挡土墙、垃圾收集站
	室外环境	建筑小品、道路、亭台、连廊、花坛、场坪绿化
室外安装	给排水与采暖	室外给水系统、室外排水系统、室外供热系统
	电气	室外供电系统、室外照明系统

3.2.4 分部工程的划分

分部工程的划分应按下列原则确定：

①分部工程的划分应按专业性质、建筑部位确定。一般建筑工程可划分为地基与基础、主体结构、建筑装饰装修、建筑屋面、建筑给水排水及采暖、建筑电气、智能建筑、通风与空调、电梯9个分部工程。不论上述工程的工作量大小，都作为一个分部工程参与单位工程的验收。

②当分部工程较大或较复杂时，可按施工程序、专业系统及类别等划分为若干个子分部工程。如智能建筑分部工程中就包含了火灾及报警消防联动系统、安全防范系统、综合布线系统、智能化集成系统、电源与接地、环境、住宅（小区）智能化系统等子分部工程。

3.2.5 分项工程的划分

分项工程应按主要工种、材料、施工工艺、设备类别等进行划分。如混凝土结构工程中按主要工种分为模板工程、钢筋工程、混凝土工程等分项工程；按施工工艺分为预应力、现浇结构、装配式结构等分项工程。

建筑工程分部（子分部）工程、分项工程的具体划分见表3.3。

表 3.3 建筑工程分部、子分部、分项工程划分表

序号	分部工程		子分部工程	分项工程
（一）	地基与基础	1	无支护土方	土方开挖，土方回填
		2	有支护土方	排桩，降水，排水，地下连续墙，锚杆，土钉墙，水泥土桩，沉井与沉箱，钢及混凝土支撑
		3	地基处理	灰土地基，砂和砂石地基，碎砖三合土地基，土工合成材料地基，粉煤灰地基，重锤夯实地基，强夯地基，振冲地基，砂桩地基，预压地基，高压喷射注浆地基，土和灰土挤密桩地基，注浆地基，水泥粉煤灰碎石桩地基，夯实水泥土桩地基
		4	桩基	锚杆静压桩及静力压桩，预应力离心管桩，钢筋混凝土预制桩，钢桩，混凝土灌注桩（成孔、钢筋笼、清孔、水下混凝土灌注）
		5	地下防水	防水混凝土，水泥砂浆防水层，卷材防水层，涂料防水层，金属板防水层，塑料板防水层，细部构造，喷锚支护，复合式衬砌，地下连续墙，盾构法隧道；渗排水、盲沟排水，隧道、坑道排水；预注浆、后注浆，衬砌裂缝注浆
		6	混凝土基础	模板、钢筋、混凝土，后浇带混凝土，混凝土结构缝处理
		7	砌体基础	砖砌体，混凝土砌块砌体，配筋砌体，石砌体
		8	劲钢（管）混凝土	劲钢（管）焊接，劲钢（管）与钢筋的连接，混凝土
		9	钢结构	焊接钢结构，栓接钢结构，钢结构制作，钢结构安装，钢结构涂装
（二）	主体结构	1	混凝土结构	模板、钢筋、混凝土、预应力、现浇结构，装配式结构
		2	劲钢（管）混凝土结构	模板、钢筋、劲钢（管）混凝土、预应力、现浇结构，装配式结构
		3	砌体结构	砖砌体，混凝土小型空心砌块砌体，石砌体，填充墙砌体，配筋砖砌体
		4	钢结构	钢结构焊接，紧固件连接，钢零部件加工，单层钢结构安装，多层及高层钢结构安装，钢结构涂装，钢构件组装，钢构件预拼装，钢网架结构安装，压型金属板安装
		5	木结构	方木和原木结构，胶合木结构，轻型木结构，木构件防护
		6	网架和索膜结构	网架制作，网架安装，索膜安装，网架防火，防腐涂料
（三）	建筑装饰装修	1	地面	整体面层：基层，水泥混凝土面层，水泥砂浆面层，水磨石面层，防油渗面层，水泥钢（铁）屑面层，不发火（防爆的）面层；板块面层：基层，砖面层（陶瓷锦砖、缸砖、陶瓷地砖和水泥花砖面层），大理石面层和花岗岩面层，预制板块面层（预制水泥混凝土、水磨石板块面层），料石面层（条石、块石面层），塑料板面层，活动地板面层，地毯面层；木竹面层：基层、实木地板面层（条材、块材面层），实木复合地板面层（条材、块材面层），中密度（强化）复合地板面层（条材面层），竹地板面层

续表3.3

序号	分部工程		子分部工程	分项工程
（三）	建筑装饰装修	2	抹灰	一般抹灰，装饰抹灰，清水砌体勾缝
		3	门窗	木门窗制作与安装，金属门窗安装，塑料门窗安装，特种门安装，门窗玻璃安装
		4	吊顶	暗龙骨吊顶，明龙骨吊顶
		5	轻质隔墙	板材隔墙，骨架隔墙，活动隔墙，玻璃隔墙
		6	混饰面板（砖）	饰面板安装，饰面砖粘贴
		7	幕墙	玻璃幕墙，金属幕墙，石材幕墙
		8	涂饰	水性涂料涂饰，溶剂型涂料涂饰，美术涂饰
		9	裱糊与软包	裱糊，软包
		10	细部	橱柜制作与安装，窗帘盒、窗台板和暖气罩制作与安装，门窗套制作与安装，护栏和扶手制作与安装，花饰制作与安装
（四）	建筑屋面	1	卷材防水屋面	保温层，找平层，卷材防水层，细部构造
		2	涂膜防水屋面	保温层，找平层，涂膜防水层，细部构造
		3	刚性防水屋面	细石混凝土防水层，密封材料嵌缝，细部构造
		4	瓦屋面	平瓦屋面，油毡瓦屋面，金属板屋面，细部构造安装，压型金属板安装
		5	隔热屋面	架空屋面，蓄水屋面，种植屋面
（五）	建筑给水排水及采暖	1	室内给水系统	给水管道及配件安装，室内消火栓系统安装，给水设备安装，管道防腐，绝热
		2	室内排水系统	排水管道及配件安装，雨水管道及配件安装
		3	室内热水供应系统	管道及配件安装，辅助设备安装，防腐，绝热
		4	卫生器具安装	卫生器具安装，卫生器具给水配件安装，卫生器具排水管道安装
		5	室内采暖系统	管道及配件安装，辅助设备及散热器安装，金属辐射板安装，低温热水地板辐射采暖系统安装，系统水压试验及调试，防腐，绝热
		6	室外给水管网	给水管道安装，消防水泵接合器及室外消火栓安装，管沟及井室
		7	室外排水管网	排水管道安装，排水管沟与井池
		8	室外供热管网	管道及配件安装，系统水压试验及调试、防腐，绝热
		9	建筑中水系统及游泳池系统	建筑中水系统管道及辅助设备安装，游泳池水系统安装
		10	供热锅炉及辅助设备安装	锅炉安装，辅助设备及管道安装，安全附件安装，烘炉、煮炉和试运行，换热站安装，防腐，绝热

续表 3.3

序号	分部工程		子分部工程	分项工程
（六）	建筑电气	1	室外电气	架空线路及杆上电气设备安装，变压器、箱式变电所安装，成套配电柜、控制柜（屏、台）和动力、照明配电箱（盘）及控制柜安装，电线、电缆导管和线槽敷设，电缆穿管和线槽敷设，电缆头制作、导线连接和线路电气试验，建筑物外部装饰灯具、航空障碍标志灯和庭院灯安装，建筑照明通电试运行，接地装置安装
		2	变配电室	变压器、箱式变电所安装，成套配电柜、控制柜（屏、台）和动力、照明配电箱（盘）安装，裸母线、封闭母线、插接式母线安装，电缆沟内和电缆竖井内电缆敷设，电缆头制作、导线连接和线路电气试验，接地装置安装，避雷引下线和变配电室接地干线敷设
		3	供电干线	裸母线、封闭母线、插接式母线安装，桥架安装和桥架内电缆敷设，电缆沟内和电缆竖井内电缆敷设，电线、电缆导管和线槽敷设，电线、电缆穿管和线槽敷线，电缆头制作、导线连接和线路电气试验
		4	电气动力	成套配电柜、控制柜（屏、台）和动力、照明配电箱（盘）及安装，低压电动机、电加热器及电动执行机构检查、接线，低压电气动力设备检测、试验和空载试运行，桥架安装和桥架内电缆敷设，电线、电缆导管和线槽敷设，电线、电缆穿管和线槽敷线，电缆头制作、导线连接和线路电气试验，插座、开关、风扇安装
		5	电气照明安装	成套配电柜、控制柜（屏、台）和动力、照明配电箱（盘）安装，电线、电缆导管和线槽敷设，电线、电缆导管和线槽敷线，槽板配线，钢索配线，电缆头制作、导线连接和线路电气试验，普通灯具安装，专用灯具安装，插座、开关、风扇安装，建筑照明通电试运行
		6	备用和不间断电源安装	成套配电柜、控制柜（屏、台）和动力、照明配电箱（盘）安装，柴油发电机组安装，不间断电源的其他功能单元安装，裸母线、封闭母线、插接式母线安装，电线、电缆导管和线槽敷设，电线、电缆导管和线槽敷线，电缆头制作、导线连接和线路电气试验，接地装置安装
		7	防雷及接地安装	接地装置安装，避雷引下线和变配电室接地干线敷设，建筑物等电位连接，接闪器安装
（七）	智能建筑	1	通信网络系统	通信系统，卫星及有线电视系统，公共广播系统
		2	办公自动化系统	计算机网络系统，信息平台及办公自动化应用软件，网络安全系统
		3	建筑设备监控系统	空调与通风系统，变配电系统，照明系统，给排水系统，热源和热交换系统，冷冻和冷却系统，电梯和自动扶梯系统，中央管理工作站与操作分站，子系统通信接口

续表3.3

序号	分部工程		子分部工程	分项工程
（七）	智能建筑	4	火灾报警及消防联动系统	火灾和可燃气体探测系统，火灾报警控制系统，消防联动系统
		5	安全防范系统	电视监控系统，入侵报警系统，巡更系统，出入口控制（门禁）系统，停车管理系统
		6	综合布线系统	缆线敷设和终接，机柜、机架、配线架的安装，信息插座和光缆芯线终端的安装
		7	智能化集成系统	集成系统网络，实时数据库，信息安全，功能接口
		8	电源与接地	智能建筑电源，防雷及接地
		9	环境	空间环境，室内空调环境，视觉照明环境，电磁环境
		10	住宅（小区）智能化系统	火灾自动报警及消防联动系统，安全防范系统（含电视监控系统、入侵报警系统、巡更系统、门禁系统、楼宇对讲系统、住户对讲呼救系统、停车管理系统），物业管理系统（多表现场计量及远程传输系统、建筑设备监控系统、公共广播系统、小区网络及信息服务系统、物业办公自动化系统），智能家庭信息平台
（八）	通风与空调	1	送排风系统	风管与配件制作，部件制作，风管系统安装，空气处理设备安装，消声设备制作与安装，风管与设备防腐，风机安装，系统调试
		2	防排烟系统	风管与配件系统，部件制作，风管系统安装，防排烟风口，常闭正压风口与设备安装，风管与设备防腐，风机安装，系统调试
		3	除尘系统	风管与配件制作，部件制作，风管系统安装，除尘器与排污设备安装，风管与设备防腐，风机安装，系统调试
		4	空调风系统	风管与配件制作，部件制作，风管系统安装，空气处理设备安装，消声设备制作与安装，风管与设备防腐，风机安装，风管与设备绝热，系统调试
		5	净化空调系统	风管与配件制作，部件制作，风管系统安装，空气处理设备安装，消声设备制作与安装，风管与设备防腐，风机安装，风管与设备绝热，高效过滤器安装，系统调试
		6	制冷设备系统	制冷机组安装，制冷剂管道及配件安装，制冷附属设备安装，管道及设备的防腐与绝热，系统调试
		7	空调水系统	管道冷热（媒）水系统安装，冷却水系统安装，冷凝水系统安装，阀门及部件安装，冷却塔安装，水泵及附属设备安装，管道与设备的防腐与绝热，系统调试
（九）	电梯	1	液压电梯安装工程	设备进场验收，土建交接检验，液压系统，导轨，门系统，轿厢，平衡重，安全部件，悬挂装置，随行电缆，电气装置，整机安装验收
		2	自动扶梯、自动人行道安装工程	设备进场验收，土建交接检验，整机安装验收

3.2.6 检验批的划分

分项工程可由一个或若干个检验批组成,检验批可根据施工及质量控制和专业验收需要按楼层、施工段、变形缝等进行划分。

分项工程划分为检验批进行验收有助于及时纠正施工中出现的质量问题,确保工程质量,符合施工实际需要。关于检验批的划分,《建筑工程施工质量验收统一标准》上没有像分项工程那样具体给出,实际施工前可以根据工程的具体情况进行确定,可以在施工组织设计中体现出来。

一般来说,分项工程检验批的划分可按如下原则确定:

①工程量较少的分项工程可统一划分为一个检验批,地基基础分部工程中的分项工程一般划分为一个检验批,安装工程一般按一个设计系统或设备组别划分为一个检验批,室外工程统一划分为一个检验批。

②单层建筑工程中的分项工程可按变形缝等划分检验批。

③多层及高层建筑工程中主体分部的分项工程可按楼层或施工段划分检验批。

④地基基础分部工程中的分项工程一般划分为一个检验批,有地下层的基础工程可按不同地下层划分检验批。

⑤屋面分部工程中的分项工程可按不同楼层屋面划分不同的检验批。

⑥散水、台阶、明沟等工程含在地面检验批中。

⑦其他分部工程中的分项工程一般按楼层划分检验批。

对于地基基础中的土石方、基坑支护子分部工程及混凝土工程中的模板工程,虽不构成建筑工程实体,但它是建筑工程施工不可缺少的重要环节和必要条件,其施工质量如何,不仅关系到能否施工和施工安全,也关系到建筑工程的质量,因此将其列入施工验收内容是应该的,表3.3中列有该项。

3.3 建筑工程施工质量验收

建筑工程施工质量验收时,一个单位工程最多可划分为六个层次:单位工程、子单位工程、分部工程、子分部工程、分项工程、分项工程检验批。对于每个验收层次,《建筑工程施工质量验收统一标准》中只给出了验收合格的标准,对于工程施工质量验收只设合格一个等级。如果在工程施工质量验收合格之后,希望评定更高的质量等级,可以按照另外制定的推荐性标准或企业标准执行。

3.3.1 检验批质量验收

1. 检验批质量合格规定

①主控项目和一般项目的质量经抽样检验合格。

②具有完整的施工操作依据、质量检验记录。

从上面的规定可以看出,检验批的质量验收包括质量资料的检查和主控项目、一般项目的检验两方面的内容。

2. 检验批按规定验收

(1) 资料检查

质量控制资料反映了检验批从原材料到验收的各施工工序的施工操作依据,检查情况以及保证质量所必需的管理制度等。对其完整性的检查，实际是对过程控制的确认，这是检验批合格的前提。所要检查的资料主要包括以下内容：

①图纸会审、设计变更、洽商记录。

②建筑材料、成品、半成品、建筑构配件、器具和设备的质量证明书及进场检（试）验报告。

③工程测量、放线记录。

④按专业质量验收规范规定的抽样检验报告。

⑤隐蔽工程检查记录。

⑥施工过程记录和施工过程检查记录。

⑦新材料、新工艺的施工记录。

⑧质量管理资料和施工单位操作依据等。

（2）主控项目和一般项目的检验

为确保工程质量，使检验批的质量符合安全和使用功能的基本要求，各专业质量验收规范对各检验批的主控项目和一般项目的子项合格质量都给予了明确规定。如砖砌体工程检验批质量验收时主控项目包括砖强度等级、砂浆强度等级、斜槎留置、直槎拉结钢筋及接槎处理、砂浆饱满度、轴线位移、每层垂直度等内容；而一般项目则包括组砌方法、水平灰缝厚度、顶（楼）面标高、表面平整度、门窗洞口高宽、窗口偏移、水平灰缝的平直度以及清水墙游丁走缝等内容。

检验批的合格质量主要取决于对主控项目和一般项目的检验结果。主控项目是对检验批的基本质量起决定性影响的检验项目，因此必须全部符合有关专业工程验收规范的规定。这意味着主控项目不允许有不符合要求的检验结果，即这种项目的检查具有否决权。鉴于主控项目对基本质量的决定性影响，必须从严要求。如混凝土结构工程中混凝土分项工程的配合比设计，其主控项目要求：混凝土应按国家现行标准《普通混凝土配合比设计规程》（JGJ 55）的有关规定，根据混凝土强度等级、耐久性和工作性等要求进行配合比设计。对有特殊要求的混凝土，其配合比设计应符合国家现行有关标准的专门规定。其检验方法是检查配合比应进行开盘鉴定，其工作性应符合满足设计配合比的要求。开始生产时应至少留置一组标准养护试件，作为验证配合比依据。并通过检查开盘鉴定资料和试件强度试验报告进行检验。混凝土拌制前，应测定砂、石含水率并根据测试结果调整材料用量，提出施工配合比，并通过检查含水率测试结果和施工配合比通知单进行检查，每工作班检查一次。

（3）检验批的抽样方案

合理的抽样方案的制订对检验批的质量验收有十分重要的影响。在制订检验批的抽样方案时，应考虑合理分配生产方风险（或错判概率α）和使用方风险（或漏判概率β），主控项目，对应于合格质量水平的α和β均不宜超过5%；对于一般项目，对应于合格质量，α不宜超过5%，β不宜超过10%。检验批的质量检验，应根据检验项目的特点在下列抽样方案中进行选择。

①计量、计数或计量计数等抽样方案。

②一次、二次或多次抽样方案。

③根据生产连续性和生产控制稳定性等情况，尚可采用调整型抽样方案。

④对于重要的检验项目，当可采用简易快速的检验方法时，可选用全数检验方案。

⑤经实践检验有效的抽样方案，如砂石料、构配件的分层抽样。

（4）检验批的质量验收记录

检验批的质量验收记录由施工项目专业质量检查员填写，监理工程师（建设单位技术负责人）组织项目专业质量检查员等进行验收，并按表3.4记录。

表 3.4 检验批质量验收记录表

工程名称			分项工程名称		验收部位	
施工单位			专业工长		项目负责人	
施工执行标准名称及编号						
分包单位			分包项目负责人		施工班组长	

		质量验收标准的规定	施工单位检查评定记录	监理（建设）单位验收记录
主控项目	1			
	2			
	3			
	4			
一般项目	1			
	2			
	3			
	4			
	5			
	6			
施工操作依据				
质量检查记录				

施工单位检查结果评定	项目专业质量检查员： 项目专业技术负责人： 年 月 日
监理（建设）单位验收结论	监理工程师： （建设单位项目专业技术负责人） 年 月 日

技术提示：

表3.4由施工项目专业质量检查员填写，专业监理工程师（建设单位项目技术负责人）组织项目专业质量（技术）负责人等进行验收。

3.3.2 分项工程质量验收

分项工程是由一个或若干个检验批组成的。分项工程的验收是在所包含检验批全部合格的基础上进行的。

1. 分项工程质量合格要求

分项工程质量验收合格应符合下列规定：

①分项工程所含的检验批均应符合合格质量的规定。

②分项工程所含的检验批的质量验收记录应完整。

分项工程的验收在检验批合格的基础上进行。一般情况下，两者具有相同或相近的性质，只是批量的大小不同而已。因此，应将有关的检验批汇集构成分项工程。分项工程合格质量的条件比较简单，只要构成分项工程的各检验批的验收资料文件完整，并且均已验收合格，则分项工程验收合格。

2. 分项工程质量验收要求

分项工程由所含性质、内容一样的检验批汇集而成，是在检验批的基础上进行验收的，通常起着归纳整理的作用，一般情况下无新的内容和要求，但有时也有实质性的验收内容。在分项工程质量验收时应注意以下几点：

①核对检验批的部位、区段是否全部覆盖分项工程的范围，有没有缺漏的部位没有验收到。

②应对检验批中没有提出结果的项目进行检查验收，如有龄期的混凝土试件强度、砌筑砂浆试件强度等级等。

③检验批时不能检查，延续到分项工程验收的项目，如全高垂直度、轴线位移等。

④检验批验收记录的内容及签字人是否正确、齐全。

3. 分项工程质量验收记录

根据《建筑工程施工质量验收统一标准》（GB 50300—2001）的要求，分项工程质量应由监理工程师（建设单位项目专业技术负责人）组织项目专业技术负责人等进行验收，并按表3.5记录。

表3.5 _____ 分项工程质量验收记录表

工程名称		结构类型		检验批数	
施工单位		项目经理		项目技术负责人	
分包单位		分包单位负责人		分包项目经理	
序号	检验批部位、区段	施工单位检查评定结果		监理（建设）单位验收结论	
1					
2					
3					
4					
5					
6					
检查结论	项目专业技术负责人： 年 月 日		验收结论	监理工程师： （建设单位项目专业技术负责人） 年 月 日	

3.3.3 分部（子分部）工程质量验收

1. 分部（子分部）工程质量验收合格规定

分部工程是由若干个分项工程构成的。分部工程验收是在分项工程验收的基础上进行的，这种关系类似于检验批与分项工程的关系，都具有相同或相近的性质。故分项工程验收合格且有完整的质量控制资料，是检验分部工程合格的前提。

但是，由于各分部工程的性质不尽相同，我们就不能像验收分项工程那样，主要靠检验批验收资料的汇集。在进行分部工程质量验收时，要增加两个方面的检查内容：

一是对涉及建筑物安全和使用功能的地基与基础、主体结构两个分部，以及对建筑设备安装分部涉及安全、重要使用功能的分部，要进行有关见证取样送样试验或抽样试验。

二是对观感质量的验收。观感质量的验收因受定量检查方法的限制，往往靠观察、触摸或简单测量来进行判断，定性带有主观性，只能综合给出质量评价，不下"合格"与否的简单结论。对于综合质量评价，如给出"差"的结论，对造成"差"的检查点要通过返修处理等进行补救。

考虑以上的各种因素和影响，分部（子分部）工程质量验收合格应符合下列规定：

①分部（子分部）工程所含分项工程的质量均应验收合格。

②质量控制资料应完整。

③地基与基础、主体结构和设备安装等分部工程有关安全及功能的检验和抽样检测结果应符合有关规定。

④观感质量验收应符合要求。

对于上述4条，分述如下：

①分部（子分部）工程所含分项工程的质量均应验收合格。在工程实际验收中，这项内容也是统计工作，在做这项工作时应注意以下三点：

a. 要求分部（子分部）工程所含各分项工程施工均已完成；核查每个分项工程验收是否正确。

b. 注意查对所含分项工程归纳整理有无缺漏，各分项工程划分是否正确，有无分项工程没有进行验收。

c. 注意检查各分项工程是否均按规定通过了合格质量验收；分项工程的资料是否完整，每个验收资料的内容是否有缺漏项，填写是否正确，以及分项验收人员的签字是否齐全等。

②质量控制资料应完整。质量控制资料完整是工程质量合格的重要条件，在分部工程质量验收时，应根据各专业工程质量验收规范的规定，对质量控制资料进行系统的检查，着重检查资料是否齐全，项目是否完整，内容是否准确和签署是否规范。

质量控制资料检查实际也是统计、归纳工作，主要包括三方面资料：

a. 核查和归纳各检验批的验收记录资料，查对其是否完整。

有些龄期要求较长的检测资料，在分项工程验收时，尚不能及时提供，应在分部（子分部）工程验收时进行补查。

b. 检验批验收时，要求检验批资料准确完整后，方能对其开展验收。

对在施工中质量不符合要求的检验批、分项工程按有关规定进行处理后的资料应归档审核。

c. 注意核对各种资料的内容、数据及验收人员签字的规范性。

对于建筑材料的复验范围，各专业验收规范都作了具体规定，检验时按产品标准规定的组批规则、抽样数量、检验项目进行，但有的规范另有不同要求，这一点在质量控制资料核查时需引起注意。

③地基与基础、主体结构和设备安装等分部工程有关安全及功能的检验和抽样检测结果应符合有关规定。

这项验收内容,包括安全检测资料与功能检测资料两部分。有关对涉及结构安全及使用功能检验(检测)的要求,应按设计文件及各专业工程质量验收规范中所作的具体规定执行。抽测其检测项目在各专业质量验收规范中已有明确规定,在验收时应注意以下三个方面的工作:

a. 检查各规范中规定的检测的项目是否都进行了测试,不能进行测试的项目应该说明原因。

b. 查阅各项检验报告(记录),核查有关抽样方案、测试内容、检测结果等是否符合有关标准规定。

c. 核查有关检测机构的资质,取样与送样见证人员资格,报告出具单位责任人的签署情况是否符合要求。

④观感质量验收应符合要求。观感质量验收是指在分部工程所含的分项工程完成后,在前三项检查的基础上,对已完工部分工程的质量,采用目测、触摸和简单测量等方法,所进行的一种宏观检查方式。分部(子分部)工程观感质量评价是验收规范修订新增加的,原因在于:一是现在的工程体积越来越大,越来越复杂,待单位工程全部完工后再检查,有些项目看不见了,发现问题要返修的修不了;二是竣工后一并检查,由于工程的专业多,检查人员不可能将各专业工程中的问题一一全都看出来。而且有些项目完工以后,各工种人员纷纷撤离,即便检查出问题来,返修起来耗时也较长。

分部(子分部)工程观感质量验收,其检查的内容和质量指标已包含在各个分项工程内,对分部工程进行观感质量检查和验收,并不增加新的项目,只不过是转换一下视角,采用一种更直观、便捷、快速的方法,对工程质量从外观上作一次重复的、扩大的、全面的检查,这是由建筑施工特点所决定的。在进行质量检查时,一定要注意在现场将工程的各个部位全部看到,能操作的应实地操作,观察其方便性、灵活性、有效性等;能打开观看的应打开观看,全面检查分部(子分部)工程的质量。

对分部(子分部)工程进行观感质量检查,有以下三方面作用:

a. 尽管分部(子分部)工程所包含的分项工程原来都经过了检查与验收,但随着时间的推移、气候的变化、荷载的递增等,可能会出现质量变异情况,如材料收缩、结构裂缝、建筑物的渗漏、变形等。经过观感质量的检查后,能及时发现上述缺陷并进行处理,确保结构的安全和建筑的使用功能。

b. 弥补因抽样方案局限造成的检查数量不足和后续施工部位(如施工洞、井架洞、脚手架洞等)原先检查不到的缺陷,扩大了检查面。

c. 通过对专业分包工程的质量验收和评价,分清了质量责任,可减少质量纠纷,既促进了专业分包队伍技术素质的提高,又增强了后续施工对产品的保护意识。

观感质量验收并不给出"合格"或"不合格"的结论,而是给出"好"、"一般"或"差"的总体评价。检查人员的掌握方法前面已经介绍。所谓"一般",是指经观感质量检验能符合验收规范的要求;所谓"好",是指在质量符合验收规范的基础上,能达到精致、流畅、匀净的要求,精度控制好;所谓"差",是指勉强达到验收规范的要求,但质量不够稳定,离散性较大,给人以粗疏的印象。

观感质量验收中若发现有影响安全、功能的缺陷,有超过偏差限值,或明显影响观感效果的缺陷,不能评价,应处理后再进行验收。

评价时,施工企业应先自行检查合格后,由监理单位来验收,参加评价的人员应具有相应的资格,由总监理工程师组织,不少于三位监理工程师来检查,在听取其他参加人员的意见后,共同作出评价,但总监理工程师的意见应为主导意见。在作评价时,可分项目逐点评价,也可按项目进行大的方面综合评价,最后对分部(子分部)作出评价。

分部(子分部)工程质量应由总监理工程师(建设单位项目专业负责人)组织施工项目经理和有关勘察、设计单位项目负责人进行验收。分部(子分部)工程验收记录格式见表3.6。

表 3.6 _____ 分部（子分部）工程验收记录表

工程名称			结构类型		层数	
施工单位			技术部门负责人		质量部门负责人	
			项目技术负责人		项目质量负责人	
分包单位			分包单位负责人		分包技术负责人	
序号	子分部（分项）工程名称		分项工程（检验批）数	施工单位检查评定	验收意见	
1						
2						
3						
4						
5						
6						
7						
8						
分部（子分部）工程质量控制资料核查						
分部（子分部）工程安全和功能检验资料核查及主要功能抽查						
分部（子分部）工程观感质量检验评价						
检验验收单位	分包单位		项目经理：		（公章） 年　月　日	
	施工单位		项目经理：		（公章） 年　月　日	
	勘察单位		项目经理：		（公章） 年　月　日	
	设计单位		项目负责人：		（公章） 年　月　日	
	监理（建设）单位		总监理工程师： （建设单位项目专业负责人）		（公章） 年　月　日	

2. 地基基础分部（子分部）工程质量验收

（1）地基基础工程分部（子分部）工程施工质量验收合格要求

①地基基础工程所含的分项工程施工质量均应验收合格。

②地基基础工程施工质量控制资料应及时、准确、齐全、完整。

③地基基础工程有关安全及功能的检验和抽样检测结果均应符合相应标准的规定或设计要求。

④地基基础工程观感质量检查评价结果应符合《建筑工程施工质量验收统一标准》（GB 50300—2001）和《建筑地基基础工程施工质量验收规范》（GB 50202—2002）的相应规定。

地基基础工程是分部工程,如有必要,根据现行国家标准《建筑工程施工质量验收统一标准》(GB 50300—2001)的规定,可再划分为若干个子分部工程。

地基基础工程施工质量验收合格应填写验收记录。建筑地基基础分部工程施工质量验收记录见表3.7,建筑地基基础子分部工程施工质量验收记录见表3.8。

表3.7 建筑地基基础分部工程施工质量验收记录表

工程名称		结构类型		层数	
施工单位		技术部门负责人		质量部门负责人	
		项目技术负责人		项目质量负责人	
序号	子分部工程名称	分项工程数	施工单位检查评定	验收意见	
1					
2					
3					
4					
5					
6					
7					
8					
分部工程质量控制资料核查记录					
分部工程安全和功能检验资料核查及主要功能抽查记录					
分部工程观感质量检查评价记录					
检验验收单位	施工单位	项目经理:		(公章) 年 月 日	
	勘察单位	项目负责人:		(公章) 年 月 日	
	设计单位	项目负责人:		(公章) 年 月 日	
	监理(建设)单位	总监理工程师: (建设单位项目专业负责人)		(公章) 年 月 日	

表 3.8 建筑地基基础子分部工程施工质量验收记录表

工程名称		结构类型		层数	
施工单位		技术部门负责人		质量部门负责人	
		项目技术负责人		项目质量负责人	
分包单位		分包单位负责人		分包技术负责人	
序号	分项工程名称	检验批数	施工单位检查评定	验收意见	
1					
2					
3					
4					
5					
6					
7					
8					
地基基础子分部工程施工质量控制资料核查记录					
地基基础子分部工程安全和功能检验资料核查及主要功能抽查记录					
分部（子分部）工程观感质量检验评价					
检验验收单位	分包单位			（公章）年 月 日	
		项目经理：			
	施工单位			（公章）年 月 日	
		项目经理：			
	设计单位			（公章）年 月 日	
		项目经理：			
	监理（建设）单位			（公章）年 月 日	
		项目负责人：			
	监理（建设）单位	总监理工程师： （建设单位项目专业负责人）		（公章）年 月 日	

（2）施工质量控制资料核查

①地基验槽复查记录应由监理（建设）、设计、施工、勘察单位共同进行核验签字并盖章。

②原材料出厂合格证及进场检（试）验报告应为原件，若合格证为复印件，应加盖材料供应部门章，并注明原件存放处。

③桩基施工记录应包括：施工工艺标准，操作者自我检查记录，上下道工序交接检查记录，专业

质量检查员检验记录。

④施工技术方案应经总监理工程师审批,确定检验批的划分及抽检数量、抽检方法,抽检部位应在验收时随机抽取,并确定安全及功能检测的数量、方法等。施工质量控制措施应有针对性。

⑤隐蔽工程记录必须真实、及时。

⑥涉及工程结构安全和使用功能的原材料和构配件等,应执行见证取样检测规定。

⑦分项工程质量验收记录应包括地基处理质量验收记录、支护结构质量验收记录、桩基验收记录、地基验收记录、基础工程质量验收记录等。

⑧建筑地基基础子分部工程施工质量控制资料应数据准确、签章规范,验收应按表3.9记录,由施工项目质量(技术)负责人填写,由总监理工程师、专业监理工程师负责核查验收。

表3.9 建筑地基基础子分部工程施工质量控制资料核查记录表

工程名称			施工单位		
序号	子分部工程验收时须检查的文件		文字、记录、测试报告份数	施工单位自查意见	核查人
1	图纸会审、设计变更、洽商记录				
2	地基验槽复查记录				
3	工程地质勘察报告				
4	原材料出厂合格证及进场检(试)验报告				
5	桩基施工记录				
6	桩基检测报告				
7	复合地基检测报告				
8	预制构件出厂合格证				
9	隐蔽工程记录				
10	工程质量事故调查处理资料				
11	分项工程质量验收记录				
12	施工技术方案及支护结构方案				
13	工程定位测量、放线记录				
14	混凝土强度检测报告				
15	采用新工艺的质量控制资料				
16					
17					
结论:					
施工单位项目经理: 年 月 日			总监理工程师: (建设单位项目专业负责人) 年 月 日		

（3）安全和功能检验资料核查及主要功能抽查

①地基基础工程安全和功能检测应在分项或检验批验收时进行。

②持力层经检查验收符合设计承载力要求后方可允许下道工序施工。

③桩基承载力测试要严格按数量、位置要求进行，合格后方可允许下道工序施工。

④支护结构必须符合设计，并满足施工方案要求。设计及施工方案中，对深基础施工必须确保相邻建筑及地下设施的安全。高层及重要建筑施工应有沉降观测记录和建筑物范围内的地下设施的处理记录。

⑤混凝土强度等级经试块检测达不到设计要求或对试块代表性有怀疑时，应钻芯取样（检测结果符合设计要求，可按合格验收）。

⑥基土、回填土及建筑材料对环境污染的控制应符合设计要求和国家及省级有关规范规定。

⑦地基基础子分部工程安全和功能检测应具备原件检测报告（复印无效）且相关技术措施应数据准确、签章规范，验收应按表3.10记录，由施工项目质量（技术）负责人填写，由总监理工程师组织监理工程师、项目经理核查和抽查。

表3.10　建筑地基基础子分部工程安全和功能检验资料及主要功能抽查记录表

工程名称			施工单位		
序号	安全和功能检验项目	份数	核查意见	抽查结果	抽查（核查）人
1	持力层原位（承载力）测试报告				
2	桩基承载力测试报告				
3	地基处理措施及检测报告				
4	支护结构（符合设计和方案要求）				
5	混凝土强度检测报告				
6	基土、回填土、建筑材料对室内环境污染控制检测报告				
结论：					
施工单位项目经理： 　　　　　年　月　日			总监理工程师： （建设单位项目专业负责人） 　　　　　年　月　日		

3.混凝土结构子分部工程质量验收

（1）混凝土结构工程施工质量验收合格要求

①混凝土结构工程所含分项工程施工质量均应验收合格。

②混凝土结构工程施工质量控制资料应及时、准确、齐全、完整。

③混凝土结构工程有关安全及功能的检验和抽样检测结果均应符合相应标准规定和设计要求。

④混凝土结构工程观感质量检查评价应符合《建筑工程施工质量验收统一标准》（GB 50300—2001）和《建筑地基基础工程施工质量验收规范》（GB 50202—2002）的相关要求。

混凝土结构子分部工程施工质量验收应按表3.11记录，由施工项目质量（技术）负责人填写，各方代表认可，并加盖统一编号的相应岗位资格章。

表3.11 混凝土结构子分部工程施工质量验收记录表

工程名称		结构类型		层数	
施工单位		技术部门负责人		质量部门负责人	
		项目技术负责人		项目质量负责人	
分包单位		分包单位负责人		分包技术负责人	
序号	分项工程名称	检验批数	施工单位检查评定	验收意见	
1					
2					
3					
4					
5					
混凝土结构子分部工程质量控制资料核查					
混凝土结构子分部工程安全和功能检验资料核查及主要功能抽查					
混凝土结构子分部工程观感质量检验评价					
检验验收单位	分包单位	项目经理：		（公章） 年　月　日	
	施工单位	项目经理：		（公章） 年　月　日	
	设计单位	项目负责人：		（公章） 年　月　日	
	监理（建设）单位	总监理工程师： （建设单位项目专业负责人）		（公章） 年　月　日	

（2）施工质量控制资料核查

①设计交底、图纸会审及设计洽商文件应完整且签章齐全。

②原材料出厂质量合格证明和进场复验报告应符合要求。

③在施工现场按《钢筋机械连接通用技术规程》(JGJ 107—2003)和《钢筋焊接及验收规程》(JGJ 18—2003)的规定抽取钢筋机械连接接头、焊接接头试件作力学性能检验，其质量应符合有关规程的规定。

④混凝土施工记录应完整。

⑤混凝土试件的性能试验报告应符合要求。

⑥装配式结构预制构件的合格证和安装及验收记录应齐全。

⑦预应力筋用锚具、夹具和连接器应按设计要求采用，其性能应符合现行国家标准《预应力筋用锚具、夹具和连接器》(GB/T 14370—2007)的规定。对锚具用量较少的一般工程，如供货方提供有效的试验报告，可不做静载锚固性能试验。

⑧预应力筋的安装、张拉、灌浆及封锚应符合要求且记录真实。

⑨隐蔽工程验收记录必须真实且手续齐全。

⑩分项工程验收记录应符合要求。

⑪涉及混凝土结构安全的重要部位实体检验报告结果应符合设计要求。

⑫当工程出现重大质量问题时，应有处理方案和验收记录，且记录应完整。

⑬其他必要的文件和记录包括：混凝土配合比报告单、施工配合比通知单、定位测量记录、技术交底、施工方案等一些相应记录。

涉及工程结构安全和使用功能的原材料和构配件，应执行见证取样检测规定。

混凝土结构工程施工质量控制资料应数据准确、签章规范，验收应按表 3.12 记录，由施工项目质量（技术）负责人填写。

表 3.12 混凝土结构子分部工程施工质量控制资料核查记录表

工程名称			施工单位		
序号	子分部工程验收时须检查的文件	文字、记录、测试报告份数	施工单位自查意见	核查人	
1	图纸会审、设计变更、洽商记录				
2	原材料出厂合格证及进场检（试）验报告				
3	钢筋接头的试验报				
4	混凝土工程施工记录				
5	混凝土试件的性能试验报告				
6	装配式结构预制构件的合格证和安装及验收记录				
7	预应力筋用锚具、夹具和连接器的合格证和进场复验报告				
8	预应力筋安装、张拉、灌浆及封锚应符合要求且记录真实				
9	隐蔽工程验收记录				
10	分项工程质量验收记录				
11	混凝土结构重要部位实体检验报告				
12	工程重大质量问题的处理方案和验收记录				
13	其他文件和记录				
14					

结论：

施工单位项目经理：　　　　　　　　　　　　　总监理工程师：
　　　　　　　　　　　　　　　　　　　　　　（建设单位项目专业负责人）
　　　　年　月　日　　　　　　　　　　　　　　　　年　月　日

（3）安全和功能检验资料核查及主要功能抽查

混凝土结构工程安全及功能检验包括：建筑材料（构、配件）对室内环境污染控制资料，混凝土结构实体检验，预制构件结构性能检验，混凝土结构垂直度、标高、全高测量记录，混凝土结构沉降观测测量记录。

①混凝土工程所用建筑材料（构、配件）对室内环境的污染控制应符合设计要求或国家及地方的有关规定。

②结构实体检验用同条件养护试件强度,并应符合下列要求:

a. 同条件养护试件所对应的结构构件或结构部位,应由监理(建设)、施工等各方在施工组织设计中共同选定。

b. 混凝土结构工程均应留置同条件养护试件。

c. 同一强度等级的同条件养护试件,其留置的数量应根据混凝土工程量和重要性确定,不宜少于10组,且不应少于3组。

d. 同条件养护试件拆模后,应放置在靠近相应结构构件或结构部位的适当位置,并应采取与结构相同的养护方法。

e. 同条件养护试件应在达到等效养护龄期时进行强度试验。等效养护龄期应根据同条件养护试件强度与标准养护条件下28天龄期试件强度相等的原则确定。

f. 同条件养护试件的强度代表值应根据强度试验结果按国家现行标准《混凝土强度检验评定标准》(GBJ 107—1987) 的规定确定后,乘折算系数取用,折算系数宜为1.10,也可根据当地的试验统计结果作适当调整。

g. 冬期施工和人工加热养护的结构构件,相同条件养护试件的等效养护龄期可按结构构件的实际养护条件,由监理(建设)、施工等各方根据有关规定共同确定。

h. 无同条件养护试件时,可采用非破损或局部破损方法进行检测,其结果应符合设计要求。

③结构实体钢筋保护层厚度检验应符合下列要求:

a. 钢筋保护层厚度检验的结构部位,应由监理(建设)、施工等各方根据结构构件的重要性共同确定。

b. 梁、板类构件,应抽取构件数量的2%且不少于5件进行检验,当有悬挑构件时,抽取的构件中悬挑梁、板类构件所占比例均不宜少于50%。对选定的梁类构件,应对全部纵向受力钢筋的保护层厚度进行检验;对选定的板类构件,应抽取不少于6根纵向受力钢筋的保护层厚度进行检验。对每根钢筋,应在有代表性的部位测量1点。

c. 钢筋保护层厚度的检验,可采用非破损或局部破损的方法,也可采用非破损方法检验用局部破损方法进行校准。当采用非破损方法检验时,所使用的检测仪器应经过计量检验,检测操作应符合相应规程的规定。钢筋保护层厚度检验的检测误差不应大于1 mm。

d. 钢筋保护层厚度检验时,纵向受力钢筋保护层厚度的允许偏差,对梁类构件为+10 mm,-7mm,对板类构件为+8 mm,-5 mm。

当全部钢筋保护层厚度检验的合格点率达90%及以上时,钢筋保护层厚度的检验结果应判为合格。

当全部钢筋保护层厚度检验的合格点率小于90%,但不小于80%,可再抽取相同数量的构件进行检验。

当按两次抽样总和计算的合格点率为90%及以上时,钢筋保护层厚度的检验结果仍应判为合格。每次抽样检验结果中不合格点的最大偏差均不应大于允许偏差的1.5倍。

④结构实体检验应在监理工程师(建设单位项目技术负责人)的见证下,由施工项目技术负责人组织实施,承担结构实体检验的试验室应具有相应的资质。

⑤预制构件应按标准图或设计要求的试验参数及检验指标要求进行结构性能检验。

a. 检验项目。钢筋混凝土构件和允许出现裂缝的预应力混凝土构件要进行承载力、挠度和裂缝宽度检验;不允许出现裂缝的预应力混凝土构件要进行承载力、挠度和抗裂检验;预应力混凝土构件中非预应力杆件按钢筋混凝土构件的要求进行检验。对设计成熟、生产数量较少的大型构件,当采取加强材料和制作质量检验的措施时,可仅作挠度、抗裂或裂缝宽度检验;当采取上述措施并有可靠的实践经验时,可不作结构性能检验。

b. 检验数量。对成批生产的构件,应按同一工艺正常生产的不超过1 000件且不超过3个月的同类型产品为一批。当连续检验10批且每批的结构性能检验结果均符合规定的要求时,对同一工艺正常生产的构件，可改为不超过2 000件且不超过3个月的同类型产品为一批。每批中应随即抽取一个构件作为试件进行检验。

c. 检验方法。按标准规定采用短期静力加载方法进行检验。

d. 预制构件为生产厂家制作时，出厂合格证应附该批预制构件的结构性能检验报告。

⑥混凝土结构的垂直度、标高、全高测量记录应真实、完整。

⑦设计有要求时，应对混凝土结构施工的各阶段进行沉降观测。

混凝土结构子分部工程安全及功能检验应数据准确、签章规范，其验收结果应按表3.13记录，由施工项目质量（技术）负责人填写。

表3.13 混凝土结构子分部工程安全和功能检验资料核查及主要功能抽查记录表

工程名称			施工单位		
序号	安全和功能检验项目	份数	核查意见	抽查结果	抽查（核查）人
1	建筑材料（构、配件）对室内环境的污染控制资料				
2	结构实体检验用同条件养护试件强度检验报告				
3	结构实体钢筋保护层厚度检验报告				
4	混凝土强度非破损或局部破损检测报告				
5	预制构件结构性能检验				
6	混凝土结构垂直度、标高、全高测量记录				
7	混凝土结构沉降观测记录				
结论：					
施工单位项目经理： 年 月 日			总监理工程师： （建设单位项目专业负责人） 年 月 日		

技术提示：

抽查项目由验收组协商确定。

（4）施工观感质量检查评定

施工观感质量检查的抽查部位应随机确定，抽查数量每层按构件数量的10%~20%且不宜少于10处。评价方法为由总监理工程师（建设单位项目负责人）组织施工项目主要人员和监理人员不少于5人共同观察检查。在"抽查质量情况"栏填写"√"、"○"、"×"，分别代表"好"、"一般"、"差"。根据每个项目"抽查质量情况"给出相应"质量评价"结果，"质量评价"为"差"的项目应返修后重新检查评价。最后，综合每项"质量评价"，做出"综合评价"结果。"结论"栏应写明符合要求与不符合要求的项数及对不符合要求项目的处理意见。

混凝土结构工程观感质量评价应按表3.14记录，由施工项目质量（技术）负责人填写。

表 3.14 混凝土结构子分部工程施工观感质量检查评价记录表

工程名称			施工单位												
序号		项目名称	抽查质量情况										质量评价		
			1	2	3	4	5	6	7	8	9	10	好	一般	差
1	砼浇筑外观质量检查	露筋													
2		蜂窝、孔洞													
3		夹渣、疏松													
4		裂缝													
5		连接部位缺陷													
6		麻面、起皮、起砂													
7		沾污													
8		缺棱掉角、棱角不直													
9		曲翘不平、飞边凸肋													
10	砼浇筑的尺寸偏差	基础轴线位移													
11		独立基础轴线位移													
12		墙、柱、梁轴线位移													
13		剪力墙轴线位移													
14		全高垂直度													
15		全高标高													
16		截面尺寸													
17		电梯井进筒长、宽对定位中心线													
18		电梯井井筒全高													
19		表面平整度													
20		预埋设施中心线位置													
21		预留洞中心线位置													
22		预埋地脚螺栓													
23		预制构件的侧向弯曲													
24		预制构件墙、板的对角线差													
25	其他														
26															
27															
观感质量综合评价															

结论：

施工单位项目经理：　　　　　　　　　　　　　总监理工程师：
　　　　　　　　　　　　　　　　　　　　　　（建设单位项目专业负责人）

　　　　　　　年　月　日　　　　　　　　　　　　　　　年　月　日

4. 砌体子分部工程质量验收
（1）砌体子分部工程施工质量验收合格要求
①砌体子分部工程所含分项工程施工质量均应验收合格。
②砌体子分部工程施工质量控制资料应及时、准确、完整。

③砌体子分部工程有关安全和功能的检验及抽查结果均应符合相应标准规定和设计要求。

④砌体子分部工程观感质量检查评价应符合《建筑工程施工质量验收统一标准》(GB 50300—2001)和《砌体工程施工质量验收规范》(GB 50203—2002)的要求。

砌体子分部工程施工质量验收应按表3.15记录，由施工项目质量(技术)负责人填写，各方代表签认，并加盖统一编号的相应岗位资格章。

表3.15 砌体子分部工程施工质量验收记录表

工程名称		结构类型		层数	
施工单位		技术部门负责人		质量部门负责人	
		项目技术负责人		项目质量负责人	
分包单位		分包单位负责人		分包技术负责人	
序号	分项工程名称	检验批数	施工单位检查评定	验收意见	
1					
2					
3					
4					
5					
砌体子分部工程施工质量控制资料核查记录					
砌体子分部工程安全和功能检验资料核查及主要功能抽查记录					
砌体子分部工程施工观感质量检查评价记录					
检验验收单位	分包单位	项目经理：		（公章） 年　月　日	
	施工单位	项目经理：		（公章） 年　月　日	
	设计单位	项目负责人：		（公章） 年　月　日	
	监理（建设）单位	总监理工程师： （建设单位项目专业负责人）		（公章） 年　月　日	

（2）施工质量控制资料核查

①砌体工程所用材料(构、配件)应有出厂合格证和产品性能检验报告或形式检验报告，块材、水泥、钢材、外加剂、苯板、耐碱玻纤网格布、苯板胶粘剂等还应有进场验收检验报告。

②水泥进场使用前，应分批对其强度、安定性进行复验。检验批应以同一生产厂家、同一编号为一批。当在使用中对水泥质量有怀疑或水泥出厂超过3个月(快硬硅酸盐水泥超过1个月)时，应复查试验，并按复查结果使用。

③凡在砂浆中掺入有机塑化剂、早强剂、缓凝剂、防冻剂等，应经检验和试配符合要求后，方可使用，有机塑化剂应有砌体强度的形式检验报告。

④砌筑砂浆施工配合比应根据配合比设计结合施工情况确定。

⑤砌筑砂浆标养试块抗压强度验收合格标准：同一验收批的平均值必须大于或等于设计强度等级，同时其最小一组的平均值必须大于或等于0.75倍的设计强度等级。

⑥砌体工程施工记录应包括以下几点：

a. 施工工艺标准。

b. 操作者自我检查记录。

c. 上下道工序交接检查记录。

d. 专业质量检查员检验记录。

⑦隐蔽工程验收记录（检验批质量验收记录内容相同的可以兼用）应真实、完整、及时。

⑧施工技术方案应确定检验批的划分、安全和功能的检验（抽查）数量与方法，同时施工质量控制措施应有针对性。

⑨涉及工程结构安全和使用功能的原材料和构配件，应执行见证取样检测规定。

⑩砌体工程施工质量控制等级应按《砌体工程施工质量验收规范》(GB 50203—2002)的规定进行划分，并应符合设计要求。

砌体工程施工质量控制资料应数据准确、签章规范，核查应按表3.16记录，由施工质量（技术）负责人填写。

表3.16 砌体子分部工程施工质量控制资料核查记录表

工程名称		施工单位		
序号	资料名称	份数	核查意见	核查人
1	图纸会审、设计变更、洽商记录			
2	工程定位测量、放线记录			
3	水泥出厂合格证书及进场验收检验报告			
4	块材出厂合格证及进场验收检验报告			
5	外加剂出厂合格证（型式检验报告）及进场验收检验报告			
6	钢筋出厂合格证及进场验收检验报告			
7	其他原材料出厂合格证及进场验收检验报告			
8	预拌砂浆、混凝土合格证及进场验收检验报告			
9	砌体结构检验及抽样检测资料			
10	砂浆、混凝土配合比设计及施工配合比			
11	砂浆、混凝土试块抗压强度试验报告			
12	施工记录			
13	隐蔽工程验收记录			
14	施工技术方案			
15	施工质量控制等级检查记录			
16	各分项及其检验批施工质量验收记录			
17	重大技术问题处理资料			

结论：

施工单位项目经理：　　　　　　　　　　　总监理工程师：

　　　　　　　　　　　　　　　　　　　　（建设单位项目专业负责人）

　　　　年　月　日　　　　　　　　　　　　　　年　月　日

（3）安全和功能检验资料核查及主要功能抽查

①砌体子分部工程安全和功能检验应在分项或检验批验收时进行，子分部验收时核查检验资料是否符合要求，并对其主要功能进行抽查检验。

②进、出气（风、烟）口的内表面应光滑、平整，变压板构造应与对应楼层相符，气流分流应正确，外形尺寸及进、出气（风、烟）口的标高、位置、构造应符合设计要求。

③脚手眼的设置、补砌及墙、柱的允许自由高度应按施工技术方案执行。

④墙体预留洞口（沟槽）、预埋管道应在砌筑时按设计及施工技术方案要求留设，不得在砌筑后开凿。

⑤砌体热桥部位的构造、施工必须符合防止潮湿、结露的设计要求。

⑥防止或减轻墙体开裂主要措施应符合设计及施工技术方案要求。对可能影响结构安全的砌体变形和裂缝，应由有资质的检测鉴定单位检测鉴定，并应按《建筑工程施工质量验收统一标准》(GB 50300—2001)第5.0.6条的规定处理。

⑦节能复合墙体外保温系统的技术性能（保温、抗风压、耐冻融、耐冲击、耐渗透等）应符合设计要求及国家有关标准的规定。

⑧砌体工程所用建筑材料（构、配件）对室内环境的污染控制应符合国家有关规定。

砌体子分部工程安全和功能检验及主要功能抽查资料应数据准确，签章规范，验收应按表3.17记录，由施工项目质量（技术）负责人填写。

表3.17　砌体子分部工程安全和功能检验资料核查及主要功能抽查记录表

工程名称			施工单位		
序号	安全和功能检验项目	份数	核查意见	抽查意见	核查（抽查）人
1	砌体垂直度测量记录				
2	砌体标高测量记录				
3	砌体全高测量记录				
4	抽气（风、烟）道检验记录				
5	脚手眼设置及墙、柱自由高度检查记录				
6	洞口（沟槽）、管道留设检查记录				
7	热桥部位构造和表面潮湿、结露（霜）及发霉检验记录				
8	防止或减轻墙体开裂的主要措施检验记录				
9	砌体变形和裂缝检测鉴定报告				
10	节能复合墙体性能型式检验报告				
11	砌体建筑材料对室内环境污染控制检测报告				
12	砌体沉降观测记录				
13					
结论：					
施工单位项目经理： 年　月　日			总监理工程师： （建设单位项目专业负责人） 年　月　日		

技术提示:

抽查项目和部位由验收组协商确定。

(4) 施工观感质量检查评定

施工观感质量检查的抽查部位随机确定,抽查数量为每层每 10 m 墙面一处,且不少于 10 处,大角、横竖线条和花饰全数检查。检查评价方法为由总监理工程师(建设单位项目负责人)组织施工项目主要人员和监理人员共同现场检查评定。

①在"抽查质量情况"栏填写"√","○","×",分别代表"好"、"一般"、"差"。
②根据每个项目"抽查质量情况",给出相应质量评价结果。
③质量评价为"差"的项目应返修后重新检查评价。
④统计"质量评价"情况,给出"综合评价"结果。
⑤结论应写明符合要求与不符合要求的项数,以及对不符合要求项目的处理意见。

砌体工程观感质量检验评价应按表 3.18 记录,由施工项目质量(技术)负责人填写,总监理工程师(建设单位项目负责人)签章。

表 3.18 砌体子分部工程施工观感质量检查评价记录表

工程名称			施工单位												
序号	项目名称		抽查质量情况										质量评价		综合评价
			1	2	3	4	5	6	7	8	9	10	好	一般	差	
1	大角、横竖线条及花饰															
1	砖砌体	竖向灰缝														
2		组砌方法														
3		水平灰缝厚度														
4		外墙窗口偏移														
5		水平灰缝平直度														
6		清水墙游丁走缝														
7		接槎处理														
8		阴阳角顺直														
9		变形缝构造														
10		构造柱														
1	砼小型空心砌块砌体	组砌方法														
2		水平灰缝厚度														
3		竖向灰缝														
4		外墙窗口偏移														
5		水平灰缝平直度														
6		接槎处理														
7		阴阳角顺直														
8		变形缝构造														
9		构造柱														

续表3.18

序号	项目名称		抽查质量情况										质量评价			综合评价
			1	2	3	4	5	6	7	8	9	10	好	一般	差	
1	石砌体	组砌方法														
2		墙面勾缝														
3		清水墙水平灰缝平直度														
1	节能墙体	变形缝设置														
2		网格布无显露														
3		分格缝、滴水构造														
4		表面平整														
5		窗口接缝密封														
1	外墙板	外墙板安装方正														
2		外墙板洞口预留														
3		板间接缝平齐														
1	填充墙砌体	组砌方法及混砌														
3		外墙窗口偏移														
4		灰缝尺寸														
5		接槎处理														
6		梁板下补砌														

结论:

施工单位项目经理:　　　　　　　　　　　　　　　总监理工程师:
　　　　　　　　　　　　　　　　　　　　　　　（建设单位项目专业负责人）

　　年　月　日　　　　　　　　　　　　　　　　　　　　年　月　日

5. 钢结构子分部工程质量验收

（1）钢结构子分部工程施工质量验收合格要求

①钢结构工程所含分项工程施工质量均应验收合格。

②钢结构工程施工质量控制资料应及时、准确、完整。

③钢结构工程有关安全及功能的检验和抽样检测结果均应符合相应合格标准规定或设计要求。

④钢结构工程观感质量检查评价应符合《建筑工程施工质量验收统一标准》(GB 50300—2001)和《钢结构工程施工质量验收规范》(GB 50205—2001) 的要求。

钢结构子分部工程施工质量验收应按表3.19记录,由施工质量(技术)负责人填写,各方代表认可,加盖统一编号的相应岗位资格章。

表 3.19 钢结构子分部工程施工质量验收记录表

工程名称			结构类型		层数	
施工单位			技术部门负责人		质量部门负责人	
			项目技术负责人		项目质量负责人	
分包单位			分包单位负责人		分包技术负责人	
序号	分项工程名称		检验批数	施工单位检查评定	验收意见	
1						
2						
3						
4						
5						
钢结构子分部工程质量控制资料核查						
钢结构子分部工程安全和功能检验资料核查及主要功能抽查						
钢结构子分部工程观感质量检验评价						
检验验收单位	分包单位	项目经理：			（公章）年 月 日	
	施工单位	项目经理：			（公章）年 月 日	
	设计单位	项目负责人：			（公章）年 月 日	
	监理（建设）单位	总监理工程师：（建设单位项目专业负责人）			（公章）年 月 日	

（2）施工质量控制资料核查

①设计交底、图纸会审及设计洽商文件应完整，签章齐全。
②原材料出厂合格证和进场复验报告应符合要求。
③钢结构施工记录应完整。
④隐蔽工程验收记录必须真实，手续齐全。
⑤分项工程验收记录应符合要求。
⑥当工程出现重大质量问题时，应有处理方案和验收记录，且记录应完整。
⑦其他必要的文件和记录包括：定位测量、技术交底、施工方案等一些相应记录。
钢结构子分部工程施工质量控制资料核查记录，见表 3.20。

表3.20 钢结构子分部工程施工质量控制资料核查记录表

工程名称			施工单位		
序号	项目	份数	核查意见		核查人
1	图纸会审、设计变更、洽商记录				
2	工程定位测量、放线记录				
3	原材料出厂合格证书及进场检（试）验报告				
4	构配件出厂合格证				
5	有关安全及功能的检验及见证检测项目检查记录				
6	隐蔽工程验收记录				
7	施工记录				
8	重大质量、技术问题实施方案及验收记录				
9	分项工程所含各检验批质量验收记录				

结论：

施工单位项目经理：　　　　　　　　　　　　　　总监理工程师：
　　　　　　　　　　　　　　　　　　　　　　　（建设单位项目专业负责人）
　　年　月　日　　　　　　　　　　　　　　　　　　年　月　日

（3）安全和功能检验资料核查及主要功能抽查
①钢结构工程见证取样实验项目应符合设计要求和国家现行有关产品标准的规定。
②焊缝质量。焊缝的超声波或射线探伤报告应由具有法定资格者出具，且报告应符合有关标准规定。外观缺陷检查记录、焊缝尺寸检查记录内容应齐全。
③高强度螺栓施工质量。高强度螺栓的终拧扭矩检查记录、抗剪型高强度螺栓梅花头检查记录、网架螺栓球节点的紧固检查记录内容应齐全。
④柱脚及网架支座。柱脚及网架支座施工质量的锚栓紧固检查记录，垫板、垫块施工记录，二次灌浆施工记录内容应齐全。
⑤主要构件变形。钢屋（托）架、桁架、钢梁、吊车梁等的垂直度和侧向弯曲的实测记录、钢柱垂直度测量记录、网架结构挠度测量记录内容应齐全。
⑥钢结构工程主体结构尺寸，钢结构整体垂直度测量记录、整体平面弯曲测量记录内容应齐全。
钢结构子分部工程安全及功能检验应数据准确，签章规范，其验收结果应按表3.21记录，由施工项目质量（技术）负责人填写。

表 3.21 钢结构子分部工程安全和功能检验资料核查及主要功能抽查记录表

工程名称			施工单位			
序号		安全和功能检验项目	份数	核查意见	抽查结果	核查（抽查人）
1	见证取样送样试验项目	钢材复验报告				
2		焊接材料复验报告				
3		扭剪型高强度螺栓连接副的预拉力或扭矩系数复验报告				
4		高强度大六角头螺栓连接副的扭矩系数复验报告				
5		高强度螺栓连接摩擦面的抗滑移系数复验报告				
6		网架节点承载力试验验报告				
7	焊缝质量	内部缺陷（超声波或射线探伤记录）				
8		外观缺陷检查记录				
9		焊缝尺寸检查记录				
10	高强度螺栓施工质量	终拧扭矩检查记录				
11		梅花头检查记录				
12		网架螺栓球节点的紧固检查记录				
13	柱脚及网架支座	锚栓紧固检查记录				
14		垫板、垫块施工记录				
15		二次灌浆施工记录				
16	主要构件变形	钢屋（托）架、桁架、钢梁、吊车梁等垂直度和侧向弯曲的实测记录				
17		钢柱垂直度测量记录				
18		网架结构挠度测量记录				
19	主体结构尺寸	整体垂直度测量记录				
20		整体平面弯曲测量记录				

结论：

施工单位项目经理：　　　　　　　　　　　　　　　总监理工程师：
　　　　　　　　　　　　　　　　　　　　　　　（建设单位项目专业负责人）

　　　年　月　日　　　　　　　　　　　　　　　　　　年　月　日

（4）施工观感质量检查评定

①钢结构工程普通涂层表面随机抽查3个轴线结构构件，构件表面不应误涂、漏涂，涂层不应脱皮和返锈等。涂层应均匀，无明显皱皮、流坠、针眼和气泡等。

②钢结构工程防火涂层表面随机抽查3个轴线结构构件，且应符合下列要求。

a. 薄涂型防火涂层表面裂缝宽度不应大于0.5mm，厚涂型防火涂料涂层表面裂纹宽度不应大于1mm。

b. 防火涂料涂装基层不应有油污、灰尘和泥沙等污垢。

c. 防火涂料不应有误涂、漏涂，涂层应闭合，无脱层、空鼓、明显凹陷、粉化松散和浮浆等外观缺陷，且乳突已剔除。

③钢结构工程压型金属板表面随机抽查3个轴线间压型金属板表面，压型金属板安装应平整、顺直，板面不应有施工残留物和污物。檐口和墙面下端应呈直线，不应有未经处理的错钻孔洞。

④钢结构工程钢平台、钢梯、钢栏杆随机抽查10%，构件间应连接牢固，无明显外观缺陷。

⑤评价方法。由总监理工程师(建设单位项目负责人)组织施工项目主要人员和监理人员不少于5人共同检查评价。

钢结构子分部工程施工观感质量检查评价记录，见表3.22，由施工项目质量(技术)负责人填写。

表3.22 钢结构子分部工程施工观感质量检查评价记录表

工程名称															
施工单位															
参加人员															
序号	项目名称	抽查质量状况										质量评价			综合评价
		1	2	3	4	5	6	7	8	9	10	好	一般	差	
1	普通涂层表面														
2	防火涂层表面														
3	压型金属板表面														
4	钢平台、钢梯、钢栏杆														

结论：

施工单位项目经理：　　　　　　　　　　　　总监理工程师：
　　　　　　　　　　　　　　　　　　　　　（建设单位项目专业负责人）
　　　　年　月　日　　　　　　　　　　　　　　　　年　月　日

6. 屋面分部（子分部）工程质量验收

（1）屋面分部（子分部）工程施工质量验收合格要求

①屋面工程所含分项工程施工质量均应验收合格。

②屋面工程施工质量控制资料应符合要求。

③屋面工程有关安全及功能的检验和抽样检测结果均应符合相应标准规定或设计要求。

④屋面工程施工观感质量检查评价应符合《建筑工程施工质量验收统一标准》(GB 50300—2001)和《屋面工程质量验收规范》(GB 50207—2002)的要求。

屋面分部工程施工质量验收应按表3.23记录，屋面子分部工程施工质量验收应按表3.24记录，由施工项目质量(技术)负责人填写，并加盖统一编号的相应岗位资格章。

表3.23 屋面分部工程施工质量验收记录表

工程名称		结构类型		层数	
施工单位		技术部门负责人		质量部门负责人	
		项目技术负责人		项目质量负责人	
分包单位		分包单位负责人		分包技术负责人	
序号	分项工程名称	检验批数	施工单位检查评定	验收意见	
1					
2					
3					
施工质量控制资料核查记录					
安全和功能检验资料核查及主要功能抽查记录					
观感质量检查评价记录					
检验验收单位	施工单位	项目经理：		（公章） 年 月 日	
	监理（建设）单位	总监理工程师： （建设单位项目专业负责人）		（公章） 年 月 日	

表3.24 屋面子分部工程施工质量验收记录表

工程名称		结构类型		层数	
施工单位		技术部门负责人		质量部门负责人	
		项目技术负责人		项目质量负责人	
分包单位		分包单位负责人		分包技术负责人	
序号	分项工程名称	检验批数	施工单位检查评定	验收意见	
1					
2					
3					
屋面子分部工程施工质量控制资料核查记录					
屋面子分部工程安全和功能检验资料核查及主要功能抽查记录					
屋面子分部工程施工观感质量检查评价记录					
检验验收单位	分包单位	项目经理：		（公章） 年 月 日	
	施工单位	项目经理：		（公章） 年 月 日	
	监理（建设）单位	总监理工程师： （建设单位项目专业负责人）		（公章） 年 月 日	

（2）施工质量控制资料核查

①屋面工程施工前，施工单位应进行图纸会审。设计变更或材料代用，应由设计单位主设计人签发设计变更文件。

②屋面工程施工前，应编制施工技术方案，施工技术方案应确定检验批的划分及抽检数量、抽检方法，并确定安全和功能的检验方法、数量、抽检部位，验收时抽检部位随机抽取。施工质量控制措施应有针对性。

③屋面工程施工前，应进行施工技术交底。

④屋面工程所采用的防水、保温隔热材料应有产品合格证书和性能检验报告，材料的品种、规格、性能等应符合现行国家产品标准和设计要求。材料进场后应有出厂合格证，并应按《屋面工程质量验收规范》(GB 50207—2002)中附录B的规定抽样复验，不合格的材料，不得在屋面工程中使用。

⑤中间检查记录包括以下几点：

a. 施工工艺标准。

b. 自检记录。

c. 专业质量检验记录。

d. 上、下道工序交接检查记录。

e. 分项、分部质量验收记录。

f. 淋水或蓄水检验记录。

g. 隐蔽工程验收记录(检验批质量验收记录内容相同的可以兼用)。

⑥施工日志应能准确、真实的反映当日与工程施工相关的内容。

屋面工程施工质量控制资料应数据准确、完整、及时且签章规范，核查应按表3.25记录，由施工项目质量(技术)负责人填写。

表 3.25 屋面子分部工程施工质量控制资料核查记录表

工程名称			施工单位		
序号	资料名称	份数	核查意见		核查人
1	防水设计：设计图纸及会审记录、设计变更通知单、材料代用核定单及其他设计文件				
2	施工方案：施工方法、技术措施、质量保证措施				
3	技术交底记录：施工操作要求及注意事项				
4	材料质量证明文件：出厂质量检验报告和进场复验报告、进场验收记录				
5	中间检查记录：施工工艺标准，施工检验记录、分项质量验收记录，雨后、淋水或蓄水检验记录，隐蔽工程验收记录				
6	施工日志：逐日施工情况				
7	事故处理报告等				
8	其他技术资料				

结论：

施工单位项目经理：　　　　　　　　　　　　　　　总监理工程师：

　　　　　　　　　　　　　　　　　　　　　　　　（建设单位项目专业负责人）

　　　　年　月　日　　　　　　　　　　　　　　　　　　年　月　日

(3) 安全和功能检验资料核查及主要功能抽查

①屋面工程安全和功能检验（检测）及主要功能抽查应在分项工程或检验批验收时进行，子分部验收时检查检验资料是否符合要求，如不符合要求应逐项进行抽样检测。

②淋水试验应在持续淋水 2 h 后检查或雨后观察检查；蓄水试验应蓄水至规定高度，24 h 后观察检查。

③水落管应排水通畅，无渗漏，宜采用通水试验或下雨时观察检查。

屋面工程安全和功能检验及主要功能抽查资料应数据准确，签字、盖章规范，验收应按表 3.26 记录，由施工项目质量（技术）负责人填写。

表 3.26 屋面子分部工程安全和功能检验资料核查及主要功能抽查记录表

工程名称			施工单位		
序号	安全和功能检验项目		份数	核查结果	抽查结果	核查（抽查）人
1	渗漏试验	淋水试验				
2		雨后观察				
3		蓄水试验				
4	保温材料或屋面保温功能检验					
5	水落管排水通畅					
结论：						
施工单位项目经理： 　　　　年　月　日				总监理工程师： （建设单位项目专业负责人） 　　　　年　月　日		

(4) 施工观感质量检查评定

屋面工程观感质量检查评价，应在屋面工程竣工后进行，检查数量为全数检查。检查评价方法为由总监理工程师（建设单位项目负责人）组织监理工程师，施工项目负责人和技术、质量负责人不少于 5 人共同观察检查评价。

①在"抽查质量情况"栏填写"√"、"○"、"×"，分别代表"好"、"一般"、"差"。

②根据每个项目"抽查质量情况"，给出相应质量评价结果。

③质量评价为"差"的项目应返修后重新检查评价。

④统计"质量评价"情况，给出"综合评价"结果。

⑤结论应写明符合要求与不符合要求的项数，及对不符合要求项目的处理意见。

屋面工程施工观感质量检验评价应按表 3.27 记录，由施工项目质量（技术）负责人填写，总监理工程师（建设单位项目负责人）签章。

表 3.27　屋面子分部工程施工观感质量检查评价记录表

工程名称									施工单位						
参检人员															

序号	项目		质量状况抽查										综合评价		
			1	2	3	4	5	6	7	8	9	10	好	一般	差
1	屋面隔气层	隔气层与基层黏结牢固													
2		基层转角处做法													
1	卷材防水层	搭接缝和收头黏结													
2		防水层、保护层													
3		排气管安装													
4		天沟、变形缝及伸出屋面管道等的细部构造													
5		卷材铺贴方向无渗漏积水													
1	涂膜防水层	防水层与基层黏结、涂层表面质量													
2		保护层的设置													
3		排气管安装													
4		排水坡度正确无渗漏或积水													
5		天沟等和伸出屋面管道防水构造													
1	刚性防水层	表面平整压光不起砂起皮开裂分格缝平直													
2		排水坡度正确无渗漏或积水													
3		天沟等和伸出屋面管道的防水构造													
4		密封材料质量嵌填质量													
1	瓦屋面	基层平整牢固													
2		瓦片排列整齐搭接合理接缝严密													
3		无残缺瓦片													
4		脊瓦搭盖、泛水做法													
5		金属板材安装、坡度													
6		檐口线、泛水安装													
1	倒置式屋面	保护层厚度一致													
2		隔离层设置													
1	隔热屋面	预留口、孔、管大小、位置、标高													
2		挡墙泄水孔留设													

续表 3.27

序号	项目		质量状况抽查										综合评价		
			1	2	3	4	5	6	7	8	9	10	好	一般	差
1	玻璃屋顶	排水通畅情况													
2		密封材料的嵌缝结构胶的宽度厚度													
3		天沟等细部做法													
4		玻璃屋顶外观													
1	水落管（斗）安装														

结论：

施工单位项目经理：　　　　　　　　　　　　　　总监理工程师：
　　　　　　　　　　　　　　　　　　　　　　　（建设单位项目专业负责人）

　　　年　月　日　　　　　　　　　　　　　　　　　　　年　月　日

7．地面子分部工程质量验收

（1）地面子分部工程施工质量验收合格要求

①建筑地面子分部工程所含分项工程施工质量均应验收合格。

②建筑地面子分部工程施工质量控制资料应及时、准确、齐全、完整。

③建筑地面子分部工程有关安全和功能的检验核查及主要功能抽查均应符合相应标准规定和设计要求。

④建筑地面子分部工程施工观感质量检查评价应符合《建筑工程施工质量验收统一标准》（GB 50300—2001）和《建筑地面工程施工质量验收规范》（GB 50209—2002）的要求。

建筑地面子分部工程施工质量验收应按表 3.28 记录，由施工项目质量（技术）负责人填写，各方代表认可，并在地面工程子分部、分项、检验批施工质量验收记录签字，同时加盖统一编号的相应岗位资格章。

表 3.28　建筑地面子分部工程施工质量验收记录表

工程名称		结构类型		层数	
施工单位		技术部门负责人		质量部门负责人	
		项目技术负责人		项目质量负责人	
分包单位		分包单位负责人		分包技术负责人	
序号	分项工程名称	检验批数	施工单位检查评定	验收意见	
1					
2					
3					
4					
5					
建筑地面子分部工程质量控制资料核查					
建筑地面子分部工程安全和功能检验资料核查及主要功能抽查					
建筑地面子分部工程观感质量检验评价					

续表 3.28

检验验收单位	分包单位	项目经理：	（公章） 年　月　日
	施工单位	项目经理：	（公章） 年　月　日
	设计单位	项目负责人：	（公章） 年　月　日
	监理（建设）单位	总监理工程师： （建设单位项目专业负责人）	（公章） 年　月　日

（2）施工质量控制资料核查

①建筑地面工程采用的材料应按设计要求和《建筑工程施工质量验收统一标准》的规定选用，并应符合国家标准的规定；进场材料应有中文质量合格证明文件和规格、型号及性能检测报告，对重要材料应有复验报告。

②建筑地面采用的大理石、花岗石等天然石材必须符合《建筑材料放射性核素限量》(GB 6566—2001)中有关材料有害物质的限量规定，进场应具有检测报告。

③胶粘剂、沥青胶结料等材料应按设计要求选用，并应符合《民用建筑工程室内环境污染控制规范》(GB 50325—2006)的规定。

④检验水泥混凝土和水泥砂浆强度试块的组数，按每一层（或检验批）建筑地面工程不应小于1组，当每一层（或检验批）建筑地面面积大于1 000 m²时，每增加1 000 m²应增做一组试块，小于1 000 m²，按1 000 m²计算。当改变配合比时，也应相应地制作试块组数。

⑤建筑地面工程施工记录应包括施工工艺标准和三检（自检、交接检查、专业检查）记录。

⑥施工技术方案应确定检验批的划分，抽查数量及抽检方法，抽检部位应在验收时随机抽取。同时施工技术方案还应确定安全及功能检验的方法、数量等。施工质量控制措施应有针对性。

建筑地面子分部工程施工质量控制资料应数据准确、签章规范，验收应按表 3.29 记录，由施工项目质量（技术）负责人填写。

表 3.29　建筑地面子分部工程施工质量控制资料核查记录表

工程名称		施工单位		
序号	资料名称	份数	核查意见	核查人
1	建筑地面工程设计图纸和变更文件等			
2	原材料的出厂检验报告和质量合格保证文件，材料进场检（试）验报告和检测记录			
3	水泥混凝土砂浆强度及垫层密实度试验报告和检测记录			
4	施工记录			
5	施工技术方案			
6	各构造层的隐蔽验收及其他有关验收文件			

结论：

施工单位项目经理：　　　　　　　　　　　　　　　　总监理工程师：
　　　　　　　　　　　　　　　　　　　　　　　　（建设单位项目专业负责人）
　　年　月　日　　　　　　　　　　　　　　　　　　　　年　月　日

(3)安全和功能检验资料核查及主要功能抽查

①建筑地面子分部工程安全和功能检验资料核查和主要功能抽查应在分项或检验批验收时进行，子分部验收时应检查检验资料是否符合要求，否则应逐项进行抽样检测。

②地面预留洞口、预埋管道应在施工时按设计方案要求留设，不得在施工后开凿。

③梁（肋）在对应处、门口处、长走廊、大地面、附属台阶、散水坡等易开裂处应有防开裂措施，并符合设计及施工技术方案要求。

④建筑地面工程所用建筑材料（构、配件）对室内环境的污染控制应符合《民用建筑工程室内环境污染控制规范》(GB 50325—2006)的规定。

⑤室外露天楼梯及平台应有防滑措施。

⑥厕浴间和有防滑要求的建筑地面的板块材料应符合设计要求。

建筑地面子分部工程安全和功能检验资料核查及主要功能抽查应数据准确、签章规范，验收应按表3.30记录，由施工项目质量（技术）负责人填写，总监理工程师（建设单位项目负责人）签章。

表 3.30　建筑地面子分部工程安全和功能检验资料核查及主要功能抽查记录表

工程名称		施工单位			
序号	安全和功能检验项目	份数	核查意见	抽查结果	核查（抽查）人
1	基土质量、夯填检测记录				
2	隔离层、整体面层、板块面层的蓄水检验记录				
3	木、竹面层采用的材料及其胶粘剂的有害物质含量				
4	防油渗混凝土的强度等级不应小于C30；防油渗涂料抗拉黏结强度不应小于0.3 MPa检验报告				
5	不发火（防爆的）面层试件的配合比通知单及检测报告、摩擦试验记录				
6	防滑检查记录				
结论：					
施工单位项目经理： 年　月　日			总监理工程师： （建设单位项目专业负责人） 年　月　日		

(4)施工观感质量检查评定

施工观感质量检查的抽查部位随机确定，抽查数量不少于自然间（标准间）的10%，有特殊要求的房间应全数检验。评价方法为由总监理工程师（建设单位项目负责人）组织施工项目主要人员和监理人员不少于5人参加，共同进行检查评定。

①在"抽查质量情况"栏填写"√"、"○"、"×"，分别代表"好"、"一般"、"差"。

②根据每个项目"抽查质量情况"给出相应"质量评价"结果。

③"质量评价"为"差"的项目应返修后重新检查评价。

④综合每项"质量评价"，做出"综合评价"结果。

⑤"结论"应写明符合要求与不符合要求的项数，及对不符合要求项目的处理意见。

建筑地面工程观感质量检查评价应按表3.31记录，由施工项目质量（技术）负责人填写，总监理工程师（建设单位项目负责人）签章。

表 3.31 建筑地面子分部工程施工观感质量检查评价记录表

工程名称															
施工单位															
参加人员															

序号	项目名称		抽查质量状况										质量评价			综合评价
			1	2	3	4	5	6	7	8	9	10	好	一般	差	
1	地面面层	空鼓														
		裂纹（缝）														
		脱（起）皮														
		蜂窝														
		麻面														
		起砂														
		周边、细部处理														
		倒泛水、积水														
		水磨石粒密实、均匀														
		颜色														
		图案														
		砂眼														
		磨纹														
		分格条														
		漏涂														
2	踢脚线	与墙结合														
		高度														
		出墙厚度														
3	楼梯踏步	高度、宽度														
		高度差														
		宽度差														
		齿角														
		防滑条														
4	变形缝	位置														
		宽度														
		填缝质量														

续表 3.31

序号	项目名称		抽查质量状况										质量评价			综合评价
			1	2	3	4	5	6	7	8	9	10	好	一般	差	
5	地面面层	空鼓														
		裂纹（缝）														
		图案														
		色泽														
		接（拼）缝、周边														
		缺棱、掉角														
		倒泛水、积水、渗漏														
		平整														
		翘曲（边）														
		磨痕														
		板块缝隙														
		板块铺设														
		塑料板打胶														
		塑料板阴阳角														
		塑料板焊接														
		地毯压（卡）条														
		地毯表面平整														
		地毯毛边、翘边														
6	踢脚线	与墙结合														
		高度														
		出墙厚度														
7	楼梯踏步	高度、宽度														
		高度差														
		宽度差														
		齿角														
		防滑条														
8	变形缝	位置														
		宽度														
		填缝质量														

结论：

施工单位项目经理：　　　　　　　　　　　　　　总监理工程师：
　　　　　　　　　　　　　　　　　　　　　　　（建设单位项目专业负责人）

　　　　　　年　月　日　　　　　　　　　　　　　　　　　　　年　月　日

8. 装修分部（子分部）工程质量验收

（1）装修分部（子分部）工程施工质量验收合格要求

①建筑装饰装修分部（子分部）工程所含分项工程质量应验收合格。

②建筑装饰装修分部（子分部）工程质量控制资料应及时、准确、齐全、完整。

③建筑装饰装修分部（子分部）工程有关安全及使用功能的检测和抽测结果均应符合相应标准规定或设计要求。

④建筑装饰装修分部（子分部）工程观感质量检查评价应符合《建筑工程施工质量验收统一标准》(GB 50300—2001)和《建筑装饰装修工程质量验收规范》(GB 50210—2001)的要求。

建筑装饰装修分部工程施工质量验收应按表3.32记录，建筑装饰装修子分部工程施工质量验收应按表3.33记录，由施工项目质量(技术)负责人填写，各方代表认可，并在建筑装饰装修工程子分部、分项、检验批工程施工质量验收记录上签字，同时加盖统一编号的相应岗位资格章。

表 3.32　建筑装饰装修分部工程施工质量验收记录表

工程名称		结构类型		层数	
施工单位		技术部门负责人		质量部门负责人	
		项目技术负责人		项目质量负责人	
分包单位		分包单位负责人		分包技术负责人	
序号	子分部工程名称	分项工程数	施工单位检查评定	验收意见	
1					
2					
3					
4					
5					
施工质量控制资料核查					
安全和功能检验资料核查及主要功能抽查					
施工观感质量检验评价					
隐蔽工程施工质量验收					
检验验收单位	施工单位	项目经理：		（公章） 年　月　日	
	设计单位	项目负责人：		（公章） 年　月　日	
	监理（建设）单位	总监理工程师： （建设单位项目专业负责人）		（公章） 年　月　日	

表 3.33　建筑装饰装修子分部工程施工质量验收记录表

工程名称		结构类型		层数	
施工单位		技术部门负责人		质量部门负责人	
		项目技术负责人		项目质量负责人	
分包单位		分包单位负责人		分包技术负责人	
序号	分项工程名称	检验批数	施工单位检查评定	验收意见	
1					
2					
3					
4					
5					
建筑装饰装修子分部工程质量控制资料核查					
建筑装饰装修子分部工程安全和功能检验资料核查及主要功能抽查					
建筑装饰装修子分部工程观感质量检验评价					
隐蔽工程施工质量验收					
检验验收单位	分包单位	项目经理：		（公章）年　月　日	
	施工单位	项目经理：		（公章）年　月　日	
	设计单位	项目负责人：		（公章）年　月　日	
	监理（建设）单位	总监理工程师：（建设单位项目专业负责人）		（公章）年　月　日	

（2）施工质量控制资料核查

①建筑装饰装修工程的设计必须保证建筑物的结构安全和主要使用功能。当涉及主体和承重结构改动或增加荷载时，必须由原结构设计单位或具备相应资质的设计单位核查有关原始资料，对既有建筑结构的安全性进行核验、确认。

②建筑装饰装修工程所用的材料品种、规格和质量应符合设计要求和国家现行标准的规定。当设计无要求时应符合国家现行标准的规定，严禁使用国家明令淘汰的材料。

③建筑装饰装修工程所用材料的燃烧性能应符合《建筑内部装修设计防火规范》(GB 50220—2001)、《建筑设计防火规范》(GB 50016—2006)和《高层民用建筑设计防火规范》(GB 50045—2001)的规定。

④建筑装饰装修工程所用材料应符合国家有关建筑装饰装修材料有害物质限量标准的规定。

⑤所有材料进场时应对品种、规格、外观和尺寸进行验收。材料包装应完好，应有产品合格证书、中文说明书及相关性能的检测报告，进口产品应按规定进行商品检验。

⑥进场后需要进行复验的材料，其种类及项目应符合本标准的规定。同一厂家生产的同一品种、同一类型的进场材料应至少抽取一组样品进行复验，当合同另有约定时应按合同执行。

⑦建筑装饰装修工程所使用的材料应按设计要求进行防火、防腐和防虫处理。

⑧承担建筑装饰装修工程施工的单位应具有相应的资质,并应建立质量管理体系。施工单位应编制施工组织设计,并应经过审查批准。施工单位应按有关的施工工艺标准或经审定的施工技术方案施工,并应对施工全过程实行质量控制。

⑨承担建筑装饰装修工程施工的人员应有相应岗位的资格证书。

建筑装饰装修工程质量控制资料应数据准确、签章规范,验收应按表3.34记录,由总包项目质量(技术)负责人填写。

表3.34 建筑装饰装修子分部工程施工质量控制资料核查记录表

工程名称			施工单位		
序号	资料名称		份数	核查意见	核查人
1	工程的施工图、设计说明及其他设计文件				
2	材料的产品合格证、检验报告				
3	特种门及其附件的生产许可文件				
4	粘贴用水泥的凝结时间、安定性和强度复验报告				
5	外墙陶瓷面砖的吸水率和抗冻性复检报告				
6	幕墙工程	各种材料、五金配件、构件及组件的产品合格证书、性能检测报告、进场验收记录和复验报告			
7		玻璃幕墙结构胶的邵氏硬度、标准条件拉伸黏结强度、相容性复验报告;石材用结构胶的黏结强度复验报告;密封胶的耐污染性试验报告及复验报告			
8		打胶、养护环境的温度、湿度记录;双组分硅酮结构胶的混匀性试验记录及拉断试验记录			
9		构件和组件的加工制作记录,安装施工记录			
10		幕墙防雷装置测试记录			
11	主要材料的样板或样板间(件)确认文件				
12	隐蔽工程验收记录				
13	施工记录				
14	施工组织设计、施工技术方案或措施				
15	分项及检验批质量验收记录				
16	重大技术问题处理资料				
17	新材料、新工艺施工记录				

结论:

施工单位项目经理: 　　　　　　　　　　　　　总监理工程师:
　　　　　　　　　　　　　　　　　　　　　　(建设单位项目专业负责人)

　　　年　月　日　　　　　　　　　　　　　　　　　年　月　日

(3)安全和功能检验资料核查及主要功能抽查

①建筑装饰装修工程安全及功能检验应在分项或检验批验收时进行,子分部验收时应检查检验资料是否符合要求,否则应逐项进行抽样检测。

②建筑装饰装修工程所使用的人造木板甲醛含量应进行复验,各项指标应符合《室内装饰装修材料人造板及其制品中甲醛释放限量》(GB 18580—2001)的规定。

③建筑装饰装修工程室内用花岗石的放射性应对其进行复验,各项指标应符合《建筑材料放射

性核数限量》(GB 6566—2001) 的规定。

④建筑装饰装修工程后置埋件必须符合设计要求并进行现场拉拔强度检测。

⑤建筑外墙金属窗及塑料窗必须对抗风压性能、空气渗透性能、雨水渗漏性能及节能窗的保温性能进行复验。

⑥外墙饰面砖粘贴样板件黏结强度必须符合设计要求和规范规定,并进行现场检测。

⑦建筑装饰装修涂饰工程必须对涂料的有害物质含量及涂层的耐洗刷性进行复验。

⑧幕墙所用硅酮胶必须有认定证书和抽查合格证明。进口硅酮胶必须有商检证及中文说明书,且必须有国家指定检测机构出具的硅酮结构胶相容性和剥离新结性试验报告。

⑨隐框、半隐框幕墙所采用的结构黏结材料必须是中性硅酮结构密封胶,其性能必须符合《建筑用硅酮结构密封胶》(GB 16776—2005) 的规定,硅酮结构胶必须在有效期内使用。

⑩幕墙工程必须对其抗风压性能、空气渗透性能、雨水渗漏性能、平面变形性能进行检测。

⑪建筑装饰装修工程的室内环境质量应符合《民用建筑工程室内环境污染控制规范》(GB 50325—2006) 的规定。

⑫护栏高度、栏杆间距、安装位置必须符合设计要求,且护栏和扶手安装必须牢固。

建筑装饰装修工程安全及功能检测应数据准确,签章规范,验收应按表3.35记录,由施工项目质量(技术)负责人填写,总监理工程师(建设单位项目负责人)签章。

表3.35 建筑装饰装修子分部工程安全和功能检验资料核查及主要功能抽查记录表

工程名称			施工单位			
序号	安全和功能检验(检测)项目		份数	核查意见	抽查结果	核查(抽查)人
1	室内用花岗石放射性复验报告					
2	后置埋件的现场拉拔强度检测记录					
3	建筑外墙金属窗及塑料窗的抗风压性能、空气渗透性能、雨水渗漏性能检测报告					
4	涂料的有害物质含量及耐洗刷性、复验报告					
5	外墙饰面砖样板件的黏结强度检验记录					
6	幕墙所用硅酮胶的认定证书和抽查合格证明;进口硅酮胶的商检证;国家指定检测机构出具的硅酮结构胶相容性和剥离黏结性试验报告;					
7	幕墙的抗风压性能、空气渗透性能、雨水渗漏性能、平面变形性能检测报告					
8	室内环境质量检测报告					
9	护栏高度,安装牢固度检验记录					
10	人造木板甲醛含量复验报告					
结论:						
施工单位项目经理:			总监理工程师: (建设单位项目专业负责人)			
年　月　日			年　月　日			

（4）施工观感质量检查评定

施工观感质量检查的抽查部位应随机确定，抽查数量依据各分项工程具体要求确定。

评价方法为由总监理工程师(建设单位项目负责人)组织施工项目主要人员和监理人员不少于5人参加，共同进行检查评定。

①在"抽查质量情况"栏填写"√"、"○"、"×"，分别代表"好"、"一般"、"差"。

②根据每个项目"抽查质量情况"给出相应"质量评价"结果。

③"质量评价"为"差"的项目应返修后重新检查评价。

④综合每项"质量评价"，做出"综合评价"结果。

⑤"结论"应写明符合要求与不符合要求的项数，及对不符合要求项目"的处理意见。

建筑装饰装修工程观感质量检查评价应按表3.36记录，由施工项目质量(技术)负责人填写，总监理工程师(建设单位项目负责人)签章。

表3.36 建筑装饰装修子分部工程施工观感质量检查评价记录表

工程名称															
参加人员								施工单位							
序号	项目名称		抽查质量状况										质量评价		综合评价
			1	2	3	4	5	6	7	8	9	10	好	一般	差
1	一般抹灰	表面质量													
		护角等抹灰表面													
		分格缝设置													
		滴水线(槽)													
2	装饰抹灰	表面质量													
		分格缝设置													
		滴水													
3	清水砌体勾缝	勾缝宽、深及表面													
		灰缝颜色													
4	饰面板安装	饰面板表面													
		嵌缝													
		湿作法施工时表面													
		孔洞套割吻合													
5	饰面砖粘贴	饰面砖表面													
		阴阳角处搭接													
		墙面突出物周围													
		接缝													
		滴水线(槽)													

续表 3.36

序号	项目名称		抽查质量状况										质量评价			综合评价
			1	2	3	4	5	6	7	8	9	10	好	一般	差	
6	板材隔墙	板材安装														
		板材表面														
		隔墙上孔洞、槽、盒														
7	木门窗安装	木门窗表面														
		木门窗批水、盖口条、压缝条、密封条														
8	金属门窗安装	表面质量														
		与墙体间连接														
		密封条														
		排水孔														
9	塑料门窗安装	表面质量														
		密封条														
		开关灵活														
		玻璃槽口														
		排水孔														
10	特种门安装	表面装饰														
		表面洁净														
11	门窗玻璃安装	表面质量														
		玻璃安装														
		腻子填抹														
12	吊顶	饰面材料表面观感														
		饰面板上的灯具等														
		吊杆、龙骨的接头														
13	石材幕墙	表面质量														
		压条														
		密封胶														
		滴水线														
		石材表面质量														
14	水性涂料涂饰	颜色														
		泛碱、咬色														
		墙面突出物周围														
		流坠、疙瘩														
		砂眼、刷纹														
		点状分布														
		喷点、疏密														
		与其它界面衔接														

续表 3.36

序号	项目名称		抽查质量状况										质量评价			综合评价
			1	2	3	4	5	6	7	8	9	10	好	一般	差	
15	溶剂型涂料涂饰	颜色														
		光泽、光滑														
		刷纹														
		裹棱、流坠、皱皮														
		木纹														
		与其他界面衔接														
16	美术涂饰	表面质量														
		仿花纹涂饰材料纹理														
		套色涂饰图案纹理、轮廓														
17	裱糊	表面质量														
		复合压花壁纸压痕														
		复合发泡壁纸发泡层														
		与装饰线、设备交接处														
		壁纸、墙布边缘														
		阴角处搭接														
18	软包	表面质量														
		边框外形														
		木制边框涂饰														
19	橱柜制作、安装	表面质量														
		裁口拼缝														
20	窗帘盒、窗台板、散热器罩	表面质量														
		与墙面、窗框衔接														
21	门窗套、护墙	表面质量														
		安装位置														
22	护栏和扶手	转角弧度														
		接缝														
23	花饰	表面质量														

结论：

施工单位项目经理：　　　　　　　　　　　　　　总监理工程师：
　　　　　　　　　　　　　　　　　　　　　　（建设单位项目专业负责人）

　　　年　　月　　日　　　　　　　　　　　　　　　年　　月　　日

(5)隐蔽工程施工质量验收记录

①建筑装饰装修工程施工中,应按要求对隐蔽工程进行验收。

②建筑装饰装修隐蔽工程应在施工单位质量(技术)负责人自检合格后,于隐蔽前通知监理工程师(建设单位项目技术负责人)进行检查验收。

③建筑装饰装修隐蔽工程质量验收记录应及时、准确、齐全、完整。

建筑装饰装修隐蔽工程施工质量验收应按表 3.37 记录,由施工项目质量(技术)负责人填写。

表 3.37 建筑装饰装修子分部隐蔽工程施工质量验收记录表

工程名称			施工单位	
分项工程名称			项目经理	
隐蔽工程项目			分包单位	
分包单位项目经理			专业工长	
施工标准名称及编号			施工图纸名称及编号	
隐蔽工程部位	质量要求	附图编号	施工单位自查记录	监理(建设)单位验收记录
分包单位自查结论	项目技术负责人:			年 月 日
施工单位自查结论	施工单位项目负责人:			年 月 日
监理(建设)单位验收结论	总监理工程师: (建设单位项目专业负责人)			年 月 日

9.地下工程防水子分部工程质量验收

(1)地下工程防水子分部工程施工质量验收合格要求

根据国家标准《建筑工程施工质量验收统一标准》(GB 50300—2001)的规定,确定地下防水工程为地基与基础分部工程中的一个子分部工程,其施工质量验收合格应符合下列规定。

①地下防水工程所含分项工程施工质量均应验收合格。

②地下防水工程施工质量控制资料应及时、准确、齐全、完整。

③地下防水工程安全及功能检验资料核查和主要功能抽查结果均应符合相应标准规定和设计要求。

④地下防水工程施工观感质量检查评价应符合《建筑工程施工质量验收统一标准》(GB 50300—2001)和《地下防水工程质量验收规范》(GB 50208—2002)的要求。

地下防水工程施工质量验收应按表 3.38 记录,由施工项目质量(技术)负责人填写,各方代表确认,并加盖统一编号的相应岗位资格章。

表3.38　地下防水子分部工程施工质量验收记录表

工程名称			结构类型		层数	
施工单位			技术部门负责人		质量部门负责人	
			项目技术负责人		项目质量负责人	
分包单位			分包单位负责人		分包技术负责人	
序号	分项工程名称		检验批数	施工单位检查评定	验收意见	
1						
2						
3						
4						
5						
地下防水子分部工程质量控制资料核查						
地下防水子分部工程安全和功能检验资料核查及主要功能抽查						
地下防水子分部工程观感质量检验评价						
隐蔽工程施工质量验收						
检验验收单位	分包单位	项目经理：			（公章）年　月　日	
	施工单位	项目经理：			（公章）年　月　日	
	设计单位	项目负责人：			（公章）年　月　日	
	监理（建设）单位	总监理工程师：（建设单位项目专业负责人）			（公章）年　月　日	

（2）施工质量控制资料核查

①地下防水工程必须由具有相应资质的专业防水队伍进行施工，其主要施工人员应持有建设行政主管部门或其指定单位颁发的执业资格证书。

②设计交底、图纸会审及施工技术方案应完整，签章齐全。

③建立各道工序的自检、交接检和专职人员检查的"三检"制度，并有完整的检查记录。

④有完整的隐蔽工程验收记录。

⑤经监理（建设）单位对上道工序的检查确认后才准予下道工序的施工。

⑥地下防水工程所使用的防水材料，应有产品的合格证书和性能检测报告，材料的品种、规格、性能等应符合现行国家产品标准和设计要求。

⑦对进场的防水材料应按有关规定见证抽取试样进行检验测试,并有试验报告,不合格的材料不得在工程中使用。

⑧地下防水工程施工期间,明挖法的基坑以及暗挖法的竖井、洞口,必须保持地下水位稳定在基底 0.5 m 以下,必要时应采取降水措施。

⑨地下防水工程的防水层,如在零度以下施工,或在施工时遭到风、雨、雪侵害,应采取措施,并作出施工记录。

⑩对重大技术问题的实施结果及施工中出现事故的处理情况要有详细记载和说明,对地下防水子分部工程的施工全过程要写出技术工作总结。

对地下防水子分部工程施工质量控制资料核查应按表 3.39 记录,由施工项目质量(技术)负责人填写。

表 3.39 地下防水子分部工程施工质量控制资料核查记录表

工程名称			施工单位		
序号		资料名称	份数	核查意见	核验人
1		相应质资的专业防水队伍进行施工			
		主要施工人员持有有效的执业资格证书			
2	施工前	进行图纸会审			
3		施工技术方案经总监审批			
4		认真进行技术交底			
5	施工中	分项工程验收记录			
		完整的隐蔽工程记录			
6		隐蔽工程验收记录			
7		监理(建设)单位工序施工质量确认单			
8	地下防水防工程所使用的防水材料,应有产品的合格证书和性能检测报告,材料的品种、规格、性能等应符合产品标准和设计要求	材料(构件)名称			

续表 3.39

序号	资料名称		份数	核查意见	核验人
9	对进场的材料应按有关规定见证抽取试样进行检验测试，并且有试验报告；不合格的材料不得在工程中使用	材料（构件）名称			
10	施工试件（块）见证检测及试验报告				
11	砂浆、混凝土配合此通知单及抽检记录				
12	混凝土抗压、抗渗试验报告				
13	地下降水记录				
14	防冻害措施资料检验记录				
15	施工记录				
16	重大技术问题及事故处理资料及技术工作总结				

结论：

施工单位项目经理：　　　　　　　　　　　　　　总监理工程师：
　　　　　　　　　　　　　　　　　　　　　（建设单位项目专业负责人）

　　　　　年　月　日　　　　　　　　　　　　　　　　　　　　　年　月　日

（3）安全和功能检验资料核查及主要功能抽查

①地下防水工程的安全及功能检验应在分项或检验批验收时进行，子分部验收时，按《地下防水工程质量验收规范》(GB 50208—2002)附录 C 的规定检验实物和核查资料是否符合要求，否则应逐项进行抽样检测。

②地下防水工程设计应包括以下内容。

a. 防水等级和设防要求。

b. 防水混凝土的抗渗等级和其他技术指标。

c. 防水层选用的材料及其技术指标。

d. 工程细部构造的防水措施、选用的材料及其技术指标。

e. 工程的防排水、地面挡水、截水系统及工程各种洞口的防倒灌措施等。

③地下防水工程必须满足正常条件下的各种荷载对其作用的要求，并要满足防腐蚀和耐久性的要求。

④地下防水工程的变形缝、施工缝、诱导缝、后浇带、穿墙管(盒)、预埋件、预留通道接头、桩头等细部构造，应符合设计和相关标准的规定。

⑤地下防水工程的排水管沟、地漏、出入口、窗井、风井等，应有防倒灌设施，寒冷及严寒地区的排水沟必须有防冻措施。

⑥地下防水工程应有防止产生结构变形和裂缝的措施，对可能影响结构安全的各种变形和裂缝，应由有资质的鉴定检测单位进行检测鉴定。

⑦防水层的保护应符合设计和施工技术方案的要求。

⑧对有储水试验要求的防水工程应作储水检验。

⑨地下防水工程所采用的建筑材料（构、配件）对环境的污染控制应符合设计要求或国家及地方的有关规定。

⑩对地下防水工程总体效果的检查记录。地下防水工程安全及功能检验要求数据准确，签章规范。对地下防水子分部工程安全和功能检验验收应按表3.40记录，由施工项目质量（技术）负责人填写。

表3.40 地下防水子分部工程安全和功能检验资料核查及主要功能抽查记录表

工程名称		施工单位				
序号	安全和功能检验项目	份数	核查意见		抽查结果	核查（抽查）人
1	安全和功能检验应在分项和检验批验收时进行，并核查执行的相关规定情况的记录					
2	防水等级和设防要求必须符合设计和标准规定的检查记录					
3	满足正常条件下各种荷载对其作用的要求，并满足防腐蚀和耐久性要求的检查记录					
4	变形缝、施工缝、诱导缝、后浇带、穿墙管（盒）、预埋件、预留通道接头、桩头等细部构造，应符合相关标准规定的检查记录					
5	排水管沟、地漏、出入口、窗井、风井等，应有防倒灌设施，寒冷及严寒地区的排水沟必须有防冻措施的检查记录					
6	对可能影响结构安全的各种变形和裂缝，应由有资质的鉴定检测单位进行检测鉴定记录					
7	防水层的保护应符合设计和施工技术方案要求的检查记录					
8	对有储水试验要求的应做储水检验记录					
9	材料（构、配件）对环境的污染应符合设计要求或有关规定的检查记录					
10	防水效果检查记录					

结论：

施工单位项目经理：　　　　　　　　　　　　总监理工程师：
　　　　　　　　　　　　　　　　　　　　（建设单位项目专业负责人）

　　　年　月　日　　　　　　　　　　　　　　　　年　月　日

（4）施工观感质量检查评定

施工观感质量检查的抽查部位，随机确定，抽查数量按外露表面积每 100 m²，抽查 1 处，每处 10 m²，且不得少于 3 处；细部构造应全数检查。

评价方法为由总监理工程师（建设单位项目负责人）组织施工项目主要人员和监理人员共不少于 5 人共同检查评价。防水混凝土防水层、水泥砂浆防水层施工观感质量检查评价记录见表 3.41；卷材防水层、涂料防水层、塑料板防水层施工观感质量检查评价记录见表 3.42；金属板防水层和特殊施工法防水工程施工观感质量检查评价记录见表 3.43；排水工程、注浆工程、结构防冻害工程施工观感质量检查评价记录见表 3.44。

在"抽查质量状况"栏填写"√"、"○"、"×"，分别代表"好"、"一般"、"差"。根据每个项目"抽查质量情况"给出相应"质量检查评价"结果，"质量检查评价"为"差"的项目应返修后重新检查评价。最后，综合每项"质量检查评价"，作出"综合检查评价"结果。"结论"应写明符合要求与不符合要求的项数，以及对不符合要求项目的处理意见。

表 3.41　地下防水分部工程施工观感质量检查评价记录（一）

工程名称				施工单位			
参加人员							

序号	项目		抽查质量状况	质量评价			综合评价
				好	一般	差	
1	地下建筑防水工程	防水混凝土细部构造	表面坚实、平整				
2			无露筋、蜂窝等缺陷				
3			无贯穿裂缝				
4			埋设件位置应正确				
1			严禁渗漏				
2			止水带应固定牢靠、平直、不得有扭曲现象				
3			穿墙管止水环与主管或翼环与套管应连续满焊				
4			管、环、焊件做防腐处理				
5			接缝处表面应密实、洁净、干燥				
6			密封材料应嵌填严密、黏结牢固、不得有开裂、鼓泡和下塌现象				

续表 3.41

序号	项目		抽查质量状况	质量评价			综合评价
				好	一般	差	
1	地下建筑防水工程	水泥砂浆防水层	表面密实平整				
2			黏结牢固无空鼓				
3			不得有裂纹、起砂、麻面等缺陷				
4			阴阳角处做成圆弧形				
5			留槎位置及作法应正确				

结论：

施工单位项目经理：　　　　　　　　　　　　总监理工程师：
　　　　　　　　　　　　　　　　　　　　（建设单位项目专业负责人）
　　　年　月　日　　　　　　　　　　　　　　　年　月　日

表 3.42　地下防水子分部工程施工观感质量评价记录表（二）

工程名称				施工单位				
序号	项目		抽查质量状况		质量评价			综合评价
					好	一般	差	
1	地下建筑防水工程	卷材防水层	防水层、转角处、变形缝、穿墙管道等细部做法均应符合设计要求					
2			接缝应密封严密、无皱折、翘边和鼓泡等缺陷					
3			防水层的保护层与防水层应黏结牢固，厚度均匀一致					

续表 3.42

序号	项目		抽查质量状况	质量评价			综合评价
				好	一般	差	
1	地下建筑防水工程	涂料防水层	防水层及转角处、变形缝、穿墙管道等细部做法均应符合设计要求				
2			基层应洁净、平整,不得有空鼓、松动、起砂和脱皮现象				
3			基层阴阳角处应做成圆弧形				
4			与基层黏结牢固,表面平整				
5			涂刷均匀,不得有流淌、皱折、鼓泡、露胎体和翘边等缺陷				
6			防水层的保护层与防水层黏结牢固,结合紧密,厚度均匀一致				
1		塑料板防水层	铺设应平顺并与基层固定牢固				
2			不得有下垂、绷紧和破损现象				
3			焊缝饱满,平整,不得有渗漏				

结论:

施工单位项目经理: 　　　　　　　　　　　　　　总监理工程师:
　　　　　　　　　　　　　　　　　　　　　　（建设单位项目专业负责人）

　　　　年　月　日　　　　　　　　　　　　　　　　　　　年　月　日

表 3.43 地下防水子分部工程施工观感质量评价记录表（三）

工程名称			施工单位								质量评价			综合评价
序号		项目	抽查质量状况								好	一般	差	
1	地下建筑防水工程	金属板防水层	表面不得有明显凹面和损伤											
2			焊缝不得有裂纹、未熔合、夹渣、焊瘤、咬边、烧穿、弧坑、针状毛孔等缺陷											
3			焊缝的焊波应均匀											
4			焊渣和飞溅物应清除干净											
5			保护层不得有漏涂、脱皮和反锈现象											
1	特殊施工法防水工程	锚喷支护	基层阴阳角处应做成圆弧形											
2			混凝土无裂缝、脱落、漏喷、露筋、空鼓和渗漏水											
1		地下连续墙	槽段接缝以及墙体与内衬应符合设计要求											
2			墙面不得有露筋，漏石和夹泥											
1		复合式衬砌	构造作法均应符合设计要求											
2			严禁有渗漏											
3			二次衬砌混凝土的表面应坚实、平整、不得有露筋、蜂窝等缺陷											

续表3.43

序号	项目		抽查质量状况	质量评价			综合评价
				好	一般	差	
1	特殊施工法防水工程	盾构法	衬砌接缝不得有线流和漏泥砂现象				
2			管片拼装后环向及纵向螺栓应全部穿进并拧紧				
3			外露铁件应按设计进行防腐处理				

结论：

施工单位项目经理：　　　　　　　　　总监理工程师：
　　　　　　　　　　　　　　　　　　（建设单位项目专业负责人）

　　　　年　月　日　　　　　　　　　　　　　　　　　年　月　日

表3.44　地下防水子分部工程施工观感质量评价记录表（四）

工程名称				施工单位						
序号	项目			抽查质量状况			质量评价			综合评价
							好	一般	差	
1	排水工程	渗排水、盲沟排水	渗排水	建筑物周围的渗排水层顶面应做散水坡						
2			盲沟排水	盲沟在转弯处和高低处应设检查井，出水口处应设置滤水箅子						
3		隧道、坑道排水		隧道或坑道内应按设计设置各类泵站及集水池						
1	注浆工程	预注浆、后注浆		浆液不得溢出地面和超出有效注浆范围，地面注浆结束后注浆孔应封填密实						
2		衬砌裂缝注浆		注浆后待缝内浆液初凝而不外流时，方可拆下注浆嘴并进行封口抹平						

续表 3.44

序号	项目		抽查质量状况							质量评价			综合评价
										好	一般	差	
1	结构防冻害工程	位于受冻害区段的结构外表面粘贴的聚苯板,其上口必须至地坪,砂填夹层的高度也应至地坪											
2		对于没有交付使用的地下防水工程应做好冻害的防护工作,用保温材料填埋或覆盖,其材料性能和填埋覆盖厚度必须保证其结构周边接触的土层不受冻											

结论:

施工单位项目经理: 　　　　　　　　　　　　总监理工程师:
　　　　　　　　　　　　　　　　　　　　（建设单位项目专业负责人）

　　　年　月　日　　　　　　　　　　　　　　　　　　年　月　日

3.3.4 单位（子单位）工程质量验收

单位工程质量验收也称质量竣工验收,是建筑工程投入使用前的最后一次验收,也是最重要的一次验收,是对工程交付使用前最后一道工序把关,应引起参与建设的各方责任主体和有关单位及人员的足够重视。

单位（子单位）工程质量验收总体上是一个统计性的审核和综合性的评价,是通过核查分部（子分部）工程验收质量控制资料和有关安全、功能检测资料,进行必要的主要功能项目的复核及抽测,以及总体工程观感质量的现场实地质量验收。

单位工程未划分子单位工程的,应在各分部工程施工质量验收基础上直接对单位工程进行验收。当单位工程划分为若干子单位工程时,应在分部工程质量验收基础上,先对子单位工程进行验收,再将子单位工程汇总成单位工程。

1. 单位（子单位）工程施工质量验收合格要求

①单位（子单位）工程所含分部（子分部）工程的质量应验收合格。

a. 核查各分部工程中所含的子分部工程验收是否齐全。

b. 核查各分部、子分部工程质量验收记录表的质量评价是否齐全、完整。

c. 核查各分部、子分部工程质量验收记录表的验收人员是否是规定的有相应资质的技术人员,并进行了评价和确认。

②施工质量控制资料应完整。

③单位（子单位）工程所含分部工程有关安全和功能检验资料应完整。

④主要功能项目的抽查结果应符合相关专业质量验收规范的规定。

⑤观感质量验收应符合要求。

单位（子单位）工程质量验收记录见表 3.45，由施工单位填写，验收结论由监理（建设）单位填写，综合验收结论由参加验收各方共同商定，建设单位填写，应对工程质量是否符合设计和规范要求及总体质量水平作出评价。

表 3.45　单位（子单位）工程质量竣工验收记录表

工程名称		结构类型		层数/建筑面积	
施工单位		技术负责人		开工日期	
项目经理		项目技术负责人		竣工日期	
序号	项目	验收记录（施工单位填写）		验收结论（监理或建设单位填写）	
1	分部工程	共　　分部，经查　　分部，符合标准及设计要求　　分部			
2	质量控制资料核查	共　　项，经审查符合要求　　项			
3	主要功能和安全项目抽查	共抽查　　项，符合要求　　项，其中经处理后符合要求　　项			
4	观感质量验收	共抽查　　项，符合要求　　项，不符合要求　　项			
5	综合验收结论（建设单位填写）				
参加验收单位	建设单位	勘察单位	设计单位	施工单位	监理单位
	（公章）	（公章）	（公章）	（公章）	（公章）
	单位（项目）负责人： 　　年　月　日	单位（项目）负责人： 　　年　月　日	单位（项目）负责人： 　　年　月　日	单位负责人： 　　年　月　日	总监理工程师： 　　年　月　日

2. 施工质量控制资料核查

单位（子单位）工程质量验收应加强对建筑结构、设备性能、使用功能方面主要技术性能的检验。总承包单位应将各分部、子分部工程应有的质量控制数据进行核查，图纸会审及变更记录、定位测量放线记录、施工操作依据、原材料和构配件等的质量证书、按规定进行检验的检测报告等，由总监理工程师进行核查确认，可按单位工程所包含的分部（子分部）工程分别核查，也可综合抽查。每个检验批规定了"主控项目"，并提出了主要技术性能的要求，但检查单位工程的质量控制数据时，应对主要技术性能进行系统的核查。如一个空调系统只有分部、子分部工程全部完成后才能进行综合调试，取得需要的检验数据。

施工操作工艺、企业标准、施工图纸及设计文件、工程技术数据和施工过程的见证记录，是企业管理的重要组成部分，必须齐全完整。

单位工程质量控制数据是否完整，通常可按以下三个层次进行判定：
①已发生的数据项目必须有。
②在每个项目中该有的数据必须有，没有发生的数据应该没有。
③在每个数据中该有的数据必须有。

因工程项目的具体情况不同,资料是否完整,要视工程特点和已有数据的情况而定。总之,验收人员应掌握的关键一点是,看其工程的结构安全和使用功能是否达到设计要求。如果数据能保证该工程结构安全和使用功能,能达到设计要求,则可认为是完整的;否则,不能判为完整。

单位(子单位)工程施工质量控制资料应数据准确、完整、及时且签章规范,核查应按表3.46记录,由施工项目质量(技术)负责人填写。

表3.46 单位(子单位)工程施工质量控制资料核查记录表

工程名称			施工单位		
序号	项目	资料名称	份数	核查意见	核查人
1	建筑和结构工程	图纸会审、设计变更、洽商记录			
2		工程定位测量、放线记录			
3		原材料出厂合格证书及进场检(试)验报告			
4		施工试验报告及见证检测报告			
5		隐蔽工程验收记录			
6		施工记录			
7		预制构件、预拌混凝土合格证			
8		地基基础、主体结构检验及抽样检测资料			
9		分项、分部工程质量验收记录			
10		工程质量事故及事故调查处理资料			
11		新材料、新工艺施工记录			
1	水暖和卫生工程	图纸会审、设计变更、洽商记录			
2		材料、配件出厂合格证书及进场检(试)验报告			
3		管道、设备强度试验、严密性试验记录			
4		隐蔽工程验收记录			
5		系统清洗、灌水、通水、通球试验记录			
6		施工记录			
7		分项、分部工程质量验收记录			
1	电气工程	图纸会审、设计变更、洽商记录			
2		材料、配件出厂合格证书及进场检(试)验报告			
3		设备调试记录			
4		接地、绝缘电阻测试记录			
5		隐蔽工程验收记录			
6		施工记录			
7		分项、分部工程质量验收记录			

续表 3.46

序号	项目	资料名称	份数	核查意见	核查人
1	通风与空调	图纸会审、设计变更、洽商记录			
2		材料、设备出厂合格证及进场检（试）验报告			
3		制冷、空调、水管道强度试验、严密性试验记录			
4		隐蔽工程验收记录			
5		制冷设备运行调试记录			
6		通风、空调系统调试记录			
7		施工记录			
8		分项、分部工程质量验收记录			
1	电梯	土建布置图纸会审、设计变更、洽商记录			
2		设备出厂合格证书及开箱检验记录			
3		隐蔽工程验收记录			
4		施工记录			
5		接地、绝缘电阻测试记录			
6		负荷试验、安全装置检查记录			
7		分项、分部工程质量验收记录			
1	建筑智能化	图纸会审、设计变更、洽商记录、竣工图及设计说明			
2		材料、设备出厂合格证及技术文件及进场检（试）验报告			
3		隐蔽工程验收记录			
4		系统功能测定及设备调试记录			
5		系统技术、操作和维护手册			
6		系统管理、操作人员培训记录			
7		系统检测报告			
8		分项、分部工程质量验收记录			
结论	施工单位项目经理： 年　月　日		总监理工程师： （建设单位项目专业负责人） 年　月　日		

3. 安全和功能检验资料核查及主要功能抽查

安全和功能检验资料核查是在其基础上对其中涉及结构安全和建筑功能的检测资料所作的一次重点抽查,这些检测资料直接反映了房屋建筑物、附属构筑物及其建筑设备的技术性能,其他规定的试验、检测资料共同构成建筑产品一份"形式"检验报告。检查的内容按表3.47的要求进行。其中大部分项目在施工过程中或分部工程验收时已作了测试,但也有部分要待单位工程全部完工后才能做,如建筑物的节能、保温测试、室内环境检测、照明全负荷试验、空调系统的温度测试等;有的项目即使原来在分部工程验收时已做了测试,但随着荷载的增加引起的变化,这些检测项目需循序渐进,连续进行,如建筑物沉降及垂直测量,电梯运行记录等。所以在单位工程验收时对这些检测资料进行核查,并不是简单的重复检查,而是对原有检测资料所作的一次延续性的补充、修正和完善,是整个"形式"检验的一个组成部分。单位(子单位)工程安全和功能检测资料核查表应由施工单位填写,总监理工程师应逐一进行核查,尤其对检测的依据、结论、方法和签署情况应认真审核,并在表上填写核查意见,给出"完整"或"不完整"的结论。

对主要建筑功能项目进行抽样检查,则是建筑产品在竣工交付使用以前所作的最后一次质量检验,即相当于产品的"出厂"检验。这项检查是在施工单位自查全部合格基础上,由参加验收的各方人员商定,由监理单位实施抽查。可选择其中在当地容易发生质量问题或施工单位质量控制比较薄弱的项目和部位进行抽查。其中涉及应由有资质检测单位检查的项目,监理单位应委托检测,其余项目可由自己进行实体检查,施工单位应予配合。至于抽样方案,可根据现场施工质量控制等级,施工质量总体水平和监理监控的效果进行选择。房屋建筑功能质量由于关系到用户切身利益,是用户最为关心的,检查时应从严把握。对于查出的影响使用功能的质量问题,必须全数整改,达到各专业验收规范的要求。对于检查中发现的倾向性质量问题,则应调整抽样方案,或扩大抽样样本数量,甚至采用全数检查方案。

功能抽查的项目不应超出表3.47规定的范围,合同另有约定的不受其限制。主要功能抽查完成后,总监理工程师应在表3.47上填写抽查意见,并给出"符合"或"不符合"验收规范的结论。

表3.47 单位(子单位)工程安全和功能检验资料核查及主要功能抽查记录表

工程名称			施工单位				
序号	项目	安全和功能检查项目	份数	核查意见		抽查结果	核查(抽查)人
1	建筑与结构	屋面淋水试验记录					
2		地下室防水效果检查记录					
3		有防水要求的地面蓄水试验记录					
4		建筑物垂直度、标高、全高测量记录					
5		抽气(风)道检查记录					
6		幕墙及外窗气密性、水密性、耐风压检测报告					
7		建筑物沉降观测测量记录					
8		节能、保温测试记录					
9		室内环境检测报告					

续表 3.47

序号	项目	安全和功能检查项目	份数	核查意见	抽查结果	核查（抽查）人
1	给排水与采暖	给水管道通水试验记录				
2		暖气管道、散热器压力试验记录				
3		卫生器具满水试验记录				
4		消防管道、燃气管道压力试验记录				
5		排水干管道通球试验记录				
1	电气	照明全负荷试验记录				
2		大型灯具牢固性试验记录				
3		避雷接地电阻测试记录				
4		线路、插座、开关接地检验记录				
1	通风空调	通风、空调系统试运行记录				
2		风量、温度测试记录				
3		洁净室内洁净度测试记录				
4		制冷机组试运行调试记录				
1	电梯	电梯运行记录				
2		电梯安全装置检测报告				
1	智能建筑	系统试运行记录				
2		系统电源及接地检测报告				
1	燃气工程	场站设备试运转记录				
2		工程预验收管道压力试验记录				
3		设备标定及检验记录				
4		燃气监控系统调试记录				
5		燃气管道吹扫记录				

结论：

施工单位项目经理：　　　　　　　　　　　　　总监理工程师：
　　　　　　　　　　　　　　　　　　　　　　（建设单位项目专业负责人）

　　　　年　月　日　　　　　　　　　　　　　　　　年　月　日

4. 施工观感质量检查评定

单位（子单位）工程观感质量验收与主要功能项目的抽查一样，相当于商品的出厂检验，故其重要性是显而易见的。其检查的要求、方法与分部工程相同，其检查内容在表3-47中具体列出。凡在工程上出现的项目，均应进行检查，并逐项填写。在"抽查质量情况"栏填写"√"、"○"、"×"代表"好"、"一般"或"差"的质量评价。为了减少受检查人员个人主观因素的影响，观感检查应至少3人共同参加，共同确定。

观感质量验收不单纯是对工程外表质量进行检查，同时也是对部分使用功能和使用安全所作的一次宏观检查。如门窗启闭是否灵活，关闭是否严密，即属于使用功能。又如室内顶棚抹灰层的空鼓、楼梯踏步高差过大等，涉及使用的安全，在检查时应加以关注。检查中发现有影响使用功能和使用安全的缺陷，或不符合验收规范要求的缺陷，应进行处理后再进行验收。

观感质量检查应在施工单位自查的基础上进行，总监理工程师在表3.48中填写观感质量综合评价后，给出"符合"与"不符合"要求的检查结论。

表 3.48　单位（子单位）工程施工观感质量检查评价记录表

工程名称			施工单位							
序号	项目	项目	抽查质量情况						质量评价		
									好	一般	差
1	建筑与结构	室外墙面									
2		变形缝									
3		水落管，屋面									
4		室内墙面									
5		室内顶棚									
6		室内地面									
7		楼梯、踏步、护栏									
8		门窗									
1	给排水与采暖	管道接口、坡度、支架									
2		卫生器具、支架、阀门									
3		检查口、扫除口、地漏									
4		散热器、支架									
1	建筑电气	配电箱、盘、板、接线盒									
2		设备器具、开关、插座									
3		防雷、接地									

续表3.48

序号	项目	项目	抽查质量情况	质量评价		
				好	一般	差
1	通风空调	风管、支架				
2		风口、风阀				
3		风机、空调设备				
4		阀门、支架				
5		水泵、冷却塔				
6		绝热				
1	电梯	运行、平层、开关门				
2		层门、信号系统				
3		机房				
1	智能建筑	机房设备安装及布局				
2		现场设备安装				
1	燃气	燃气表、阀门、调压器				
2		管道连接、平直度、防腐、支架				
3		阀门井和凝水器				
4		管道标识、管沟回填与恢复				
检查结论	结论：					
	施工单位项目经理： 年 月 日		总监理工程师： （建设单位项目专业负责人） 年 月 日			

3.4 建筑工程施工质量验收的程序与组织

3.4.1 检验批及分项工程的验收程序与组织

检验批由专业监理工程师组织项目专业质量检验员等进行验收；分项工程由专业监理工程师组织项目专业技术负责人等进行验收。

检验批和分项工程是建筑工程施工质量基础，因此，所有检验批和分项工程均应由监理工程师或建设单位项目技术负责人组织验收。验收前，施工单位先填好"检验批和分项工程的质量验收记录"（有关监理记录和结论不填），并由项目专业质量检查员和项目专业技术负责人分别在检验批和分项工程质量检验验收记录中相关栏目中签字，然后由监理工程师组织，严格按规定程序进行验收。

3.4.2 分部工程的验收程序与组织

分部工程应由总监理工程师（建设单位项目负责人）组织施工单位项目负责人和项目技术、质量负责人等进行验收；由于地基基础、主体结构技术性能要求严格，技术性强，关系到整个工程的安全，因此规定与地基基础、主体结构分部工程相关的勘察、设计单位工程项目负责人和施工单位技术、质量部门负责人也应参加相关分部工程验收。

3.4.3 单位（子单位）工程的验收程序与组织

1. 竣工初验收的程序

当单位工程达到竣工验收条件后，施工单位应在自查、自评工作完成后，填写工程竣工报验单，并将全部竣工资料报送项目监理机构，申请竣工验收。总监理工程师应组织各专业监理工程师对竣工资料及各专业工程的质量情况进行全面检查，对检查出的问题，应督促施工单位及时整改。对需要进行功能试验的项目（包括单机试车和无负荷试车），监理工程师应督促施工单位及时进行试验，并对重要项目进行监督、检查，必要时请建设单位和设计单位参加；监理工程师应认真审查试验报告单并督促施工单位搞好成品保护和现场清理。

经项目监理机构对竣工资料及实物全面检查、验收合格后，由总监理工程师签署工程竣工报验单，并向建设单位提出质量评估报告。

2. 正式验收

建设单位收到工程验收报告后，应由建设单位（项目）负责人组织施工（含分包单位）、设计、监理等单位（项目）负责人进行单位（子单位）工程验收。单位工程由分包单位施工时，分包单位对所承包的工程项目应按规定的程序检查评定，总包单位应派人参加。分包工程完成后，应将工程有关资料交总包单位。建设工程经验收合格的，方可交付使用。

建设工程竣工验收应当具备下列条件：
① 完成建设工程设计和合同约定的各项内容。
② 有完整的技术档案和施工管理资料。
③ 有工程使用的主要建筑材料、建筑构配件和设备的进场试验报告。
④ 有勘察、设计、施工、工程监理等单位分别签署的质量合格文件。
⑤ 有施工单位签署的工程保修书。

技术提示：

在竣工验收时，对某些剩余工程和缺陷工程，在不影响交付的前提下，经建设单位、设计单位、施工单位和监理单位协商，施工单位应在竣工验收后的限定时间内完成。参加验收各方对工程质量验收意见不一致时，可请当地建设行政主管部门或工程质量监督机构协调处理。

在一个单位工程中，对满足生产要求或具备使用条件，施工单位已预检，监理工程师已初验通过的子单位工程，建设单位可组织进行验收。由几个施工单位负责施工的单位工程，当其中的施工单位所负责的子单位工程已按设计完成，并经自行检验，也可组织正式验收，办理交工手续。在整个单位工程进行全部验收时，已验收的子单位工程验收资料应作为单位工程验收的附件。

3. 单位工程竣工验收备案

单位工程质量验收合格后，建设单位应在规定时间内将工程竣工验收报告和有关文件，报建设行政管理部门备案。

①凡在中华人民共和国境内新建、扩建、改建各类房屋建筑工程和市政基础设施工程的竣工验收，均应按有关规定进行备案。

②国务院建设行政主管部门和有关专业部门负责全国工程竣工验收的监督管理工作。县级以上地方人民政府建设行政主管部门负责本行政区域内工程的竣工验收备案管理工作。

基础与工程技能训练

一、单选题

1. 在制定检验批的抽样方案时，对于主控项目，对应于合格质量水平的生产方风险（或错判概率 α）和使用方风险（或漏判概率 β）均不宜超过（　　）。
   A. 10%　　　　B. 5%　　　　C. 3%　　　　D. 6%

2. 检验批的质量应按（　　）验收。
   A. 主控项目和一般项目　B. 主控项目　　C. 一般项目　　D. 总则

3. 在制定检验批的抽样方案时，对于一般项目，对应于合格质量水平的生产方风险（或错判概率 α）不宜超过（　　），使用方风险（或漏判概率 β）不宜超过（　　）。
   A. 10%　　　　B. 5%　　　　C. 3%　　　　D. 6%

4. 子分部工程质量验收时，所含（　　）必须全部合格。
   A. 分部工程　　B. 分项工程　　C. 子分项工程　　D. 子单位工程

二、多选题

1. 《建筑工程施工质量验收统一标准》第 3.0.1 条规定：施工现场质量管理应有（　　）。
   A. 相应的施工技术标准　　　　　　B. 健全的质量管理体系
   C. 施工质量检验制度　　　　　　　D. 综合施工质量水平评定考核制度
   E. 企业标准

2. 下列属于单位工程的是（　　）。
   A. 一栋住宅楼　　　　　　　　　　B. 一个商店
   C. 主体工程　　　　　　　　　　　D. 混凝土工程
   E. 一所学校的一个教学楼

3. 检验批质量合格规定（　　）。
   A. 主控项目的质量经抽样检验合格　　B. 一般项目的质量经抽样检验合格
   C. 检验批所含分项工程质量必须合格　　D. 具有完整的施工操作依据
   E. 具有完整的质量检验记录

4. 地基基础工程分部（子分部）工程施工质量验收合格要求（　　）。
   A. 塔吊基础及安装必须满足安全要求

B. 地基基础工程有关安全及功能的检验和抽样检测结果均应符合相应标准的规定或设计要求

C. 地基基础工程施工质量控制资料应及时、准确、齐全、完整

D. 地基基础工程所含的分项工程施工质量均应验收合格

E. 地基基础工程观感质量检查评价结果应符合《建筑工程施工质量验收统一标准》(GB 50300—2001) 和《建筑地基基础工程施工质量验收规范》(GB 50202—2002) 的相应规定。

三、判断题

1. 凡涉及安全、功能的有关产品，应按各专业工程质量验收规范规定进行复验，并应经监理工程师（建设单位技术负责人）检查认可。（　　）
2. 各工序应按施工技术标准进行质量控制，每道工序完成后，不必都进行检查。（　　）
3. 《建筑工程施工质量验收统一标准》与各专业验收规范是一个统一的整体，进行工程质量验收时必须相互配套使用，共同完成一个单位（子单位）工程质量的验收。（　　）
4. 工程的观感质量由施工人员通过现场检查确认即可。（　　）
5. 在分部工程中，按相近工作内容和系统划分为若干个子分部工程，每个子分部工程中包括若干个检验批，每个检验批中包含若干个分项工程。（　　）
6. 检验批是工程施工质量验收的最小单位、最小层次。（　　）
7. 分项工程应按主要工种、材料、施工工艺、设备类别等进行划分。如混凝土结构工程中按主要工种分为模板工程、钢筋工程、混凝土工程等分项工程；按施工工艺又分为预应力、现浇结构、装配式结构等分项工程。（　　）
8. 地基基础分部工程中的分项工程一般划分为一个检验批，有地下层的基础工程也应划分为一个检验批。（　　）
9. 屋面工程施工前，对于有经验的操作工人可不进行施工技术交底。（　　）
10. 地面子分部工程施工观感质量检查的抽查部位随机确定，抽查数量不少于自然间（标准间）的 10%，有特殊要求的房间应全数检验。（　　）
11. 建筑装饰装修工程安全及功能检验应在分项或检验批验收时进行，子分部验收时应检查检验资料是否符合要求，否则应逐项进行抽样检测。（　　）
12. 地下防水工程施工期间，明挖法的基坑以及暗挖法的竖井、洞口，必须保持地下水位稳定在基底 0.5 m 以下，必要时应采取降水措施。（　　）

四、简答题

1. 《建筑工程施工质量验收统一标准》中的术语有哪些？具体有什么含义？
2. 建筑工程施工质量验收可划分为哪些层次？
3. 检验批质量验收合格要求有哪些？
4. 分项工程质量验收的合格要求有哪些？
5. 举例说明混凝土结构子分部工程质量验收的方法。
6. 砌体子分部工程施工质量验收合格要求有哪些？
7. 钢结构子分部工程施工质量验收合格要求有哪些？
8. 简述建筑工程施工质量验收的程序和组织。

五、案例题

【背景资料】某大学学生宿舍楼项目一期 4# 楼，施工单位为 ×× 建设集团有限公司，总建筑面积 12350 m²，层数为 6 层，在进行混凝土结构子分部工程施工观感质量检查验收后，施工技术人员填写了检查记录表，如下表所示。

混凝土结构子分部工程观感质量检查记录

工程名称		某大学学生宿舍楼一期4#楼	施工单位	××建设集团有限公司		
序号		项目	抽查质量情况	质量评价		
				好	一般	差
1	砼浇筑外观质量检查	露筋	无露筋	○		
2		蜂窝、孔洞	局部有蜂窝、孔洞			×
3		夹渣、疏松	无夹渣、疏松	○		
4		裂缝	无裂缝	√		
5		连接部位缺陷	无连接部位缺陷	○		
6		麻面、起皮、起砂	无麻面、起皮、起砂	○		
7		沾污	无沾污	○		
8		缺棱掉角、棱角不直	无缺棱掉角、棱角不直	○		
9		曲翘不平、飞边凸肋	无曲翘不平、飞边凸肋	√		
10	砼浇筑的尺寸偏差	基础轴线位移				
11		独立基础轴线位移				
12		墙、柱、梁轴线位移	符合规范要求	○		
13		剪力墙轴线位移				
14		全高垂直度	符合规范要求	○		
15		全高标高	符合设计及规范要求	○		
16		截面尺寸	基本符合规范要求	○		
17		电梯井进筒长、宽对定位中心线				
18		电梯井井筒全高				
19		表面平整度	符合规范要求	○		
20		预埋设施中心线位置				
21		预留洞中心线位置				
22		预埋地脚螺栓				
23		预制构件的侧向弯曲				
24		预制构件墙、板的对角线差				
25	其他					
26						
27						
	观感质量综合评价					
检查结论	施工单位项目经理:陈××　　　　　　　　总监理工程师:陆×× 　　　　　　　　　　　　　　　　　　　(建设单位项目专业负责人) 2011年6月8日　　　　　　　　　　　　　2011年6月9日					

解答下列问题:

(1) 试给出观感质量综合评价。

(2) 对于观感质量评价为"差"的项目应如何处理?

模块4
建筑工程质量通病控制

模块概述
近年来,房地产市场的大量需求和建设过程中,大量的工程质量问题逐渐显露出来,如混凝土表皮开裂脱落,钢筋外露,楼板强度不足,防水层漏水等问题。原因主要有:

1. 设计方责任——设计结构不合理;
2. 施工方违规施工——企业管理方面监督不力;
3. 层层分包——建筑市场环境方面(低价中标,转包、分包、资质挂靠);
4. 监理责任——责任主体安全履责方面(未起到应有的安全管理和监理作用);
5. 思想认识方面——工人专业素质偏低,技术不过硬。

由此可见,建筑工程质量控制是多方面的,只有各尽其职,严格按照规章制度办事,采用良好的企业管理方法,方可提高建筑工程质量,减少建筑工程病害现象。

学习目标
1. 了解建筑工程质量病害现象的现状;
2. 熟悉建筑工程质量病害现象产生的原因;
3. 掌握建筑工程质量病害现象的控制措施与防治方法。

能力目标
1. 能够运用所学知识进行现场质量问题判定;
2. 能够对常见的建筑工程质量通病进行防治。

课时建议
10课时

4.1 地基与基础工程常见质量通病及防治

4.1.1 桩基础

4.1.1.1 预制桩

1. 桩身质量差

（1）病害现象

桩几何尺寸偏差大，外观粗糙，施打中桩身破坏。

（2）原因分析

①桩身混凝土设计强度偏低。

②混凝土配合比不当和原材料不符合要求。

③钢筋骨架制作不符合规范要求。

④桩身模板差，不符合规范要求。

⑤浇筑顺序不当和浇捣不密实。

⑥混凝土养护措施不良或龄期不足。

（3）防治措施

①预制桩混凝土强度等级不宜低于C30。

②原材料质量必须符合施工规范要求，严格按照混凝土配合比配制。

③钢筋骨架尺寸、形状、位置应正确。

④混凝土浇筑顺序必须从桩顶向桩尖方向连续浇筑，并用插入式振捣器捣实。

⑤桩在制作时，必须保证桩顶平整度和桩间隔离层有效。

⑥按规范要求养护，打桩时混凝土龄期不少于28 d。

2. 桩身偏移过大

（1）病害现象

成桩后，经开挖检查验收，桩位偏移超过规范要求。

（2）原因分析

①场地松软和不平使桩机发生倾斜。

②控制桩产生位移。

③沉桩顺序不当，土体被挤密，邻桩受挤偏位或桩体被土抬起。

④接桩时，相接的两节桩产生轴线偏移和轴线弯折。

⑤桩入土后，遇到大块坚硬障碍物，使桩尖挤向一侧。

（3）防治措施

①施工前需平整场地，其不平整度控制在1%以内。

②插桩和开始沉桩时，控制桩身的垂直度在1/200（即0.5%）桩长内，若发现不符合要求，要及时纠正。

③桩基轴线的控制点和水准点应设在不受施工影响的地方，开工前，经复核后应妥善保护，施工中应经常复测。

④在饱和软土中施工，要严格控制沉桩速率。采取必要的排水措施，以减少对邻桩的挤压偏位。

⑤根据工程特点选用合理的沉桩顺序。

⑥接桩时，要保证上下两节桩在同一轴线上，接头质量符合设计要求和施工规范规定。

⑦沉桩前，桩位下的障碍物务必清理干净，发现桩倾斜，应及时调查分析和纠正。

⑧发现桩位偏差超过规范要求时，应会同设计人员研究处理。

3. 桩接头破坏

（1）病害现象

沉桩时桩接头拉脱开裂或倾斜错位。

（2）原因分析

①连接处的表面没有清理干净，留有杂物、雨水等。

②焊接质量差，焊缝不连续、不饱满，焊缝薄弱处脱开。

③采用硫黄胶泥接桩时，硫黄胶泥达不到设计强度，在锤击作用下产生开裂。

④采用焊接或法兰螺栓连接时，连接铁件不平及法兰平面不平，有较大间隙，造成焊接不牢或螺栓不紧。

（3）防治措施

①接桩时，对连接部位上的杂质、油污等必须清理干净，保证连接部件清洁。

②采用硫黄胶泥接桩时，胶泥配合比应由试验确定。严格按照操作规程进行操作，在夹箍内的胶泥要满浇，胶泥浇注后的停歇时间一般为15 min左右，严禁浇水使温度急剧下降，以确保硫黄胶泥达到设计强度。

③采用焊接法接桩时，首先将上下节桩对齐保持垂直，保证在同一轴线上。两节桩之间的空隙应用铁片填实，确保表面平整垂直，焊缝应连续饱满，满足设计要求。

④采用法兰螺栓接桩时，保持平整和垂直，拧紧螺母，锤击数次再重新拧紧。

⑤当接桩完毕后应锤击几下，再检查一遍，看有无开焊、螺栓松脱、硫黄胶泥开裂等病害现象，如有发生应立即采取措施，补救后才能使用。如补焊，重新拧紧螺栓并用电焊焊死螺母或丝扣凿毛。

4. 桩头打碎

（1）病害现象

预制桩在受到锤击时，桩头处混凝土碎裂、脱落，桩顶钢筋外露。

（2）原因分析

①混凝土强度偏低或龄期太短。

②桩顶混凝土保护层厚薄不均，网片位置不准。

③桩顶面不平，处于偏心冲击状态，产生局部受压。

④桩锤选择不当，锤小时，锤击次数太多，锤大时，桩顶混凝土承受锤击力过大而破碎。

⑤桩帽过大，桩帽与桩顶接触不平。

（3）防治措施

①混凝土强度等级不宜低于C30，桩制作时要振捣密实，养护期不宜少于28 d。

②桩顶处主筋应平齐（整），确保混凝土振捣密实，保护层厚度一致。

③桩制作时，桩顶混凝土保护层不能过大，以3 cm为宜，沉桩前对桩进行全面检查，用三角尺检查桩顶的平整度，不符合规范要求的桩不能使用或经处理（修补）后才能使用。

④根据地质条件和断面尺寸及形状，合理选用桩锤，严格控制桩锤的落距，遵照"重锤低击"的原则，严禁"轻锤高击"。

⑤施工前，认真检查桩帽与桩顶的尺寸，桩帽一般大于桩截面周边2 cm。如桩帽尺寸过大和翘曲变形不平整，应进行处理后方能施工。

⑥发现桩头被打碎，应立即停止沉桩，更换或加厚桩垫。如桩头破裂较严重，将桩顶补强后重新沉桩。

5. 断桩

（1）病害现象

在沉桩过程中，桩身突然倾斜错位，贯入度突然增大。

（2）原因分析

①桩身混凝土强度低于设计要求，或原材料不符合要求，使桩身局部强度不够。

②桩在堆放（搁置）、起吊、运输过程中，不符合规定要求，产生裂缝，再经锤击而出现断桩。
③接桩时，上下节相接的两节桩不在同一轴线而产生弯曲，或焊缝不足，在焊接质量差的部位脱开。
④桩制作时，桩身弯曲超过规定值，沉桩时桩身发生倾斜。
⑤桩的细长比过大。沉桩遇到障碍物，垂直度不符合要求，采用桩架校正桩的垂直度，使桩身产生弯曲。

（3）防治措施
①桩的混凝土强度不宜低于C30，制桩时各分项工程应符合有关验评标准的规定，同时，必须要有足够的养护期和正确的养护方法。
②桩在堆放、起吊、运输过程中，应严格按照有关规定或操作规程执行，发现桩开裂超过有关验收规定时，严禁使用。
③接桩时，要保持相接的两节桩在同一轴线上，接头构造及施工质量符合设计要求和规范规定。
④沉桩前，应对桩构件进行全面检查，若桩身弯曲大于1%桩长，且大于20 mm的桩，不得使用。
⑤沉桩前，应将桩位下的障碍物清理干净，在初沉桩过程中，若桩发生倾斜、偏位，应将桩拔出重新沉桩；若桩打入一定深度，发生倾斜、偏位，不得采用移动桩架的方法来纠正，以免造成桩身弯曲。一节桩的细长比一般不超过40，软土中可适当放宽。
⑥在施工中出现断桩时，应会同设计人员共同处理。

6. 沉桩指标达不到设计要求
（1）病害现象
沉桩结束时，桩端入土深度、贯入度等指标不符合设计要求。
（2）原因分析
①勘探资料不准，设计选择的持力层和桩尖标高不当，或设计错误。
②桩锤选择不当。
③沉桩顺序不当（错误），如采用四周往中间打，中间土被挤密后，导致沉桩困难。
④桩头破碎或桩身断裂，致使沉桩不能正常进行。
（3）防治措施
①核查地质报告，必要时应补勘。
②正式施工前，先打2根试桩，以检验设备和工艺是否符合要求。根据工程地质资料，结合桩断面尺寸、形状，合理选择沉桩设备和沉桩顺序。
③采取有效措施，防止桩顶击碎和桩身断裂。
④遇硬夹层时，可采用钻孔法钻透硬夹层，把桩插进孔内，以达到设计要求。

4.1.1.2 静压桩

1. 桩位偏移
（1）病害现象
沉桩位移超出规范要求。
（2）原因分析
①桩机定位不准，在桩机移动时，由于施工场地松软，致使原定桩位受到挤压而产生位移。
②地下障碍物未清除，使沉桩时产生位移。
③桩机不平，压桩力不垂直。
（3）防治措施
①施工前应对施工场地进行适当处理，增强地耐力；在压桩前，应对每个桩位进行复验，保证桩位正确。
②在施工前，应将地下障碍物，如旧墙基、混凝土基础等清理干净，如果在沉桩过程中出现明

显偏移，应立即拔出（一般在桩入土3m内是可以拨出的），待重新清理后再沉桩。

③在施工过程中，应保持桩机平整，不能桩机未校平，就开始施工作业。

④当施工中出现严重偏位时，应会同设计人员研究处理，如采用补桩措施，按预制桩的补桩方法即可。

2．沉桩深度不足

（1）病害现象

沉桩达不到设计的标高。

（2）原因分析

①勘察设计原因。

②在沉桩时遇到下层土为粉砂层或硬夹层，沉桩时穿不透而达不到标高。

③在沉桩过程中，因故停压，停歇时间太长，土体固结，无法沉到规定标高。

④由于桩身强度不够，桩身被压碎，而无法沉到设计标高。

⑤由于桩身倾斜，而用桩机强行校直，产生桩身断裂、错位而达不到设计标高。

（3）防治措施

①在施工前，应核查地质钻探资料，一般宜用大吨位桩机。

②桩机必须满足沉桩要求，并应对桩机进行全面整修，确保在沉桩过程中机械完好，一旦出现故障，应及时抢修。

③按设计要求与规范规定验收预制桩质量合格后才能沉桩。

④桩机必须保持平整且垂直，一旦出现桩身倾斜，不得强行校正。

⑤遇有硬土层或粉砂层时，可采用植桩法或射水法施工。

4.1.1.3 泥浆护壁钻孔灌注桩

1．成孔质量不合格

（1）病害现象

①坍孔：孔壁坍塌。

②斜孔：桩孔垂直度偏差大于1%。

③弯孔：孔道弯曲，钻具升降困难，钻进时机架或钻杆晃动，成孔后安放钢筋笼或导管困难。

④缩孔：成孔后钢筋笼安放不下去。

⑤孔底沉渣厚度超过允许值。

⑥成孔深度达不到设计要求。

（2）原因分析

①造成坍孔事故的原因主要有：

a.孔口护筒埋置不当。

b.孔内静水压力不足。

c.护壁泥浆指标选用不当。

d.钻进过快或停留在一处空钻时间过长。

e.清孔时间太长或成孔后未及时浇注。

f.施工过程中对孔壁扰动太大。

②造成斜孔、弯孔事故的原因主要有：

a.垂直度偏差大。

b.钻头结构偏心。

c.开孔时，进尺太快，孔形不直。

d.孔内障碍物或地层软硬不均，钻进时产生偏斜。

③造成缩孔的原因主要有：

a. 塑性土膨胀。
b. 钻头直径偏小。
④造成孔底沉渣厚度超允许值的原因主要有：
a. 孔内泥浆的比重、黏度不够，携带钻渣的能力差。
b. 清孔方法不当，孔底有流沙或孔壁坍塌。
c. 停歇时间太长。
（3）防治措施
①机具安装或钻机移位时，都要进行水平、垂直度校正。钻杆的导向装置应符合下列规定：
a. 潜水钻的钻头上应配有一定长度的导向扶正装置。成孔钻具（导向器、扶正器、钻杆、钻头）组合后对中垂直度偏差应满足要求。
b. 利用钻杆加压的正循环回转钻机，在钻具中应加设扶正器，在钻架上增设导向装置，以控制提引水龙头不产生较大的晃动。
c. 钻杆本身垂直度偏差应控制在 0.2% 以内。
②选用合适型式的钻头，检查钻头是否偏心。
③正确埋置护筒。
a. 预先探明浅层地下障碍物，清除后埋置护筒。
b. 依据现场土质和地下水位情况，决定护筒的埋置深度，一般在黏性土中不宜小于 1 m，在砂土及松软填土中不宜小于 1.5 m。要保证下端口埋置在较密实的土层，且护筒外围要用黏土等渗漏小的材料封填压实。护筒上口应高出地面 100 mm。护筒内径宜比设计桩径大 100 mm，且有一定刚度。
c. 做好现场排水工作，如果潮汐变化引起孔内外水压差变化大，可加高护筒，增大水压差调节能力。
④制备合格的泥浆。
a. 重视对泥浆性能指标的控制。
b. 在淤泥质土或流沙中钻进，宜加大泥浆比重（1.2～1.3），且钻进采用低转速慢进尺。
c. 在处理弯孔、缩孔时，若需提钻进行上下扫孔作业时，应先适当加大泥浆比重（通常是投入适量浸泡过的黏土）。
⑤选择恰当的钻进方法。
a. 开孔时 5 m 以内，宜选用低转速慢进尺。每进尺 5 m 左右检查一次成孔垂直度。
b. 在淤泥质土或流沙中钻进时，应控制转速和进尺，且加大泥浆比重（或投入适量浸泡过的黏土）。
c. 在有倾斜的软硬土层钻进时，应控制进尺，低转速钻进。
d. 在回填后重钻的弯孔部位钻进时，也宜用低转速慢进尺，必要时还要上下扫孔。
e. 在黏土层等易缩孔土层中钻进时，应选择同设计直径一样大的钻头，且放慢进尺速度。
f. 在透水性大或有地下水流动的土层中钻进时要加大泥浆比重。
加强测控，确保钻进深度和清孔质量。

2. 钢筋笼的制作、安装质量差
（1）病害现象
①安装钢筋笼困难。
②灌注混凝土时钢筋笼上浮。
③下放导管困难。
（2）原因分析
①孔形呈现斜孔、弯孔、缩孔或孔内地下障碍物清理不彻底。
②钢筋笼制作成型偏差大；或运输堆放时变形大；或孔内分段钢筋笼对接不直；或孔内下放速度快使下端插到孔壁上。

③钢筋笼上浮的主要原因是：导管挂碰钢筋笼或孔内混凝土上托钢筋笼。

（3）防治措施

①抓好从钢筋笼制作到孔内拼装焊接全过程的工作质量。

②提高成孔质量，出现斜孔、弯孔时不要强行进行下钢筋笼和下导管作业。

③安放不通长配筋的钢筋笼时，应在孔口设置钢筋笼的吊扶设施。

④在不通长配筋的孔内浇混凝土时，当水下混凝土接近钢筋笼下口时，要适当加大导管在混凝土中的埋置深度，减小提升导管的幅度且不宜用导管下冲孔内混凝土，以便钢筋笼顺利埋入混凝土之中。

⑤在施工桩径 800 mm 以内，孔深大于 40 m 的桩时，应设置导管扶正装置。

⑥合理安排现场作业，减少成桩作业时间。

3. 成桩桩身质量不良

（1）病害现象

①成桩桩顶标高偏差过大。

②桩身混凝土强度偏低或存在缩颈、断桩等缺陷。

（2）原因分析

①成桩桩顶标高偏差较大的原因主要是标高误判。造成误判的原因有：

a. 孔底回淤量过大，造成桩顶浮浆层较厚，测量混凝土标高不准。

b. 孔内局部扩孔，混凝土充盈量大，未及时测量孔内混凝土面上升情况，造成灌注量不足。

②断桩的形成原因主要有：

a. 混凝土坍落度偏小，或骨料粒径偏大，造成导管内混凝土拒落，最终形成断桩。

b. 导管在混凝土中埋置深度太浅，或下口脱离了混凝土面层使部分桩顶浮浆混凝土保留在桩身上。

c. 因排除现场施工故障，使混凝土灌注中断时间过长。

d. 导管拼接质量差，管内漏气、漏水。

e. 浇混凝土时发生坍孔。

（3）防治措施

①深基坑内的桩，宜将成桩标高提高 50～80 cm。

②防止误判，准确导管定位。

③加强现场设备的维护。施工现场要有备用的混凝土搅拌机，导管的拼接质量要通过 0.6MPa 试压合格后方可使用。

④灌注混凝土时要连续作业，不得间断。

4.1.1.4 锤击沉管夯扩灌注桩

1. 成孔质量差

（1）病害现象

①锤击沉管达不到设计标高。

②锤击沉管后管内有水或内夯扩后管内有水。

（2）原因分析

①沉管达不到设计标高的主要原因有：

a. 局部地质情况复杂，遇有各类地下障碍物。

b. 持力层的变化大，施工失控。

c. 沉桩管偏斜。

d. 以砂层为持力层时，群桩施工影响砂层，使砂层越挤越密。

e. 地下水位的下降，也会发生沉管困难。

②造成外管内有水的原因是止水封底措施失效。

a. 封底用的干硬性混凝土搅拌不匀而透水。

b. 内管和外管长度差偏小，不能形成止水饼。

③内夯扩施工时，内外管共同下沉的标高低于原沉管标高，使原有止水失效。

（3）防治措施

①合理选择施工机械和桩锤。

②群桩施工时，合理安排施工顺序，宜采取由里层向外层扩展的施工顺序。

③因沉管贯入度偏小而达不到设计标高的桩，可会同设计单位研究制定补救方案，可采取调整夯扩参数，增加内夯扩混凝土投料量的方法，来补偿桩长的不足。

2. 钢筋笼位置偏差大

（1）病害现象

成桩钢筋笼的标高超过设计要求和规范规定。

（2）原因分析

①受邻桩施工振动影响，造成钢筋笼下滑。

②局部土层松软，桩身混凝土充盈量大，使成桩桩顶偏低。

（3）防治措施

①成孔后在孔口将钢筋笼顶端用铁丝吊住，以防下滑。

②控制钢筋笼安装高度，在投放钢筋笼以前用内夯管下冲压实管内混凝土。

③外管内混凝土的最后投料要高于钢筋笼顶端一定高度，一是预留一定余量，二是避免桩锤压弯钢筋笼。

3. 桩身质量常见缺陷

（1）病害现象

①外管被埋，即在灌注混凝土以后，外管拔起困难。

②内管被埋，即在内夯扩作业后，内管拔起困难。

③外管内混凝土拒落，即在灌注混凝土后，拔起外管时，内管同时向上，外管内混凝土拒落。

④缩颈、断桩。

⑤桩顶标高不符合设计要求和规范规定。

⑥成桩桩头直径偏小。

（2）原因分析

①外管被埋的主要原因：

a. 施工机械起吊能力不足。

b. 沉管作业时，最终贯入度偏小，拔外管时，外壁摩阻增大。

c. 外管下端破裂。

②内管被埋的主要原因：

a. 内夯管底端与外管内壁之间被碎石或异物卡住。

b. 内夯管在夯扩施工中产生变形。

c. 内外管下端长度差偏小，造成内夯管拔起时下端吸泥。

d. 沉管时外管变形后卡住了内夯管。

③外管内混凝土拒落的主要原因：

a. 内外管下端长度偏差过大，在内夯扩作业后，外管下口形成管塞子，堵住了外管下口，使外管内混凝土无法流出。

b. 灌注混凝土以后，间隔时间过长，拔外管作业时，管内混凝土初凝。

c. 外管内钢筋笼受压变形后混凝土被卡住。

④缩颈、断桩的主要原因：

a. 外管内混凝土拒落。

b. 群桩施工影响，浇注不久的桩身混凝土受邻桩施工振动或土体挤压影响而剪断，或因地基土隆起将桩拉断。

c. 在流态的淤泥质土层中孔壁坍塌。

d. 外管内严重进水，造成夹层。

e. 钢筋笼部位混凝土坍落度偏小，使桩身在钢筋笼下端产生缩颈。

⑤成桩桩顶位置偏差大的原因：

a. 受群桩施工影响，将已成桩桩身上部挤动移位。

b. 受地下障碍物影响或机架垂直度偏移较大，造成沉管偏移或斜桩。

⑥成桩桩头直径偏小的原因：

a. 受群桩施工振动、挤压影响，桩孔缩小，桩顶混凝土上升。

b. 成桩作业拔起外管时，速度偏快。

（3）防治措施

①防止外管被埋的措施：

a. 选择机械起重能力应留有一定的安全余量。在发生外管被埋时，可配置千斤顶等辅助起重设备顶托，同时用桩锤轻击内、外管，以克服外管静摩阻力。

b. 控制沉管作业的最终锤击贯入度不宜太小。

c. 成桩应连续作业。

d. 在黏土层较厚或地下水位较高的地区施工，宜在外管下端加焊钢筋外箍（通常 $\phi 14 \sim \phi 16$）。

②防止内管被埋的措施：

a. 选用内夯管的钢管管壁不能过小，宜大于 10 mm。内夯管下端的底板直径与外管内径差应小于 10 mm，内外管下端高差 140 ~ 150 mm 为宜。

b. 一次配足止水封底的干硬性混凝土用量，在遇有桩底流沙层容易吸泥时，要适当加大封底干硬性混凝土的用量。

c. 沉管作业时，要避免外管偏斜。

d. 在发生内夯管拔起困难时，可临时改用拔外管的主卷扬机拔内夯管。

③防止外管内混凝土拒落的措施：

a. 桩身混凝土坍落度应分段调整。一般在内夯扩大头部分采用坍落度 3 ~ 5 cm，在无钢筋笼的桩身部位采用坍落度 5 ~ 7 cm，在钢筋笼部位宜用坍落度 7 ~ 9 cm。

b. 防止在内夯管下落时压弯钢筋笼，造成管内混凝土拒落。

④缩颈、断桩的防治措施：

a. 正确安排打桩顺序，同一承台的桩应一次连续打完。桩距小于 4 倍桩径或初凝后不久的群桩施工，宜采用跳打法或控制间隔时间的方法，一般间隔时间为一周。

b. 同本条防治措施③中 b.)。

c. 在流态淤泥质土层中施工，应采用较低的外管提升速度，一般控制在 60 cm/min 左右。

d. 在管内混凝土下落过快时，应及时在管内补充混凝土。

e. 外管内进水时，应及时用干硬混凝土二次封填。

⑤桩顶位置偏差大的防治措施：

a. 在沉管作业时，应先复测桩位，在沉管作业时发现桩位偏移要及时调整。

b. 机架垫木要稳，注意经常调整机架的垂直度。

c. 用桩位钎探的方法，清除浅层地下障碍物。

⑥成桩桩头直径偏小的防治措施：

a. 成桩作业后，桩顶混凝土以上须及时用干土回填压实，避免受挤压和振动。

b. 成桩作业时，将内夯管始终轻压在外管内的混凝土面层上，控制拔管速度不宜过快。

4.1.1.5 振动沉管灌注桩

1. 桩身缩颈

（1）病害现象

成桩直径局部小于设计要求。

（2）原因分析

①在淤泥质软土层中施工，由于沉管时土体受振动影响，局部套管四周的土层产生反压力，当拔管后，这种压力反过来挤向新灌注的混凝土，使桩身局部断面缩小，造成缩颈。

②设计桩距过小，施工邻近桩时，挤压已成桩，使其缩颈。

③拔管速度过快，管内混凝土的存量过少，拔管时，混凝土还未流出套管外，桩孔周围的土迅速回缩。

④混凝土坍落度过小，和易性差，致使混凝土不能顺利灌入，被淤泥或淤泥质土填充，造成桩在该层缩颈。

（3）防治措施

①施工前应根据地质报告和试桩情况提出有效措施，在易缩颈的软土层中，严格控制拔管速度，采取"慢拔密击"的方法。

②对于设计桩距较小者，采取跳打法施工。

③在拔管过程中，桩管内应至少保持 2.0 m 以上高度的混凝土，或不低于地面，可用吊锤探测，不足时要及时补灌，以防混凝土中断，形成缩颈。

④严格控制拔管速度，当套管内灌入混凝土后，须在原位振动 5～10 s，再开始拔管，应边振边拔，如此反复至桩管全部拔出，当穿过易缩颈的软土层时必须采用反插法施工。

⑤按配合比配制混凝土，混凝土需具有良好的和易性。

⑥在流塑状淤泥质土中出现缩颈，采用复打法处理。

2. 断桩

（1）病害现象

桩身成形不连续、不完整。

（2）原因分析

①拔管时，混凝土还未流出套管外，桩孔周围的土迅速回缩。

②地下水位较高时，桩尖与桩管的封闭性能差，地下水进入桩管，造成混凝土严重离析。

③桩距较小时，成形不久的桩身混凝土在邻桩施工产生的挤压和振动的影响下，造成桩身横向或斜向断裂。

④混凝土未及时补灌，桩管拔离混凝土面时，混凝土面被泥土覆盖而致断桩。

（3）防治措施

①控制拔管速度，桩管内确保 2.0 m 以上高度的混凝土，对怀疑有断桩和缩颈的桩，可采取局部复打或反插法施工，其深度应超过有可能断桩或缩颈区 1.0 m 以上。

②在地下水位较高的地区施工时，应事先在管内灌入 1.5 m 左右的封闭混凝土，防止地下水渗入。

③选用与桩管内径匹配、密封性能好的混凝土桩尖。

④桩距小于 3.0～3.5 倍桩径时，采用跳打或对角线打的施工措施来扩大桩距，减少振动和挤压影响。

⑤合理安排打桩顺序和桩架行走路线。

⑥桩身混凝土强度较低时，尽量避免振动和外力干扰，当采用跳打法仍不能防止断桩时，可采用控制停歇时间的办法来避免断桩。

⑦沉管达到设计深度，桩管内未灌足混凝土时不得提拔套管。

⑧对于断桩、缩颈（严重）的部位较浅时，可在开挖后将断的桩段清除，采用接桩的方法将桩身

接至设计标高，如断桩的部位较深时，一般按设计要求进行补桩。

3. 桩身混凝土质量差

（1）病害现象

①桩身混凝土强度没有达到设计要求。

②桩身混凝土局部缺陷。

（2）原因分析

①混凝土配合比不当，搅拌不均匀。

②拔管速度快，留振时间短，振捣不密实。

③采用反插法时，反插深度大，反插时活瓣向外张开，将孔壁四周的泥挤进桩身，致使桩身夹泥。

④采用复打法时，套管上的泥未清理干净，管壁上的泥带入桩身混凝土中。

（3）防治措施

①对于混凝土的原材料必须经试验合格后方可使用，混凝土按配合比配制，和易性良好，坍落度控制在 6～10 cm 之间。

②严格控制拔管速度，保持适当留振时间，拔管时，用吊锤测量，随时观察桩身混凝土灌入量，发现混凝土充盈系数小于 1 h，应立即采取措施。

③当采用反插法时，反插深度不宜超过活瓣长度的 2/3，当穿过淤泥夹层时，应适当放慢拔管速度，并减少拔管高度和反插深度。

④当采用复打法施工时，拔管过程中应及时清除桩管外壁、活瓣桩尖和地面上的污泥，前后两次沉管的轴线必须重合。

⑤对于桩身混凝土质量较差、较浅部位，清理干净后，按接桩方法接长桩身，对于较严重、较深部位，应会同设计人员研究处理。

4. 桩长不足

（1）病害现象

成桩深度达不到设计要求。

（2）原因分析

①勘探资料不准或不足。

②遇有硬夹层，或大石块、混凝土块等地下障碍物。

③施工机械的激振力、振幅、频率等振动参数不合适，致使桩管沉不到设计要求的深度。

④桩距较小，土层被挤密，桩管沉不下。

（3）防治措施

①在有代表性的不同位置先打试桩，与地质资料核对是否相符，并确定施工机械、施工工艺以及技术要求是否适宜，若不能满足设计要求，应事先会同设计、建设等有关单位进行协商。

②对桩位下埋深较浅的障碍物，清除后填土再打；对埋置较深者，移位重打。对于较厚的硬夹层，施工确有困难时，可会同设计、勘察、建设等有关单位进行协商。

③根据工程地质资料，选择激振力等振动参数合适的机械设备，如由于正压力不足而使桩管沉不下，可采取加配重和加压的办法来增加正压力，若振动沉管时，由于振动激振力不够，可更换大一级的锤。

④打桩时，合理选择打桩顺序。

5. 钢筋笼上浮或下沉

（1）病害现象

桩身中的钢筋笼高于或低于设计标高。

（2）原因分析

①水准控制点错误，致使桩顶标高不准。

②受相邻桩施工振动影响，使钢筋笼沉入混凝土中。
（3）防治措施
①施工中经常复测水准控制点并加以妥善保护。
②钢筋笼放入混凝土后，在上部将钢筋笼固定。
③当已成桩的钢筋笼顶标高不符合设计要求时，应将主筋或钢筋笼截去或接至设计标高。

4.1.2 基坑支护开挖工程

1. 场地积水

（1）病害现象

场地范围内局部积水。

（2）原因分析

①场地平整填土未分层回填压（夯）实，土的密实度很差，遇水产生不均匀下沉。
②场地周围未做排水沟，或场地未做成一定排水坡度，或存在反向排水坡。
③测量错误，使场地标高不一。

（3）防治措施

场地内的填土认真分层回填碾压（夯）实，使密实度不低于设计要求，避免松填；按要求做好场地排水坡和排水沟。做好测量复核，避免出现标高误差。

2. 挖方边坡塌方

（1）病害现象

在挖方过程中或挖方后，边坡土方局部或大面积塌陷或滑塌。

（2）原因分析

①基坑（槽）开挖较深，放坡不够。
②在有地表水、地下水作用的土层开挖基坑（槽），未采取有效降排水措施，由于水的影响，土体湿化，内聚力降低，失去稳定性而引起塌方。
③坡顶堆载过大或受外力震动影响，使坡体内剪切应力增大，土体失去稳定而导致塌方。
④土质松软，开挖次序、方法不当而造成塌方。

（3）防治措施

根据不同土层土质情况采取用适当的挖方坡度；做好地面排水措施，基坑开挖范围内有地下水时，采取降水措施，将水位降至基底以下 0.5 m；坡顶上弃土、堆载，使远离挖方土边缘 3 ~ 5 mm；土方开挖应自上而下分段分层依次进行；并随时作成一定坡势，以利泄水；避免先挖坡脚，造成坡体失稳；相邻基坑（槽）开挖，应遵循先深后浅，或同时进行的施工顺序。

（4）处理方法

可将坡脚塌方清除，作临时性支护（如堆装土草袋、设支撑护墙等）措施。

3. 边坡超挖

（1）病害现象

边坡面界面不平，出现较大凹陷。

（2）原因分析

①采取机械开挖，操作控制不严，局部多挖。
②边坡上存在松软土层，受外界因素影响自行滑塌，造成坡面凹凸不平。
③测量放线错误。

（3）防治措施

机械开挖，预留 0.3 m 厚采用人工修坡；加强测量复测，进行严格定位。

（4）处理方法

局部超挖，可用三七灰土夯补或浆砌块石填补，与原土坡接触部位应做成台阶接槎，防止滑动；

超挖范围较大,应适当改动坡顶线。

4. 基坑（槽）泡水

（1）病害现象

地基被水淹泡,造成地基承载力降低。

（2）原因分析

①开挖基坑（槽）未设排水沟或挡水堤,地面水流入基坑（槽）。

②在地下水位以下挖土,未采取降水措施,将水位降至基底开挖面以下。

③施工中未连续降水,或停电影响。

（3）防治措施

开挖基坑（槽）周围应设排水沟或挡水堤;地下水位以下挖土,应设排水沟和集水井,用泵连续排走或自流入较低洼处排走,使水位降低至开挖棉以下 0.5 ~ 1.0 m。

（4）处理方法

已被水浸泡扰动的土,可根据情况采取排水、晾晒后夯实,或抛填碎石、小块石夯实,换土（三七灰土）夯实,或挖去淤泥加深基础等措施。

5. 基坑（槽）回填土沉陷

（1）病害现象

基坑、槽回填土局部或大片出现沉陷,造成散水坡空鼓下沉。

（2）原因分析

①基坑槽中的积水淤泥杂物未清除就回填,或基础两侧用松土回填,未经分层夯实。

②基层宽度较窄,采用手夯夯填,未达到要求的密实度。

③回填土料中干土块较多,受水浸泡产生沉陷,或采用含水量大的黏性土、淤泥质土、碎块草皮作填料,回填密实度不符合要求。

④回填土采用水沉法沉实,密实度大大降低。

（3）防治措施

回填前,将槽中积水排净;淤泥、松土、杂物清理干净;回填土按要求采取严格分层填、夯实;控制土料中不得含有直径大于 5 cm 的土块,及较多的干土块;严禁用水沉法回填土。

（4）处理方法

若散水坡面层已经裂缝破坏,应视情况采取局部或全部返工;局部处理可用锤、凿将空鼓部位打碎,填塞灰土或碎石黏土混合物夯实,再重做面层。

6. 止水失效

（1）病害现象

开挖后支护结构出现明显渗水病害现象。

（2）原因分析

①采用深搅桩等围护结构后土体止水处理时,提升速度快,搅拌不均匀,桩体搭接不严密,产生缝隙。

②灌注桩、地下连续墙等围护结构因设计不合理,挖土不规范等原因产生过大位移,引起土体开裂。

（3）防治措施

①严格审查基坑支护、止水帷幕的设计方案。

②深搅桩施工时,应严格施工管理,把好施工质量关,控制桩身垂直度,确保搭接严密,尤其是水灰比和喷浆提升速度,均应按规范和设计要求施工。

③地下连续墙施工时,应严格按照规范和设计要求施工,搭接处须严密,确保浇灌混凝土的质量,并在混凝土中掺入防渗剂。

④如已经发生渗漏则采取压密注浆补漏或采用高压旋喷桩补漏等有效措施。

⑤当出现位移较大及坑壁裂缝渗水的病害现象时,应停止土方开挖,并采取紧急补救措施。

7. 降水效果不好

(1) 病害现象

土层含水量高,基坑开挖困难。

(2) 原因分析

①降水井数量不足,井深不够。

②降水井施工时,洗井工作马虎或滤料含泥过多造成堵塞。

③抽吸水泵功率小。

④降水井和回灌井的距离小,两井相通,形成降水井仅抽吸回灌井点的水,而使基坑内的水无法下降。

(3) 防治措施

①加强施工质量管理,认真洗井直到渗水通畅,严格控制滤料质量。

②井管滤头宜设在透水性较好的土层中。

③在支护结构外约1.0 m挖排水沟,坑内需设排水沟和集水井,用水泵抽除积水。

④选用与井径、渗透水量相匹配的潜水泵。

⑤抽吸设备排水口应远离基坑,以防排水渗入坑内。

⑥施工前应对管井、抽水设备进行保养、检修和试运转。

⑦为防止降水井和回灌井两井相通,两井间应保持一定的距离,其距离一般不宜小于6 m。

8. 支护结构失效

(1) 病害现象

基坑开挖或地下室施工时,支护结构出现位移、裂缝,严重时支护结构发生倒塌病害现象。

(2) 原因分析

①设计方案不合理,或过分考虑节约费用,造成支护不足。

②支护结构施工质量低劣,发生断裂、位移和失稳。

③埋入坑下的支护结构锚固深度不足引起管涌。

④止水帷幕质量差,地下水带动砂、土渗入基坑。

⑤开挖方法不当。

⑥基坑边附加荷载过大。

(3) 防治措施

①深基坑支护方案必须考虑基坑施工全过程可能出现的各种工况条件,综合运用各种支撑支护结构及止水降水方法,确保安全、经济合理,并经专家组审核评定。

②制定合理的开挖施工方案,严格按方案进行开挖施工。

③加强施工的质量管理和信息化施工手段,对各道工序必须严格把关,加强实时监控,确保符合规范规定的设计要求。

④基坑开挖边线外,1倍开挖深度范围内,禁止堆放大的施工荷载和建造临时用房。

4.1.3 地下室防水工程

1. 混凝土墙裂缝漏水

(1) 现象

混凝土墙面出现垂直方向为主的裂缝。有的裂缝因贯穿而漏水。

(2) 原因分析

①地下室墙体发生裂缝的主要原因是混凝土收缩与温差应力大于混凝土的抗拉强度。

②收缩裂缝与混凝土的组成材料配合比有关;与水、砂、石、外加剂、掺和料质量有关;与施工

时计量、养护也有关。

③设计不当，地下墙体结构长度超过规范允许值。

（3）防治措施

①墙外没有回填土，沿裂缝切槽嵌缝并用氰凝浆液或其他化学浆液灌注缝隙，封闭裂缝。

②严格控制原材料质量，优化配合比设计，改善混凝土的和易性，减少水泥用量。

③设计时应按设计规范要求控制地下墙体的长度，对特殊形状的地下结构和必须连续的地下结构，应在设计上采取有效措施。

④加强养护，一般均应采用覆盖后的浇水养护方法，养护时间不少于规范规定。同时还应防止气温陡降可能造成的温度裂缝。

2. 施工缝漏水

（1）现象

沿施工缝渗漏水。

（2）原因分析

对施工缝留置、处理不当。

（3）防治措施

①选择好接缝的形式。

②处理好接缝：拆模后随即用钢丝板刷将接缝刷毛，清除浮浆，扫刷干净，冲洗湿润。在混凝土浇筑前，在水平接缝上铺设1:2.5水泥砂浆25 mm左右。浇筑混凝土须细致振捣密实。

③平缝表面洗刷干净，将橡胶止水条的隔离纸撕掉，居中粘贴在接缝上。搭接长度不少于50 mm。随后即可继续浇筑混凝土。

④沿漏水部位可用氰凝、丙凝等灌注堵塞一切漏水的通道，再用氰凝浆涂刷施工缝内面，宽度不少于600 mm。

3. 变形缝漏水

（1）现象

地下室沿变形缝处漏水。

（2）原因分析

①埋入式止水带没有铺好，固定不当，有的接头处脱胶。

②后埋式止水带没有处理好而渗漏水。

（3）防治措施

①采用埋入式橡胶止水带，质量必须合格，搭接接头要锉成斜坡毛面，用XY—401胶粘压牢固。止水带在转角处要做成圆角，且不得在拐角处接槎。

②表面附贴橡胶止水带，缝内嵌入沥青木丝板，表面嵌两条BW橡胶止水条。上面粘贴橡胶止水带，再用压板、螺栓固定。

③后埋式止水带须全部剔除，用BW橡胶止水条嵌入变形缝底，然后重新铺贴好止水带，再浇混凝土压牢。

4. 穿墙管漏水

（1）现象

周边漏水。

（2）原因分析

管周的混凝土未振捣密实，有的穿墙管没有焊止水环，有的没有清除管外壁的锈斑。

（3）防治措施

①管下混凝土漏水的处理。将管下漏水的混凝土凿深250 mm。如果水的压力不大，用快硬水泥胶浆堵塞。

a. 水玻璃水泥胶堵漏法：水玻璃和水泥的配合比为1:0.6。从搅拌到操作完毕不宜超过2 min，操作时应迅速压在漏水处。

b. 水泥快燥精胶浆堵漏法：水泥和快燥精的配合比为2:1，凝固时间约1 min。将拌好的浆液直接压堵在漏水处，待硬化后再松手。

c. 经堵塞不漏水后，随即涂刷一度纯水泥浆，抹一层1:2水泥砂浆，厚度控制在5 mm左右。养护22 d后，涂水泥浆一度，然后抹第二层1:2.5水泥砂浆，与周边要抹实、抹平。

d. 也可用其他有效的堵漏剂堵塞。

②加焊10 mm×100 mm以上的止水环。要求双面满焊。当混凝土墙厚度大于500 mm时，可焊两道止水环。

③在预埋大管径(直径大于800 mm)时，在管底开设浇筑振捣排气孔，可以从孔内加灌混凝土，用插入式振动器插入孔中再振捣，迫使空气和泌水排出，以使管底混凝土密实。

④预埋管外擦洗干净，粘贴BW止水条，撕掉隔离纸，靠自身黏性粘贴在外管上。位置同止水环。浇混凝土时要有专人负责，确保位置准确。

5. 后浇带漏水

（1）现象

地下室沿后浇缝处渗漏水。

（2）原因分析

①后浇缝两侧的杂物没有清除干净；两侧混凝土没有浇捣密实。

②后浇混凝土收缩性大；新旧混凝土接合处不密实，后浇混凝土养护不好。

（3）防治措施

①必须全面清除后浇缝两侧的杂物，如油污等；打毛混凝土两侧面。

②后浇混凝土的间隔时间，应在主体结构混凝土完成30~40 d之间。宜选择气温较低的季节施工，可避免混凝土因冷缩而裂缝。要配制补偿性收缩混凝土。

③要认真按配合比施工，搅拌均匀，随拌随灌筑，振捣密实，两次拍压，抹平，湿养护不少于7 d。

4.2 主体结构工程常见质量通病及防治

主体结构是基于地基基础之上，接受、承担和传递建设工程所有上部荷载，维持上部结构整体性、稳定性和安全性的有机联系的系统体系，它和地基基础一起共同构成的建设工程完整的结构系统，是建设工程安全使用的基础，是建设工程结构安全、稳定、可靠的载体和重要组成部分。主体结构主要包含基础、梁、柱、板、承重墙、楼梯间、屋面、墙体。

4.2.1 模板工程

1. 基础模板缺陷

（1）现象

①条形基础模板长度方向上口不直，宽度不一。

②杯形基础中心线位置不准，芯模在浇筑混凝土时上浮或侧向偏移，芯模难拆除。

③上阶侧模下口陷入混凝土内，拆模后产生"烂脖子"。

④侧向胀模、松动、脱落。

（2）原因分析

①条形基础模板拼接处的上口不在同一条直线上。模板上口未设定位支撑，支撑围檩刚度不足，在混凝土侧压力下向外位移（俗称胀模）。

②杯形基础中心线弹线不规方，芯模的拼装或外表面处理不当，芯模底板不透气，芯模四周混凝土浇捣不同步，造成芯模上浮或侧移。拆模时间超过混凝土终凝时间，造成芯模难拆除。

③上阶侧模未撑牢，下口未设置钢筋支架或混凝土垫块，脚手板直接搁置在模板上，造成上阶侧模下口陷入混凝土内，拆模后上台阶根部产生"烂脖子"。

（3）防治措施

①条形基础支模时，应通长拉线并挂线找准，以保证模板上口垂直。上口应定位，以控制条形基础上口宽度。

②杯形基础支模前，应复查地基垫层标高及中心线位置，按图弹出基础四面边线并进行复核，用水平仪测定标高，依线支设模板。木芯模要刨光直拼，芯模侧板应包底板；底板应钻孔以便排气，芯模外壳应涂刷脱模剂，上口要临时遮盖。采用组合钢模板时，应按照杯口底尺寸选用，在四边模中间通过楔板用 M12 螺栓连接、拧紧，组合成杯口模板。内侧设一道水平支撑以增加刚度，防止浇筑混凝土时芯模位移。采用芯模无底板施工时，杯口底面标高应比设计标高低 20～50 mm，拆模后立即将浇捣时翻上的混凝土找平至柱底标高。

③上阶侧模应支承在预先设置的钢筋支架或预制混凝土垫块上，并支撑牢靠，使侧模高度保持一致，不允许将脚手板直接搁置在模板上。从侧模下口溢出来的混凝土应及时铲平至侧模下口，防止侧模下口被混凝土卡牢，拆模时造成混凝土的缺陷。

④侧模中部应设置斜撑，下部应用台楞固定。支承在土坑边上的支撑应垫木板，扩大接触面。

技术提示：

浇筑混凝土前须复查模板和支撑，浇筑混凝土时，应沿模板四周均衡浇捣。混凝土呈塑性状态时，忌用操作工具在模板外侧拍打，以免影响混凝土外观质量。

2. 柱模板缺陷

（1）现象

①模板位移。

②倾斜、扭曲。

③胀模、鼓肚、漏浆。

（2）原因分析

①群柱支模不跟线、不规方。

②组合钢模板重复使用前未经修整，两侧模板组装松紧不一。

③模板刚度不够，拼缝不严，拉结、固定不牢，柱箍不紧固，或提前拆模。

（3）防治措施

①支模前应先校正钢筋位置，弹线时对成排柱子的位置应找中、规方。支模时应先立两端柱模，经校直、复核后，拉通柱顶基准线，依线按序立各个柱模。在柱模底部应设定位盘和垫木，以保证柱底位置准确。柱距较小时，柱间采用剪刀撑和水平撑；大柱距则应单独设置四面斜撑，以保证各柱模位置准确。

②柱模应妥善堆放，使用前应检查、修整，分段支模连接应紧固，以防止柱模竖向倾斜、扭曲。

③柱箍间距应根据柱子断面的大小及高度设置，木楞胶合板模应采用定型枋木加强阳角部位；组合钢模板在配板时，端头的接缝应错开布置，以增加柱模的整体刚度。角部的每个连接孔都应用U型卡卡牢，两侧的对拉螺栓应紧靠模板，如有缝隙应用木楔塞紧，以免扣件滑移，使拼缝处产生拉力，造成漏浆。

3. 墙模板缺陷

（1）现象

①模板倾斜、胀模。

②模板底部和阴角部位不易拆除，墙根外侧挂浆，内侧"烂根"。

（2）原因分析

①墙模板的横竖背肋间距过大，对拉螺栓规格过小或未收紧，套管破碎。

②模板顶部未设或少设置拉杆（卡具），底部无导墙或导墙块，桁架支撑设置不合理。

③找平砂浆或混凝土导墙不平整，使之与模板间的缝隙过大。

④阴角部位模板拼缝不严，造成渗浆使角模嵌入混凝土内。

⑤未按顺序拆模或拆模时间太迟而影响拆模。

（3）防治措施

①墙模板应按配板图组装，横竖背肋间距应按模板设计布置，对拉螺栓规格一般为 $\phi12 \sim \phi16$。浇筑混凝土前应检查对拉螺栓是否收紧，采用不易被挤压振碎的套管，墙模顶部应设置上拉杆，以保证墙体厚度一致。木模或胶合板模的背肋宜设置在板面拼缝处。

②采取导墙支模时，按墙厚先浇筑 150～200mm 高的导墙作为墙模板底部的内支撑，导墙混凝土两侧应平整；采取预制导墙块作内支撑时，找平砂浆应平整。

③阴角模板的角不应呈锐角，应按拆模时间和顺序拆模。

4. 楼梯模板缺陷

（1）现象

①楼梯底部不平整，楼梯梁板歪斜，轴线位移。

②侧向模板松动、胀模。

（2）原因分析

①楼梯底板模平整度偏差过大，支撑不牢靠，操作人员在模板上走动。

②侧向模板接头处刚度不一致，拼缝不严密。

（3）防治措施

①楼梯底板模拼装要平整，支撑应牢靠。

②侧向拼缝应严密，钢木混合模板的配板刚度应一致，细长比过大的支撑应增设剪刀撑。

③应对模板、支撑进行检验合格后，方可浇筑混凝土。

5. 梁模板缺陷

（1）现象

①梁模板底板下挠，侧向胀模。圈梁上口宽度不足。

②底模端部嵌入梁柱间混凝土内，不易拆除。

③梁柱模板接头处跑模漏浆。

（2）原因分析

①梁的侧模刚度差，对拉螺栓设置不合理，斜撑角度大于 60°，致使梁上口模板歪斜。

②梁底模板刚度差或中间未起拱，顶撑未撑牢，浇筑混凝土时荷载增加，支撑下沉变形，导致梁模板中部下挠。

③木模下口夹木未钉牢，围檩未夹紧。

④组合钢模板使用前未经清理、修整，拼缝缝隙过大。卡具未卡牢或侧模支撑不牢，在混凝土侧压力作用下，侧模下口向外歪斜造成胀模漏浆。

⑤支模时梁底模端头与柱模间未留空隙，木模在浇筑混凝土后吸水膨胀，造成拆模困难。

⑥钢木混合模板材质不同，接头固定不紧，拼缝不严。

（3）防治措施

①圈梁木模的上口必须设临时撑头，以保证梁上口宽度。

②斜撑应与上口横档钉牢，并拉通长直线，保持圈梁上口平直。

③组合钢模板采用挑扁担支模施工时，枋木或钢管扁担长度为墙厚加 2 倍梁高。

④梁底模应按规定起拱。支撑在泥土地面时，应夯实并铺放通长垫木，以确保支撑不沉陷。梁

底支撑间距应保证在钢筋混凝土自重和施工荷载作用下不产生变形。当梁高超过600mm，侧模应加设钢管围檩。

4.2.2 钢筋工程

1. 钢筋错位

（1）现象

柱、梁、板、墙主筋位置及保护层偏差超标。

（2）原因分析

①钢筋未严格按设计尺寸安装。

②浇捣混凝土：过程中钢筋被机具碰歪撞斜，没有及时校正，或被操作人员踩踏、砸压或振捣混凝土时直接顶撬钢筋，造成钢筋位移。

（3）防治措施

①钢筋绑扎或焊接必须牢固，固定钢筋措施可靠有效。为使保护层厚度准确，垫块要沿主筋方向摆放，位置、数量准确。对柱头外伸主筋部分要加一道临时箍筋，按图纸位置绑扎好，然后用 φ8～φ10 钢筋焊成的井字形铁卡固定。对墙板钢筋应设置可靠的钢筋定位卡。

②混凝土浇捣过程中应采取措施，尽量不碰撞钢筋，严禁砸压、踩踏钢筋和直接顶撬钢筋。浇捣过程中要有专人随时检查钢筋位置，及时校正。

2. 焊接接头质量不符合要求

（1）现象

接头处轴线弯折或轴线偏心过大，并有烧伤及裂纹。

（2）原因分析

①钢筋端部下料弯曲过大，清理不干净或端面不平；钢筋安装不正，轴线偏移，机具损坏，卡具安装不紧，造成钢筋晃动和位移；焊接完成后，接头未经充分冷却。

②焊接工艺方法应用不当，焊接参数选择不合适，操作技术不过关。

（3）防治措施

①焊接前应矫正或切除钢筋端部过于弯折或扭曲的部分，并予以清除干净，钢筋端面应磨平。

②钢筋加工安装应由持证焊工进行，安装钢筋时要注意钢筋或夹具轴线是否在同一直线上，钢筋是否安装牢固，过长的钢筋安装时应有置于同一水平面的延长架，如机具损坏，特别是焊接夹具垫块损坏应及时修理或更换，经验收合格后方准焊接。

③根据《钢筋焊接及验收规程》(JCJ 18—98) 合理选择焊接参数，正确掌握操作方法。焊接完成后，应视情况保持冷却 1～2 min 后，待接头有足够的强度时再拆除机具或移动。

④焊工必须持有上岗证。钢筋焊接前，必须根据施工条件进行试焊，合格后方可施焊。

⑤焊接完成后必须坚持自检。对接头弯折和偏心超过标准的及未焊透的接头，应切除热影响区后重新焊接或采取补强焊接措施；对脆性断裂的接头应按规定进行复验，不合格的接头应切除热影响区后重新焊接。

3. 套筒挤压接头质量不符合要求

（1）现象

挤压后的套筒有肉眼可见裂纹；挤压后套筒长度达不到原套筒长度的 1.10～1.15 倍，压痕处套筒的外径波动范围达不到原套筒外径的 0.8～0.9 倍。

（2）原因分析

①套筒的质量不符合要求。套筒、压模与钢筋没有相互配套使用。

②钢筋伸入套筒内的长度不够。

③挤压力过大，挤压操作方法不对。

（3）防治措施

①套筒的材料及几何尺寸应符合相应的技术要求，并应有相应的套筒出厂合格证。

②套筒在运输和储存时，应按不同规格分别堆放整齐，防止碰撞，避免露天堆放，防止锈蚀沾污。

③压模、套筒与钢筋应相互配套使用，不得混用。压模上应有相对应的连接钢筋规格标记。钢筋与套筒应进行试套，如钢筋有马蹄、弯折或纵肋尺寸过大者，应预先矫正或用砂轮打磨；对不同直径钢筋的套筒不得相互串用。

④挤压时务必按标记检查钢筋插入套筒内深度，钢筋端头离套筒长度中心点不宜超过10 mm。挤压时挤压机应与钢筋轴线保持垂直，挤压宜从套筒中央开始，并依次向两端挤压。挤压力、压模宽度、压痕直径波动范围以及挤压道次或套筒伸长率应符合规定的技术参数。

⑤对挤压后的套筒有肉眼可见的裂纹，以及套筒伸长率和压痕直径波动范围不符合要求的接头应切除重新挤压。

4. 锥螺纹接头质量不符合要求

（1）现象

套丝丝扣有损坏；接头拧紧后外露丝扣超过一个完整扣。

（2）原因分析

①钢筋切断方法不对；加工完丝扣后没有按规定进行保护。

②接头的拧紧力矩值没有达到标准或漏拧。

（3）防治措施

①应用砂轮片切割机下料以保证钢筋断面与钢筋轴线垂直，不宜用气割切断钢筋。

②钢筋套丝质量必须逐个用牙形规与卡规检查，经检查合格后，应立即将其一端拧上塑料保护帽，另一端按规定的力矩值，用扭力扳手拧紧连接套。

③连接之前应检查钢筋锥螺纹及连接套锥螺纹是否完好无损。如发现丝头上有杂物或锈蚀，可用铁刷清除。

同径或异径接头连接时，应采用二次拧紧连接方法；单向可调、双向可调接头连接时，应采用三次拧紧方法。连接水平钢筋时，必须先将钢筋托平对正，用手拧紧；再按规定的力矩值，用力矩扳手拧紧接头。

④连接完的接头必须立即用油漆作上标记，防止漏拧。

⑤对丝扣有损坏的，应将其切除一部分或全部重新套丝，对外露丝扣超过一个完整扣的接头，应重新拧紧接头或进行加固处理，加固处理方法可采用电弧焊贴角焊缝加以补强。补焊的焊缝高度不得小于5 mm，焊条可采用E5015。当连接钢筋为Ⅲ级钢时，必须先做可焊性试验，经试验合格后方可采用焊接补强方法。

技术提示：

钢筋工程属于隐蔽工程，应该按照隐蔽工程的相关规定进行验收。

4.2.3 混凝土工程

1. 混凝土坍落度差

（1）现象

混凝土坍落度太小，不能满足泵送、振捣成形等施工要求。

（2）原因分析

①预拌混凝土设计坍落度偏小，运输途中坍落度损失过大。

②现场搅拌混凝土设计坍落度偏小。

③原材料的颗料级配、砂率不合理。
（3）防治措施
①正确进行配合比设计，保证合理的坍落度指标，充分考虑因气候、运输距离、泵送的垂直和水平距离等因素造成的坍落度损失。
②混凝土搅拌完毕后，及时在浇筑地点取样检测其坍落度值，有问题时及时由搅拌站进行调整，严禁在浇筑时随意加水。
③所用原材料如砂、石的颗粒级配必须满足设计要求。对于泵送混凝土碎石最大粒径不应大于泵管内径的 1/3。细骨料通过 0.35 mm 筛孔的组分应不少于 15%，通过 0.16 mm 筛孔的组分应不少于 5%。
④外加剂掺量及其对水泥的适应性应通过试验确定。

2. 混凝土离析
（1）现象
混凝土入模前后产生离析或运输时产生离析。
（2）原因分析
①运输过程中产生离析主要原因是小车运输距离过远，因振动产生浆料分离，骨料沉底。
②浇捣时因入模落料高度过大或入模方式不妥而造成离析。
③混凝土自身的均匀性不好，有离析和泌水现象。
（3）防治措施
①通过对混凝土拌和物中砂浆稠度和粗骨料含量的检测，及时掌握并调整配合比，保证混凝土的均匀性。
②控制运输小车的运送距离，并保持路面的平整畅通，小车卸料后应拌匀后方可入模。
③浇捣竖向结构混凝土时，先在底部浇 50 ~ 100 mm 厚与混凝土成分相同的水泥砂浆。竖向落料自由高度不应超过 2 m，超过时应采用串筒、溜管落料。
④正确选用振捣器和振捣时间。

3. 混凝土凝结时间过长
（1）现象
混凝土初终凝时间过长，使得表面压光及养护工作无法及时进行。
（2）原因分析
①混凝土水灰比过大，或现场浇筑混凝土时随意加水。
②外加剂使用不当（如高效缓凝型减水剂与所用水泥的适用性未经试验），或掺量过大。
（3）防治措施
①正确设计配比，尽可能采用较小的水灰比，工地上发现混凝土和易性不能满足施工要求时应与搅拌站联系，采取调整措施，严禁任意往混凝土中加水。
②通过试验确定外加剂的合理掺量，对于高效缓凝型减水剂应事先进行与所用水泥的适应性试验，以确定合理掺量。

4. 混凝土表面缺陷
（1）现象
拆模后混凝土表面出现麻面、蜂窝及孔洞。
（2）原因分析
①模板工程质量差，模板接缝不严、漏浆，模板表面污染未及时清除，新浇混凝土与模板表面残留的混凝土"咬接"。
②浇筑方法不当、不分层或分层过厚，布料顺序混乱等。
③漏振或振捣不实。
④局部配筋、铁件过密，阻碍混凝土下料或无法正常振捣。

（3）预防措施

①模板使用前应进行表面清理，保持表面清洁光滑，钢模应进行整形，保证边框平直，组合后应使接缝严密，必要时可用胶带加强，浇混凝土前应充分湿润。

②按规定要求合理布料，分层振捣，防止漏振。

③对局部配筋或铁件过密处，应事先制定处理方案(如开门子板、后扎等)以保证混凝土拌和物的顺利通过。

5. 混凝土表面裂缝

（1）现象

①混凝土表面出现有一定规律的裂缝，对于板类构件有的甚至上下裂通。

②混凝土表面出现无规律的龟裂，且随时间推移不断发展。

③大体积混凝土纵深裂缝。

（2）原因分析

①混凝土浇捣后未及时进行养护，特别是高温干燥情况下产生干缩裂缝。

②使用安定性不合格的水泥拌制混凝土，造成不规则的并随时间发展的裂缝。

③大体积混凝土产生温度裂缝与收缩裂缝。

（3）防治措施

①按施工规程及时进行养护，浇筑完毕后 12 h 以内加以覆盖和浇水，浇水时间不少于 7 d (对掺用缓凝型外加剂或有抗渗要求的混凝土不少于 14 d)。大体积混凝土如初凝后发生表面风干裂纹，应进行二次抹面或压实。

②所有水泥必须经复检合格后才能使用。

③对大体积混凝土在浇捣前务必制定妥善的温控方案，控制内外温差在规定值以内。气温变化时应采用必要的防护措施。

> **技术提示：**
> 混凝土结构由于内外因素的作用不可避免地存在裂缝，但应通过有效的防治措施，保证裂缝处于可控的范围之内。

6. 混凝土强度不足

（1）现象

混凝土立方体抗压强度不能满足统计法或非统计法相应的判定式要求，即强度不足。

（2）原因分析

①混凝土配合比设计不当。

②搅拌生产未严格按配合比投料。

③搅拌时间不足，均匀性差。

④试块制作、养护不符合规定要求。

（3）防治措施

①正确进行配合比设计。由于目前原材料供应渠道多，质量不稳定，特别是水泥相当一部分是立窑生产，安定性有时不合格，强度偏差大，因此要根据来料采样试配，水泥一定要先检后用，不能光凭经验确定配合比。

②无论是预拌混凝土还是现场搅拌都应严格按配合比进行投料拌制，严禁任意更改。

③严格按规程或搅拌机说明书规定的搅拌时间进行充分搅拌，保证拌和物的均匀性。

④按规定制作试块，并及时进行标准养护。

7. 混凝土强度评定方法选择不当

（1）现象

由于评定方法选择错误造成混凝土强度误判。

(2）原因分析

对评定方法的适用条件和对结构物混凝土强度验收批的划分认识错误。

(3）防治措施

①区分统计方法和非统计方法的适用条件，正确判定试块强度值。

②正确进行结构物混凝土验收批的划分；基础分部工程应单独作为一个验收批进行评定；对于多层或高层结构应按其强度等级及施工方法事先划分验收批进行评定。

4.2.4 砖砌体工程

1. 砌筑砂浆强度达不到要求

（1）现象

在常用的砂浆中，M5 以下水泥砂浆和 M2.5 混合砂浆（以下简称低强度砂浆）强度易低于设计要求；砂浆强度波动较大，匀质性差。

（2）原因分析

计量不准，未按重量比配制砂浆；砂子过细，含泥量偏大；砂浆搅拌不匀，影响砂浆的匀质性及和易性；砂浆试块的制作、养护方法不当等。

（3）防治措施

①砂浆配合比的确定，宜按《砌筑砂浆配合比设计规程》(JGJ/T 98—96)，并结合现场实际材质情况和施工要求，由试验室试配确定。

②建立施工用计量器具校验、维修、保管制度。

③砂浆搅拌时应分两次投料，先加入部分砂子、水和全部塑化材料，通过搅拌，再投入其余的砂和水泥。

④试块的制作养护和抗压强度取值必须按《砖石工程施工及验收规范》(GBJ 203—83) 附录规定执行。

2. 砖砌体组砌错误

（1）现象

砌体组砌方法混乱，砖柱垛采用包心砌法，出现通缝。

（2）原因分析

操作人员忽视组砌方法，出现多层砖的直缝。370 mm 砖柱习惯于用包心砌法。

（3）防治措施

①应使操作者了解砌墙组砌形式：墙体中砖搭接长度不得少于 1/4 砖长，内外皮砖层最多隔五皮砖就应有一皮丁砖拉结（五顺一丁）。允许使用半砖头，但也应满足 1/4 砖长的搭接要求，半砖头应分散砌于混水墙中或非承重墙中。

②砖柱的组砌方法，应根据砖柱断面和实际使用情况统一考虑，但不得采用包心砌法。

③砖柱横、竖向灰缝的砂浆都必须饱满，每砌完一皮砖，都要进行一次竖缝刮浆塞缝工作，以提高砌体强度。

④墙体组砌形式的选用，应根据所砌部位的受力性质和砖的规格尺寸误差而定，一般清水墙面常选用一顺一丁和梅花丁组砌方法；在地震地区为增强齿缝受拉强度，可采用骑马缝组砌方法。由于一般砖长度正偏差、宽度负偏差较多，宜采用梅花丁的组砌形式，可使所砌墙面竖缝宽度均匀一致。为了不因砖的规格尺寸误差而经常变动组砌形式，在同一幢号工程中，应尽量使用同一砖厂生产的砖。

3. 砖缝砂浆不饱满

（1）现象

砖层水平灰缝砂浆饱满度低于 80%（规范规定）；竖缝内无砂浆（瞎缝或空缝）。

（2）原因分析

①砂浆和易性（工作度）差，如使用低强度水泥砂浆；采用不适当的砌筑方法，如推尺铺灰法砌筑。

②干砖上墙。

③砌筑方法不良。

（3）防治措施

①改善砂浆和易性是确保灰缝砂浆饱满度和提高黏结强度的关键。如不宜选用标号过高的水泥和过细的砂，可掺水泥量10%～25%的粉煤灰。其掺量必须经试配确定，以达到改善砂浆和易性的目的。

②改进砌筑方法。不得采取推尺铺灰法或摆砖砌筑，应推广"三一砌筑法"或"2381砌筑法"。

③严禁用干砖砌墙。冬季施工时，应将砖面适当润湿后再砌筑。

4. 墙体留置阴槎，接槎不严

（1）现象

砌筑时随意留槎，且多留置阴槎，槎口部位用断砖砌筑；阴槎部位接槎砂浆不密实，灰缝不顺直。

（2）原因分析

由于施工组织不当，造成留槎过多；退槎留置方法不当；随意留设施工洞口。

（3）防治措施

①在安排施工组织计划时，对施工留槎应作统一考虑。外墙大角应同时砌筑。纵横墙交接处，有条件时也应同时砌筑。如不能同时砌筑，应按施工规范留砌斜槎，如留斜槎确有困难时，也可留直槎，且应用阳槎，并按规范规定加设拉结筋。

②退槎宜采取18层退槎砌法，为防止因操作不熟练，使接槎处水平缝不直，可以加小皮数杆。

③后砌非承重120 mm的隔墙，宜采取在墙面口留榫式槎的作法，不准留阴槎。接槎时，应在榫式槎洞口内先填塞砂浆，顶层砖的上部灰缝，用大铲或瓦刀将砂浆塞严，以稳固隔墙，减少留槎洞口对墙体的影响。

5. 阳台扶手、栏板与主体连接不牢

（1）现象

阳台扶手、栏板与主体连接表面处出现裂缝、空鼓。

（2）原因分析

主要是施工管理不当，操作人员图省事，在砌阳台处砖墙或立阳台处构造柱模板时，没有设置拉结钢筋。

（3）防治措施

①加强施工管理，执行交底制度，增强操作人员责任心。

②必须按设计要求留置拉结筋。如设计无规定时，应在与扶手交接处设置2φ6拉结钢筋，在与栏板交接处设置不少于上下两排各2φ6拉结钢筋。拉结筋在砖砌体和混凝土中应有足够的锚固长度，在浇筑混凝土或砌栏板墙前应将钢筋调直。若在主体施工时遗漏，在阳台扶手栏板施工前必须补足。

6. 木门窗洞口留置木砖不妥

（1）现象

木门窗框松动。

（2）原因分析

木砖少放、漏放，木砖顺放、腐烂。

（3）防治措施

①加强现场管理，严格执行交底制度，增强操作人员责任心。

②在墙体施工前应将木砖预制好，刷好沥青备用。

③针对不同规格的砌块,预先制作砌块长度的 1/2 或 1/4 且不低于 C10 含木砖的细石混凝土砌块,其木砖应制成楔型并防腐。

7. 填充墙砌筑不当

(1)现象

框架梁底、柱边出现裂缝;外墙裂缝处渗水。

(2)原因分析

柱边少放、漏放拉结钢筋;梁下墙体一次砌完,或梁下口一皮砖平砌。

(3)防治措施

①柱边(框架柱或构造柱)应设置间距不大于 500 mm 的 2φ6,且在砌体内锚固长度不小于 1 000 mm 的拉结筋。若少放、漏放必须在砌筑前补足。

②填充墙梁下口最后 3 皮砖应在下部墙砌完 3 d 后砌筑,并由中间开始向两边斜砌。

③如为空心砖外墙,里口用半砖斜砌墙(同本条②款);外口先立斗模,再浇筑不低于 C10 细石混凝土,终凝拆模后将多余的混凝土凿去。

④外窗下为空心砖墙时,若设计无要求,应将窗台改为不低于 C10 的细石混凝土,其长度大于窗边 100 mm,并在细石混凝土内加 2φ6 钢筋。

⑤柱与填充墙接触处应设钢丝网片,防止该处粉刷裂缝。

4.3 建筑防水工程常见质量通病及防治

建筑防水工程是保证建筑物(构筑物)的结构不受水的侵袭、内部空间受水的危害的一项分部工程,建筑防水工程在整个建筑工程中占有重要的地位。建筑防水工程涉及建筑物(构筑物)的地下室、墙地面、墙身、屋顶等诸多部位,其功能就是要使建筑物或构筑物在设计耐久年限内,防止雨水及生产、生活用水的渗漏和地下水的侵蚀,确保建筑结构、内部空间不受到污损,为人们提供一个舒适和安全的生活空间环境。

建筑防水工程是一个系统的工程,它涉及材料、设计、施工、管理等各个方面,其任务就是综合上述诸方面的因素,进行全方位的评价,选择符合质量标准的防水材料,进行科学、合理、经济的设计,精心组织技术力量进行施工,完善维修、保养管理制度,以满足建筑物(构筑物)的防水耐用年限和使用功能。

4.3.1 防水基层

1. 基层空鼓、裂缝

(1)现象

部分空鼓,有规则或不规则裂缝。

(2)原因分析

湿铺保温层没有设排气槽,屋面结构层面高低差大于 20 mm 时,使水泥砂浆找平层厚薄不匀产生收缩裂缝,大面积找平层没有留分格缝,温度变化引起的内应力大于水泥砂浆抗拉强度时导致裂缝、空鼓。

(3)防治措施

检查结构层,质量合格后,刮除表面灰疙瘩,扫刷冲洗干净,用 1∶3 水泥砂浆刮补凹洼与空隙,抹平、压实并湿养护,湿铺保温层必须留设宽 40~60 mm 的排气槽,排气道纵横间距不大于 6 m,在十字交叉口上须预埋排气孔,在保温层上用厚 20 mm、1∶2.5 的水泥砂浆找平,随捣随抹,抹平压实,并在排气道上用 200 mm 宽的卷材条通长覆盖,单边粘贴。

在未留设排气槽或分格缝的保温层和找平层基面上,出现较多的空鼓和裂缝时,宜按要求弹线切槽(缝),凿除空鼓部分进行修补和完善。

2. 基层酥松、起砂、脱壳

(1)现象

找平层酥松,表面起砂,影响防水层黏结。

(2)原因分析

使用低劣水泥或储存过期结硬水泥,砂的含泥量大,找平层完工后没有湿养护,冬季施工受冻,过早地在上面行走和堆放重物等。

(3)防治措施

找平层施工前,结构层面必须扫刷冲洗干净,应用42.5号普通硅酸盐水泥,中砂的含泥量控制在3%以下,拌制的砂浆按配合比计量,随拌随用。每一分格仓内,需一次铺满砂浆,及时刮干压实,不留施工缝,收水后应二次压实。湿养护不少于7d,冬季做好保温防冻工作。找平层已出现酥松和起砂现象,应采取下述措施进行治理:

①因使用劣质水泥或含泥量大的细砂而造成找平层强度低且又酥松时,必须全部铲除,用合格水泥与砂拌制重新铺抹。

②因冬季受冻,找平层表面酥松不足3mm时,可用钢丝刷刷除酥松层,扫刷冲洗干净后,用107胶聚合砂浆修补。

3. 基层平整度差

(1)现象

排水不畅,积水深度大于10mm。

(2)原因分析

排水坡度不标准,找平层凹凸超过5mm,水落管头高于找平层等。

(3)防治措施

施工前必须先安装好水落口杯,从杯口面拉线找坡度,确保排水畅通,大面必须用2m刮尺刮平,在天沟或大面上出现凹凸不平的情况,应凿除凸出的部分,用聚合物水泥浆填压凹下的地方和凿除的毛面部分。

4. 细部构造不当

(1)现象

找平层的阴阳角没有抹圆弧和钝角,水落口处不密实,无组织排水檐口,没有留凹槽,伸出屋面管道周边没有嵌填密封材料。

(2)原因分析

施工管理不善,操作工无上岗证,没有编制防水施工方案,施工前没有技术交底,没有按图纸和规范施工,没有按每道工序检查。

(3)防治措施

①阴角都要粉圆弧,阳角要粉钝角,圆弧半径为100mm左右。

②直式和横式水落口周围嵌填要密实,要略低于找平层。

③无组织排水,檐口要按要求做好防水卷材收头的槽口。

4.3.2 卷材防水工程

1. 卷材鼓泡

(1)现象

卷材铺贴后即发现鼓泡,一般由小到大,随气温的升高,气泡数量和尺寸增加。

(2)原因分析

基层不干燥,表面没有扫刷干净,防水层底部有水汽渗入,基层面没有涂刷基层处理剂,黏结剂与卷材材性不匹配，涂刷不均匀，铺贴卷材时没有将底面的空气排除，有的排气槽堵塞等。

（3）防治措施

基层必须干燥，用简易检验方法测试合格后，方可铺贴；基层要扫刷干净，选用的基层处理剂、黏结剂要和卷材的材性相匹配，经测试合格后方可使用；待涂刷的基层处理剂干燥后，涂刷黏结剂。卷材铺贴时，必须抹除下面的空气，滚压密实。也可采用条粘、点粘、空铺的方法，确保排气道畅通。

有保温层的卷材防水屋面工程，必须设置纵横贯通的排气槽和穿出防水层的排气井。

2. 卷材防水层裂缝

（1）现象

防水层出现沿预制屋面板端头裂缝、节点裂缝、不规则裂缝渗漏。

（2）原因分析

盲目使用延伸率低的卷材，板端头和节点细部没有做附加缓冲层和增强层，施工方法错误，如在铺贴卷材时拉得过紧。

（3）防治措施

①选用延伸率大，耐用年限要高于 15 年的卷材。

②在预制屋面板端头缝处设缓冲层，干铺卷材条宽 300 mm。铺卷材时不宜拉得太紧。夏天施工要放松后铺贴。

在防水卷材已出现裂缝时，沿规则的裂缝弹线，用切割机切割。如基层没有留分格缝，则要切缝，缝宽 20 mm，缝内嵌填柔性密封膏，面上沿缝空铺一条宽 200 mm 的卷材条作缓冲层，再满粘一条 350 mm 宽的卷材防水层，节点细部裂缝的处理方法同上。

3. 女儿墙根部漏水

（1）现象

防水层沿女儿墙根部阴角空鼓、裂缝，女儿墙砌体裂缝，压顶裂缝，山墙被推出墙面，雨水从缝隙中灌入内墙。

（2）原因分析

找平层、刚性防水层等施工时直接靠紧女儿墙，不留分格缝，长条女儿墙砌体没有留伸缩缝，在温差作用下，山墙和女儿墙开裂；女儿墙等根部阴角没有按规定做圆弧，铺卷材防水层没有按规定做缓冲层，卷材端边的收头密封不好，导致裂缝、张口而渗漏水。

（3）防治措施

施工屋面找平层和刚性防水层时，在女儿墙交接处应留 30 mm 的分格缝，缝中嵌填柔性密封膏；女儿墙根部的阴角粉成圆弧，女儿墙高度大于 800 mm 时，要留凹槽，卷材端部应裁齐压入预留凹槽内，钉牢后用水泥砂浆或密封材料将凹槽嵌填严实。女儿墙高度低于 800 mm 时，卷材端头直接铺贴到女儿墙顶面，再做钢筋混凝土压顶。

屋面找平层或刚性防水层紧靠女儿墙，未留分格缝时，要沿女儿墙边切割出 20 ~ 30 mm 宽的槽，扫刷干净，槽内嵌填柔性密封膏，女儿墙体有裂缝，要用灌浆材料修补，如山墙的女儿墙已凸出墙面时，须拆除后重砌，对卷材收头的张口应修补密封严实。

4. 天沟、檐沟漏水

（1）现象

沿沟底或预制檐沟的接头处，屋面与天沟交接处裂缝，沟底渗漏水。

（2）原因分析

天沟、檐沟的结构变形，温差变形导致裂缝，防水构造层不符合要求，水落口杯直径太小或堵塞造成溢水、漏水。

（3）防治措施

沟内防水层施工前，先检查预制天沟的接头和屋面基层结合处的灌缝是否严密和平整，水落口杯要安装好，排水坡度不宜小于1%，沟底阴角要抹成圆弧，转角处阳角要抹成钝角，用与卷材同性质的涂膜做防水增强层，沟与屋面交接处空铺宽为200 mm 的卷材条，防水卷材必须铺到天沟外邦顶面。

天沟、檐沟出现裂缝，要将裂缝处的防水层割开，将基层裂缝处凿成"V"形槽，上口宽20 mm，并扫刷干净，再嵌填柔性密封膏，在缝上空铺宽200 mm 的卷材条作缓冲层，然后满粘贴宽350 mm 的卷材防水层。

5. 变形缝漏水

（1）现象

沿变形缝根部裂缝及缝上封盖处漏水。

（2）原因分析

变形缝细部构造不当，根部阴角没有做圆弧和防水附加层，顶面封盖没有做缓冲层，封盖拉裂后破坏致使防水层出现渗漏水。

（3）防治措施

检查抹灰质量和干燥程度，扫刷干净，在根部铺一层附加层，附加卷材宽300 mm，卷材上端要粘牢固（其余为空铺），在立墙和顶面，卷材要满粘贴，墙顶面盖一条与墙面同宽的卷材，贴好一面后，缝中嵌入衬垫材料，再贴好另一面，上面再覆盖一层卷材，卷材比墙外两边宽200 mm，覆盖后粘牢，用现浇或预制钢筋混凝土盖板扣压牢固，预制盖板的接缝用密封膏嵌填密实。

变形缝墙根部出现裂缝而渗漏水，要将裂缝处的卷材割开，基层扩缝后，嵌填防水密封膏，空铺卷材条后，再将原防水层修补、加强粘贴好；变形缝墙顶面卷材拉裂或破损时，应将混凝土盖板取下，按要求重新修复。

6. 水落口漏水

（1）现象

沿水落口周围漏水，有的水落口面高于防水层而积水，或因水落口小，堵塞而溢水。

（2）原因分析

水落口杯安装的高度高于基层，水落口杯与结构层接触处没有堵嵌密实，横式穿墙水落口与墙体之间的空隙，没有用砂浆填嵌严实，没有做防水附加层，防水层没有伸入水落口杯内的一定距离，造成雨水沿水落口外侧与水泥砂浆的接缝处渗漏水。

（3）防治措施

现浇天沟的直式水落口杯，要先安装在模板上，方可浇筑混凝土，沿杯边捣固密实。预制天沟，水落口杯安装好后要托好杯管周的底模板。用配合比为1:2:2的水泥、砂、细石子混凝土灌筑捣实，沿杯壁与天沟结合处上面留20 mm×20 mm 的凹槽并嵌填密封材料，水落口杯顶面不应高于天沟找平层。

水落口的附加卷材粘贴方法：裁一条宽大于或等于250 mm，长为水落口内径加100 mm 的卷材卷成圆筒，伸入水落口内100 mm 粘贴牢固，露出水落口外的卷材剪成30 mm 宽的小条外翻，粘贴在水落口外周围的平面上，再剪一块直径比水落口杯内径大200 mm 的卷材，居中按水落口杯内径剪成米字形，涂胶贴牢，将米字条向口内下插贴牢，然后再铺贴大面防水层。

横式穿墙水落口做法：用1:3水泥砂浆或细石混凝土，嵌好水落口与墙体之间的空隙，沿水落口周围留20 mm×20 mm 的槽，嵌填密封膏，水落口底边不得高于基层，底面和侧面加贴附加层防水卷材，铺贴方法同上。

当水落口杯平面高于基层防水层时，要拆除纠正，水落口周围与结构层之间的空隙没有嵌填密实时，要将酥松处凿除，重新补嵌密实，并留20 mm×20 mm 的凹槽，嵌填防水密封膏，做好防水附加层，再补贴好防水层。

4.3.3 涂膜防水工程

1. 涂膜防水层空鼓

（1）现象

防水涂膜空鼓，鼓泡随气温的升降而膨大或缩小，使防水涂膜被不断拉伸，变薄并加快老化。

（2）原因分析

①基层含水率过高，在夏季施工，涂层表面干燥成膜后，基层水分蒸发，水汽无法排出而起泡、空鼓。

②冬季低温施工，水性涂膜没有干就涂刷上层涂料，有时涂层太厚，内部水分不易逸出，被封闭在内，受热后鼓泡。

③基层没有清理干净，涂膜与基层黏结不牢。

④没有按规定涂刷基层处理剂。

（3）防治措施

基层必须干燥，清理干净，先涂刷基层处理剂，干燥后涂刷首道防水涂料，等干燥后，经检查无气泡、空鼓后方可涂刷下道涂料。

2. 涂膜防水层裂缝

（1）现象

沿屋面预制板端头的规则裂缝，也有不规则裂缝或龟裂翘皮，导致渗漏。

（2）原因分析

①建筑物的不均匀下沉，结构变形，温差变形和干缩变形，常造成屋面板胀缩、变形，使防水涂膜被拉裂。

②使用伪劣涂料，有效成分挥发老化，涂膜厚度薄，抗拉强度低等也可使涂膜被拉裂或涂膜自身产生龟裂。

（3）防治措施

基层要按规定留设分格缝，嵌填柔性密封材料并在分格缝、排气槽面上涂刷宽 300 mm 的加强层，严格涂料施工工艺，每道工序检查合格后方可进行下道工序的施工，防水涂料必须经抽样测试合格后方可使用。

在涂膜由于受基层影响而出现裂缝后，沿裂缝切割 20 mm × 20 mm（宽 × 深）的槽，扫刷干净，嵌填柔性密封膏，再用涂料进行加宽涂刷加强，和原防水涂膜黏结牢固。涂膜自身出现龟裂现象时，应清除剥落、空鼓的部分，再用涂料修补，对龟裂的地方可采用涂料进行嵌涂两度。

3. 反挑梁过水洞渗漏水

（1）现象

雨水沿洞内及周边的缝隙向下渗漏。

（2）原因分析

过水洞及周围有贯通性孔、缝，又未作好防水处理，而产生渗漏水。当过水洞有预埋管时，预埋管端头与混凝土的接缝处密封不好也会产生渗漏水。

（3）防治措施

过水洞周围的混凝土应浇捣密实，过水洞宜用完好、无接头的预埋管，管两端头应突出反挑梁侧面 10 mm，并留设 20 mm × 20 mm 的槽，用柔性密封膏嵌填，过水洞及周围的防水层应完整，无破损，黏结要牢固，过水洞畅通。

当过水洞出现渗漏时，应检查预埋管是否破裂，无埋管时，应检查洞内及周边的防水层是否完整，并按上面方法更换预埋管，修补完善防水层。

4. 内水落口漏水

（1）现象

水落口杯与构件结合处嵌填不密实，雨水沿缝隙渗漏。

（2）原因分析

水落口杯与结构之间的缝隙没有嵌填密实柔性密封膏，未做防水增强层。

（3）防治措施

水落口杯和水落管在安装前，应检验合格，杯口应低于找平层，周围与混凝土接触处的缝隙必须用1:2:2的细石混凝土或1:2.5水泥砂浆嵌填密实，沿管周留设20 mm×20 mm的凹槽，槽内嵌填柔性密封材料，先做好杯口及周围的防水增强层，再进行防水层施工。

当水落口杯周围产生渗漏时，应清除其周围的防水层，沿水落口杯周围凿20 mm×20 mm的槽，清扫干净后，用柔性密封膏嵌填，再作防水涂料增强修补。

4.3.4 刚性防水工程

1. 裂缝

（1）现象

产生有规则的纵、横裂缝，或不规则裂缝。

（2）原因分析

①刚性混凝土与结构之间没有设隔离层，因结构变形，拉裂刚性防水层，也有在温差作用下，结构层限制刚性防水层的胀缩而裂缝。

②没有按规定留伸缩缝，当结构层应力大于混凝土的抗拉强度时产生裂缝。

③选材不当，有的使用低劣水泥、过期水泥或安定性差的水泥；细骨料中含泥量大于3%。

④施工不当，钢筋的位置不正确；混凝土无配合比，配料量不准，振捣不实。

（3）防治措施

①水泥宜选用42.5号普通硅酸盐水泥；石子最大粒径不宜大于15 mm，级配良好；中砂含泥量不大于1%，根据不同技术要求，选用合适和合格的外加剂。

②普通细石混凝土应严格按配合比计量，水灰比不大于0.55，混凝土中最小水泥用量需大于330 kg/m³，含砂率宜为35%～40%之间，灰砂比为1:2～1:2.5。

③施工前检查基层，必须有足够的强度和刚度，表面没有裂缝，找坡后的排水要畅通，然后用石灰砂浆或黏土砂浆、纸筋石灰膏等粉抹基层面，作隔离层。

④按要求立好分格缝条，扎好钢筋网，确保钢筋网的位置在混凝土板块厚度的居中偏下，严格按配合比计量，将搅拌均匀的混凝土一次铺满一个分格缝并刮平，振捣密实，在分格缝边和细部节点边要拍实拍平。隔12～24 h，二次压实抹平抹光。认真湿养护7 d。

当刚性防水层出现裂缝等不良现象而渗漏水时，应采取下述措施处理：

①对有规则的裂缝，沿裂缝用切割机切开，槽宽20 mm，深20 mm，剪断槽内钢筋。局部裂缝，可切开或凿成"V"形槽，上口宽20 mm，深度大于15 mm。清理干净后，槽内嵌填柔性防水材料。

②对不规则的裂缝，裂缝宽度小于0.5 m时，可在刚性防水层表面，涂刮两度合格的防水涂料。

③有裂缝、酥松或破损的板块，需凿除后，按原设计要求重新浇筑刚性防水层。

2. 分格缝漏水

（1）现象

沿分格缝位置漏水。

（2）原因分析

①沿分格缝边的混凝土，没有仔细地拍实抹光，因不密实而漏水。

②用低劣的防水密封膏，又没有涂刷基层处理剂，则密封膏与缝侧壁黏结不牢。

③缝侧壁没有扫刷干净或混凝土不干燥，就嵌填防水密封膏，因密封膏与缝侧壁黏结不牢而渗水。

（3）防治措施

施工细石混凝土刚性防水层时，分格条要保持湿润，并涂刷隔离剂，沿分格条边的混凝土滚压时，要拍实抹平，待混凝土干硬后，扫刷干净分格缝的两侧壁，涂刷基层（两侧壁）处理剂，当表干时，缝底填好背衬材料，要选用合格的柔性防水密封材料嵌缝，待固化后嵌填密封膏，检查其黏结是否牢固，如有脱壳现象须清理掉重新嵌填。

当分格缝出现渗漏水时，凿除缝边不密实的混凝土，扫刷干净，涂刷基层处理剂，再用与嵌缝材料性能一致的密封膏进行嵌填。因用不合格的防水密封膏或密封材料已老化和脱壳时，须铲除后更换嵌填柔性防水密封膏。

技术提示：
分隔缝是刚性防水的薄弱处，应严格按照相关要求进行施工。

4.4 建筑地面工程常见质量通病及防治

4.4.1 水泥地面

1. 地面起砂

（1）现象

地面表面粗糙，不坚固，使用后表面出现水泥灰粉，随走动次数增多，砂粒逐步松动，露出松散的砂子和水泥灰。

（2）原因分析

①使用的水泥标号低或水泥过期，受潮结块；砂子过细，砂子含泥量大。

②施工时水泥拌和物加水过多，大大降低了面层强度。

③压实抹光时间掌握不准。压光过早，表面还有浮浆，降低了面层的强度和耐磨性；压光过迟，水泥已终凝硬化，会破坏表面已形成的结构组织，也降低面层的强度和耐磨能力。

④地面完成后不养护或养护时间不足。过早浇水养护，也会导致面层脱皮，砂粒外露，使用后起砂。

⑤地面未达到足够强度就上人或堆放重物。

⑥地面在冬季施工时，面层受冻，致使面层酥松。

（3）防治措施

①严格控制水灰比，用水泥砂浆作面层时，稠度不应大于 35 mm，如果用混凝土作面层，其坍落度不应大于 30 mm。

②水泥地面的压光一般为三遍：第一遍应随铺随拍实，抹平；第二遍压光应在水泥初凝后进行（以人踩上去有脚印但不下陷为宜）；第三遍压光要在水泥终凝前完成（以人踩上去脚印不明显为宜）。

③面层压光 24 h 后，可用湿锯末或草帘子覆盖，每天洒水 2 次，养护不少于 7 d。

④面层完成后应避免过早上人走动或堆放重物，严禁在地面上直接搅拌或倾倒砂浆。

⑤水泥宜采用硅酸盐水泥和普遍硅酸盐水泥，标号一般不应低于 42.5 号，严禁使用过期水泥或将不同品种、标号的水泥混用；砂子应用粗砂或中砂，含泥量不大于 3%。

⑥小面积起砂且不严重时，可用磨石子机或手工将起砂部分水磨，磨至露出坚硬表面。也可把松散的水泥灰和砂子冲洗干净，铺刮纯水泥浆 1～2 mm，然后分三遍压光。

⑦对严重起砂的地面,应把面层铲除后,重新铺设水泥砂浆面层。

2. 地面、踢脚板空鼓

（1）现象

地面或踢脚板产生空鼓,用小锤敲击有空鼓声,严重时会开裂甚至剥落,影响使用。

（2）原因分析

①基层表面不洁净,泥灰、白灰砂浆、浆膜等污物成了隔离层,影响面层牢固结合。

②底层未浇水湿润或浇水不足,铺刮上去的砂浆中水分很快被吸收掉,大大降低了砂浆强度和黏结力。

③用素水泥浆作结合层,如果涂刷过早,已风干结硬后再铺面层,不但没有黏结力,反而成了隔离层；用扫浆法时,干水泥不易撒匀,浇水数量不当,容易造成干灰层、积水坑,也会导致空鼓。

④地面积水,铺设的面层在积水部分水灰比增大很多,影响与底层的黏结。

⑤踢脚板用石灰砂浆或混合砂浆打底,因与面层的水泥砂浆的强度和收缩值不一致,易造成空鼓。

⑥踢脚板基层平整度偏差大,一次抹灰过厚,干缩率大；水泥砂浆太稀,抹上后下坠,影响与基层的黏结力。

（3）防治措施

①做好基层清理工作。认真清除浮灰、白灰砂浆、浆膜等污物,粉刷踢脚板处的墙面前应用钢丝刷清洗干净,地面基层过于光滑的应凿毛或刷界面处理剂。

②施工前认真洒水湿润,使施工时达到润湿饱和但无积水。

③地面和踢脚板施工前应在基层上均匀涂刷素水泥浆结合层,素水泥浆水灰比为 0.4～0.5。地面不宜用先撒水泥后浇水的扫浆方法。涂刷素水泥浆应与地面铺设或踢脚板抹灰紧密配合,做到随刷随抹。如果素水泥浆已结硬,一定要铲去重新涂刷。

④踢脚板不得用石灰砂浆或混合砂浆抹底灰,一般可用 1:3 水泥砂浆。

⑤踢脚板抹灰应控制分层厚度,每层宜控制在 5～7 mm。

⑥对于空鼓面积不大于 400 cm^2,且无裂纹,以及人员活动不频繁的房间边、角部位,一般可不作处理。当空鼓超出以上范围应局部翻修,可用混凝土切割机沿空鼓部位四周切割,切割面积稍大于空鼓面积,并切割成较规则的形状。然后剔除空鼓的面层,适当凿毛底层表面,冲洗干净。修补时先在底面及四周刷素水泥浆一遍,随后用与面层相同的拌和物铺设,分三次抹光。如地面有多处大面积空鼓,应将整个面层凿去,重新铺设面层。

⑦如踢脚板局部空鼓长度不大于 40 cm,一般可不作处理。当空鼓长度较长或产生裂缝、剥落时,应凿去空鼓处踢脚板,重新抹灰修整好。

3. 地面不规则裂缝

（1）现象

这种裂缝在底层回填土的地面上以及预制板楼地面或整浇板楼地面上都会出现,裂缝的部位不固定,形状也不一,有的为表面裂缝,也有贯穿裂缝。

（2）原因分析

①回填土的土质差,没有按规定分层夯实,地面完工后回填土产生沉陷。

②局部荷载过大造成地基下沉或构件挠度过大等结构变形。

③基层不平整,杂物没有清除,或埋设管线等,致使面层局部厚薄不均,造成面层收缩不均匀；水泥拌和物任意加减用水量,造成砂浆稠度时大时小,强度和收缩值不同；面层压光时撒干水泥不匀,也会使面层产生不等量收缩。

④面层或垫层强度偏低,承载后引起地面裂缝。

⑤地面不及时养护,产生收缩裂缝。

⑥水泥安定性差,致使已硬化的地面体积膨胀而裂缝。不同品种或不同标号水泥混用,硬化时

间以及收缩量不同造成裂缝；砂过细或含泥量大，也容易引起裂缝。

⑦面积较大的楼地面未按规定留设分格缝，温差和收缩引起裂缝。

（3）防治措施

①室内回填土前要清除积水、淤泥、树根等杂物，选用合格土分层夯实。靠墙边、墙角、柱边等机械夯不到的地方，要人工夯实。

②面层铺设前，应检查基层表面的平整度，如有高低不平，应先找平，使面层厚薄一致。局部埋设管道等时，管道顶面至地面距离不得小于10 mm。当多根管道并列埋设时，应铺设钢丝网片，防止面层裂缝。

③严格控制面层水泥拌和物用水量，水泥砂浆的稠度不大于35 mm，混凝土坍落度不大于30 mm。如表面水分大难以压光时，可均匀撒一些1∶1干水泥砂，不宜撒干水泥。

④面层完成24 h后，及时铺湿草帘或湿锯末，洒水养护7～10 d。

⑤面积较大地面应按设计或地面规范要求，设置分格缝。

⑥对宽度细小、无空鼓现象的裂缝，如果楼面平时无液体流淌，一般可不作处理。对宽度在0.5 mm以上的裂缝，可用水泥浆封闭处理。

⑦如果裂缝与空鼓同时存在，可进行局部翻修。

⑧如果裂缝涉及结构变形，应结合结构是否需加固一并考虑处理办法。对于还在继续开展的裂缝，可继续观察，待裂缝稳定后再处理。如已经使用且经常有液体流淌的，可先用柔性密封材料作临时封闭处理。

4.预制楼板地面顺板缝或顺楼板搁置方向裂缝

（1）现象

预制楼板地面出现有规律的顺板拼缝方向通长裂缝，一般是上下贯通，板下抹灰层也出现裂缝；在两间以上的大房间内，楼板端头搁置处正上方出现顺楼板搁置方向裂缝。

（2）原因分析

①楼板灌缝质量差，不能形成整体共同工作。灌缝质量差有以下几种情况：

a.灌缝前不清除板缝内的建筑垃圾。

b.用碎砖、石子等填塞缝底，再在上面灌混凝土，嵌缝上实下虚。

c.楼板安装缝偏小，又未选用细石混凝土，形成上实下空。

d.沿板缝暗敷电线管时处理不当，灌缝混凝土仅嵌固于管子上面，管子下面形成空隙。

e.灌缝后不养护，混凝土过早失水，达不到设计强度。

②灌缝完成后立即在板面上堆料或推车施工，致使强度尚低的灌缝混凝土与楼板之间裂开。

③楼板安装时不座浆或座浆不实，楼板在外荷作用下产生错动，板缝受剪引起顺板缝裂缝；支座处座浆不实也易引起顺楼板搁置方向裂缝。

④预制楼板负荷后产生挠度，板端角变形产生负弯矩，引起上部顺楼板搁置方向裂缝。

⑤纵、横墙基础不均匀沉降或承重墙支座与钢筋混凝土梁支座有沉降差，使楼板在搁置端产生角转动，引起顺楼板搁置方向裂缝。

（3）防治措施

①楼板安装时，板底缝宽不应小于20 mm。边座浆边安装，使板搁置平实。

②楼板灌缝宜在上一层楼板安装完成后或主体基本完成后进行。认真清扫板缝，在板底吊模板，充分浇水湿润板缝，略干后刷水灰比为0.4～0.5的素水泥浆，随后浇不低于C20细石混凝土，捣固密实。隔24 h浇水养护，同时检查板底，不漏水者为合格。

灌缝前用PVC电线管、短钢筋和铁丝做吊模，第一次浇至距板面10 mm处，第二次与整浇层一并进行。

③板缝中敷设电线管时，宜将板底缝放至40 mm宽，先浇筑70～80 mm厚细石混凝土，捣实

后再敷设管子，使管子被包裹于嵌缝混凝土之中。

④灌缝混凝土选用普通硅酸盐水泥，它具有早期强度高，硬化过程干缩值小的优点。也可选月膨胀水泥灌缝。

⑤灌缝后，一般应等混凝土强度达到 C15 方可上料施工。必要时可采取铺设模板、搭跳板推车运料或在楼板下加临时支撑等措施。

⑥改进预制楼板侧边构造，如采用凹槽式能大大提高传力效果。

⑦在楼板搁置处和室内与走廊邻接的门口处镶嵌玻璃分格条，如产生裂缝会顺分格条有规则出现，不影响外观。

⑧在楼板搁置处板面上增设能承受负弯矩的钢筋网片。

⑨楼地面施工宜在主体完工后进行，可减少由于支座沉降差引起的裂缝。

⑩如果裂缝较宽或数量较多，对于顺板缝方向的裂缝可按以下办法处理：

a. 凿去原有灌缝混凝土，可先用混凝土切割机沿板缝方向切割，然后剔除混凝土。将预制楼板侧面适当凿毛，并把面层和找平层凿进板边 30～50 mm。

b. 修补前一天，用水冲洗干净，并充分湿润。

c. 在板缝内刷素水泥浆一遍，随即浇捣 C20 细石混凝土，第一次浇捣至板缝深度的一半，稍后第二次浇捣至离板面 10 mm 处。

d. 浇水养护几天后，用与面层相同材料的拌和物修补面层，注意把与原面层接合处赶压密实。

e. 如房间内裂缝严重（常伴有空鼓），将面层凿毛，也可将面层全部凿掉，在整个房间增设一层 $\phi 4@150$ 双向钢筋网片，浇 30 mm 厚 C20 细石混凝土，随捣随抹。

对顺楼板搁置方向裂缝可按如下方法处理：

a. 将裂缝处用混凝土切割机切成宽约 10 mm、深约 20 mm 的槽，清理干净后用胶泥或其他柔性材料嵌补平实。

b. 也可凿除裂缝处的面层和找平层，铺设宽度不小于 1 m $\phi 4@200$ 钢筋网片，用不低于 C20 的细石混凝土浇捣平。表面压光时，注意将两边与原来地面结合处赶压平实。

5. 楼梯踏步高度、宽度不一

（1）现象

楼梯踏步的高度或宽度不一致，最常发生在梯段的首级或末级。

（2）原因分析

①主体施工时，由于楼层偏差大，楼梯踏步仍按图纸放样，层高偏差集中反映在梯段的首级和末级，抹面层前又不进行处理，而是随高就低抹面。

②浇制踏步时，高、宽尺寸偏差较大，抹面层不弹线操作或虽弹线，但没有按级数等分，末面后踏步的阳角虽然都落在斜线上，但踏步的高度或宽度仍不一致。

（3）防治措施

①加强主体施工中梯段支模、浇制时的尺寸复核，使踏步的每级高度和宽度保持一致。

②踏步抹面前，应根据平台标高和楼面标高，在楼梯侧面墙上弹一条标准斜线，然后根据踏步级数等分斜线，斜线上的等分点即为踏步抹面阳角位置。

对于首级和末级踏步尚应考虑因楼面面层做法不同引起的高差。

③如楼梯踏步高度或宽度不一，人行走时感觉明显，可根据情况作如下处理：

a. 如偏差级数较多或偏差值较大，应将面层全部凿除，弹线等分后重新抹面。

b. 当仅有首级或末级偏差时，也可仅凿去有偏差处几级面层，适当修凿偏差大的踏步，然后在这几级中平均等分抹面，这样虽不能使全部踏步高、宽完全一致，但也可减少偏差值，同时避免整个梯段返工损失。

6. 散水坡下沉、断裂

（1）现象

建筑物四周散水坡沿外墙开裂、下沉，在房屋转角处或较长散水坡的中间断裂。

（2）原因分析

①基槽、基坑回填土时没有分层夯实，散水坡完成后回填土沉陷引起散水坡下沉，断裂。

②散水坡与建筑物外墙相连处没有设缝隔开，建筑物沉降引起开裂。

③沿散水坡长度方向和转角处没有合理留设分格缝，热胀冷缩引起断裂。

（3）防治措施

①基槽、基坑回填土应分层夯实，散水坡垫层也应认真夯实平整。

②散水坡与外墙相连处应设缝分开，沿散水坡长度方向间距不大于 6 m 应设一分格缝，房屋转角处亦应设置缝宽为 20 mm 的 45°斜向分格缝。注意不要把分格缝设置在水落口位置。缝内填嵌沥青胶结料。

③散水坡浇制完成后，要认真覆盖草帘等浇水养护。

④如散水坡有较大下沉或断裂较多，应把下沉和断裂部位凿除，夯实后重新浇制。

⑤如仅有少数断裂，可在断裂处凿开一条 20 mm 宽、约 20 mm 深的槽口，槽内填嵌沥青胶结料。

4.4.2 水磨石地面

1. 地面空鼓

（1）现象

空鼓多发生在水磨石面层与找平层之间，也会发生在找平层与基层之间，在分格块四角更易产生空鼓现象，用小锤敲击有空鼓声。

（2）原因分析

①基层或找平层表面未清理干净，有灰尘、残渣或其他污物，影响与面层的结合。分格条和粘贴分格条的水泥浆上有浮灰、易引起分格块四角空鼓。

②面层施工前，找平层或基层表面不浇水湿润，导致与面层黏结不牢固；在分格块内积水难以清除，铺设面层后，积水部分水灰比突然增大。

③素水泥浆结合层刷的过早，铺面层时所刷水泥浆已风干结硬；用先撒干水泥后浇水的扫浆法，干水泥撒不均，浇水量不当，造成干灰层或积水坑。

（3）防治措施

①认真清理表面浮灰、残渣等污物，检查找平层是否有空鼓现象，如有空鼓要及时处理。面层施工前一天应浇水湿润，施工时不应有积水。

②素水泥浆结合层一次涂刷面积不能过大，应边刷边铺面层。不宜用先撒干水泥后浇水的扫浆法。

③分格条粘贴好后，用毛刷蘸水轻轻刷去多余浮浆，隔天后洒水养护。

④对于较大面积的空鼓，应进行翻修。一般采取在一个分格块内整块翻修的方法，即将整个分格块铲除掉，刷一层 1∶4 的 107 胶溶液，然后铺设与原来同样配合比的水泥石子浆，待到一定强度后进行"二浆三磨"。为了使修补的面层与原来无差异，可事先做几块小样板，选出接近原样的配合比。

2. 分格条处石子显露不清或不均

（1）现象

分格条两边约 10 mm 宽范围内基本无石子显露，形成一条明显的纯水泥斑带，分格条十字交叉处周围出现一圈纯水泥斑，影响外观。

（2）原因分析

①分格条粘贴水泥浆高度太高，有的甚至把分格条埋在水泥浆里，在铺面层水泥石子浆时，石子不能靠近分格条。

②粘贴分格条在十字交叉处没有留空隙,嵌满水泥浆,在铺面层水泥石子浆时,石子不能靠近,周围形成一圈没有石子的纯水泥斑。

③用滚筒滚压时,仅在一个方向来回滚压,与滚筒滚压方向平行的分格条两侧的石子不易紧密,易造成浆多石子少的现象。

(3)防治措施

①正确掌握分格条粘贴水泥浆的高度和角度,把水泥浆抹在分格条下口,约呈45°角,其高度应低于分格条顶4~6mm。

②分格条在十字交叉处的粘贴水泥浆应空出15~20mm的空隙,使石子能填入交角内。

③滚筒滚压时,宜沿分格条对角线两个方向反复滚压至密实。滚压后如发现分格条两侧或十字交叉处浆多石子少,要随即补撒石子。

④如地面磨好后,分格条两边或分格条十字交叉处出现较多的纯水泥斑痕,地面的外观要求又较高时,应把面层和分格条凿去后返工重做。

3.表面磨纹明显,光亮度差

(1)现象

表面粗糙,有明显的磨石痕迹或细小洞眼,光亮度差。

(2)原因分析

①磨石用的砂轮粗细规格不齐,每遍打磨不能按照要求的砂轮规格进行磨光,致使最后表面仍留有磨纹。普通水磨石地面磨光次数一般不应少于3次,如磨光次数少,第一遍粗磨留下的磨痕就难以消除。

②用刷浆法补浆,往往一刷而过,不易将洞眼孔隙内部填密实,一经打磨,仍会露出洞眼。

③打蜡前未认真涂擦草酸溶液去除表面污垢,或直接将粉状草酸撒于地面进行干擦,难以保证擦得均匀,表面洁净程度不一,擦不净的地方会有斑痕,影响表面光亮度。

④上蜡打光马虎,成品保护差。

(3)防治措施

①地面打磨时,磨石规格应配齐全。头遍用60~70号粗砂轮,机磨时严禁停机不移动,第二遍用90~120号砂轮,磨去头遍打磨留下的磨痕。第三遍用200号细砂轮或油石磨至光滑。对外观要求高的水磨石地面,要适当提高第三遍的磨石号数,并增加打磨次数。

②补浆应用擦浆法施工。先把地面冲洗干净,待表面干后,用干布或纱头蘸上较浓的水泥浆,认真细致地将洞眼孔隙擦实补严,擦浆后还要注意湿润养护,使擦上的水泥有良好的硬化条件。

③打蜡前应用草酸溶液清洗面层,溶液配合比可用1:0.35(热水与草酸的重量比),待溶化冷却后,满涂于地面,用200号以上的油石磨一遍,也可用木块包上布后打磨,然后用清水冲洗干净。

④地面打蜡应在地面上均匀薄涂一层蜡,待蜡干泛白后进行研磨,泛出光泽后再打第二遍蜡。打蜡完成后铺上清洁的锯木屑养护。

⑤对于表面磨痕明显,光亮度差或表面有难以清除斑痕的水磨石地面,应重新用细砂轮或油石打磨,直至表面光滑为止。

⑥对细小洞眼较多的地面,可重新用布蘸上与面层同色水泥浆把洞眼擦实,养护3~4d后,用细砂轮或油石打磨光滑。

4.踢脚板石子显露不清,表面粗糙

(1)现象

踢脚板表面石子显露稀少,不清晰,粗糙无光亮,影响外观。

(2)原因分析

①磨光次数过少。不按操作工艺进行"二浆三磨",仅磨一遍,又不补浆,致使表面粗糙不光滑。

②开磨时间过迟,水泥石子面层强度过高,石子难以磨出。

③水泥石子浆中石粒少或石子粒径大,磨光时磨损量又小,会使表面石子显露稀少。

（3）防治措施

①踢脚板施工应同地面一样，做到"二浆三磨"，并酸洗打蜡，不能随意减少工序。

②正确掌握开磨时间，尤其人工打磨的，磨石应及时，常温下1～2d即可开磨，防止水泥石子浆强度过高，难以磨出石粒。

③踢脚板面层水泥石子浆配合比宜为1∶1.5～1∶2（水泥与石粒的体积比），要求计量准确，拌和均匀。石粒粒径不宜过大，一般为4～6mm。

4.4.3 板块地面（地砖、大理石、花岗岩）

1. 地面空鼓、脱壳

（1）现象

用小锤轻击地面有空鼓声，严重处板块与基层脱离。

（2）原因分析

①基层表面的泥浆、浮灰、积水等没有清理干净，形成隔离层。

②基层过于干燥，浇水湿润不足；铺结合层前，因水泥素浆刷得过早后风干结硬，不能起到黏结作用，反而成了隔离层。

③板块没有事先浸水和洗净背面浮灰。有的一面施工一面浸水，板块背面明水没有晾干就铺贴。

④铺放时板块四角不同时下落或敲击不实，锤击时垫木搭在已铺好的板块上敲击，均会造成空鼓。

⑤地砖铺好后，过早上人走动、推车、堆放重物，或天气过于干燥，不洒水养护，都会引起地砖空鼓、脱壳。

（3）防治措施

①确保基层平整、洁净、湿润。

②板块应提前浸水，地砖应提前2～3h浸水，如背面有灰尘应洗干净，待表面晾干无明水后方可铺贴。

③先刷107胶水泥浆一遍（水泥、107胶、水之比为1∶0.1∶0.4），约15～30min后，铺1∶2干硬性水泥砂浆结合层，然后将板块背面刮一层薄水泥砂浆，铺贴时要求板块四角同时下落，用木锤或橡皮锤垫木块轻击，使砂浆振实，并敲至与旁边板块平齐。也可采用黏接剂作结合层。

④铺贴大理石、花岗岩时，按前述要求试铺，合适后，将板块掀起检查结合层，如有空隙，则用砂浆补实，再浇一层水灰比为0.45的素水泥浆，板块背面也刮一层素水泥浆，最后正式铺贴。

⑤铺好的地面应及时洒水养护，一般不少于7d，在此期间不准上人。

⑥地砖空鼓、脱壳严重时，可将地砖掀开，凿除原结合层砂浆，冲洗干净晾干后，按照本条防治措施③的方法重新铺贴，最后用水泥砂浆灌缝、擦缝。

2. 接缝不平，缝口宽度不均

（1）现象

相邻板块接缝高差大，板块缝口宽度不一。

（2）原因分析

①板块质量低劣，尺寸偏差大、翘曲不平，事先没有挑选，铺贴时难以调整。

②没有预排，不拉通线，铺贴时不用靠尺检查平整度。

③各房间以及走廊水平标高不统一，造成门口处接缝出现高差。

④地面铺好后，过早上人走动或堆放重物，引起接缝高低差。

（3）防治措施

①施工前要认真检查板块材料质量是否符合有关标准的规定，不符合标准要求的不能使用。

②从走廊统一往房间引测标高，并按操作规程进行预排，弹控制线等，铺贴时纵、横接缝宽度应一致，经常用靠尺检查表面平整度。

③铺贴大理石、花岗岩时，应在房内四边取中，在地面上弹出十字线，先铺设十字线交叉处一块为标准块，用角尺和水平尺仔细校正。然后由房间中间向两侧和后退方向顺序铺设，随时用水平尺和直尺找准。缝口必须拉通长线，板缝宽度一般不大于 1 mm。

④地面铺贴好后，注意成品保护，在养护期内禁止人员通行。

⑤对接缝高差过大或接缝宽度严重不一致的地方，应返工重新铺贴。

3. 带地漏地面倒泛水

（1）现象

地漏处地面偏高，造成地面积水和外流。

（2）原因分析

①卫生间或阳台与室内地面没有设置高差，铺设地面时无法留设坡度。

②铺设找平层前，标高弹线不准，不拉坡线，未按规定的泛水坡度冲筋。

③地漏安装过高。

（3）防治措施

①主体工程施工时，卫生间、阳台地面标高一般应比室内地面低 20 mm。

②安装地漏应控制好标高，使地漏盖板低于周围地面 5 mm。

③地面施工时，应以地漏为中心向四周辐射冲筋，找好坡度。铺贴前要试水检查找平层坡度，无积水才能铺贴。

④对于倒泛水的地面应将面层凿除，拉好坡线，用水泥砂浆重新找坡，然后重新铺贴。如因主体工程施工时楼面未留设高差而无法找坡时，也可在卫生间门口设、拦水坎，以保证地面有一定的泛水坡度。

4.4.4 木质地面

1. 木板松动或起拱

（1）现象

木地板使用后产生松动，踏上去有响声或木地板局部拱起。

（2）原因分析

①地板铺设时含水率高，铺设后产生干缩，使面层松动。木材材质差产生变形。

②铺钉地板的钉太短，使用后容易松动。

③木搁栅和地板紧靠墙面，没有按规定留缝，地板受潮后起拱。

（3）防治措施

①搁栅、毛地板、面层等木材的材质、规格以及含水率应符合设计要求和有关规范的规定。

②铺设木质面层，应尽量避免在气候潮湿时施工。

③木搁栅、地板底面应作防腐防潮处理。

④铺钉地板用的钉，其长度应为木板厚度的 2～2.5 倍。

⑤搁栅与墙之间应留出 30 mm 的缝隙，毛地板和木质面层与墙之间应留 10～20 mm 的缝隙，面层与墙的间隙用木踢脚板封盖。

⑥当木地板面层严重松动或起拱，影响使用时，应拆除重新铺设。

⑦对于面层局部起拱，可卸下起拱的地板，把板刨窄一点，然后铺钉平整。如面层仅有轻变起拱时，可采用表面刨削的办法整治。对局部木板松动，可更换少量木板重新钉牢。

2. 拼缝不严

（1）现象

木质板块拼缝不严密，缝隙偏大，影响使用和外观。

（2）原因分析

①所用面层木材含水率大，干缩后拼缝扩大。

②面层的成品地板几何尺寸有误差，致使有的拼缝偏大。

③施工时没有逐块排紧。

（3）防治措施

①应选用不易变形开裂、经过干燥处理的木材。木搁栅、剪刀撑等木材的含水率不应超过20%，毛地板和面层木地板的含水率不应大于12%。

②铺设地板面层时，从墙的一边开始逐块排紧铺钉，板的排紧可在木搁栅上钉扒钉，在扒钉与板之间用对拔楔打紧。然后用钉从侧边斜向钉牢，使木板缝隙严密。

③如地面大多数缝隙过大时，需返工重新铺设。

④如仅有个别较大缝隙时，也可采用塞缝的办法修理，刨一根与缝隙大小相当的梯形木条，两侧涂胶，小面朝下塞入缝内，待胶干后将高出地板面部分刨平。

⑤当有个别小于2 mm的缝隙时，可用填刮腻子的办法修理。

3. 拼花地板脱壳

（1）现象

黏结式拼花地板黏结不牢固，脱壳，松动，人踏上去有响声，影响正常使用。

（2）原因分析

①胶结材料质量低劣或过期失效，引起脱胶。

②板材变形大，拉脱黏结层。

③水泥砂浆表面起砂，起皮，有污物或含水率大，致使与地板黏结不牢。

（3）防治措施

①胶结材料的选用，应根据基层材料的不同和面层使用要求，通过试贴后确定。

②保证基层坚硬、干燥、洁净、平而不光。如局部有凹洼、起砂现象，应用107胶水泥腻子修补，干后再铺贴面层。

③用胶黏剂或沥青胶结料作结合层时，应均匀涂刷于基层约1 mm厚，用时在木板背面涂刷一层约0.5 mm厚，铺贴做到一次就位准确。如用沥青胶结料铺贴，应提前24 h在基层表面刷一道冷底子油。

④地板表面的刨平磨光工作，应在沥青胶结料或胶粘剂完全凝固后进行。

⑤对脱壳的地板，可将脱壳部分掀开，铲除原有黏结层，用溶剂将基层和板背面擦洗干净，然后用胶结料重新铺贴好。

4.4.5　楼地面渗漏

1. 穿楼板管根部渗漏

（1）现象

楼面的积水通过厨房、卫生间楼板与管道的接缝处渗漏。

（2）原因分析

穿管周围混凝土不密实，楼板混凝土的变形，蒸汽管的热胀冷缩，穿管根部未设密封槽，使管边产生缝隙。

（3）防治措施

穿管周围的混凝土填充前要清除酥松的砂、石，并刷洗干净，浇捣要密实，预留10 mm×10 mm（深×宽）的密封槽，未预留密封槽时，应重新剔槽，用柔性密封胶嵌填。

在楼板上面无法处理时，亦可在楼板下面的管根周边凿槽25 mm×25 mm（深×宽），用遇水膨胀橡胶条嵌填深20 mm，表面再用聚合物砂浆抹平。

蒸汽管穿越楼板的部位应先预埋套管，套管应高出楼地面100 mm，套管外侧根部也应设槽嵌填密封材料。

2. 地面渗漏

（1）现象

厨房、卫生间地面的楼板，在板下或板端承载墙面出现渗漏水。地面是钢筋混凝土现浇板时，也会出现渗漏水现象。

（2）原因分析

①预制板面有孔、缝隙，预制板收缩，板缝增大。

②现浇板浇捣不密实，出现蜂窝、孔、缝，饰面层铺贴不密实，有空鼓，未做防水层。

（3）防治措施

厨房、卫生间楼板应用整体现浇钢筋混凝土楼板，在板边同时浇筑上翻不小于60 mm的挡水板。浇筑混凝土时应用平板振动器振实。

4.5 保温隔热工程常见质量通病及防治

4.5.1 屋面保温层

1. 表面铺设不平

（1）现象

屋面保温层表面铺设不平整。

（2）防治措施

①保温层的导热系数是一个重要技术指标，它与材料的堆积密度（或表观密度）密不可分，材料质量要求应满足表4.1的有关规定。

表4.1 松散保温材料的质量要求

项　目	膨胀蛭石	膨胀珍珠岩
粒径/mm	3~15	≥0.15≤，0.15的含量不大于8%
堆积密度/kg·m⁻¹	≤300	≤120

②松散保温材料的粒径应进行筛选，筛选的细颗粒及粉末严禁使用。

③保温层施工前要求基层平整，屋面坡度符合设计要求。施工时可根据保温层的厚度设置基准点（可在屋面上每隔1 m设置1根木条），拉线找平。

④松散保温材料应分层铺设，并适当压实，每层虚铺厚度不宜大于150 mm；压实程度与厚度应经过试验确定。

⑤干铺的板状保温材料，应紧靠在需保温的基层表面上，并应铺平垫稳。分层铺设的板块上下层接缝应相互错开，板间缝隙应采用同类材料嵌填密实。

⑥粘贴的板状保温材料尖贴严铺平，分层铺设的板块上下层接缝应相互错开。当采用马蹄脂及其他胶结材料粘贴时，板状保温材料相互之间及与基层之间应满涂胶结材料；当采用水泥砂浆粘贴板状材料时，板间缝隙应采用保温灰浆填实并勾缝。保温灰浆的配合比宜为1:1:10（水泥：石灰膏：同类保温材料的碎粒，体积比）。

⑦沥青膨胀蛭石、沥青膨胀珍珠岩宜用机械搅拌至色泽均匀一致，无沥青团；压实程度根据试验确定，其厚度应符合设计要求，表面应平整。

⑧现喷硬质发泡聚氨酯应按配合比准确计量，发泡厚度均匀一致，表面平整。

⑨松散材料保温层因强度较低，压实后不得直接在保温层上行车或堆放得物，施工人员且穿软底鞋进行操作。

2. 保温层起鼓、开裂

（1）现象

保温层乃至找平层出现起鼓、开裂。

（2）预防措施

①为确保屋面保温效果，应优先采用质轻、导热系数小且含水率较低的保温材料，如聚苯乙烯泡沫塑料板、现喷硬质发泡聚氨酯保温层。严禁采用现浇水泥膨胀蛭石及水泥膨胀珍珠岩材料。

②控制原材料含水率。封闭式保温层的含水率应相当于该材料在当地自然风干状态下的平衡含水率。

③倒置式屋面采用吸水率小于6%、长期浸水不腐烂的保温材料。此时，保温层上应用混凝土等块材、水泥砂浆或卵石保护层与保温之间，应干铺一层无纺聚酯纤维面做隔离层。

④保温层施工完成后，应及时进行找平层和防水层的施工。在雨季施工时保温层应采取遮盖措施。

⑤从材料堆放、运输、施工以及成品保护等环节都应采取措施，防止受潮和雨淋。

⑥屋面保温层干燥有困难时，应采用排汽措施。排汽道应纵横贯通，并应与大气连通的排气孔相通，排气孔宜每 25 m² 设置 1 个，并做好防水处理。

⑦为减少保温屋面的起鼓和开裂，找平层宜选用细石混凝土或配筋细石混凝土材料，详见"找平层开裂"的预防措施。

（3）治理方法

屋面保温层的主要质量通病虽然表现为起鼓、开裂，但其根源在于施工后保温层中窝有大量的积水。解决办法之一，就是排除保温层内多余的水分。

①保温层内积水的排除可在保温层上或在防水层完工后进行。具体做法是：先在屋面上凿一个略大于混凝土真空吸入真空吸水机内。然后在孔洞的周围，用半干硬性水泥砂浆和素水泥封严，不得有漏所现象。封闭好后即可开机。待 2～3 min 后就可续的出水，每个吸水点连续作业 45 min 左右，即可将保温层内达到饱和状态的积水抽尽。

②保温层干燥程度很容易测试法。用冲击钻在保温层最厚的地方钻 1 个 φ16 mm 以上的圆孔，孔深至保温层 2/3 处，用一块大于圆孔的白色塑料布盖在圆孔上，塑料布四周用胶带等压紧密封，然后取一冰块放置于塑料布上。此时圆洞内的潮湿气体遇冷便在塑料布底面结露，2 min 左右取下冰块，观察塑料布底面结露情况。如有明显露珠，说明保温层不干；如果仅有一层不明显的白色小雾，说明保温层基体干燥，可以进行防水层施工。

技术提示：

测试时间宜选择在14:00～15:00，此时保温层内温度高，相对温差大，测试结果明显、准确。对于大面积屋面，应多测几点，以提高测试的准确性。

3. 架空板铺设不稳，排水不畅

（1）现象

架空板铺设不平整、不稳固、排水不通畅。

（2）防治措施

①架空屋面施工时，应先将屋面清扫干净，并应根据架空板的尺寸，弹出支座中线。然后按照屋面宽度及坡度大小，确定每个支座的高度。这样才能确保架空板安装后，坡度正确，排水畅通。

②非上人屋面的黏土砖强度等级不应小于 MU7.5，上人屋面的黏土砖强度等级不应小于 MU10；砖砌支座施工时宜采用水泥砂浆砌筑，基强度等级应为 M5。

③混凝土架空隔热板的强度等级不应小于 C20，且在板内宜放置钢线网片；在施工中严禁有断裂

和露筋等缺陷。

④架空隔热板铺设后应做到平整、稳固，板与板之间宜用水泥砂浆或水泥混合砂浆勾缝嵌实，并按设计要求留置变形缝。架空隔热板安装后相邻高低不应大于3 mm，可用直尺和楔形塞尺检查。

4.保温层厚薄不匀

（1）现象

目测表面严重不平。用钢钉插入测厚度，厚处超过设计厚度的10%，薄处小于设计厚度的95%。

（2）预防措施

①无论是坡屋面还是平屋面，松散材料保温层均需分层铺设。

②分隔铺设。为此，可采用经防腐处理的木龙骨或保温材料作的预制条块作为分隔条。

③做砂浆找平层时，宜在松散材料上放置10 mm网目的铁丝筛，然后在其上面均匀地摊铺砂并刮平，最后取出铁丝筛抹平压光，以保证保温层厚度均匀。

4.5.2 屋面隔热

1.架空隔热层风道不通畅

（1）现象

屋面架空隔热层施工完后，发现风道内有砂浆、混凝土块或砖块等杂物，阻碍了风道内空气顺利流动，降低了隔热效果。

（2）预防措施

①砌砖支腿时，操作人员应随手将砖墙上挤出的舌头灰刮掉，并用扫帚将砖面清扫干净。

②砖支腿砌完后，在盖隔热板时应先将风道内的杂物清扫干净。

③如风道砌好后长期不进行铺盖隔热板，则应将风道临时覆盖，避免杂物落入风道内。

（3）治理方法

①风道内落入杂物不太严重时，可用杆子插入风道内清理。

②如风道内已严重堵塞，则需把隔热板掀起，将杂物由上面掏出，进行处理后立即将隔热板重新盖好。

2.保温隔热层保温性能不良

（1）现象

经目测，保冷结构夏季外表面有结露返潮现象，热管道冬季表面过热。

（2）原因分析

①保温材料容重太大，含过多较大颗粒或过多粉末。

②松散材料含水分过多；或由于保温层防潮层破坏，雨水或潮气浸入。

③保温结构薄厚不均，甚至小于规定厚度。

④保温材料填充不实，存在空洞；拼接型板状或块状材料接口不严。

⑤防潮层有损坏或接口不严。

（3）预防措施

①松散保温材料应严格按标准选用、保管和使用，并抽样检查，合格者才能使用。

②使用的散装保温材料，使用前必须晒干或烘干，除去水分。

③施工时必须严格按设计或规定的厚度进行施工。

④松散材料应填充密实，块状材料应预制成扇形块并捆扎牢固。

⑤油毡或其他材料的防潮层应缠紧并应搭接，搭接宽度为30～50 mm，缝口朝下，并用热沥青封口。

（4）治理方法

凡已施工不能保证保温效果的，应拆掉重作。

3. 保温结构不牢、薄厚不均

（1）现象

保温结构外管凹凸不平，薄厚不均，用手扭动表层，保温结构活动。

（2）原因分析

①当采用矿棉等松散材料保温时，有时不加支撑环或支撑环拧得不紧，造成包捆的铁丝网转动或不能很好掌握保温层厚度。

②采用瓦块式结构时，绑扎铁丝拧得不紧或与管子表面粘接不牢。

③缠包式结构铁丝拧得不紧，缠得不牢，造成结构松脱。

④抹壳不合格也造成保温层表面薄厚不均，不美观。

（3）预防措施

①采用松散保温材料时，特别是立管保温，必须按规定预先在管壁上焊上或卡上支撑环，环的距离要合适，焊得要牢，拧得要紧。这样一方面容易控制保温层厚度，另一方面时主保温结构牢固。

②当采用预制瓦块结构保温时，需用黏接剂粘牢，瓦块厚度要均匀一致。

③采用缠包式保温结构时，应把棉毡剪成适用的条块，再将这些条块缠包在已涂好防锈漆的管子上，缠包时应将棉毡压紧。

（4）治理方法

如果保温层超过规定允许偏差时，应拆下重作。

4. 护壳凹凸不平、表面粗糙

（1）现象

石棉水泥护壳抹得不光滑，厚度不一致；棉布或玻璃丝布缠得不紧，搭接长度不够；用铝板、镀锌铁皮板包缠的护壳，接口不直。

（2）原因分析

保温层护壳不仅起保护主保温材料的作用，还有美观的作用。所以，在进行保温结构施工时，要保证设计要求的厚度，并作到牢固均匀。在进行护壳施工时，要特别注意施工程序和规范要求。由于忽视以上方面的要求，往往造成护壳不合格或不美观。

（3）预防措施

①石棉水泥保护壳使用推广。一般做法是把包好的铁丝网完全覆盖，面层应抹的平整、圆滑、端部棱角齐整，无明显裂纹。石棉水泥护壳应在管子转弯处预留 20~30 mm 伸缩缝，缝内填石棉绳。

②玻璃布保护层一般先在绝热层外粘一层防潮油毡，油毡外贴铁丝网。缠玻璃布时，先剪成条状，环向、纵向都要搭接，搭接尺寸不小于 50 mm。缠绕时应裹紧，不得有松脱、翻边、褶皱和鼓包，起点和终点必须用铁丝扎牢。

③用铝板或镀锌铁皮作保护壳时，首先根据保温层外圆加搭接长度下料、滚圆。一般采用单平咬口和单角咬口。纵缝边可采用半咬口加自攻螺丝的混合连接，但纵缝搭口必须朝下。

（4）治理方法

石棉水泥保护壳如果不合格，只有砸掉重抹。玻璃布和铁皮护壳均可进行修整。

4.5.3 外墙保温

1. 墙体保温层开裂

（1）现象

墙体保温层开裂渗水。

（2）原因分析

耐碱网格布材料有两种，一种是耐碱网格布，一种是耐碱型网格布，网格布在碱性的长期作用下其韧性和抗拉力都会有不同程度的破坏。特别是耐碱型网格布更为明显。使用了不合格的玻纤网格布如：抗断裂强度低、耐碱强力保留率低、断裂应变大等。抗裂砂浆的问题：直接采用水泥砂浆做抗裂防护层：强度高、收缩大、柔韧变形性不够，引起砂浆层开裂。抗裂防护层的透气性不足，如挤塑聚苯板在混凝土表面的应用。配制的抗裂砂浆虽然也用了聚合物进行改性，但柔韧性不够或抗裂砂浆层过厚：胶粘剂里有机物质成分含量过高，胶浆的抗老化能力降低。低温导致黏结剂中的高分子乳液固化后的网状膜结构发生脆断，失去其本身所具有的柔韧性作用。砂的粒径过细，含泥量过高，砂子的颗粒级配比不合理。

（3）防治措施

选用耐碱性好的耐碱网格布或耐碱型网格布，选用低碱型高柔外保温抹面层，使用了低碱的外保温抹面砂浆将会大大提高网格布的使用年限，从而有效地减少裂缝的发生。不得直接使用水泥砂浆做抗裂层，控制胶结剂有机成分含量、砂浆粒径不得过细，粒径级配要合理严格控制含泥量；注意饰面层的防水性能，因为水泥砂浆只有在水的作用下会产生碱化反应，如果基层在干燥的环境下，也会增加网格布的使用年限，从而提高其抗裂功能。

2. 墙面不平整

（1）现象

板面交错排布不严格；板黏结面积不足。板与板接缝不紧密或接槎高差大，板面平整度超差。

（2）原因分析

操作工人责任心不强，质量意识差；施工技能低，保温板安装工序未检查验收。

（3）防治措施有

加强施工人员素质与技术培训：培训板面布胶、板裁剪、板排布、板拍打挤压胶料、板缝及板与板打磨等操作技能，强调板安装质量的重要性；加强管理人员的检查职责；严格监理人员验收，并做好记录。

3. 护面砂浆层破损

（1）现象

护面砂浆面层强度低或强度不均、平整度差、开裂空鼓。

（2）原因分析

浆料和易性不好，稠度差，影响抹面速度与质量；与保温层咬合不好，产生空鼓；施工操作不均匀，有太厚太薄存在，导致护面层强度不均；在大风（>5级）、阳光直射下、温度低（≤5℃）时，施工产生开裂现象；追求表面观感，采取蘸水刷浆处理，导致骨料暴露、表面返白、强度降低，甚至开裂；在门窗洞口、与构件接口等接缝处，抹面砂浆压实度、饱满度不足，易导致该处开裂；过长时间或已初凝浆料继续使用，导致开裂及影响抹面质量；严重结皮，砂浆使用影响施工质量；平整度控制不好，不符合规范要求。

（3）防治办法

施工操作需经过严格操作培训上岗；保证浆料是新鲜状态上墙操作；熟悉工具、聚合物砂浆特性及薄抹灰操作动作要领，特别是了解抹刀不同角度产生不同效果；知道两道施工要求不同；首道做到要与保温层粘贴充分牢固，网布铺展埋入到位，二道做到施工要收光及平整度符合要求（在浆料新鲜湿状态下及时调整）；抹面砂浆与网布复合一道做到所有保温层及延伸搭接的部位；了解聚合物砂浆的施工条件及注意事项；加强自检程序，并及时影响应作修正，监理强化验收，并作记录表。

基础与工程技能训练

一、单选题

1. （　　）负责组织实施住宅工程质量通病控制。
   A. 建设单位　　　　B. 施工单位　　　　C. 监理单位　　　　D. 设计单位

2. 采用桩基和地基处理的，若缺乏地区经验，必须在开工前进行（　　）试验。
   A. 强度　　　　B. 承载力　　　　C. 施工工艺　　　　D. 桩基和地基的密实度

3. 浇筑顶面应高于桩顶设计标高和地下水位 0.5～1.0 m 以上，确有困难时，应高于桩顶设计标高不少于（　　）m。
   A. 0.5　　　　B. 1　　　　C. 1.5　　　　D. 2

4. 防水混凝土水平构件表面宜覆盖塑料薄膜或双层草袋浇水养护，竖向构件宜采用喷涂养护液进行养护，养护时间不应少于（　　）d。
   A. 7　　　　B. 14　　　　C. 21　　　　D. 28

5. 砌体洞口宽度大于（　　）m 时，两边应设置构造柱。
   A. 1.8　　　　B. 2　　　　C. 2.4　　　　D. 2.6

6. 填充墙砌至接近梁底、板底时，应留有一定的空隙，填充墙砌筑完并间隔（　　）d 以后，方可将其补砌挤紧；补砌时，对双侧竖缝用高强度等级的水泥砂浆嵌填密实。
   A. 7　　　　B. 10　　　　C. 15　　　　D. 24

7. 砌体结构砌筑完成后宜（　　）d 后再抹灰，并不应少于 30 d。
   A. 35　　　　B. 45　　　　C. 50　　　　D. 60

8. 砌体每天砌筑高度宜控制在（　　）m 以下，并应采取严格的防风、防雨措施。
   A. 1　　　　B. 1.5　　　　C. 1.8　　　　D. 2

9. 混凝土后浇带应在其两侧混凝土龄期大于（　　）d 后再施工，浇筑时，应采用补偿收缩混凝土，其混凝土强度应提高一个等级。
   A. 14　　　　B. 28　　　　C. 42　　　　D. 60

10. 应在混凝土浇筑完毕后的（　　）h 以内，对混凝土加以覆盖和保湿养护。
    A. 8　　　　B. 12　　　　C. 24　　　　D. 24

11. 混凝土养护时间应根据（　　）确定。
    A. 环境温度　　　　B. 施工工艺　　　　C. 水泥用量　　　　D. 所用水泥品种

12. 有防水要求的地面施工完毕后，应进行（　　）h 蓄水试验，蓄水高度为 20～30 mm，不渗不漏为合格。
    A. 12　　　　B. 24　　　　C. 36　　　　C. 48

13. 回填土应按规范要求分层取样做密实度实验，压实系数必须符合设计要求。当设计无要求时，压实系数不应小于（　　）。
    A. 0.9　　　　B. 0.93　　　　C. 0.94　　　　D. 0.96

14. 抹灰工程中，不同材料基体交接处，必须铺设抗裂钢丝网或玻纤网，与各基体间的搭接宽度不应小于（　　）mm。
    A. 60　　　　B. 90　　　　C. 120　　　　D. 150

二、多选题

1. 桩基（地基处理）施工后，应有一定的休止期，挤土时砂土、黏性土、饱和软土分别不少于

( )d，保证桩身强度和桩周土体的超孔隙水压力的消散和被扰动土体强度的恢复。

A. 14　　　　　　　B. 21　　　　　　　C. 28　　　　　　　D. 42

2. 桩基工程验收前，按规范和相关文件规定进行（　　）检验。检验结果不符合要求的，在扩大检测和分析原因后，由设计单位核算认可或出具处理方案进行加固处理。

A. 桩身质量　　　　B. 桩身强度　　　　C. 承载力　　　　　D. 钢筋笼深度

3. 防水混凝土水平构件表面宜（　　）养护，竖向构件宜采用（　　）进行养护，养护时间不应少于14 d。

A. 覆盖塑料薄膜　　B. 双层草袋　　　　C. 喷涂养护液　　　D. 浇水

4. 地下室混凝土墙体不应留垂直施工缝。墙体水平施工缝不应留在（　　）处，应留在高出底板不小于300 mm的墙体上。

A. 剪力最大　　　　B. 弯矩最大　　　　C. 压力最大　　　　D. 底板与侧墙交接

5. 地下室防水应选用（　　）好的防水卷材或防水涂料作地下柔性防水层，且柔性防水层应设置在迎水面。

A. 承载力　　　　　B. 强度　　　　　　C. 耐久性　　　　　D. 延伸性

6. 混凝土小型空心砌块、蒸压加气混凝土砌块等轻质墙体，当墙长大于5 m时，应增设间距不大于3 m的构造柱；每层墙高的中部应增设高度为120 mm，与墙体同宽的混凝土腰梁，砌体无约束的端部必须增设（　　），预留的门窗洞口应采取（　　）加强。

A. 框架柱　　　　　B. 砖柱　　　　　　C. 构造柱　　　　　D. 钢筋混凝土框

7. 当框架顶层填充墙采用（　　）材料时，墙面粉刷应采取满铺镀锌钢丝网等措施。

A. 灰砂砖　　　　　　　　　　　　　　B. 粉煤灰砖
C. 混凝土空心砌块　　　　　　　　　　D. 蒸压加气混凝土砌块等

8. 以下拆模顺序正确的是（　　）。

A. 非承重的先拆，承重的后拆　　　　　B. 承重的先拆，非承重的后拆
C. 后支的先拆，先支的后拆　　　　　　D. 先支的先拆，后支的后拆

9. 刚性防水层应采用细石防水混凝土，其强度等级不应小于C30，厚度不应小于（　　）mm，分格缝间距不宜大于3 m，缝宽不应大于（　　）mm，且不小于（　　）mm。

A. 50　　　　　　　B. 30　　　　　　　C. 20　　　　　　　D. 12

10. 变形缝的防水构造处理应符合下列要求（　　）。

A. 变形缝的泛水高度不应小于250 mm
B. 防水层应铺贴到变形缝两侧砌体的上部
C. 变形缝内应填充聚苯乙烯泡沫塑料，上部填放衬垫材料，并用卷材封盖
D. 变形缝顶部应加扣混凝土或金属盖板，混凝土盖板的接缝应用密封材料嵌填

11. 下列砂浆强度符合砂浆垫块要求的有（　　）。

A. M5　　　　　　　B. M10　　　　　　C. M15　　　　　　D. M20

三、判断题

1. 排桩墙支护工程中，排桩宜采取隔桩施工，并应在灌注混凝土48 h后进行临桩成孔施工。（　　）
2. 桩基础工程中桩位的放样允许偏差，群桩为20 mm，单排桩为10 mm。（　　）
3. 混凝土现浇结构标高（每层）的允许偏差为±15 mm。（　　）
4. 圆柱体试件插捣时，当所确定的插捣次数有可能使砼拌和物产生离析现象时，可酌情减少插捣次数至拌和物不产生离析的程度。（　　）
5. 防水混凝土结构内部设置的各种钢筋或绑扎的低碳钢丝不应接触模板。（　　）
6. 防水混凝土水平构件表面宜覆盖塑料薄膜或双层草袋浇水养护，竖向构件宜采用喷涂养护液进行养护，养护时间不应少于7 d。（　　）

7. 屋顶防水层或可燃保温层应采用不燃材料进行覆盖。（   ）
8. 保温材料厚度等变化必须出具正式设计变更，并履行审图手续。（   ）
9. 水泥楼地面宜采用早强型的硅酸盐水泥和普通硅酸盐水泥。（   ）

四、案例题

【案例1】某建筑公司中标了一个房建工程，该工程地上3层，地下1层，现浇混凝土框架结构，自拌C30混凝土，内隔墙采用加气混凝土砌块，双坡屋面，防水材料为3 mm厚的SBS防水卷材，外墙为玻璃幕墙。生产技术科编制了安全专项施工方案和环境保护方案。一层混凝土浇捣时，项目部针对现场自拌混凝土容易出现强度等级不够的质量问题，制定了有效的防治措施。一层楼板混凝土浇筑完毕后，质检人员发现木工班组不按规定拆模。

第一，根据场景，解答下列问题：

1. 该工程屋面的卷材防水的基层应做成圆弧的有（   ）。
   A. 檐口　　　　B. 前坡面　　　　C. 屋脊
   D. 后坡面　　　E. 烟囱

2. 针对现场自拌混凝土容易出现强度等级偏低，不符合设计要求的质量通病，项目部制定的下列防治措施中，正确的有（   ）。
   A. 拌制混凝土所用水泥、粗（细）骨料和外加剂等均必须符合有关标准规定
   B. 混凝土拌和必须采用机械搅拌，加料顺序为：水→水泥→细骨料→粗骨料，并严格控制搅拌时间
   C. 混凝土的运输和浇捣必须在混凝土初凝前进行
   D. 控制好混凝土的浇筑振捣质量
   E. 周转模板不清理

3. 混凝土结构施工后模板拆除时，以下说法正确的有（   ）。
   A. 底模及其支架拆除时间根据周转材料租期需要确定，无需考虑强度影响
   B. 侧模及其支架拆除时的混凝土强度应能保证其表面及棱角不受损伤
   C. 后浇带模板的拆除和支顶应按施工技术方案执行
   D. 模板拆除时，不应对楼面形成冲击荷载
   E. 拆除的模板和支架宜分散堆放并及时清运

第二，工程技能训练：

现场自拌混凝土容易出现强度等级不够的质量问题，如何制定有效的防治措施？

【案例2】某安居工程，砖砌体结构，6层，共计18栋。该卫生间楼板现浇钢筋混凝土，楼板嵌固墙体内；防水层做完后，直接做了水泥砂浆保护层后进行了24 h蓄水试验。交付使用不久，用户普遍反映卫生间漏水。现象：卫生间地面与立墙交接部位积水，防水层渗漏，积水沿管道壁向下渗漏。

第一，解答问题：

（1）试分析渗漏原因。
（2）卫生间蓄水试验的要求是什么？

第二，工程技能训练：

编制此工程卫生间地面防水防渗漏的技术方案。

【案例3】某钢筋混凝土大板结构的建筑，内隔墙采用加气混凝土砌块，在设计无要求的情况下，其抹灰工程均采用了水泥砂浆抹灰，内墙的普通抹灰厚度控制在20 mm，外墙抹灰厚度控制在40 mm，并加入含氯盐防冻剂，窗台下的滴水槽的宽度和深度均不小于6 mm。

第一，解答下列问题：

（1）在上述的描述中，有哪些错误，并做出正确的回答。
（2）设计无要求时，护角做法有何要求？

第二，综合训练：

编制抹灰工程施工质量保证措施。

模块 5
建筑工程安全生产管理

模块概述

安全生产是指在劳动过程中,要努力改善劳动条件,克服不安全因素,防止伤亡事故的发生,使劳动生产在保护劳动者的安全健康和国家财产及人民生命财产安全的前提下进行。《安全生产法》的第一条,开宗明义地确立了通过加强安全生产监督管理,防止和减少生产安全事故,实现如下基本的三大目标,即:保障人民生命安全,保护国家财产安全,促进社会经济发展。由此确立了安全(生产)所具有的保护生命安全的意义、保障财产安全的价值和促进经济发展的生产力功能。做好安全生产工作对于巩固社会的安定,为国家的经济建设提供重要的稳定政治环境具有现实的意义;对于保护劳动生产力,均衡发展各部门、各行业的经济劳动力资源具有重要的作用;对于社会财富、减少经济损失具有实在的经济意义;对于生产员工关系到个人的生命安全与健康,家庭的幸福和生活的质量。建筑工程安全生产管理不容忽视,更待进一步加强。必须严格贯彻安全第一、预防为主的方针。处理安全与其他工作的关系时,首先要确保将安全放在第一的位置。

学习目标

1. 了解建筑工程安全管理现状;
2. 熟悉安全生产管理的内容;
3. 熟悉安全生产管理制度;
4. 掌握安全生产管理目标、安全生产管理的要点。

能力目标

1. 能够在安全生产管理中明确需要进行重点管理的内容;
2. 能够按照相关制度对现场生产安全进行控制。

课时建议

6 课时

5.1 建筑工程安全生产管理概述

5.1.1 建筑工程安全生产的特点

建筑工程有着与其他生产行业明显不同的特点：

①建筑工程最大的特点就是产品固定，并附着在土地上，而世界上没有完全相同的两块土地；建筑结构、规模、功能和施工工艺方法也是多种多样的，可以说建筑产品没有完全相同的。对人员、材料、机械设备、设施、防护用品、施工技术等有不同的要求，而且建筑现场环境（如地理条件、季节、气候等）也千差万别，决定了建筑施工的安全问题是不断变化的。建筑产品是固定的、体积大、生产周期长。一座厂房、一幢楼房、一座烟囱或一件设备，一经施工完毕就固定不动的了。生产活动都是围绕着建筑物、构筑物来进行的。这就形成了在有限的场地上集中了大量的工人、建筑材料、设备零部件和施工机具进行作业，这种情况一般持续几个月或一年，甚至于三、五年，工程才能施工完成。

②流动性大是建筑工程的又一个特点。一座厂房、一栋楼房完成后，施工队伍就要转移到新的地点，去建新的厂房或住宅。这些新的工程，可能在同一个区域，也可能在另一个区域，甚至在另一个城市内，那么队伍就要相应的在区域内、城市内或者地区内流动。

③建筑工程施工大多是露天作业，以重体力劳动的手工作业为主。建筑施工作业的高强度，施工现场的噪声、热量、有害气体和尘土等，以及露天作业环境不固定，高温和严寒使得作业人员体力和注意力下降，大风、雨雪天气还会导致工作条件恶劣，夜间照明不够，都会增加危险、有害因素。在空旷的地方盖房子，没有遮阳棚，也没有避风的墙，工人常年在室外操作，一幢建筑物从基础、主体结构到屋面工程，室外装修等，露天作业约占整个工程的70%。建筑物都是由低到高建起来的，以民用住宅每层高2.9 m计算，两层就是5.8 m，现在一般都是多层建筑，甚至到十几层或几十层，所以绝大部分工人，都在十几米或几十米甚至百米以上的高空，从事露天作业。

④手工操作，繁重的劳动，体力消耗大。建筑工程大多数工种至今仍是手工操作。例如一名瓦工，每天要砌筑一千块砖，以每块砖重2.5 kg，就得凭体力用两只手操作近3 t重的砖，一块块砌起来，弯腰上千次。还有很多工种如抹灰工、架子工、混凝土工、管道工等也都是从事繁重的体力劳动。近几年来，墙体材料有了改革，出现了大模、滑模、大板等施工工艺，但就全国来看，多数墙体还仍然是用黏土砖一块块地砌筑。

⑤建筑工程的施工是流水作业，变化大，规则性差。每栋建筑物从基础、主体到装修，每道工序不同，不安全因素也不同，建筑业的工作场所和工作内容是动态的、不断变化的，每一个工序都可以使得施工现场变化得完全不同。而随着工程的进度，施工现场可能会从地下的几十米到地上的几百米。在建筑过程中，周边环境、作业条件、施工技术等都是在不断地变化，施工过程的安全问题也是不停变化的，而相应的安全防护设施往往滞后于施工进度。而随着工程进度的发展，施工现场的施工状况和不安全因素也随着变化，每个月、每天、甚至每个小时都在变化。建筑物都是由低到高建成的，从这个角度来说，建筑施工有一定的规律性，但作为一个施工现场就很不相同，为了完成施工任务，要采取很多的临时性措施，其规则性就比较差了。

⑥近年来，建设施工正由以工业建筑为主向民用建筑为主转变，建筑物由低层向高层发展，施工现场由较为广阔的场地向狭窄的场地变化。为适应这变化的条件，垂直运输的办法也随之改变。起重机械骤然增多，龙门架（或井字架）也得到了普遍的应用，施工现场吊装工作量增加了，交叉作业也随着大量的增加。木工机械如电平刨、电锯也应用。很多设备是施工单位自己制造的，没有统一的型号，也没有固定的标准。开始，只考虑提高功效，没有设置安全防护装置，现在搞定型的防护设施，也较困难，施工条件变了，伤亡事故类别也变了。过去是钉子扎脚较多，现在是机械伤害较多。

⑦建筑业生产过程的低技术含量、非标准化作业，决定了作业人员的素质相对较低。而建筑业又需要大量的人力资源，属于劳动密集型行业，从业人员与施工单位间的短期雇用关系，造成了施工单位对从业人员的教育培训严重不足，使得施工作业人员缺少基本的安全生产常识，违章作业、违章指挥的现象时有发生。

⑧公司（施工企业）与项目部的分离，使得现场安全管理的责任，更多地由项目部来承担，致使公司的安全措施并不能在项目部得到充分的落实。

⑨建筑施工过程存在多个安全责任主体，如建设、勘察、设计、监理及施工等单位，其关系的复杂性，决定了建筑安全管理的难度较高。施工现场安全由施工单位负责，施工总承包，承包由总承包单位负责，承包单位向总承包单位负责，服从总承包单位对施工现场的安全生产管理。

⑩临时员工多，人员流动性大，作业技能参差不齐。目前在工地第一线作业的工人中，农民工约占50%~70%，有的工地甚至高达95%，而农民工多数并非经过专业培训，对建筑安全生产管理制度熟悉程度差，如此导致建设施工过程中，人员流动性大，技术水平低。

⑪分包作业多，总、分包之间以及分包队伍之间的企业文化背景不同，施工过程中协调工作困难，容易产生文化冲突，诱发安全隐患。

建筑施工复杂又变幻不定，由于以上各种因素，因此安全隐患较多，较复杂。特别是生产高峰季节、高峰时间更易发生事故。施工过程中存在临时观念，不采取可靠的安全措施，偷工减料，重生产轻安全，存在侥幸心理，伤亡事故必然频繁发生。

从以上特点，可以看出建筑施工的安全隐患多存在于高处作业、交叉作业、垂直运输以及使用电气工具设备方面。伤亡事故也多发生在高处坠落、物体打击、机械和起重伤害、触电等方面。每年此四个方面发生的事故，占事故总数的70%，其中高空坠落占35%左右，触电占15%~20%；物体打击占15%左右；机械伤害占10%左右。如采取措施消除这四大伤害，伤亡事故将会大幅度的下降，这就是建筑施工安全技术要解决的主要方面。

5.1.2 建筑工程安全管理的要素

1. 安全教育

随着用工制度的改革，农民工成为施工企业的主力军，他们随工程流动，随季节（农忙、农闲）流动，且文化程度都普遍偏低，未参加过岗位技能培训，不具备相应的岗位安全意识，可以说他们安全操作水平的高低，直接影响施工现场的安全生产状况。因此作好施工人员岗前安全教育培训，是我们开展安全工作的基础。

安全教育要在施工前开始，由技术、安全等有关部门的专职管理人员进行授课，结合生产实际，从行业特殊性到施工过程注意事项，以及有关安全生产的基础知识，防火、防爆和安全自救的基本原则，以及常用消防器材的使用方法等，都一一进行详细的讲解，使其从上岗的第一天起就对企业安全生产有个明确的了解，然后通过考试合格者方可上岗生产。对新职工如此，对转岗职工同样如此，中途转岗的职工，一律进行岗前培训，尽快熟悉新岗位的安全要求和注意事项，经考试合格后，再持证上岗。不合格的继续培训，补考一次，补考后仍不合格的，要考虑辞退。

安全教育要警钟长鸣。充分利用举办安全教育展览和事故案例分析，提高施工人员的对安全生产的认识，使他们对事故造成的惨痛后果有一种恐惧心理，平时注意安全生产，克服侥幸心理，从而有针对性地做好职工安全教育。并认真做好班组成员八小时以外的跟踪安全教育，在家属方面大作安全教育文章，以收到异曲同工的效果。班上一旦发现职工情绪有波动，班后就及时进行家访，做好思想教育工作，以防"后院起火"影响班组安全生产，使班组安全教育善始善终、常抓不懈。

2. 安全交底

由于建筑工程的结构复杂多变，各施工工程所处地理位置、环境条件不尽相同，因此每一项工程从开工到竣工的整个过程，都存在诸多不安全因素和安全隐患，如果预见不到，安全管理措施不善，将不同程度影响到施工进度和效益，乃至造成人身安全事故。为了确保施工过程中的安全，必须通过预先分析，进行安全交底，从而更好地控制，消除工程施工过程中的安全隐患，消除危害，保证施工顺利进行。

安全交底作为企业安全生产上下联通的一部分，指导着生产安全的全过程。因此工程开工前，应向参加施工的各类人员认真进行安全技术措施交底，使大家明白工程施工特点及各时期安全施工的要求，这是贯彻施工安全措施的关键。施工过程中，现场管理人员应按施工安全措施要求，对操作人员进行详细的工序、工种安全技术交底，使全体施工人员懂得各自岗位职责和安全操作方法，这是贯彻施工方案中安全措施的补充和完善过程。工序、工种安全技术交底要结合《安全操作规程》及安全施工的规范标准进行，避免口号式，无针对性的交底。并认真履行交底签字手续，以提高接受交底人员的责任心。同时要经常检查安全措施的贯彻落实情况，纠正违章，使措施方案始终得到贯彻执行，达到既定的施工安全目标。

3. 安全检查

进行安全管理不是处理事故，而是在生产活动中，针对生产的特点，对生产因素采取管理措施，有效的控制不安全因素的发展与扩大，把可能发生的事故，消灭在萌芽状态，以保证生产活动中，人的安全与健康。

安全检查就是为减少安全事故的发生、降低事故造成的损失，结合生产的特点和要求，对施工现场和职工的生活居住场所的安全状况，进行预测可能发生事故的各种不安全因素，检查包括查思想、查制度、查纪律、查现场、查管理、查措施、查隐患等多项内容，其种类有经常性、专业性、定期性、季节性和临时性安全检查五大类。安全检查的基本方法有自检自查、交叉检查、抽查、辅助检查。

安全检查要克服形式主义，不能满足于一般化要求，一般化号召，以文件来贯彻文件，以会议来落实会议，对查出的安全隐患，应制订出整改计划，落实人员、限期整改，这是落实安全工作的关键。

5.1.3 我国建筑安全生产的状况

1. 市场不规范，影响了安全生产水平的提高

建筑市场环境与安全生产的关系十分密切，不规范的市场行为是引发安全事故的潜在因素。当前建筑市场中存在的垫资、拖欠工程款、肢解工程和非法挂靠、违法分包等行为，行业管理部门在查处力度上还难以达到理想的效果，这些行为还没有得到有效的遏制，市场监管缺乏行之有效的措施和手段。不良的市场环境势必然影响安全生产管理，主要表现在一些安全生产制度、管理措施难以在施工现场落实，安全生产责任制形同虚设，总承包企业与分承包企业（尤其是业主方指定的分包商）在现场管理上缺乏相互配合合作的机制，给安全生产留下隐患和难以预测的后果。

2. 建筑企业对安全重视程度不够

①安全管理人员少，安全管理人员整体素质不高，建筑施工企业内部安全投入不足，在安全上少投入成为企业利润挖潜的一种变相手段，安全自查、自控工作形式化，企业安全检查工作虚设，建筑企业过分依赖监督机构和监理单位，安全工作在很大程度上就是为了应付上级检查。没有形成严格明确细化的过程安全控制，全过程安全控制运行体系无法得到有效运行。

②建设工程的流水施工作业，使得作业人员经常更换工作地点和环境。建设工程的作业场所和工作内容是动态的、不断变化的。随着工程进展，作业人员所面对的工作环境、作业条件、施工技术等不断发生变化，这些变化给施工企业带来很大的安全风险。

③施工企业与项目部分离，使安全措施不能得到充分的落实。一个施工企业往往同时承担多个项目的施工作业，企业与项目部通常是分离状态。这种分离使得安全管理工作更多的由项目部承担。但是，由于项目的临时性和建筑市场竞争的日趋激烈，经济压力也相应增大，公司的安全措施往往被忽视。

④建筑施工现场存在的不安全因素复杂多变。建筑施工的高能耗、施工作业的高强度、施工作业现场限制、施工现场的噪声、热量、有害气体和尘土，劳动对象规模大且高空作业多，以及工人经常露天作业，受天气、温度影响大，这些都是工人经常面对的不利工作环境和负荷。

⑤施工作业的标准化程度达不到使得施工现场危险因素增多。工程的建设是有许多方参加，需要多种专业技术知识；建筑企业数量多，其技术水平、人员素质、技术装备、资金实力参差不齐。这些使得建筑安全生产管理的难度增加，管理层次多，管理关系复杂。

3. 建设工程各方主体安全责任未落实到位

根据我国现状，许多项目经理实质上是项目利润的主要受益人，有时项目经理比公司还更加追逐利润，更加忽视安全。造成安全生产投入严重不足，安全培训教育流于形式，施工现场管理混乱，安全防护不符合标准要求，未能建立起真正有效运转的安全生产保证体系。一些建设单位，包括有些政府投资工程的建设单位，未能真正重视和履行法规规定的安全责任，未能按照法律法规要求付给施工单位必要的管理费和规费，任意压缩合理工期，忽视安全生产管理等。

4. 作业人员稳定性差、流动性大、生产技能和自我防护意识薄弱

近年来，越来越多的农村富余劳动力进城务工，建筑施工现场是这些务工者主要选择场所。由于体制上的不完善和管理上的滞后，大量既没有进行劳动技能培训又缺乏施工现场安全教育的务工者上岗后，对现场的不安全因素一无所知，对安全生产的重要性没有足够认识、缺乏规范作业的知识，这是造成安全事故的重要原因。

5. 保障安全生产的各个环境要素不完善

企业之间恶性竞争，低价中标，违法分包、非法转包、无资质单位挂靠、以包代管现象突出；建筑行业生产力水平偏低，技术装备水平较落后，科技进步在推动建筑安全生产形势好转方面的作用还没有充分体现出来。

通过以上分析，针对存在的问题找到建筑施工安全生产监督管理的对策，当前建筑工程市场逐步规范，建筑工程安全生产的有效管理模式正在完善。针对建筑施工安全生产管理工作中暴露出的问题，如何做好依法监督、长效管理，我们除了要继续加强安全管理工作外，还要从源头做起，解决建筑施工安全生产工作中存在的问题。

（1）规范工程建设各方的市场行为

从招标投标开始把关，采取措施，保证建设资金的落实。

加强施工成本管理，正确界定合理成本价，避免无序竞争。参照国内外的成熟经验，在建设项目开工前，按规定提取安全生产的专项费用，专款专用，不得作为优惠条件和挪作他用，由专门部门负责。加大建设单位安全生产责任制的追究力度，明确其不良行为在安全事故中的连带责任，抑制目前存在的建设单位要求施企业垫资、拖欠工程款、肢解工程项目发包等不良行为和不顾科学生产程序，一味追求施工进度的现象。

（2）坚持"安全第一、预防为主"的方针，落实安全生产责任制

树立"以人为本"思想，做好安全生产工作，减少事故的发生，就必须坚持"安全第一，预防为主"的方针。在安全生产中要严格落实安全生产责任制，一是明确具体的安全生产要求；二是明确具体安全生产程序；三是明确具体的安全生产管理人员，责任落实到人；四是明确具体的安全生产培训要求；五是明确具体的安全生产责任。同时应建立安全生产责任制的考核办法，通过考核，奖优罚劣，提高全体从业人员执行安全生产责任制的自觉性，使安全生产责任制的执行得到巩固，从源头上消除事故隐患，从制度上预防安全事故的发生。

（3）加强监理人员安全职责

工程监理单位应当按照法律、法规和工程建设强制性标准实施监理，并对建设工程安全生产承担监理责任，实现安全监理、监督互补，彻底解决监管不力和缺位问题。细化监理安全责任，并在审查施工企业相关资格、安全生产保证体系、文明措施费使用计划、现场防护、安全技术措施、严格检

查危险性较大工程作业情况、督促整改安全隐患等方面充分发挥监理企业的监管作用。

（4）强化对安全生产工作的行政监督

建设行政主管部门及质量安全监督机构在办理质量安全监督登记及施工许可证时应按照中标承诺中人员保证体系进行登记把关。工程建设参与各方主体应重点监督施工现场是否建立健全上述保证体系，保证体系是否有效运行，是否具备持续改进功能。工程建设参与各方安全责任是否落实，施工企业各有关人员安全责任是否履行，如发现违法违规，不履行安全责任，坚决处罚，做到有法可依、有法必依、执法必严、违法必究。对安全通病问题实行专项整治。充分发挥项目负责人的主观能动性；推行项目负责人安全扣分制；超过分值，进行强制培训，降低项目负责人资格等级，直至取消项目负责人执业资格。处罚企业时，同时处罚项目负责人；政府对企业上交罚款情况定期汇总公示；通报批评企业与工程的同时，也要通报批评项目负责人甚至总监理工程师。

（5）加强企业安全文化建设，加大教育和培训力度，提高员工的安全生产素质

随着改革开放的深入和经济的快速发展，建筑施工企业的经济成分和投资主体日趋多元化。而目前不少施工企业安全文化建设还比较落后，要加强企业自身文化建设，重视安全生产，不断学习行业的先进管理经验，加大安全管理人力和物力的投入，加大教育和培训力度，提高安全管理人员的水平，增强操作人员自我安全防护意识和操作技能，从而提高行业的安全管理水平。采取各种措施，提高建筑施工一线工人的安全意识。针对务工人员文化素质低、安全意识差、缺乏自我防护意识等现状，充分利用民工学校等教学资源，对建筑工人的建筑工程基础知识、安全基本要求进行强制性培训；鼓励技术工人参加技术等级培训，提高职业技能水平；大力组建多工种、多专业劳务分包企业，使建筑企业结构分类更趋合理，真正形成总承包、专业分包、劳务分包三级分工模式。项目部可定期开展经常性施工事故实例讲解，消除安全技术管理人员或班组长的"成功经验"误导；加强对安全储备必要性的充分认识，使"要人人安全"转变为"人人要求安全"的自觉行为。

目前，我国建筑施工安全生产形势依然严峻，其原因是多方面的。既与我国的经济、文化发展水平有关，也与安全管理法规、标准不健全，安全监督体制、安全信息建设体系不完善有关。同时，施工企业的安全管理和技术水平较低；安全生产重要性认识不足，安全管理投入的人力、物力太少；工人素质较低，安全保护意识差；施工安全管理不规范、不严格。而工程建设的新材料、新工艺、新技术的应用，使得施工难度不断加大，也在一定程度上制约了建筑施工安全管理水平的提高。针对我国建筑施工安全生产的特点，要从整顿建筑市场、落实安全生产责任制、强化监理职责、加强行政监督、加强企业安全文化建设，提高职工安全意识等方面不断提高建筑施工安全生产的管理水平。

5.2 建筑工程安全生产管理体制

5.2.1 我国安全生产工作格局

国务院负责安全生产监督管理的部门，对全国安全生产工作实施综合监督管理。建设工程安全生产监督管理体制，实行国务院建设行政主管部门对全国的建设工程安全生产实施统一的监督管理，国务院铁路、交通、水利等有关部门按照国务院规定的职责分工分别对专业建设工程安全生产实施监督管理的模式。县级以上地方人民政府建设行政主管部门对本行政区域内的建设工程安全生产实施监督管理，县级以上地方人民政府交通、水利等各专业部门在各自的职责范围内对本行政区域内的专业建设工程安全生产实施监督管理。

虽然我国现有的施工安全管理水平较以前有大幅度的提高，建设工程施工安全状况得到了很大程度的改善，然而，由于政治、经济、文化等发展水平所限，目前我国建设施工安全生产管理工作还存在一些问题制约着建设工程施工安全水平的提高。

1. 法律法规方面

我国自新中国成立以来颁发并实施的有关安全生产、劳动保护方面的主要法律法规280余项，特别是1997年实施的《中华人民共和国建筑法》、2004年施行的《建设工程安全生产管理条例》无疑将对规范我国建筑市场，加强我国建设工程施工安全生产、减少伤亡事故起到了积极的作用。

但是随着社会的发展，已经暴露了不少缺陷，如建筑法律法规可操作性差；法律法规体系不健全；部分法律法规还存在着重复和交叉等问题。

2. 政府监管方面

建筑业施工安全生产的监督管理基本上还停留在突击性的安全生产大检查上，缺少日常的监督管理和措施。监管体系不够完善，资金不落实，监管力度不够，手段落后，不能适应市场经济发展的要求。

3. 人员素质方面

建筑业是吸收农村劳动力的产业，建筑行业整体素质低下。体现在，一是目前在施工现场的从业人员80%为农民工，其安全防范意识和操作技能低下，而职业技能的培训却远远不够。据统计，农民工经过培训取得职业技能岗位证书的只有74万人；二是全行业技术、管理人员偏少。技术人员仅占5.3%，管理人员仅占4.9%。三是专职施工安全管理人员更少，素质低，远远达不到工程管理的需要。

4. 安全技术方面

建筑业施工安全生产科技相对落后，近年来，科学技术含量高、施工难度大和施工危险性大的工程增多，给施工安全生产提出了新课题、新挑战。

5. 施工企业安全方面

在我国现有的施工企业中，企业安全生产投入不足、基础薄弱，企业违背客观规律，一味强调施工进度，轻视安全生产，蛮干、乱干、抢工期，在侥幸中求安全的现象相当普遍。这些企业往往过分注重自身经济效益，忽视自身的安全，致使企业对安全监督管理方面出现有章不循、纪律松弛、违章指挥、违章作业、管理不严、监督不力和违反劳动纪律时间处罚不严等现象。

6. 个人安全保护

建筑业的个人安全保护装备落后，质量低劣，配备严重不足。几乎没有任何工地配备安全鞋、安全眼睛和耳塞等安全防护用品。

7. 建筑安全危险预测和评估

预防建筑工程安全生产中的事故，是实现建筑工程施工安全的基本保障。目前缺乏建筑安全危险的预测和评估机制。

施工安全生产管理工作深化改革的重点，要做好施工安全生产工作，减少事故的发生，就必须做到"安全第一、预防为主"的方针，树立"以人为本"的思想，这就要求必须对施工安全生产管理工作进行深化改革。

1. 进一步加强领导，加快立法步伐，全面落实施工安全生产责任制

要从讲政治、促发展、保稳定的高度，以对人民高度负责的态度，切实加强对施工安全生产工作的领导，建立健全施工安全生产责任制，加大执法力度，对违反施工安全生产法律、法规的行为，要依法给予处罚，做到有法必依、执法必严、违法必究，保证施工安全生产法律法规的有效实施。

2. 强化安全监督管理手段、建立建筑施工安全生产良性运行机制

在加强施工安全生产法制建设的同时，强化施工安全生产监督管理手段，进一步完善施工安全管理的制度建设，形成适应建筑业健康稳定发展的施工安全生产的良性运行机制。

3. 依靠科技进步，提高施工现场安全防护水平

现阶段必须加强建筑施工安全技术的研究、开发与推广工作，促进科技成果向生产力转化，集中力量解决建筑施工安全生产发展中的重大和关键性技术问题。一要依托建筑科研单位和大专院校，

积极组织专家对建筑施工安全生产亟待解决的技术问题进行专题研究。二要利用现代通讯技术和计算机技术，逐步实现施工现场安全管理和监控的现代化。三要积极研制适应我国建筑业发展的安全防护用具及机械设备等产品，逐步提高施工现场的安全防护水平。

4. 加强安全教育培训，提高各级管理者与从业人员的安全素质

建立健全建筑施工安全生产教育培训制度，加强对职工的施工安全生产教育培训。同时，要广泛的开展施工安全生产的宣传、教育活动，特别是要加强施工安全生产的法律、法规、标准和规范的宣传。当前，施工安全教育培训的重点是施工现场的项目经理、安全管理人员和作业人员，要尽快改变目前安全管理人员和队伍的素质结构状况。

我国还要继续建立完善安全生产形势分析、安全生产监管责任层级监督、事故预警提示、重大危险源公示等制度，切实加强建筑安全生产工作，推动全国建筑施工安全生产形势的稳定好转。

5.2.2 建筑工程各方责任主体的安全责任

我国在1998年开始实施的《中华人民共和国建筑法》中就规定了有关部门和单位的安全生产责任。2003年国务院通过并在2004年开始实施的《建设工程安全生产管理条例》对于各级部门和建设工程有关单位的安全责任有了更为明确的规定。主要规定如下：

1. 建设单位的安全责任

建设单位应当向施工单位提供施工现场及毗邻区域内供水、排水、供电、供气、供热、通信、广播电视等地下管线资料，气象和水文观测资料，相邻建筑物和构筑物、地下工程的有关资料，并保证资料的真实、准确、完整。

建设单位不得对勘察、设计、施工、工程监理等单位提出不符合建设工程安全生产法律、法规和强制性标准规定的要求，不得压缩合同约定的工期。

建设单位在编制工程概算时，应当确定建设工程安全作业环境及安全施工措施所需费用。

建设单位不得明示或者暗示施工单位购买、租赁、使用不符合安全施工要求的安全防护用具、机械设备、施工机具及配件、消防设施和器材。

建设单位在申请领取施工许可证时，应当提供建设工程有关安全施工措施的资料。

依法批准开工报告的建设工程，建设单位应当自开工报告批准之日起15日内，将保证安全施工的措施报送建设工程所在地的县级以上地方人民政府建设行政主管部门或者其他有关部门备案。

建设单位应当将拆除工程发包给具有相应资质等级的施工单位。并应在拆除工程施工15日前，将下列资料报送建设工程所在地的县级以上地方人民政府建设行政主管部门或者其他有关部门备案：

①施工单位资质等级证明。
②拟拆除建筑物、构筑物及可能危及毗邻建筑的说明。
③拆除施工组织方案。
④堆放、清除废弃物的措施。

2. 勘察单位的安全责任

勘察单位应当按照法律、法规和工程建设强制性标准进行勘察，提供的勘察文件应当真实、准确，满足建设工程安全生产的需要。

勘察单位在勘察作业时，应当严格执行操作规程，采取措施保证各类管线、设施和周边建筑物、构筑物的安全。

3. 设计单位的安全责任

设计单位应当按照法律、法规和工程建设强制性标准进行设计，防止因设计不合理导致生产安全事故的发生。设计单位和注册建筑师等注册执业人员应当对其设计负责。

设计单位应当考虑施工安全操作和防护的需要，对涉及施工安全的重点部位和环节，在设计文件中注明，并对防范生产安全事故提出指导意见。对于采用新结构、新材料、新工艺的建设工程和

特殊结构的建设工程，设计单位应当在设计中提出保障施工作业人员安全和预防生产安全事故的措施建议。

4. 工程监理单位的安全责任

工程监理单位和监理工程师应当按照法律法规和工程建设强制性标准实施监理，并对建设工程安全生产承担监理责任。

工程监理单位应当审查施工组织设计中的安全技术措施或者专项施工方案是否符合工程建设强制性标准。

> **技术提示：**
> 工程监理单位在实施监理过程中，发现存在安全事故隐患的，应当要求施工单位整改；情况严重的，应当要求施工单位暂时停止施工，并及时报告建设单位。施工单位拒不整改或者不停止施工的，工程监理单位应当及时向有关主管部门报告。

5. 施工单位的安全责任

（1）施工单位的安全生产责任

①施工单位从事建设工程的新建、扩建、改建和拆除等活动，应当具备国家规定的注册资本、专业技术人员、技术装备和安全生产等条件，依法取得相应等级的资质证书，并在其资质等级许可的范围内承揽工程。

②施工单位主要负责人依法对本单位的安全生产工作全面负责。施工单位应当建立健全的安全生产责任制度和安全生产教育培训制度，制定安全生产规章制度和操作规程，对所承担的建设工程进行定期和专项安全检查，并做好安全检查记录。要保证本单位安全生产条件所需资金的投入，对于列入建设工程概算的安全作业环境及安全施工措施所需费用，应当说明用于施工安全防护用具及设施的采购和更新、安全施工措施的落实、安全生产条件的改善，不得挪作他用。

③施工单位应当设立安全生产管理机构，配备专职安全生产管理人员。

④施工单位应当在施工组织设计中编制安全技术措施和施工现场临时用电方案，对下列达到一定规模的危险性较大的分部分项工程编制专项施工方案，并附具安全验算结果，经施工单位技术负责人、总监理工程师签字后实施，由专职安全生产管理人员进行现场监督：

a. 基坑支护与降水工程。

b. 土方开挖工程。

c. 模板工程。

d. 起重吊装工程。

e. 脚手架工程。

f. 拆除、爆破工程。

g. 国务院建设行政主管部门或者其他有关部门规定的其他危险性较大的工程。

对前款所列工程中涉及深基坑、地下暗挖工程、高大模板工程的专项施工方案，施工单位还应当组织专家进行论证、审查。

施工单位应当在施工现场入口处、施工起重机械、临时用电设施、脚手架、出入通道口、楼梯口、电梯井口、孔洞口、桥梁口、隧道口、基坑边沿、爆破物及有害危险气体和液体存放处等危险部位，设置明显的安全警示标志。安全警示标志必须符合国家标准。

施工单位应当根据不同施工阶段和周围环境及季节、气候的变化，在施工现场采取相应的安全施工措施。施工现场暂时停止施工的，施工单位应当做好现场防护，所需费用由责任方承担，或者按照合同约定执行。

施工单位应当将施工现场的办公、生活区与作业区分开设置，并保持安全距离，办公、生活区的选址应当符合安全性要求。职工的膳食、饮水、休息场所等应当符合卫生标准。

施工单位不得在尚未竣工的建筑物内设置员工集体宿舍。

施工现场临时搭建的建筑物应当符合安全使用要求。施工现场使用的装配式活动房屋应当具有产品合格证。

施工单位对因建设工程施工可能造成损害的毗邻建筑物、构筑物和地下管线等，应当采取专项防护措施。

施工单位应当遵守有关环境保护法律、法规的规定，在施工现场采取措施，防止或者减少粉尘、废气、废水、固体废物、噪声、振动和施工照明对人和环境的危害和污染。在城市市区内的建设工程，施工单位应当对施工现场实行封闭围挡。

施工单位应当在施工现场建立消防安全责任制度，确定消防安全责任人，制定用火、用电、使用易燃易爆材料等各项消防安全管理制度和操作规程，设置消防通道、消防水源，配备消防设施和灭火器材，并在施工现场入口处设置明显标志。

施工单位应当向作业人员提供安全防护用具和安全防护服装，并书面告知危险岗位的操作规程和违章操作的危害。施工单位采购、租赁的安全防护用具、机械设备、施工机具及配件，应当具有生产（制造）许可证、产品合格证，并在进入施工现场前进行查验。

施工现场的安全防护用具、机械设备、施工机具及配件必须由专人管理，定期进行检查、维修和保养，建立相应的资料档案，并按照国家有关规定及时报废。

施工单位在使用施工起重机械和整体提升脚手架、模板等自升式架设设施前，应当组织有关单位进行验收，也可以委托具有相应资质的检验检测机构进行验收；使用承租的机械设备和施工机具及配件的，由施工总承包单位、分包单位、出租单位和安装单位共同进行验收，验收合格的方可使用。《特种设备安全监察条例》规定的施工起重机械，在验收前应当经有相应资质的检验检测机构监督检验合格。

施工单位应当自施工起重机械和整体提升脚手架、模板等自升式架设设施验收合格之日起30日内，向建设行政主管部门或者其他有关部门登记。登记标志应当置于或者附着于该设备的显著位置。

施工单位的主要负责人、项目负责人、专职安全生产管理人员应当经建设行政主管部门或者其他有关部门考核合格后方可任职。

施工单位应当对管理人员和作业人员每年至少进行一次安全生产教育培训，其教育培训情况记入个人工作档案。安全生产教育培训考核不合格的人员，不得上岗。

施工单位在采用新技术、新工艺、新设备、新材料时，应当对作业人员进行相应的安全生产教育培训。

施工单位应当为施工现场从事危险作业的人员办理意外伤害保险。意外伤害保险费由施工单位支付。实行施工总承包的，由总承包单位支付意外伤害保险费。意外伤害保险期限自建设工程开工之日起至竣工验收合格止。

施工单位应当制定本单位生产安全事故应急救援预案，建立应急救援组织或者配备应急救援人员，配备必要的应急救援器材、设备，并定期组织操练。

施工单位应当根据建设工程的特点、范围，对施工现场易发生重大事故的部位、环节进行监控，制定施工现场生产安全事故应急救援预案，工程总承包单位和分包单位按照应急救援预案，各自建立应急救援组织或者配备应急救援人员，配备救援器材、设备，并定期组织操练。

施工单位发生生产安全事故，应当按照国家有关伤亡事故报告和调查处理的规定，及时、如实地向负责安全生产监督管理的部门、建设行政主管部门或者其他有关部门报告；特种设备发生事故的，还应当同时向特种设备安全监督管理部门报告。发生生产安全事故后，施工单位应当采取措施防止事故扩大，保护事故现场。需要移动现场物品时，应当做出标记和书面记录，妥善保管有关证物。

（2）总分包单位的安全责任

实行施工总承包的建设工程，由总承包单位对施工现场的安全生产负总责。

总承包单位的安全责任是：

①总承包单位应当自行完成建设工程主体结构的施工。

②总承包单位依法将建设工程分包给其他单位的,分包合同中应当明确各自的安全生产方的权利、义务。总承包单位和分包单位对分包工程的安全生产承担连带责任。

③建设工程实行总承包的,如发生事故,由总承包单位负责上报事故。

分包单位应当服从总承包单位的安全生产管理,分包单位不服从管理导致生产安全事故的,由分包单位承担主要责任。

6. 施工单位内部的安全职责分工

《建设工程安全生产管理条例》的重点是规定建设工程安全生产的各有关部门和单位之间的责任划分。对于单位的内部安全职责分工应按照该条例的要求进行职责划分。特别是施工单位在"安全生产、人人有责"的思想指导下,在建立安全生产管理体系的基础上,按照所确定的目标和方针,将各级管理责任人、各职能部门和各岗位员工所应做的工作及应负的责任加以明确规定。要求通过合理分工,明确责任,达到增强各级人员的责任心,共同协调配合,努力实现既定的目标。

职责分工应包括纵向各级人员,即包括主要负责人、管理者代表、技术负责人、财务负责人、经济负责人、党政工团、项目经理以及员工的责任制和横向各专业部门,即安全、质量、设备、技术、生产、保卫、采购、行政、财务等部门的责任。

（1）施工企业的主要负责人的职责

①贯彻执行国家有关安全生产的方针政策和法规、规范。

②建立、健全本单位的安全生产责任制,承担本单位安全生产的最终责任。

③组织制定本单位安全生产规章制度和操作规程。

④保证本单位安全生产投入的有效实施。

⑤督促、检查本单位的安全生产工作,及时消除安全事故隐患。

⑥组织制定并实施本单位的生产安全事故应急救援预案。

⑦及时、如实报告安全事故。

（2）技术负责人的职责

①贯彻执行国家有关安全生产的方针政策、法规和有关规范、标准,并组织落实。

②组织编制和审批施工组织设计或专项施工组织设计。

③对新工艺、新技术、新材料的使用,负责审核其实施过程中的安全性,提出预防措施,组织编制相应的操作规程和交底工作。

④领导安全生产技术改进和研究项目。

⑤参与重大安全事故的调查,分析原因,提出纠正措施,并检查措施的落实,做到持续改进。

（3）财务负责人的职责

保证安全生产的资金能做到专项专用,并检查资金的使用是否正确。

（4）工会的职责

①工会有权对违反安全生产法律、法规,侵犯员工合法权益的行为要求纠正。

②发现违章指挥、强令冒险作业或者发现事故隐患时,有权提出解决的建议,单位应当及时研究答复。

③发现危及员工生命的情况时,有权建议组织员工撤离危险场所,单位必须立即处理。

④工会有权依法参加事故调查,向有关部门提出处理意见,并要求追究有关人员的责任。

（5）安全部门的职责

①贯彻执行安全生产的有关法规、标准和规定,做好安全生产的宣传教育工作。

②参与施工组织设计和安全技术措施的编制,并组织进行定期和不定期的安全生产检查。对贯彻执行情况进行监督检查,发现问题及时改进。

③制止违章指挥和违章作业,遇有紧急情况有权暂停生产,并报告有关部门。

④推广总结先进经验,积极提出预防和纠正措施,使安全生产工作能持续改进。

⑤建立健全安全生产档案，定期进行统计分析，探索安全生产的规律。

（6）生产部门的职责

合理组织生产，遵守施工顺序，将安全所需的工序和资源排入计划。

（7）技术部门的职责

按照有关标准和安全生产要求编制施工组织设计，提出相应的措施，进行安全生产技术的改进和研究工作。

（8）设备材料采购部门的职责

保证所供应的设备安全技术性能可靠，具有必要的安全防护装置，按机械使用说明书的要求进行保养和检修，确保安全运行。所供应的材料和安全防护用品能确保质量。

（9）财务部门的职责

按照规定提供实现安全生产措施、安全教育培训、宣传的经费，并监督其合理使用。

（10）教育部门的职责

将安全生产教育列入培训计划，按工作需要组织各级员工的安全生产教育。

（11）劳务管理部门的职责

做好新员工上岗前培训、换岗培训，并考核培训的效果，组织特殊工种的取证工作。

（12）卫生部门的职责

定期对员工进行体格检查，发现有不适合现岗的员工要立即提出。要指导组织监测有毒有害作业场所的有害程度，提出职业病防治和改善卫生条件的措施。

施工企业的项目经理部应根据安全生产管理体系要求，由项目经理主持，把安全生产责任目标分解到岗，落实到人。中华人民共和国国家标准《建设工程项目管理规范》规定项目经理部的安全生产责任制的内容包括：

①项目经理应当由取得相应执业资格的人员担任，对建设工程项目的安全施工负责，其安全职责应包括：认真贯彻安全生产方针、政策、法规和各项规章制度，制定和执行安全生产管理办法，严格执行安全考核指标和安全生产奖惩办法，确保安全生产措施费用的有效使用，严格执行安全技术措施审批和施工安全技术措施交底制度；建设工程施工前，施工单位负责项目管理的技术人员应当对有关安全施工的技术要求向施工作业班组、作业人员作出详细说明，并由双方签字确认。施工中定期组织安全生产检查和分析，针对可能产生的安全隐患制定相应的预防措施；当施工过程中发生安全事故时，项目经理必须及时、如实，按安全事故处理的有关规定和程序及时上报和处置，并制定防止同类事故再次发生的措施。

②施工单位安全员的安全职责应包括：对安全生产进行现场监督检查。发现安全事故隐患，应当及时向项目负责人和安全生产管理机构报告；对违章指挥、违章操作的，应当立即制止。

③作业队长安全职责应包括：向本工种作业人员进行安全技术措施交底，严格执行本工种安全技术操作规程，拒绝违章指挥；组织实施安全技术措施；作业前应对本次作业所使用的机具、设备、防护用具、设施及作业环境进行安全检查，消除安全隐患，检查安全标牌，是否按规定设置，标识方法和内容是否正确完整；组织班组开展安全活动，对作业人员进行安全操作规程培训，提高作业人员的安全意识，召开上岗前安全生产会；每周应进行安全讲评。当发生重大或恶性工伤事故时，应保护现场，立即上报并参与事故调查处理。

④作业人员安全职责应包括：认真学习并严格执行安全技术操作规程，自觉遵守安全生产规章制度，执行安全技术交底和有关安全生产的规定；不违章作业i服从安全监督人员的指导，积极参加安全活动；爱护安全设施。作业人员有权对施工现场的作业条件、作业程序和作业方式中存在的安全问题提出批评、检举和控告，有权对不安全作业提出意见；有权拒绝违章指挥和强令冒险作业，在施工中发生危及人身安全的紧急情况时，作业人员有权立即停止作业或者在采取必要的应急措施后撤离危险区域。

作业人员应当遵守安全施工的强制性标准、规章制度和操作规程，正确使用安全防护用具、机械设备等。

作业人员进入新的岗位或者新的施工现场前，应当接受安全生产教育培训。未经教育培训或者教育培训不合格的人员，不得上岗作业。垂直运输机械作业人员、安装拆卸工、爆破作业人员、起重信号工、登高架设人员等特种作业人员，必须按照有关规定经过专门的安全作业培训，并取得特种作业操作资格证书后，方可上岗作业。

作业人员应当努力学习安全技术，提高自我保护意识和自我保护能力。安全员安全职责应包括：落实安全设施的设置；对施工全过程的安全进行监督，纠正违章作业，配合有关部门排除安全隐患，组织安全教育和全员安全活动，监督检查劳保用品质量和正确使用。

7. 其他有关单位的安全责任

为建设工程提供机械设备和配件的单位，应当按照安全施工的要求配备齐全有效的保险、限位等安全设施和装置。所出租的机械设备和施工机具及配件，应当具有生产（制造）许可证、产品合格证。

出租单位应当对出租的机械设备和施工机具及配件的安全性能进行检测，在签订租赁协议时，应当出具检测合格证明。禁止出租检测不合格的机械设备和施工机具及配件。

在施工现场安装、拆卸施工起重机械和整体提升脚手架、模板等自升式架设设施，必须由具有相应资质的单位承担。

安装、拆卸施工起重机械和整体提升脚手架、模板等自升式架设设施，应当编制拆装方案、制定安全施工措施，并由专业技术人员现场监督。

> **技术提示：**
> 施工起重机械和整体提升脚手架、模板等自升式架设设施安装完毕后，安装单位应当自检，出具自检合格证明，并向施工单位进行安全使用说明，办理验收手续并签字。

5.3 建筑工程安全生产管理制度

5.3.1 概述

从我国的建筑法规和安全生产法规来看，工程项目的安全是指工程建筑本身的质量安全，即质量是否达到了合同法规的要求，勘查、设计、施工是否符合工程建设强制性标准，能否在设计规定的年限内安全使用。实际上，施工阶段的安全问题最为突出，所以从另一方面来讲，工程项目安全就是指工程施工过程中人员的安全，特指合同有关各方在施工现场工作人员的生命安全。

建筑工程安全生产管理制度主要包括：

①建设工程安全生产责任制度和群防群治制度。
②建设工程安全生产许可制度。
③建设工程安全生产教育培训制度。
④建设工程安全生产检查制度。
⑤建设工程安全生产意外伤害保险制度。
⑥建设工程安全伤亡事故报告制度。
⑦建设工程安全责任追究制度。

5.3.2 建筑施工企业安全生产许可证制度

为了严格规范安全生产条件，进一步加强对建筑施工企业安全生产监督管理，防止和减少生产安全事故，根据《安全生产许可证条例》、《建设工程安全生产管理条例》、《中华人民共和国安全生产法》等有关行政法规，制定建筑施工企业安全生产许可证制度。《建筑施工企业安全生产许可证管理规定》于 2004 年 6 月 29 日建设部第 37 次部常务会议讨论通过，2004 年 7 月 5 日建设部令第 128 号发布，自公布之日起施行。

1. 建筑施工企业安全生产许可证的适用对象

在中华人民共和国境内从事土木工程、建筑工程、线路管道和设备安装工程及装修工程的新建、扩建、改建和拆除等有关活动，依法取得工商行政管理部门颁发的《企业法人营业执照》，符合《规定》要求的安全生产条件的建筑施工企业都必须按程序取得建筑施工其余人安全生产许可证。

2. 建筑施工企业取得安全生产许可证，应当具备安全生产条件

①建立、健全安全生产责任制，制定完备的安全生产规章制度和操作规程。
②保证本单位安全生产条件所需资金的投入。
③设置安全生产管理机构，按照国家有关规定配备专职安全生产管理人员。
④主要负责人、项目负责人、专职安全生产管理人员经建设主管部门或者其他有关部门考核合格。
⑤特种作业人员经有关业务主管部门考核合格，取得特种作业操作资格证书。
⑥管理人员和作业人员每年至少进行一次安全生产教育培训并考核合格。
⑦依法参加工伤保险，依法为施工现场从事危险作业的人员办理意外伤害保险，为从业人员交纳保险费。
⑧施工现场的办公、生活区及作业场所和安全防护用具、机械设备、施工机具及配件符合有关安全生产法律、法规、标准和规程的要求。
⑨有职业危害防治措施，并为作业人员配备符合国家标准或者行业标准的安全防护用具和安全防护服装。
⑩有对危险性较大的分部分项工程及施工现场易发生重大事故的部位、环节的预防、监控措施和应急预案。
⑪有生产安全事故应急救援预案、应急救援组织或者应急救援人员，配备必要的应急救援器材、设备。
⑫法律、法规规定的其他条件。

3. 安全生产许可证的申请与颁发

建筑施工企业从事建筑施工活动前，应当依照本规定向省级以上建设主管部门申请领取安全生产许可证。中央管理的建筑施工企业（集团公司、总公司）应当向国务院建设主管部门申请领取安全生产许可证。前款规定以外的其他建筑施工企业，包括中央管理的建筑施工企业（集团公司、总公司）下属的建筑施工企业，应当向企业注册所在地省、自治区、直辖市人民政府建设主管部门申请领取安全生产许可证。

建筑施工企业申请安全生产许可证时，应当向建设主管部门提供下列材料：
①建筑施工企业安全生产许可证申请表。
②企业法人营业执照。
③前面规定的相关文件、材料。

建筑施工企业申请安全生产许可证，应当对申请材料实质内容的真实性负责，不得隐瞒有关情况或者提供虚假材料。

建设主管部门应当自受理建筑施工企业的申请之日起 45 日内审查完毕；经审查符合安全生产条件的，颁发安全生产许可证；不符合安全生产条件的，不予颁发安全生产许可证，书面通知企业并说明理由。企业自接到通知之日起应当进行整改，整改合格后方可再次提出申请。

建设主管部门审查建筑施工企业安全生产许可证申请，涉及铁路、交通、水利等有关专业工程时，可以征求铁路、交通、水利等有关部门的意见。

安全生产许可证的有效期为 3 年。安全生产许可证有效期满需要延期的，企业应当于期满前 3 个月向原安全生产许可证颁发管理机关申请办理延期手续。

企业在安全生产许可证有效期内，严格遵守有关安全生产的法律法规，未发生死亡事故的，安全生产许可证有效期届满时，经原安全生产许可证颁发管理机关同意，不再审查，安全生产许可证有效期延期 3 年。

建筑施工企业变更名称、地址、法定代表人等，应当在变更后 10 日内，到原安全生产许可证颁发管理机关办理安全生产许可证变更手续。

建筑施工企业破产、倒闭、撤销的，应当将安全生产许可证交回原安全生产许可证颁发管理机关予以注销。

建筑施工企业遗失安全生产许可证，应当立即向原安全生产许可证颁发管理机关报告，并在公众媒体上声明作废后，方可申请补办。

基础与工程技能训练

一、单选题

1. 建设工程安全生产管理的方针是（　　）。
   A. 安全第一、预防为主　　　　　　　　B. 安全第一、以人为本
   C. 安全第一、四不放过　　　　　　　　D. 安全第一、百年大计

2. 建筑施工事故中，所占比例最高的是（　　）。
   A. 高处坠落事故　　　　　　　　　　　B. 各类坍塌事故
   C. 物体打击事故　　　　　　　　　　　D. 起重伤害事故

3. 制定《建设工程安全生产管理条例》的主要目的是（　　）。
   A. 减少安全投入，节约安全成本
   B. 加强建设安全生产监督管理，保障人民群众生命和财产
   C. 制定评分办法，便于行业管理
   D. 建立统一的司法解释，有助于法律程序的执行

4. 建设单位应当将拆除工程发包给（　　）施工。
   A. 具有相应能力的单位，但不一定有资质等级
   B. 具有相应资质等级的施工单位
   C. 具有相应资质等级的设计单位
   D. 具有相应资质等级的勘察单位

5. 施工单位应当设立安全生产管理机构，配备（　　）安全生产管理人员。
   A. 兼职　　　　　B. 专职　　　　　C. 业余　　　　　D. 代理

6. 施工单位对列入建设工程概算的安全作业环境及安全施工措施所需费用，应当用于施工安全防护用具及设施的采购和更新、安全施工措施的落实、安全生产条件的改善，（　　）挪作他用。
   A. 可以申请　　　B. 不得　　　　　C. 经协商才可以　　　D. 经批准后才可以

7. 专职安全生产管理人员负责对施工现场的安全生产进行监督检查，发现违章指挥、违章操作的，应当（　　）。
   A. 马上报告有关部门　　　　　　　　　B. 找有关人员协商
   C. 立即制止　　　　　　　　　　　　　D. 通知项目负责人

8. 施工单位应当在施工现场入口处、施工起重机械、临时用电设施、脚手架、出入通道口、楼

梯口、电梯井口、孔洞口、桥梁口、隧道口、基坑边沿、爆破物及有害危险气体和液体存放处等危险部位，设置明显的（　　）。

A．安全提示标志　　　　　　　　　　B．安全宣传标志
C．安全指示标志　　　　　　　　　　D．安全警示标志

9．施工单位应当将施工现场的办公区、生活区与作业区（　　），并保持安全距离。

A．集中设置　　　B．混合设置　　　C．相邻设置　　　D．分开设置

10．实施总承包的建设工程发生事故，由（　　）负责上报事故。

A．业主　　　　　　　　　　　　　　B．总承包单位
C．发生事故的单位　　　　　　　　　D．在事故发生地点的单位

11．安全生产许可证有效期满需要延期的，应向原发证机关办理延期手续。该手续的办理期限是其安全生产许可证期满前（　　）。

A．1个月　　　B．3个月　　　C．6个月　　　D．12个月

二、多选题

1．安全生产规章制度是指（　　）制定并颁布的安全生产方面的具体工作制度。

A．国家　　　　　B．行业主管部门　　　C．地方政府
D．企事业单位　　E．企业技术部门

2．检验批可根据施工及质量控制和专业验收需要按（　　）等进行划分。

A．楼层　　　　　B．建筑部位　　　　　C．变形缝
D．施工段　　　　E．专业性质

3．作业现场的职业健康安全管理应考虑下列人员的健康安全（　　）。

A．所有员工　　　B．临时工作人员　　　C．合同方人员
D．来访及参观人员　E．上级管理人员

4．安全控制的特点是（　　）。

A．控制的复杂性　B．控制面广　　　　　C．控制的动态性
D．控制系统交叉性　E．控制的严谨性

5．根据《建设工程安全生产管理条例》规定，出租的机械设备和施工机具及配件，应当具有（　　）。

A．生产（制造）许可证　B．产品合格证　　C．产品照片
D．产品构造图　　　　　E．设备履历书

6．施工单位应当建立健全（　　），制定安全生产规章制度和操作规程，保证本单位安全生产条件所需资金的投入，对所承担的建设工程进行定期和专项安全检查，并做好安全检查记录。

A．安全生产教育培训制度　　　　　　B．生产组织机构
C．安全生产责任制度　　　　　　　　D．质量检查制度
E．质量技术交底

7．施工单位应当在施工组织设计中编制有关安全的（　　）。

A．安全技术措施　　　　　　　　　　B．施工现场临时用电方案
C．售楼方案　　　　　　　　　　　　D．施工经济技术措施
E．作业材料选购方案

8．安全技术交底必须（　　）。

A．具体　　　　　B．明确　　　　　　　C．针对性强
D．含混　　　　　E．不需要具体

9．根据《建筑施工企业安全生产许可证管理规定》，下列选项中说法正确的有（　　）。

A．安全生产许可证的有效期为5年

B. 未取得安全生产许可证的企业，不得从事建筑施工活动
C. 建设主管部门在颁发施工许可证时，必须审查安全生产许可证
D. 企业未发生死亡事故的，许可证有效期届满时自动延期
E. 企业取得安全生产许可证后，不得降低安全生产条件

10. 在下列几种有关安全生产许可证的取得、使用的情况中，施工企业应负的法律责任有（　　）。
    A. 未取得安全生产许可证进行施工　　　B. 转让或接受转让安全生产许可证
    C. 冒用安全生产许可证　　　　　　　　D. 安全生产许可证遗失，在公众媒体上声明作废
    E. 安全生产许可证期满后未办理延期继续生产

三、判断题

1. 安全和质量密不可分。（　　）
2. 安全生产责任制是一项最基本的安全生产管理制度。（　　）
3. 施工起重机械和整体式提升脚手架、模板等自升式架设设施安装完后即可投入使用。（　　）
4. 建设单位不得明示或者暗示施工单位购买、租赁、使用不符合安全施工要求的安全防护用具、机械设备、施工机具及配件、消防设施和器材。（　　）
5. 依法批准有开工报告的建设工程，建设单位应当自开工报告批准之日起15日内，将保证安全施工的措施报送建设工程所在地的县级以上地方人民政府建设行政主管部门或者其他有关部门备案。（　　）
6. 为规范安全生产文明施工，保证职工身体健康，施工区域和生活区域应有明确划分，并建立相应责任制，责任落实到人。（　　）
7. 施工现场应明确划分用火作业、易燃材料堆放、仓库、易燃废品集中站和生活区等区域。（　　）
8. 脚手架的搭设作业人员不需要接受特种作业培训。（　　）
9. 混凝土搅拌机、卷扬机、打桩机械、电焊机等施工机具安装完毕后，即可投入使用。（　　）
10. 施工单位应当安排专项经费，专门用于购置安全防护用具，不得挪作他用。（　　）

四、案例题

【案例1】2004年某业主将一栋大型剧院建筑的拆除任务，发包给无拆除资质的防腐保温劳务公司，由于不了解拆除作业的危险性，操作人员决定先拆混凝土梁，后拆混凝土板。操作时，现场已无安全人员在场，无安全措施。在梁拆至一半时全部楼板塌下，造成多人死亡。事后检查该施工方法无方案、无交底，公司也没有施工方案管理制度。

分析事故的原因：
（1）此事故发生的原因之一是拆除作业发包给无相应资质的施工单位施工。（　　）
（2）先拆梁后拆板是事故发生的原因之一。（　　）
（3）拆除作业的施工方案应先交安全员，由安全员批准后，方可施工。（　　）
（4）大型拆除作业必须编制施工方案，必要情况下应当组织专家进行论证。（　　）

【案例2】某工程公司在一大厦广场基础工程进行护坡桩锚杆作业。当天工地主要负责人、安全员、电工等有关人员不在现场。下锚杆钢筋笼时，班组长因故请假也不在现场，13名民工在无人指挥的情况下自行作业，因钢筋笼将配电箱引出的380V电缆线磨破，使钢筋笼带电，造成5人触电死亡。

分析事故的原因：
判断题：
（1）这起事故中造成触电伤害原因之一是民工违章作业。（　　）
（2）在这起事故中，操作人员没有违规操作的行为。（　　）
单选题：
（3）这起事故的直接原因是（　　）。
　　A. 由13名民工进行作业，人员过多　　　　　B. 工地主要负责人不在现场

C. 班组长请假　　　　　　　　D. 380 V 电缆线磨破漏电

（4）下列对于三类人员的安全管理职责的说法正确的是（　　）。
 A. 施工单位主要负责人对工程项目的安全生产工作不需负责任
 B. 施工单位的项目负责人对本企业的安全负全部责任
 C. 现场安全生产管理人员负责对安全生产进行现场监督检查
 D. 专职安全生产管理人员对违章指挥、违章操作的，应当立即报告，并可以越级上报，但无权制止施工单位的行为

【案例3】某建筑公司在月度安全检查中，发现3号工地脚手架搭设存在如下问题：①超过24 m高的脚手架没有搭设方案，无审批手续；②采用的分段整体提升脚手架未经审查批准；③部分使用的脚手架材料规格不一；④搭设架子的基础多处出现不平整，个别立杆悬空等。

安全管理要求：

判断题：

（1）为避免施工中引发脚手架坍塌事故伤害作业人员，脚手架立即停止使用。（　　）

（2）上述安全检查中发现的"超过24 m高的脚手架没有搭设方案，无审批手续"不影响脚手架的正常使用和施工，不属于违规行为。（　　）

（3）上述安全检查中发现的"个别立杆悬空问题"属于正常现象，在搭设脚手架时是不可避免的。（　　）

单选题：

（4）依据《建设工程安全生产管理条例》规定，施工单位应当在施工组织设计中编制安全技术措施和施工现场临时用电方案，对达到一定规模的危险性较大的（　　）等分部分项工程编制专项施工方案，并附具安全验算结果，经施工单位技术负责人、总监理工程师签字后实施。
 A. 混凝土工程　　　B. 脚手架工程　　　C. 抹灰工程　　　D. 钢筋绑扎工程

【案例4】公司在一工地用吊篮进行外装修作业时，施工员指派一名抹灰工升吊篮，由于吊篮未挂保险钢丝绳，在上升时突然一个倒链急剧下滑，吊篮随即倾斜，由于一作业人员未系安全带，从吊篮坠落死亡。

分析事故的原因：

判断题：

（1）造成这一事故的主要原因之一，是作业时吊篮未挂保险钢丝绳和工人未系安全带。（　　）

（2）高处作业吊篮必须设置保险锁。（　　）

（3）作业时工人将安全带挂在吊篮升降用的钢丝绳上。（　　）

选择题：

下列关于施工员布置这项工作的说法正确的是（　　）。
 A. 事故责任在于设备，与施工员无关
 B. 可以安排未经培训的抹灰工操作吊篮的升降
 C. 施工现场的工作布置由施工员安排，没有违章指挥
 D. 抹灰工对于施工员的违章指挥可以拒绝接受

【案例5】某工地按施工进度要求正在搭设扣件式脚手架，安全员巡视检查发现新购进的扣件表面粗糙，商标模糊，向架子工询问，工人说有的扣件螺栓滑丝，有的扣件一拧，小盖口就裂了。安全员对此批扣件质量发生怀疑。

第一，对下列问题进行解答：

判断题：

（1）对于上述情况，安全员不必作相应处理。（　　）

（2）国家对扣件式钢管脚手架使用的扣件实行生产许可证制度。（　　）

单选题：

（3）为防止安全事故的发生，安全员处理此事，下列方法正确的是（　　）。

　　A. 扣件检验不合格，将所有扣件清除出现场，追回已使用的扣件，并向有关负责人报告追查不合格产品的来源

　　B. 告诉工人将坏掉的扣件保留，以便万一发生事故时留作证据

　　C. 把有问题扣件扔掉，好的继续使用

　　D. 保存此批扣件，用于上部脚手架的搭设

（4）下列关于脚手架工程的规定正确的是（　　）。

　　A. 新工人必须进行公司、班组和作业技术的三级安全教育

　　B. 新工人上岗前必须接受规定课时的安全生产教育培训

　　C. 对于不从事危险作业的新工人不必进行安全教育和技术培训

　　D. 从事特种作业的新工人可以直接进行特种作业，不需要再进行安全教育

第二，综合实训：

（1）对于此工程，为防止安全事故的发生，安全员应如何处理？

（2）针对此工程，编制一份脚手架工程的施工安全技术措施。

模块 6
建筑施工现场安全管理与文明施工

模块概述

生产和安全共处于一体,哪里有生产,哪里就有安全问题存在,而建筑施工过程是各类安全隐患和事故的多发场所之一。认真贯彻"安全第一、预防为主"的安全生产方针,及时消除安全隐患和避免安全意外事故发生,有赖于不断地健全与完善安全管理工作,进一步发展安全技术和提高广大职管人员安全工作素质。施工过程中遵守安全文明施工的规定和要求,采用安全文明施工的技术和措施,创建安全文明的建设工地、施工场所及其周围环境。

学习目标

1. 了解现场文明施工的基本要求,熟悉现场料具的安全管理;
2. 掌握文明施工的内容及文明施工的基本要求;
3. 了解现场保卫工作的内容及消防管理;
4. 熟悉现场安全事故的定义与分类,以及安全事故处理;
5. 熟悉事故应急救援的概念,掌握施工应急救援的编制;
6. 了解建筑工程的安全教育。

能力目标

1. 能够按照现场实际情况对现场生活区安全进行合理的管理;
2. 能够对现场材料、机械设备进行合理的安全管理;
3. 初步具备组织建设文明工地的能力;
4. 具备现场保卫工作消防的检查及处理的能力;
5. 能够判定事故的种类,并按照事故处理程序进行初步的处理;
6. 能够指导进行事故应急救援,进行安全教育培训。

课时建议

6 课时

6.1 建筑施工现场生活区安全管理

6.1.1 现场文明施工要求

依据我国相关标准，文明施工的要求主要包括现场围挡、封闭管理、施工场地、材料堆放、现场住宿、现场防火、治安综合治理、施工现场标牌、生活设施、保健急救、社区服务11项内容。具体要求：

①有完整的施工组织设计或施工方案，施工总平面图布置紧凑，施工场地规划合理，符合环保、市容、卫生的要求。

②有健全的施工组织管理机构和指挥系统，岗位分工明确；工序交叉合理，交接责任明确。

③有严格的成品保护措施和制度，大小临时设施和各种材料构件、半成品按平面布置堆放整齐。

④施工场地平整，道路畅通，排水设施得当，水电线路整齐，机具设备状况良好，适用合理。施工作业符合消防和安全要求。

⑤搞好环境卫生管理，包括施工区、生活区环境卫生和食堂卫生管理。

⑥文明施工应贯穿施工结束后的清场。

> **技术提示：**
> 文明施工不仅要抓好现场的场容管理，而且要做好现场材料、机械、安全、技术、保卫、消防和生活卫生等方面的工作。

6.1.2 办公室、生活区及食堂卫生管理

1.办公室卫生管理

①办公设施必须符合施工组织设计要求，并建立健全各项卫生管理制度，有专（兼）职人员负责管理。

②办公设施布置，应当符合规范性结构的要求，环境应保持整洁，无垃圾和污水。

③办公室内做到干净整洁，门窗完好，墙壁无灰尘，各种办公用具整齐干净，四壁、顶棚、灯具无尘土、蛛网，地面干净、无痰迹和烟头纸屑、无杂物堆积，无蚊蝇、无鼠迹。办公室内不能存放与办公无关的物品。每天上班前要对办公室进行清洁卫生，门窗玻璃、灯具每周清洁一次，做到光亮、整洁。

④办公区域内各种标牌应保持完整、清晰、清洁。

⑤办公区域要做到"六无"、"六净"。即无人畜粪便、无垃圾污物、无砖头瓦砾、无纸屑果皮、无坑洼污水、无杂草丛生；墙根净、电杆净、绿篱树根净、花池净、宣传栏下净、下水道口净。

⑥办公室卫生一天打扫一次，办公区室外卫生每周至少清扫一次，并采用洒水清扫，减少扬灰。

⑦走廊、楼梯、栏杆、楼道、痰盂、垃圾桶要每天清洁一次，做到无灰尘、无烟头、无痰迹，保持清洁卫生。

⑧设置符合卫生标准的卫生间，并落实专人保洁，做到清洁卫生。每天至少打扫一次，做到干净、整洁，无溢水、无污物、无异味。

⑨办公区域必须统一规划设置垃圾箱，并做到集中分类堆放，及时清运。做到定期清理，并进行喷药消毒，防止蚊蝇滋生。

⑩大量植树、种草，改善环境，减少土壤裸露和尘土飞扬。

2.生活区的卫生管理

①职工宿舍门窗齐全、牢固、无破损，室内无乱接电线、无禁用电器。宿舍内应安置标准床铺，每间标准房间就寝人员不得超过8人。

②室内卫生要实行"九统一"：即铺面平整、被子枕头摆放统一，衣帽等物品挂放统一，鞋子放在床下要摆放整齐统一，桌柜上面摆放物品要统一，小凳、脸盆、牙具、毛巾等放置要统一。床单、被褥干净，室内物品、墙壁无乱贴乱画，顶棚无蛛网，灯具和悬挂物无灰尘，玻璃明亮，地面干净、无痰迹和废纸等脏物，室内通风良好、无异味、无蚊蝇、无鼠迹。

③人人做到"六不"：不随地吐痰，不乱扔赃物，不乱画乱挂，不乱堆乱放，不乱扔烟头、纸屑、果皮（核）和造成白色污染的一次性餐具、塑料等废弃物，不乱倒有毒物品，不损坏花草树木。

④卫生间、浴池要有专人进行管理和保洁，保持设施完好，保持清洁，无异味、无蝇蛆，无乱涂乱画、乱扔乱倒现象，有防蝇和照明设备。要每天至少打扫一次，做到干净、整洁，无异味，要定期消毒。

⑤浴池应保持通风并每天打扫一次。做到排水通畅，无漏水、跑水现象。地面应做防滑处理，防止人员摔倒。

⑥生活区统一规划设置垃圾箱，分类堆放，做到定期清理，并进行喷药消毒，防止蚊蝇滋生。

3. 食堂卫生管理

①食堂的设置应当远离厕所、垃圾场（箱）及其他产生有毒有害物质的场所。

②各项食堂卫生管理制度应按项目部门管理职责的要求，统一悬挂上墙，其标准样式亦按部门管理职责规定执行。

③炊事人员要严格执行《食品卫生法》和《食品卫生"五四"制度》。工作人员必须有健康证方可上岗，有乙肝等传染性疾病必须调离工作岗位。上班人员在上班时间，必须穿戴白色的工作服、工作帽。

④炊具设备卫生。

a. 盛放生、熟、荤、素食品的用具要严格分开，摆放整齐，加工生、熟食品的菜墩、刀具要有明确标志；餐具使用前要经常消毒，保持用具整洁、干净，做到清洁卫生、专人负责。

b. 食堂所用的操作台，货物架，各类粥、汤桶、淘米、洗碗盆等要保持清洁无灰尘、无油污；洗菜池、筐等要无泥沙、无脏垢、无异味。

c. 盛装食品所用盆、盘等餐具和生产加工部门的加工用具要生熟分开，各种盛具均保持干净、清洁，不得直接落地。

d. 冰箱、冰柜、冷库要按类存放、生熟分开，有明确标志，保持清洁无异味，箱、柜、库内物品要摆放整齐有序，发现有腐烂、变质、超期储存的食品要及时处理。

e. 饭厅要做到饭前、饭后将地面清扫一次，操作间要清扫冲洗一次，保持地面清洁，无果皮、纸屑、烟头、痰迹。水池清洁无杂物、排水管道通畅，门窗玻璃每周擦一次，做到墙壁、门窗、玻璃、灯具干净。

⑤环境卫生。

a. 保持食堂内环境整洁，有"三防"措施，室内无苍蝇、无蟑螂、无鼠迹。

b. 食堂室内外卫生要分片包干，落实责任到人，明确任务。

c. 要坚持做到：墙壁、屋顶经常清扫，无黑垢、油污、蛛网；门窗干净明亮；纱窗完好，无灰尘油垢，电扇、炊具、售食窗口要清洁明亮。

d. 厨房操作间卫生要求责任到人，做到每餐操作完毕要及时擦亮灶台、用具、加工设备，清扫地面，保持沟道畅通，无杂物、无积水，并设有防鼠设施。

e. 食堂要坚持每周大扫除一次，做到地面、瓷砖、用具见本色。

6.1.3 施工现场安全色标管理

1. 安全色

安全色是表达信息含义的颜色，用来表示禁止、警告、指令、指示等，其作用在于使人们能迅速发现或分辨安全标志，提醒人们注意，预防事故发生。

红色：表示禁止、停止、消防和危险。
蓝色：表示指令，必须遵守的规定。
黄色：表示注意、警告。
绿色：表示通行、安全和提供信息。

2. 安全标志

安全标志是指在操作人员容易产生错误，有造成事故危险的场所，为了确保安全，所采取的一种标示。此标示由安全色和几何图形符号构成，是用以表达特定安全信息的特殊标示，设置安全标志，是为了引起人们对不安全因素的注意，预防事故发生。

（1）危险牌示和识别标志

①危险牌示包括禁止、警告、指令和提示标志等。应设在醒目且与安全有关的地方。

②识别标志应采用清晰醒目的颜色作为标记，充分利用四种传递安全信息的安全色，使员工一目了然。

③禁止标志：是不准或制止人们的某种行为（图形为黑色，禁止符号与文字底色为红色）。

④警告标志：是使人们注意可能发生的危险（图形警告符号及字体为黑色，图形底色为黄色）。

⑤指令标志：是告诉人们必须遵守的意思（图形为白色，指令标志底色均为蓝色）。

⑥提示标志：是向人们提示目标的方向，用于消防提示（消防提示标示的底色为红色，文字、图形为白色）。

3. 施工现场安全色标志数量及位置

在建筑工程施工现场，所用安全色标的位置和数量应符合表 6.1 的规定。

表 6.1 施工现场安全色标的数量及位置

类别		数量/个	位置
禁止类（红色）	禁止吸烟	8	材料库房、成品库、油料堆放处、易燃易爆场所、材料场地、木工棚、施工现场、打字复印室
	禁止通行	7	外架拆除、坑、沟、洞、槽、吊钩下方、危险部位
	禁止攀登	6	外用电梯出口、通道口、马道出入口、首层外架四面、栏杆、未验收的外架
	禁止跨越	6	外用电梯出口、通道口、马道出入口、首层外架四面、栏杆、未验收的外架
指令类（蓝色）	必须戴安全帽	7	现场大门口、外用电梯出入口、吊钩下方、危险部位、通道口、马道出入口、上下交叉作业处
	必须系安全带	5	现场大门口、马道出入口、外用电梯出入口、高处作业场所、特种作业场所
	必须穿防护服	5	通道口、马道出入口、外用电梯出入口、电焊工操作场所、油漆防水施工场所
	必须戴防护镜	12	马道出入口、外用电梯出入口、通道出入口、车工操作间、焊工操作场所、抹灰操作场所、机械喷漆场所、修理间、电镀间、钢筋加工场所
警告类（黄色）	当心弧光	1	焊工操作场所
	当心塌方	2	坑下作业场所、土方开挖
	机械伤人	6	机械操作场所，电锯、电钻、电刨、钢筋加工机械场所，机械修理场所
提示（绿色）	安全状态通行	5	安全通道、行人车辆通道、外架施工层防护、人行通道、防护棚子

6.2 施工现场料具安全管理

施工现场料具管理是建筑企业进行正常施工，加速流动资金周转，减少资金占用，提高劳动生产率，提高企业经济效益的重要保证。

6.2.1 料具管理内容

（1）编制合理的料具使用管理计划

计划是优化资源配置、组合及管理的重要手段，项目管理人员应制定合理的资源管理计划，对资源的投入量、投入时间、投入步骤及其采购、保管、发放做出合理的安排，以满足企业生产实施的需要。

（2）抓好料具的采购、租赁、保管制度

对工程必需的材料应根据材料采购供应计划进行采购；对一些施工机具可予以购买，也可向租赁公司租赁。从料具的来源到投入到施工项目，项目管理人员应制定相应的制度，以督促工程料具管理计划的落实。

（3）抓好料具的运输、保管及使用管理

根据每种材料的特性及机械的性能，制定出科学的、符合客观规律的措施，进行动态配置和组合，协调投入、合理使用，以尽可能少的资源满足项目的使用。

（4）进行经济核算

在保证材料性能及机具使用功能的同时，料具管理的一项重要内容是进行料具投入、使用和产出的核算，发现偏差后及时纠正，并不断改进，以实现节约资源，降低产品成本，提高经济效益的目的。

（5）做好管理效果的分析、总结工作

通过对建筑材料、施工机具的管理，应从中找出经验和存在的问题，并对其进行分析和总结，以便于以后的管理活动，为进一步提高管理工作效率打下坚实基础。

6.2.2 料具运输、堆放、保管与租赁

1. 材料的运输

（1）材料运输的原则

材料运输管理是对材料运输过程，运用计划、组织、指挥和调节职能进行管理，使材料运输遵循"及时、准确、安全、经济"的原则执行，具体规定如下：

①及时：指用最少的时间，把材料从产地运到施工、用料地点，及时供应使用。

②准确：指材料在整个运输过程中，防止发生各种差错事故，做到不错、不乱、不差，准确无误地完成运输任务。

③安全：指材料在运输过程中保证质量完好，数量无缺，不发生受潮、变质、残损、丢失、爆炸和燃烧事故，保证人员、材料、车辆等安全。

④经济：指经济合理地选用运输路线和运输工具，充分利用运输设备，降低运输费用。

"及时、准确、安全、经济"四项原则是互相关联、辩证统一的关系，在组织材料运输时，应全面考虑，不要顾此失彼。

（2）材料运输机具的选择

根据建筑材料的性质，材料运输可分为普通材料运输和特种材料运输两种。

①普通材料运输。普通材料运输指不需要采用特殊运输工具装运就可运输的一般材料的运输，如砂、石、砖、瓦等，均可采用铁路的敞车、普通货船及一般载货汽车运输。铁路的运输能力大、运行速度快，一般不受气候、季节的影响，连续性强，管理高度集中，运行比较安全准确，适宜于大宗

材料的长距离运输。公路运输基本上是地区性运输。地区公路运输网和铁路、水路干线及其他运输方式相配合，构成全国性的运输体系，担负着极其广泛的中、短途运输任务。由于运费较高，不宜长距离运输。

②特种材料运输。特种材料主要是指超限材料和危险品材料。超限材料即超过运输部门规定标准尺寸和标准重量的材料；危险品材料是指具有自燃、腐蚀、有毒、易燃、爆炸和放射特性，在运输过程中会造成人身伤亡及人民财产损毁的材料。

特种材料的运输必须按交通运输部门颁发的超长、超限、超重材料运输规则和危险品材料运输规则办理，用特殊结构的运输工具或采取特殊措施进行运输。

（3）材料进场质量验收

1）材料进场验收主要是检验进场材料的品种、规格、数量和质量。材料进场后，材料管理人员应按以下步骤进行验收。

① 检查送料单，查看是否有误送。

② 核对实物的品种、规格、数量和质量，是否和凭证一致。

③ 检查原始凭证是否齐全正确。

④ 做好原始记录，逐项详细填写收料日记，其中验收情况登记栏，必须将验收过程中发生的问题填写清楚。

2）水泥进场质量验收时，应以出厂质量保证书为凭，验查单据上水泥品种、强度等级与水泥袋上印的标志是否一致，不一致的应分开码放，待进一步查清；检查水泥出厂日期是否超过规定时间，超过的要另行处理；遇有两个单位同时到货的，应详细验收，分别码放，防止品种不同而混杂使用。

3）砂、石料进场质量验收时，一般应先进行目测，其质量检验要求如下：

砂：颗粒坚硬洁净，一般要求中粗砂，除特殊需用外，一般不用细砂。黏土、泥灰、粉末等不超过3%~5%。

石：颗粒级配应合理，粒形以近似立方块的为好。针片状颗粒不得超过25%，在强度等级大于C30的混凝土中，不得超过15%。注意鉴别有无风化石、石灰石混入。含泥量一般混凝土不得超过2%，大于C30的混凝土中，不得超过1%。

砂石含泥量的外观检查，如砂子颜色灰黑，手感发黏，抓一把能粘成团，手放开后，砂团散开，发现有粘连小块，用手指捻开小块，指上留有明显泥污的，表示含泥量过高。石子的含泥量，用手握石子摩擦后无尘土粘于手上，表示合格。

4）砖进场质量验收时，其抗压、抗折、抗冻等数据，一般以质保书为凭证。现场砖的外观颜色：未烧透或烧过火的砖，即色淡和色黑的红砖不能使用。外形规格：按砖的等级要求进行验收。

5）木材的质量验收包括材种验收和等级验收。木材的品种很多，首先要辨认材种及规格是否符合要求。对照木材质量标准，查验其腐朽、弯曲、钝棱、裂纹以及斜纹等缺陷是否与标准规定的等级相符。

6）钢材质量验收分外观质量验收和内在化学成分、力学性能的验收。外观质量验收中，由现场材料验收人员，通过眼看、手摸，或使用简单工具，如钢刷、木棍等，检查钢材表面是否有缺陷。钢材的化学成分、力学性能均应经有关部门复验，与国家标准对照后，判定其是否合格。

2. 材料堆放与保管

①材料进场前，应检查现场施工便道有无障碍及平整通畅，车辆进出、转弯、调头是否方便，还应适当考虑回车道，以保证材料能顺利进场。

②按照施工组织设计的场地平面布置图的要求，选择好堆料场地，要求平整、没有积水。准备好装卸设备、计量设备、遮盖设备等。

③必须进现场临时仓库的材料，按照"轻物上架，重物近门，取用方便"的原则，准备好库位，防潮、防霉材料要事先铺好垫板，易燃易爆材料，一定要准备好危险品仓库。

④夜间进料，要准备好照明设备，在道路两侧及堆料场地，都有足够的亮度，以保证安全生产。

⑤水泥应入库保管，仓库地坪要高出室外地面 20~30 cm，四周墙面要有防潮措施，码垛时一般码放 10 袋，最高不得超过 15 袋；散装水泥要有固定的容器。不同品种、强度等级和日期的，要分开码放，挂牌标明。特殊情况下，水泥需在露天临时存放的，必须有足够的遮垫措施，做到防水、防雨、防潮。

⑥水泥库房要经常保持清洁，落地灰及时清理、收集、灌装，并应另行收存使用。根据使用情况安排好进料和发料的衔接，严格遵守先进先发的原则，防止发生长时间不动的死角。水泥的储存时间不能太长，出厂后超过 3 个月的水泥，要及时抽样检查，经化验后按重新确定的强度使用。如有硬化的水泥，经处理后降级使用。

水泥应避免与石灰、石膏以及其他易于飞扬的粒状材料同存，以防混杂，影响质量。包装如有损坏，应及时更换以免散失。

⑦砂、石料材料一般应集中堆放在混凝土搅拌机和砂浆机旁，不宜过远。堆放要成方成堆，避免成片。平时要经常清理，并督促班组清底使用。

⑧按施工现场平面布置图，砖应码放在垂直运输设备附近，以便于起吊。不同品种规格的砖，应分开码放，基础墙、底层墙的砖可沿墙周围码放。使用中要注意清底，用一垛清一垛，断砖要充分利用。

⑨木材应按材种规格等级不同码放，要便于抽取和保持通风。板材、方材的垛顶部要遮盖，以防日晒雨淋。经过烘干处理的木材，应放进仓库。木材存料场地要高、通风要好，应随时清除腐木、杂草和污物，必要时用 5% 的漂白粉溶液喷洒。

⑩钢材在保管中必须分清品种、规格、材质，不能混淆。保持场地干燥，地面不积水，清除污物。钢材中优质钢材，小规格钢材，如镀锌板、镀锌管、薄壁电线管等，最好入库入棚保管，若条件不允许，只能露天存放时，应做好苫垫。

⑪成品、半成品主要指工程使用的混凝土制品以及成型的钢筋等，其堆放与保管要求如下：

a. 混凝土构件一般在工厂生产，再运到现场安装。由于其具有笨重、量大和规格型号多的特点。一般按工程进度进场并验收。构件应分层分段配套码放，且应码放在吊车的悬臂回转半径范围以内。构件存放场地要平整，垫木规格一致且位置上下对齐，保持平整和受力均匀。

b. 成形钢筋，是指由工厂加工成形后运到现场绑扎的钢筋。钢筋的存放场地要平整，没有积水，分规格码放整齐，用垫木垫起，防止浸水锈蚀。

⑫现场材料的包装容器一般都有利用价值，如纸袋、麻袋、布袋、木箱、铁桶等，现场必须建立回收制度，保证包装品的成套、完整，提高回收率和完好率。对拆开包装的方法要有明确的规章制度，如铁桶不开大口、盖子不离箱、线封的袋子要拆线、粘口的袋子要用刀割等。

3. 料具的租赁

料具租赁是指在一定期限内，料具产权所有人向租赁方提供符合使用性能和规格的材料和机具，出让其使用权，但不改变所有权，双方各自承担一定的义务并享有相关权利的一种经济关系。

①项目确定需要租赁的料具后，应根据料具使用方案制订需求计划，并由专人向租赁部门签订租赁合同，并做好周转料具进入施工现场的各项准备工作，如存放及拼装场地等。

②周转料具租赁后，应分类摆放整齐；对需入库保管的周转料具，应分别建档，并保存账册、报表等原始记录，同时应防火、防盗、防止霉烂变质等现象发生。

③料具保管场所应场容整洁，对各次使用的钢管、钢模板等应派专人定期进行修整、涂漆等保养工作。

④在使用期间，周转料具不得随意被切割、开洞焊接或改制。对钢管、钢模板等料具，不能从高空抛下或挪作他用。

⑤在周转料具租赁期间，对不同的损坏情况应做出相应的赔偿规定，对严重变形的料具应作报

废处理。

⑥进出场（库）的钢管、木材、机具等均应有租方与被租方双方专人收发，并做好记录，其内容包括料具的型号、数量、进（出）场（库）日期等。周转料具一经收发完毕，双方人员应签字办理交（退）款手续。

4. 施工机械的租赁

机械设备的租赁工作随着企业规模的不断扩大，企业自有设备已不能满足生产施工的需要，做好机械租赁工作已经势在必行。

①项目经理部在施工进场或单项工序开工前，须向公司机械主管部门上报机械使用计划。

②项目施工使用的机械设备必须以现有机械设备为主，在现有机械不能满足施工需要时，应同公司机械主管部门上报机械租用计划，待批复后，由项目负责人实施机械租赁的具体工作。

a. 大型机械设备租赁工作由公司机械管理部门负责实施。

b. 中小型机械设备租赁由项目自行实施。

c. 因项目不能自行解决时，由公司机械管理部门负责协调解决。

③各项目经理部必须建立：

a. 机械租赁台账。

b. 租赁机械结算台账。

c. 每月上报租赁机械使用报表。

d. 租赁网络台账。

e. 租赁合同台账。

④项目应建立有良好的机械租赁联系网络，并报公司机械管理部门，以保证在需要租用机械设备时，能准时按要求进场。

⑤机械设备租赁时，要严格执行合同式管理，机械租赁合同须报公司主管部门批准后方可生效。

⑥租用单位要及时与出租单位办理租赁结算，杜绝因租赁费用结算而发生法律纠纷。

6.2.3 料具使用管理

1. 料具的发放

①建立料具领发台账，严格限额领发料具制度。收发料具要及时入账上卡，手续齐全。

②坚持余料入库的原则，详细记录料具领发状况和节超情况。

③建筑施工设施所需料具应以设施用料计划进行控制，并实行限额发料，严禁超支。

④作业人员超限额用料时，必须事先办理相关手续，填写限额领料单，注明超耗原因。经批准后，方可领发料具。

2. 料具的使用

①材料使用过程中，必须按分部工程或按层数分阶段进行材料使用分析和核算，以便及时发现问题，防止材料超用。

②材料管理人员可根据现场条件，要求将混凝土、钢筋、木材、石灰、玻璃、油漆、砂、石等的具体使用情况不同程度地集中加工处理，以扩大成品供应。

③现场材料管理人员应对现场材料使用状况进行监督和检查。其检查内容如下：

a. 现场材料是否按施工现场平面图堆放料具，并按要求设置防护措施。

b. 核查材料使用台账，检查材料使用人员是否认真执行材料领发手续。

c. 施工现场是否严格执行材料配合比，合理用料。

d. 施工技术人员是否按规定进行用料交底和工序交接。

e. 根据"谁做谁清，随做随清，操作环境清，工完场地清"的原则，检查现场做工状况。

④将检查情况如实记录，要求责任明确，原因分析清楚，如有问题须及时处理。

3. 料具的回收

①材料管理人员应建立料具回收台账，及时记录料具回收状况，记录材料节约和超领情况，处理好各方面经济关系。

②为更好地回收和利用废旧材料，要求实行交旧（废）领新、包装回收、修旧利废。

③施工班组必须回收余料，并及时办理退料手续，在领料单中登记扣除。回收的余料要填表上报，按供应部门的安排办理调拨和退料。

④设施用料、包装物及容器等，在使用周期结束后组织回收。

6.2.4 施工机械的使用管理

1. 施工机械的使用与监督

（1）"三定"制度的形式

"三定"制度是指在机械设备使用中定人、定机、定岗位责任的制度，也就是把机械设备使用、维护、保养等各环节的要求都落实到具体人身上。其主要内容包括坚持人机固定的原则、实行机长负责制和贯彻岗位责任制。

人机固定就是把每台机械设备和它的操作者相对固定下来，无特殊情况不得随意变动。根据机械类型的不同，定人定机有下列三种形式：

①单人操作的机械，实行专机专责制，其操作人员承担机长职责。

②多班作业或多人操作的机械，均应组成机组，实行机组负责制，其机组长即为机长。

③班组共同使用的机械以及一些不宜固定操作人员的设备，应指定专人或小组负责保管和保养，限定具有操作资格的人员进行操作，实行班组长领导下的分工负责制。

（2）施工机械凭证操作

1）为了加强对施工机械使用和操作人员的管理，更好地贯彻"三定"责任制，保障机械合理使用，施工机械操作人员均需参加该机种技术考核，考核合格且取得操作证后，方可上机独立操作。

2）凡符合下列条件的人员，经培训考试合格，取得合格证后方可独立操作机械设备：

①年满十八岁，具有初中以上文化程度。

②身体健康，听力、视力、血压正常，适合高空作业和无影响机械操作的疾病。

③经过一定时间的专业学习和专业实践，懂得机械性能、安全操作规程、保养规程和有一定的实际操作技能。

3）技术考核方法主要是现场实际操作，同时进行基础理论考核。考核内容主要是熟悉本机种操作技术，懂得本机种的技术性能、构造、工作原理和操作、保养规程，以及进行低级保养和故障排除。

4）凡是操作下列施工机械的人员，都必须持有关部门颁发的操作证，起重工（包括塔式起重机、汽车起重机、龙门吊、桥吊等驾驶员和指挥人员）、外用施工电梯、混凝土搅拌机、混凝土泵车、混凝土搅拌站、混凝土输送泵、电焊机、电工等作业人员及其他专人操作的专用施工机械。

5）机械操作人员应随身携带操作证以备随时检查，如出现违反操作规程而造成事故，除按情节进行处理外，并对其操作证暂时收回或长期撤销。

6）凡属国家规定的交通、劳动及其主管部门负责考核发证的驾驶证、起重工证、电焊工证、电工证等，一律由主管部门按规定办理，公司不再另发操作证。

7）操作证每年组织一次审验，审验内容是操作人员的健康状况和奖惩、事故等记录，审验结果填入操作证有关记事栏。未经审验或审验不合格者，不得继续操作机械。

8）严禁无证操作机械，更不能违章操作，如领导命其操作而造成事故，应由领导负全部责任。学员或学习人员必须在有操作证的指导师傅在场指挥下，方能操作机械设备，指导师傅应对其实习人员的操作负责。

（3）施工机械监督检查

①公司设备处或质安处应每两月进行一次综合考评，以检查机械管理制度和各项技术规定的贯彻执行情况，保证机械设备的正确使用与安全运行。

②积极宣传有关机械设备管理的规章制度、标准、规范，并监督其在各项目施工中的贯彻执行。

2. 机械维护与保养

在编制施工生产计划时，要按规定安排机械保养时间，保证机械按时保养。机械使用中发生故障，要及时排除，严禁带病运行和只使用不保养的做法。

①汽车和以汽车底盘为底车的建筑机械，在走合期公路行驶速度不得超过 30 km/h，工地行驶速度不得超过 20 km/h，载重量应减载 20%~25%，同时在行驶中应避免突然加速。

②电动机械在走合期内应减载 15%~20% 运行，齿轮箱亦应采取黏度较低的润滑油，走合期满应检查润滑油状况，必要时更换（如装配新齿轮或更换全部润滑油）。

③机械上原定不得拆卸的部位走合期内不应拆卸，机械走合时应有明显标志。

④入冬前应对操作使用人员进行冬期施工安全教育和冬季操作技术教育，并做好防寒检查工作。

⑤对冬季使用的机械要做好换季保养工作，换用适合本地使用的燃油、润滑油和液压油等油料，并安装保暖装具。凡带水工作的机械、车辆，停用后将水放尽。

⑥机械起动时，先低速运转，待仪表显示正常后再提高转速和负荷工作。内燃发动机应有预热程序。

⑦机械的各种防冻和保温措施不得遗漏。冷却系统、润滑系统、液压传动系统及燃料和蓄电池，均应按各种机械的冬季使用要求进行使用和养护。机械设备应按冬季起动、运转、停机清理等规程进行操作。

6.3 文明施工

6.3.1 文明施工基本要求

文明施工基本要求有：

①施工现场必须设置明显的标牌，标明工程项目名称、建设单位、设计单位、施工单位、项目经理和施工现场总代表人的姓名、开竣工日期、施工许可证批准文号等。施工单位负责施工现场标牌的保护工作。

②施工现场的管理人员在施工现场应当佩戴证明其身份的证卡。

③应当按照施工总平面布置设置各项临时设施。现场堆放的大宗材料、成品、半成品和机具设备不得侵占场内道路及安全防护等设施。

④施工现场的用电线路、用电设施的安装和使用必须符合安装规范和安全操作规程，并按照施工组织设计进行架设，严禁任意拉线接电。施工现场必须设有保证施工安全要求的夜间照明；危险潮湿场所的照明以及手持照明灯具，必须采用符合安全要求的电压。

⑤施工机械应当按照施工总平面布置图规定的位置和线路设置，不得任意侵占场内道路。施工机械进场须经过安全检查，经检查合格的方能使用。施工机械操作人员必须建立机组责任制，并依照有关规定持证上岗，禁止无证人员操作。

⑥应保证施工现场道路畅通，排水系统处于良好的使用状态；保持场容场貌的整洁，随时清理建筑垃圾。在车辆、行人通行的地方施工，应当设置施工标志，并对沟井坎穴进行覆盖。

⑦施工现场的各种安全设施和劳动保护器具，必须定期进行检查和维护，及时消除隐患，保证其安全有效。

⑧施工现场应当设置各类必要的职工生活设施，并符合卫生、通风、照明等要求。职工的膳食、

饮水供应等应当符合卫生要求。

⑨应当做好施工现场安全保卫工作，采取必要的防盗措施，在现场周边设立围护设施。

⑩在施工现场建立和执行防火管理制度，设置符合消防要求的消防设施，并保持完好的备用状态。在容易发生火灾的地区施工，或者储存、使用易燃易爆器材时，应当采取特殊的消防安全措施。

6.3.2 文明施工管理内容

1. 文明施工管理内容

①规范场容、场貌，保持作业环境整洁卫生。

②创造文明有序安全生产的条件和氛围。

③减少施工对居民和环境的不利影响。

④落实项目文化建设。

2. 文明施工管理要点

①现场必须实施封闭管理，现场出入口应设大门和保安值班室，大门或门头设置企业名称和企业标识，建立完善的保安值班管理制度，严禁非施工人员任意进出；场地四周必须采用封闭围挡，围挡要坚固、整洁、美观，并沿场地四周连续设置。一般路段的围挡高度不得低于1.8 m，市区主要路段的围挡高度不得低于2.5 m。

②现场出入口明显处应设置"五牌一图"，即：工程概况牌、管理人员名单及监督电话牌、消防保卫牌、安全生产牌、文明施工和环境保护牌及施工现场总平面图。

③现场的场容管理应建立在施工平面图设计的合理安排和物料器具定位管理标准化的基础上，项目经理部应根据施工条件，按照施工总平面图、施工方案和施工进度计划的要求，进行所负责区域的施工平面图的规划、设计、布置、使用和管理。

④现场的主要机械设备、脚手架、密目式安全网与围挡、模具、施工临时道路、各种管线、施工材料制品堆场及仓库、土方及建筑垃圾堆放区、变配电间、消火栓、警卫室、现场的办公、生产和临时设施等的布置与搭设，均应符合施工平面图及相关规定的要求。

⑤现场的临时用房应选址合理，并应符合安全、消防要求和国家有关规定。

⑥现场的施工区域应与办公、生活区划分清晰，并应采取相应的隔离防护措施，在建工程内严禁住人。

⑦现场应设置办公室、宿舍、食堂、厕所、淋浴间、开水房、文体活动室、密闭式垃圾站或容器（垃圾分类存放）及盥洗设施等临时设施，所用建筑材料应符合环保、消防要求。

⑧现场应设置畅通的排水沟渠系统，保持场地道路的干燥坚实，泥浆和污水未经处理不得直接排放。施工场地应硬化处理，有条件时可对施工现场进行绿化布置。

⑨现场应建立防火制度和火灾应急响应机制，落实防火措施，配备防火器材。明火作业应严格执行动火审批手续和动火监护制度。高层建筑要设置专用的消防水源和消防立管，每层留设消防水源接口。

⑩现场应按要求设置消防通道，并保持通畅。

⑪现场应设宣传栏、报刊栏，悬挂安全标语和安全警示标志牌，加强安全文明施工宣传。

⑫施工现场应加强治安综合治理、社区服务和保健急救工作，建立和落实好现场治安保卫、施工环保、卫生防疫等制度，避免失盗、扰民和传染病等事件发生。

6.3.3 建筑施工环境保护

①施工单位应加强管理，最大限度地节约水、电、汽、油等能源消耗，杜绝浪费能源的事件发生，应尽量使用新型环保建材，保护环境。

②施工单位在施工中要保护好道路、管线等公共设施，建筑垃圾由施工单位负责收集后统一处理。

③施工单位应采取措施控制生活污水和施工废水的排放，不能任意排放而造成水污染，一般应先行修建好排水管道，落实好排放口后才能开始施工。

④施工单位在运输建材进场时，应在始发地做好建材的包装工作，禁止建材在运输过程中产生粉尘污染。在施工工地必须做好灰尘防治工作，在工地出入口处应铺设硬质地面，并设置专门设施进行洒水固尘，并冲洗进出车辆。

⑤施工单位应积极采用新技术、新型机械，同时采用隔声、吸音、消声等方法以减少施工过程中产生的噪声，达到环保要求。施工单位要求在夜间进行施工的，严禁使用打桩机。

6.3.4 文明工地的创建

1. 文明工地创建的意义

文明工地是指科学地组织施工，工程质量满足设计和国家有关法规及合同要求，施工安全达标，生活和办公环境舒适，施工现场保持整洁、卫生，具有良好的文明氛围，组织严格、规范管理的建设工地。

①创建文明工地活动是建筑行业落实国家政策、响应地方政府的号召、把社会主义精神文明和物质文明建设一起抓的结合点，也是实现现代企业两个根本性转变的重要突破口，同时也是开展城市环境整治、创建文明城市的重要部分。

②创建文明工地对于促进施工企业保证工程质量与施工安全，建设高素质队伍，增强整体实力，提高管理水平、效率和经济效益等具有非常实际的作用。

③创建文明工地与"脏、乱、差、野"违章施工等现象形成强烈反差。创建文明工地是对粗制滥造、乱堆乱放、环境污染、设施简陋、危险作业、打架斗殴等不文明行为和落后粗放管理的否定和批判。

④创建文明工地是施工企业实施 GB/T19001—2008《质量管理体系标准》、GB/T24001—2004《环境管理体系——规范和使用指南》和 GB/T28001—2011《职业健康安全管理体系要求》等三个标准的具体体现，是企业综合素质水平的反应，也是施工企业展示实力的一个窗口，对增加企业在社会上的知名度、竞争力，具有十分重要的作用。

2. 创建文明工地的基本内容

（1）施工现场管理规范

①围挡。

②场容场貌。

③标牌标识。

④作业条件环境保护。

⑤防火防爆防毒。

⑥施工组织设计与管理。

（2）施工安全达标

①安全管理。

②脚手架与平台。

③施工用电。

④"三宝"、"四口"与"五临边"防护。

⑤模板支撑施工荷载。

⑥塔吊、提升设备及中小型机械设备。

（3）工程质量创优

①质量管理。

②计量管理。

> **概念提示：**
> "三宝"是建筑工人安全防护的三件宝，即：安全帽、安全带、安全网；"四口"防护即：在建工程的预留洞口、电梯井口、通道口、楼梯口的防护。"五临边"防护即：在建工程的楼面临边、屋面临边、阳台临边、升降口临边、基坑临边的防护。

③结构工程质量（地基与基础、模板工程、钢筋工程、砼工程、砌体工程）。
④水电管预留、预埋。
⑤工程技术资料。
⑥质量特色。
（4）办公、生活设施整洁
①办公环境。
②食堂。
③宿舍。
④厕所。
⑤卫生与急救。
⑥生活环境。
（5）营造良好的文明氛围
①文明教育。
②综合治理。
③宣传娱乐。
④班组建设。

3. 加强文明工地创建过程的控制与检查

对创建文明工地的规划措施的执行情况，工程项目部要严格执行日常巡查和定期检查制变，检查工作要从工程开工做起，直至竣工交验为止。

工程项目部每月检查应不少于四次。检查应依据国家、行业《建筑施工安全检查标准》（JGJ 59—2011）、地方和企业等有关规定，对施工现场的安全防护措施、环境保护措施、文明施工责任制以及各项管理制度等落实情况进行重点检查。

在检查中发现的一般安全隐患和违反文明施工的现象，要按"三定"（定人、定期限、定措施）原则予以整改；对各类重大安全隐患和严重违反文明施工的现象，项目部必须认真地进行原因分析，制订纠正和预防措施，并对实施情况进行跟踪检查。

4. 文明工地的评选

施工企业内部的文明工地评选，应参照有关文明工地检查评分标准以及本企业有关文明工地评选规定进行。

参加省、市级文明工地的评选，应按照本行政区域内建设行政主管部门的有关规定，实行预申报与推荐相结合、定期检查与不定期抽查相结合的方式进行评选。

（1）申报文明工地的工程，应提交的书面资料包括：
①工程中标通知书。
②施工现场安全生产保证体系审核认证通过证书。
③安全标准化管理工地结构阶段复验合格审批单。
④文明工地推荐表。
⑤设区、市建筑安全监督机构检查评分资料一式一份。
⑥"省级建筑施工文明工地申报表"一式两份。
⑦工程所在地建设行政主管部门规定的其他资料。
（2）在创建省级文明工地项目过程中，在建项目有下列情况之一的，取消省级文明工地评选资格。
①发生重大安全责任事故的。
②省、市建设行政主管部门随机抽查分数低于70分的。
③连续两次考评分数低于85分的。
④有违法违纪行为的。

6.4 施工现场保卫工作与消防管理

6.4.1 施工现场保卫工作

施工现场保卫工作对现场的安全及工程质量、成品保护有着重要的意义，应予以充分重视。施工现场的保卫工作一般是由项目总承包单位负责或委托给施工总承包单位负责。

1. 现场保卫工作的内容

施工现场的保卫工作十分重要，其具体工作主要体现在以下几方面：

①建立完整可行的保卫制度，包括领导分工、管理机构、管理程序和要求、防范措施等。组建一支精干负责、有快速反应能力的警卫人员队伍，并与当地公安机关取得联系，求得支持。

②项目现场应设立围墙、大门和标牌（特殊工程，有保密要求的除外），防止与施工无关人员随意进出现场。围墙、大门、标牌的设立应符合政府主管部门颁发的有关规定。

③严格门卫管理。管理单位应发给现场施工人员专门的出入证件，凭证件出入现场。大型重要工程根据需要可实行分区管理，即根据工程进度，将整个施工现场划分为若干区域，分设出入口，每个区域使用不同的出入证件。对出入证件的发放管理要严肃认真，并应定期更换。

④一般情况下项目现场谢绝参观，不接待会客。对临时来到现场的外单位人员、车辆等要做好登记。

2. 现场保卫机构及工作方案

（1）现场保卫机构

在施工现场应成立保卫工作领导小组，以项目负责人为组长，安全负责人为副组长，其他成员若干人。在工地现场应设立门卫值班室，由3人昼夜轮流值班，白天对外来人和进出车辆及所有物资进行登记，夜间值班巡逻护场。护场守卫人员要佩戴值勤标志，进出人员要佩带胸卡。重点工程、重要工程要实行区域划分的胸卡管理制度。

（2）现场人员管理

1）现场保卫人员管理

①施工现场必须设置专职保卫人员，负责对工地、办公区及生活区的治安保卫工作。

②按照"谁主管，谁负责"的原则，施工现场应确定由项目负责人负责的保卫工作。实行总包单位负责的保卫工作责任制，建立保卫工作领导小组，与分包单位签订保卫工作责任书。各分包单位接受总承包单位的统一领导和监督检查。

③现场保卫人员应佩戴值勤标志，必要时可配备相应的警戒器具。

④现场保卫人员必须由身体素质较好、热爱保卫工作的人员担任。在执行保卫工作中，应认真负责，严格按照治安保卫制度工作，及时发现问题并予以处理。

⑤严格执行警卫巡逻制度，不得偷懒、酗酒，严禁赌博和非法留宿。对现场发生刑事案件、治安案件和伤害事故，必须保护现场，并及时上报当地派出所和上级保卫部门。

⑥要勇于揭发、检举坏人坏事及其他刑事犯罪分子，与之作斗争。发现有违反治安管理的行为应予以劝阻和制止，并对其进行批评和教育。

⑦加强四防工作，即防火、防盗、防破坏、防灾害事故。不断宣传相关的法律、法规，自觉维护现场各项治安制度的落实。

⑧对治保积极分子，表现比较好、有一定贡献的人，项目部给予表彰和奖励，并在施工现场贴出表彰公告。

2）现场施工人员管理

①施工人员出入现场必须佩戴本人出入证，接受警卫检查。

②加强对职工的管理工作，掌握每个人的思想动态，及时进行教育，把事故消灭在萌芽状态。非施工人员不得住在施工现场，特殊情况要经保卫工作负责人批准。

③每月对职工进行一次治安教育,每季度召开一次治保会,定期组织保卫检查,并将会议检查整改记录存入内业资料备查。

④为保证施工现场有一个良好的施工环境,任何单位或个人不得以任何理由闹事、打架、盗窃,不得翻越围墙及大门,不得扰乱门卫秩序。

⑤集体宿舍不得男女混住,不得聚众赌博,不得酗酒闹事,不得卧床吸烟,不得私自留宿外来人员,确有困难需留宿须经保安管理人员批准并进行登记。

⑥任何单位或个人携物出门须有物资部门开具的出门条,经值班警卫核对无误后方可放行。凡无出门条携物出门,一律按盗窃论处。

⑦全体施工人员都要有维护现场、同各种违法犯罪活动作斗争的义务,任何人不得无视法律,不得触犯法律。

3. 外来人员的管理

①外来人员参观、会客、探友,必须先联系后持有关证件到警卫室办理来客登记,值班警卫经请示允许后方可放人,出门必须持有被探访人签字的会客条方可。

②外来非施工人员一般不得在施工现场住宿;如情况特殊,必须住在施工现场的,须经保卫工作负责人批准。

③现场保卫人员应告知外来人员须注意的事项及现场作业危险区域,外来人员应尽量远避危险作业区域,注意自身安全,不得进行赌博、酗酒、传播淫秽物品和打架斗殴。

4. 现场保卫管理措施

①项目经理对施工现场治安保卫工作负全部责任,要经常对职工进行法制宣传教育,提高法制观念,加强防范意识,做到管好自己的人,看好自己的门,办好自己的事。

②加强对施工现场务工人员的管理。施工现场使用的务工人员必须手续齐全,建立务工人员档案,非施工人员不得进入现场,特殊情况要经保卫部门负责人批准。

③施工现场治安保卫工作要建立预警制度,对于有可能发生的事件要定期进行分析,化解矛盾。事件发生时,必须报备上级主管部门,并做好工作,以防事态扩大。

④加强对财务、库房、宿舍、食堂等易发案件区域的管理,要明确治安保卫工作责任人,制定防范措施,防止发生各类治安案件。

⑤加强重点建设项目的治安保卫工作,加强对要害部门及要害部位的管理,制定要害部位的保卫方案,并指定专人负责重点管理。

⑥施工现场必须有专职保卫人员,负责对工地宿舍区的保卫巡视。材料进出工地必须有出门证,车辆离开工地必须检查,严禁闲人出入工地。严禁赌博、酗酒和打架斗殴。

⑦库房搭设要牢固,有门有锁,有防盗措施,消防器材齐全有效。贵重物品必须及时入库,大型设备、笨重设备不能进入仓库的,放在外面要有防雨排水措施,在未安装之前不得开箱。

⑧对易燃、易爆、有毒物品设专库存放、专人管理,非经单位工程负责人批准,任何人都不得动用。不按此执行造成后果,追究当事人的刑事责任。

⑨对变电室、泵房、大型机械设备及工程的关键部位和关键工序,制定专门的保卫措施,确保安全。

⑩做好成品保护工作,制定具体措施,严防被盗、破坏和治安灾害事故的发生。

⑪施工现场发生各类案件和灾害事故,立即上报并保护好现场,并配合公安机关侦破。

6.4.2 施工现场消防管理

1. 现场消防宣传与安全检查

(1) 现场消防宣传教育

①入场前防火宣传教育:凡进入现场的分包方人员必须接受安监部组织的1~3 d的防火安全教育

培训，如讲课、开会、学习、考试等。教育培训结束后必须进行统一考试，合格者方可入场施工。电气焊工操作人员经培训、考试合格领取上岗证后，方可上岗操作。

②现场防火宣传教育：开展"五个一"活动；重大政治活动前进行专题宣传教育。

③季节性防火宣传教育：进入春季及冬期施工前分包方要进行专门的季节性防火宣传教育。

④节假日防火宣传教育：节假日前后应有意识、有目的地进行防火宣传教育。预防麻痹思想和火灾事故的发生。

⑤开展"119"活动：每年11月9日是"119"消防安全活动的开始时间，各单位可根据各自的实际情况，开展消防安全周、安全月、百日安全竞赛等活动。

2. 现场消防安全检查

①消防安全检查的形式：主要有分包方自查、安检部门检查、地区性的联合检查、夜间检查等形式。

②分包方每天要进行消防安全检查并记录，每月要有小结。

③检查时，受检查单位要派人参加，并主动提供现场情况及消防资料。检查完毕后受检查单位负责人应在检查隐患记录书上签字。

④分包方对安检部门和上级消防部门发出的火险隐患通知书和检查中提出的问题必须及时确定火灾隐患的性质，并制定解决措施，按时进行整改。重大火险隐患和暂时无法解决的隐患要及时上报安检部门。

3. 现场消防管理机构及其职责

（1）现场消防领导小组

在施工现场，分包方应建立消防领导小组，并成立义务消防队，具体负责施工现场的消防工作。义务消防队要认真学习消防灭火知识，遵守各种消防规章制度，定期开展消防训练活动，爱护消防设施。

现场消防领导小组应组织消防人员开展消防防火宣传教育和学习活动，如发现火灾隐患应及时报告。义务消防队员要积极参加火灾及事故的扑救工作，做到招之即来，来之能战，战之能胜。

此外，分包方还应教育现场施工人员要加强保护意识，不得损坏现场临时消防泵房、消防器材、消防通道、消防标语及标牌。对施工现场重点部位、重点施工工序应加强管理。

（2）现场消防及保卫人员安全职责

专职消防干部的职责：

①组织宣传、执行消防法规规章和防火技术规范，组织制定和审查施工现场的防火安全方案和措施。

②落实各级防火责任制，并组织人员进行消防安全检查，纠正违章行为，制定消除火险隐患的措施。

③对于分包项目，应合理制定分包单位的消防安全责任，总包单位负责对该项目的消防工作进行监督检查。

④在施工中要坚持防火安全交底制度，特别是在电气焊、油漆粉刷或从事防火等危险作业时，要有具体的防火要求。

警卫巡逻及看场人员的职责：

①认真学习和执行上级颁发的各项消防管理制度，明确和履行岗位责任制，敢于向坏人坏事作斗争，努力做好治安、消防保卫工作。

②要熟悉本责任区内外的环境，对水源、电源、消防器材的安放位置以及各种易燃、易爆、剧毒物品的储存场所，对生产、生活用火情况要心中有数，必须做到"三知"，即知重点部位、知防火措施、知用火情况。

③值勤时，要坚守岗位，做到一勤、二及时、三不准，即勤检查巡逻（30 min 一次），发现违章及时制止，发现隐患及时解决报告，不准擅离职守，不准睡觉，不准监守自盗。

④严格执行交接班制度，手续齐全并认真做好值班记录。会使用各种消防器材，对火灾事故要及时扑救、报警，保护好现场并及时报告保卫部门。

⑤值勤人员要尽心尽责，加强责任心，对外来人员和车辆、车号、驾照严格登记后方可放行，对有嫌疑的人员及车辆严禁入内，对违反消防规定的及时制止，对重大问题要及时报告有关部门。

4. 施工现场消防管理的要点

①施工现场要有明显的防火宣传标志。现场必须设置临时消防车道。其宽度不得小于3.5 m，并保证临时消防车道的畅通，禁止在临时消防车道上堆物、堆料或挤占临时消防车道。

②施工现场必须配备消防器材，做到布局合理。要害部位应配备不少于4具灭火器，要有明显的防火标志，并经常检查、维护、保养，保证灭火器材灵敏有效。施工现场消火栓应布局合理。消防管直径不小于100 mm。消火栓处昼夜要设有明显标志，配备足够的水龙带，周围3 m内不准存放物品。地下消火栓必须符合防火规范。高度超过24 m的建筑工程，应安装临时消防竖管。管径不得小于75 mm，每层设消火栓口，配备足够的水龙带。消防供水要保证足够的水源和水压，严禁消防竖管作为施工用水管线。

③电焊工、气焊工从事电气设备安装和电、气焊切割作业，要有操作证和用火证。用火前，要对易燃、可燃物清除，采取隔离等措施，配备看火人员和灭火器具，作业后必须确认无火源隐患后方可离去。用火证当日有效，用火地点变换，要重新办理用火证手续。

④氧气瓶、乙炔瓶工作间距不小于5 m，与明火作业距离不小于10 m。建筑工程内禁止氧气瓶、乙炔瓶存放，禁止使用液化石油气"钢瓶"。

⑤施工现场使用的电气设备必须符合防火要求。临时用电必须安装过载保护装置，电闸箱内不准使用易燃、可燃材料。严禁超负荷使用电气设备。施工现场存放易燃、可燃材料的库房、木工加工场所、油漆配料房及防水作业场所不得使用明露高热强光源灯具。

⑥易燃易爆物品，必须有严格的防火措施，指定防火负责人，配备灭火器材，确保施工安全。不准在工程内、库房内调配油漆、烯料。工程内不准作为仓库使用，不准存放易燃、可燃材料，因施工需要进入工程内的可燃材料，要根据工程计划限量进入并采取可靠的防火措施。废弃材料应及时清除。

⑦施工现场使用的安全网、密目式安全网、密目式防尘网、保温材料，必须符合消防安全规定，不得使用易燃、可燃材料。使用时施工企业保卫部门必须严格审核，凡是不符合规定的材料，不得进入施工现场使用。

⑧施工现场严禁吸烟。不得在建设工程内设置宿舍。施工现场和生活区，经保卫部门批准后可使用电热器具。严禁工程中明火施工及宿舍内明火取暖。

⑨生活区的设置必须符合消防管理规定。严禁使用可燃材料搭设，宿舍内不得卧床吸烟。

6.5 施工现场安全事故管理

6.5.1 工伤事故的定义与分类

1. 工伤事故的定义

工伤事故是指职工在劳动过程中发生的人身伤亡、急性中毒事故。

工伤事故是由伤害部位、伤害种类和伤害程度三个方面构成的。

①伤害部位：头、脸、眼、鼻、耳、口、牙、上肢、手指、下肢、足、肩、躯干、皮肤、黏膜、内脏、血液、神经末梢、中枢神经。

②伤害种类：挫伤、创伤、刺伤、擦伤、骨折、脱臼、烧伤、电伤、冻伤、腐蚀、听力损伤、中毒、窒息。

③伤害程度：我国分为死亡、重伤、轻伤。国外分为死亡、丧失劳动能力、部分丧失劳动能力、暂时不能劳动、需要医治但不停工、无伤害。

2. 工伤事故分类

（1）按伤害情况分类

1）重大人身险肇事故。重大人身险肇事故是指险些造成重伤、死亡或多人死亡的事故。

2）轻伤。轻伤是指负伤后需要休息一个工作日以上（含一个工作日），但未构成重伤的伤害。

3）重伤。经医院诊断为残废，或者可能成为残废，或虽不至于成为残废，但伤势严重的伤害。

重伤的范畴如下：

①伤势严重，需要进行较大手术才能挽救生命的。

②人体要害部位灼伤、烫伤或虽非要害部位，但灼伤、烫伤面积占全身 1/3 以上者。

③严重骨折（胸骨、肋骨、脊椎骨、锁骨、腕骨、腿骨等因受伤引起骨折）、严重脑震荡等。

④眼部受伤较重，有失明的可能。

⑤手部伤害。

⑥脚部伤害。

⑦内部伤害。内脏损伤、内出血或伤及腹膜等。

凡不在上述范围内的伤害，经医师诊断后，认为受伤较重，可根据实际情况，参考上述各点，由企业行政会同基层工会作个别研究后提出意见，报请当地劳动主管部门审查确定。

4）死亡。

（2）按一次事故伤亡人数分类

1）轻伤事故，是指只有轻伤而无重伤的事故。

2）重伤事故，是指负伤职工中有 1~2 人重伤，而无死亡的事故。

3）死亡事故，是指一次死亡 1~2 人的事故。

4）重大伤亡事故，指一次死亡 3~5 人或重伤 3 人以上（含 3 人）的事故。

5）特别重大伤亡事故，指一次死亡 10 人以上（含 10 人，以下同）或虽不足 10 人，但死亡加重伤总数在 10 人以上的事故。

特大火灾事故分类如下。

①死亡 10 人以上（含 10 人，下同）。

②重伤 20 人以上。

③死亡加重伤 20 人以上。

④受灾 50 户以上。

⑤直接财产损失 100 万元以上。

根据劳动部，劳安字（1990）9 号文关于《特别重大事故调查程序暂行规定》有关条文解释的规定，凡符合下列情况之一者即可称为特别重大伤亡事故。

①民航客机发生的机毁人亡（死亡 40 人及其以上）事故。

②专机和外国民航客机在中国境内发生的机毁人亡事故。

③铁路、水运、矿山、水利、电力事故造成一次死亡 50 人及其以上，或者一次造成直接经济损失 1 000 万元及其以上的。

④公路和其他发生一次死亡 30 人及以上或直接经济损在 500 万元及以上的事故（航空、航天器科研过程中发生的事故除外）。

⑤一次造成职工和居民 100 人及其以上的急性中毒事故。

⑥其他性质特别严重、产生重大影响的事故。

（3）按事故类别分类

即按职工受到伤害的原因进行分类。根据国家统计局和劳动部颁发的分类标准，分为 20 类：

①物体打击（指落物、滚石、锤击、碎裂、崩块、击伤等伤害，不含爆炸而引起的物体打击）。
②车辆伤害（包括挤伤、压伤、撞伤、倾覆伤害等）。
③起重伤害（指起重设备或操作过程中所引起的伤害）。
④机械伤害（包括绞、碰、碾、割、戳等）。
⑤触电（包括雷击伤害）。
⑥淹溺。
⑦灼烫。
⑧火灾。
⑨高处坠落（包括从架子上、屋顶上、架线电杆上坠落以及平地上坠落到地坑等）。
⑩坍塌（包括建筑物、堆置物、土石方倒塌等）。
⑪冒顶片帮。
⑫透水。
⑬放炮。
⑭火药库爆炸（指火药与炸药在生产、运输、贮存过程中发生的爆炸）。
⑮瓦斯爆炸。
⑯锅炉爆炸。
⑰容器爆炸。
⑱其他爆炸（包括化学品爆炸，炉膛、钢水包爆炸等）。
⑲中毒（煤气、油气、沥青、化学物质、一氧化碳中毒）和窒息。
⑳其他伤害（扭伤、跌伤、冻伤、野兽咬伤、钉子扎伤等）。

6.5.2 事故的报告与统计

1. 建设工程事故报告

（1）报告程序

施工现场发生生产安全事故，事故负伤者或事故现场有关人员要立即逐级或直接上报。
①轻伤事故：立即报告项目负责人。
②重伤事故：立即报告项目负责人和公司质量安全保证部。
③死亡事故：立即报告项目负责人和质量安全保证部，同时上报工程所在区县建委、安监局、公安系统重大责任事故处理部门。

（2）报告内容
①事故发生（或发现）时间、详细地点。
②发生事故的项目名称及所属单位。
③事故类别、事故严重程度。
④伤亡人数、伤亡人员基本情况。
⑤事故简要经过及抢救措施。
⑥报告人情况和联系电话。

（3）报告时限
①重伤及以上事故，项目要及时上报公司质量安全保证部，最迟不得超过 2 h。
②死亡事故：立即报告项目负责人和质量安全保证部，同时上报工程所在区县建委、安监局、公安系统重大责任事故处理部门。
③公司质量安全保证部组织项目完成《伤亡事故报表》、《伤亡事故伤亡人员报表》、《建设系统企业职工伤亡事故快报表》，并于事故发生日起 48 h 内上报上级主管部门。
④发生重大机械事故，比照伤亡事故时间逐级上报上级主管部门。

⑤发生伴随人员伤亡的火灾或场内交通事故，比照伤亡事故时间逐级上报上级主管部门。

2. 事故统计

事故统计是指运用统计学原理对安全生产诸方面的数量进行统计、分析和研究，从数量方面反映安全生产状况。统计的范围和对象，是企业职工在生产工作过程中所发生的同生产工作有关的人身伤亡事故，或因设备不安全而引起的人身伤亡事故。伤亡事故统计的目的，是通过调查分析伤亡事故统计资料，全面、及时、准确地掌握伤亡事故的起数、人数、损失及原因，为领导机关了解安全生产情况，制定安全生产工作方针、政策，研究改善职工劳动条件提供可靠的数据资料。

伤亡事故统计包括：
①伤亡事故报告。
②伤亡事故调查。
③伤亡事故分析。
④伤亡事故统计计算方法。
⑤伤亡事故经济损失。

6.5.3 安全事故调查处理

1. 安全事故调查

建筑施工中发生了职工重伤和死亡的事故后，必须进行调查分析，掌握真实材料。调查的内容包括：

①现场处理。即事故发生后应救护受伤害者，采取措施制止事故蔓延扩大；认真保护现场；为抢救受伤害者需要移动某些物体时，必须做好标志。

②物证搜集。对现场所有破损部件、碎片、残留物、致害物等，均应贴上标签，注明地点、时间和管理者，对这些物件应保持原样，不准冲洗擦拭；对有害健康的物品，应采取不损坏原始证据的安全防护措施。

③事故材料的搜集。即搜集与鉴别有关记录事故的材料，以及事故发生前后的有关事实。

④现场摄影。即显示残骸和受害者原始存息地的所有照片；可能被清除或被践踏的痕迹，事故现场全貌，进行摄影或录像，及提供较完善的信息内容。

⑤事故图。即事故现场示意图、流程图、受害者位置图等。

2. 事故分析

伤亡事故分析是对导致发生事故的主要原因和间接原因的分析。通过分析，找出事故主要原因和责任，从而采取有针对性的措施，以防止类似事故的发生。事故分析分三步进行：

①事故分析步骤。即整理、阅读调查材料，分析受害者的受伤部位、受伤性质、起因物、致害物、伤害方式、不安全状态、不安全行为，确定事故的直接原因、间接原因和责任者。

②事故原因分析。直接原因，即机械、物质或环境的不安全状态和人的不安全行为；间接原因，即技术和设计上有缺陷，缺乏或不懂安全操作技术知识，劳动组织不合理，对现场工作缺乏检查或指导错误，没有安全操作规程或规程不健全，没有或不认真实施事故防范措施，对事故隐患整改不力等。

③事故责任分析。从直接原因入手，逐步深入到间接原因，以掌握事故全部原因。再根据事故调查所确认的事实，确定事故的直接责任者和领导责任者，而后根据他们在事故发生过程中的作用，确定主要责任，最后根据事故后果和事故责任者应负的责任提出处理意见。

3. 事故结案处理

①对事故责任者的处理，应根据其情节轻重和损失大小、谁有责任、主要责任、次要责任、重要责任、一般责任、领导责任等，按规定给予处分。

②企业接到政府机关的结案批复后，进行事故建档，并接受政府主管部门的行政处罚。事故档

案登记应包括：
  a. 员工重伤、死亡事故调查报告书，现场勘察资料（记录、图纸、照片）。
  b. 技术鉴定和试验报告。
  c. 物证、人证调查材料。
  d. 医疗部门对伤亡者的诊断结论及影印件。
  e. 事故调查组人员的姓名、职务，并签字。
  f. 企业或其主管部门对该事故所作的结案报告。
  g. 受处理人员的检查材料。
  h. 有关部门对事故的结案批复等。
③事故调查处理结论经有关机关审批后，方可结案。伤亡事故处理工作一般应当在90 d内结案，特殊情况不得超过180 d。

6.5.4 工伤保险

工伤保险，是指劳动者在工作中或在规定的特殊情况下，遭受意外伤害或患职业病导致暂时或永久丧失劳动能力以及死亡时，劳动者或其遗属从国家和社会获得物质帮助的一种社会保险制度。

工伤保险，又称职业伤害保险。工伤保险是通过社会统筹的办法，集中用人单位缴纳的工伤保险费，建立工作保险基金，对劳动者在生产经营活动中遭受意外伤害或职业病，并由此造成死亡、暂时或永久丧失劳动能力时，给予劳动者及其实用性法定的医疗救治以及必要的经济补偿的一种社会保障制度。这种补偿既包括医疗、康复所需费用，也包括保障基本生活的费用。

6.6 事故应急救援与预案

6.6.1 事故应急救援的基本概念

事故应急救援系统是指通过事前计划和应急措施，充分利用一切可能的力量，在事故发生后迅速控制事故发展并尽可能排除事故，保护现场人员和场外人员的安全，将事故对人员、财产和环境造成的损失等降至最低程度。

从概念上可以看到，事故应急救援的关键就在应急和救援这两方面：
①应急，是为了我们在事故发生以后能够有一个应急的措施。
②救援，指的是在应急的过程中怎样去采取救援行动来保证人员的安全，减少事故损失。
所以，应急救援系统就是通过一个有效的应急救援行动，最后达到减少损失的目的。

6.6.2 事故应急救援的预案编制

要编制事故应急救援预案，首先要把它的前提条件摸清楚，而且要有一个正确有序的程序，才能保证编制工作在符合国家要求的条件下顺利实施。

从调查分析一直到最后预案的实施管理整个过程，都可以看成是编制的整个程序，可分为下面八个方面的步骤：
（1）编制前的准备
就是做好事先的分析，比如法律法规的分析，危险性的分析，都可以看成是准备阶段。
（2）成立预案编制工作组
必须要有统一的一个领导机构来进行实际的编制工作，这个编制组的组成对于企业而言，必须要包括各有关部门的人员来进行编制，如果是政府预案的话，那么应该包括本级人民政府的各个部门的有关人员来进行编制。必须要有一个预案编制的工作组，而且这个组长通常是负责人，他必须要起到实际的具体指挥行动的作用，具体负责人要是说话算数的人，否则编制出来的预案也不能够得到实施。

（3）资料收集

在编制组成立以后，按照编制的要求去收集相关的一些资料，比如企业当中用到的各种设备的安全使用情况，应急资源的准备情况，危险点的评价情况，这些都要收集。

（4）危险源和风险分析

这是一个重要的步骤，要进行危险源的辨识，然后在它的基础上进行风险的评价分析。

（5）应急能力的评估

根据现有的条件，到底应急能力是多大，我们要有一个总体的认识，首先要认清楚自己，估计自己的实际情况不要过高也不要过低。

（6）具体的编制

具体的编制工作就是按照编制的框架要求，一步一步地把预案编写下来的程序。

（7）预案的评审与发布

预案最后编制完成以后，一定要经过评审，包括内部评审和外部评审。所谓内部评审，就是企业编了一个预案以后，召集有关部门的有关人员，一般都是负责人，看对这个预案认不认可，同不同意，有什么缺陷，做一个评审。如果认为可以了，就对大家都具有约束力了。还有一种就是外部评审，指的是政府预案，它的评审必须邀请有关的专家和有关部门的人员来进行，最后评审完成以后，如果通过了，就要进行发布。这个发布必须要针对所有应急预案涉及的有关人员。

（8）应急预案的实施

实施包括配备相关的机构和人员，配备有关的物质，进行预案的演练、培训等后续的一系列的工作。

以上八个步骤，可以归纳为三个关键的步骤，如图6.1、图6.2、图6.3所示。

①前期准备：

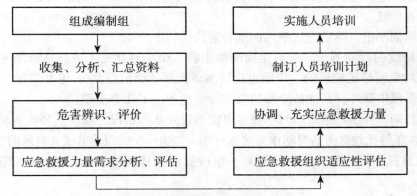

图6.1　应急预案编制的前期准备工作

②编制阶段：

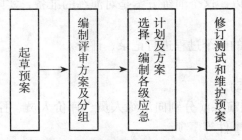

图6.2　应急预案编制的编制阶段工作

③演练评估阶段：

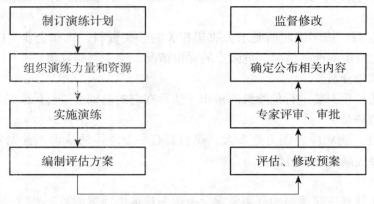

图6.3 应急预案编制的演练评估阶段工作

6.6.3 事故应急救援的培训与演练

1. 事故应急救援的培训

制订一个应急救援培训的计划，还要有行动指南和一定的前提和保障。

（1）培训的范围

根据预案针对的对象，培训范围包括政府的有关部门、社区居民、企业全员、专业队伍。比方说有毒有害物质泄漏、火灾逃生自救演习，就是所有员工都必须掌握的。

（2）培训的方式

可以分为专业培训、公众的居民培训，像电视、广播、专门的培训班等方式。

2. 事故应急救援演练

应急演练实际上是检验、评价和保持应急能力的一个重要手段。演练的实施主要有三个大的步骤：

（1）演练准备阶段

首先要成立策划小组，然后进入演练的准备阶段。

演练实际上持续的时间不长，一般全面演练也就几个小时就完了，但是演练的准备和总结阶段所占的时间，相对来说是比较长的，步骤也比较多，按照3个阶段共分19步，除了演练过程有记录参演组织的演练表现步骤外，其准备阶段和总结阶段也各占了几个步骤。

①确定演练日期。在演练的过程当中要尽可能地反映实际情况，应该选择在容易发生事故的这段时期，而且一般在条件比较恶劣的时期作为演练日期，如选一个雷雨季节或者有风的季节进行演练。

②确定演练目标和演练范围。演练策划小组应提前选择演练目标，确定演练范围或演练水平，并落实相关事宜。

③编写演练方案。演练策划小组根据演练目标和演练范围事先编制演练方案，对演练性质、规模、参演单位和人员、假想事故、情景事件及其顺序、气象条件、响应行动、评价标准与方法、时间尺度等事项进行总体设计。所以，这个演练方案是对演练的准备，实际上是总的规划。

④确定演练现场的规则。

⑤指定评价人员，对演练的整个过程进行记录、评价。

⑥安排好后勤工作。

⑦讲解演练方案与演练活动。

演练策划小组负责人应在演练前分别向演练人员、评价人员、控制人员简要讲解演练日程、演练现场规则、演练方案、情景事件等事项。

讲解的范围要合适，对哪些人该讲哪些东西，这里要有一个事先的规定才能够达到实战的目的，甚至有时演练可以不通知参演人员，让他什么都不知道，突然启动这个演练，他以为真的发生了这个事故然后有具体行动。

（2）演练实施阶段

记录参演组织的演练表现。

（3）演练总结阶段

应急演练结束后应对演练的效果做出评价，提交演练报告，并详细说明演练过程中发现的问题。按对应急救援工作及时有效性的影响程度，演练过程中发现的问题可划分为：

①不足项。不足项指演练过程中观察或识别出的应急准备缺陷，可能导致在紧急事件发生时，不能确保应急组织或应急救援体系有能力采取合理的应对措施，保护公众的安全与健康。不足项应在规定的时间内予以纠正。

演练过程中发现的问题确定为不足项时，策划小组负责人应对该不足项进行详细说明，并给出应采取的纠正措施和完成时限。

最有可能导致不足项的应急预案编制要素包括：职责分配，应急资源，警报、通报方法与程序，通讯，事态评估，公众教育与公共信息，保护措施，应急人员安全和紧急医疗服务等。

②整改项。整改项指演练过程中观察或识别出的，单独不可能在应急救援中对公众的安全与健康造成不良影响的应急准备缺陷。整改项应在下次演练前予以纠正。

下面两种情况下，整改项可列为不足项：一是某个应急组织中存在两个以上整改项，共同作用可影响保护公众安全与健康能力的；二是某个应急组织在多次演练过程中，反复出现前次演练发现的整改项问题的。

③改进项。改进项指应急准备过程中应予改善的问题。改进项不同于不足项和整改项，它不会对人员的生命安全、健康产生严重的影响，应视情况予以改进，不必一定要求予以纠正。

6.7 安全教育

6.7.1 安全教育的分类

针对不同人员的教育方式是不一样的，一般包括入场教育、日常教育、特殊安全教育。

（1）入场教育

新工人进厂以后，按照厂级、车间、班组这三级教育的模式来进行教育，这些人员的教育，不仅包括正式的工人、合同工也包括临时工、外包工，以及培训实习人员，这些都要进行日常的教育，只不过时间会有所不同。只要是厂里从事生产或者进行参观实习的这些人员，都要进行培训。

（2）安全生产的日常教育

①安全生产宣传教育。宣传安全生产的重大意义，牢固树立"安全第一"的思想；宣传"安全生产、人人有责"，明确谁施工谁管安全，动员全体职工人人重视，人人动手抓安全生产，文明施工。教育职工克服麻痹思想，克服安全生产工作中轻视安全的毛病。教育职工尊重科学，按客观规律办事，不违章指挥，不违章作业，使职工认识到安全生产规章制度是长期实践经验的总结，要自觉地学习规程，执行规程。

②普及安全生产知识宣传教育。防触电和触电后急救知识教育；防止起重物伤害事故基本知识，严格安全纪律，不准随意乱开动起重机械，不准随意乘坐起重物升降；脚手架安全使用知识，不准随意拆用架子的任何部件；防爆常识，不准乱拿、乱用炸药雷管，不准在乙炔发生器危险区内吸烟点火；防尘、防毒、防电光伤眼等基本知识。

③适时教育。季节性安全教育，如冬季、雨季施工的安全教育；节假日及晚上加班职工的安全教

育；突击赶任务情况的安全教育。

（3）特殊安全教育

特种作业前，必须对工人进行安全技术操作规程教育；上岗时必须持有上岗证；工长必须对工人进行安全技术交底。

6.7.2 安全教育与培训的时间要求

施工企业职工必须定期接受安全培训教育，坚持先培训后上岗的制度。职工每年必须接受一次专门的安全培训。

安全教育与培训的实施主要分为内部培训和外部培训。内部培训是指公司的有关专业人员或公司聘请的专业人士对职工的一种培训；外部培训是指公司劳动人事部委托培训单位对部分职工进行培训，从而取得上岗证或是继续教育，提高业务水平。

安全教育与培训的时间要求有：

①公司法定代表人、项目经理每年接受安全培训的时间，不得少于30学时。

②公司专职安全管理人员取得岗位合格证书并持证上岗外，每年还必须接受安全专业技术业务培训，时间不得少于40学时。

③其他管理人员和技术人员每年接受安全培训的时间，不得少于20学时。

④特殊工种（包括电工、焊工、厂内机械操作工、架子工、爆破工、起重工等）在通过专业技术培训并取得岗位操作证后，每年仍须接受有针对性的安全培训，时间不得少于20学时。

⑤其他职工每年接受安全培训的时间，不得少于15学时。

⑥待岗、转岗、换岗的职工，在重新上岗前，必须接受一次安全培训，时间不得少于20学时。

⑦新进场的职工，必须接受公司、分公司、项目部的三级安全培训教育，方能上岗。

a. 公司安全培训教育的主要内容是：国家和地方有关安全生产的方针、政策、法规、标准、规范、规程和企业的安全规章制度等。培训教育的时间不得少于15学时。

b. 分公司安全培训教育的主要内容是：工地安全制度、施工现场环境、工程施工特点及可能存在的不安全因素等。培训教育的时间不得少于15学时。

c. 项目部安全培训教育的主要内容是：本工程、本岗位的安全操作规程、事故案例剖析、劳动纪律和岗位讲评等。培训教育的时间不得少于20学时。

6.7.3 安全教育对象

安全教育对象，可以分为四类：

（1）单位主要负责人

对于单位的主要负责人，要求他必须要进行安全培训，掌握相关的安全技术方面的知识和安全管理方面的知识，如果是特种行业安全生产的主要负责人，还必须考试合格，取得安全资格的证书以后，才可能任职。像矿山建筑施工企业、危险化学品生产企业，对主要人员有持证的要求，矿长要有安全资格证书才能上岗。

（2）安全管理人员

安全管理人员的安全教育培训要求和单位主要负责人的要求是一样的，只不过他在培训的时候，侧重点有所不同，同样也要求应具备安全的资格证书，才能够担任安全生产的管理人员。

（3）从业人员

从业人员的安全教育培训，这是更广泛的教育培训，实际上是全员的安全教育培训，只要是在生产当中所涉及的人员，必须要进行培训，包括上岗之前的培训、日常的教育培训。

（4）特种作业人员

特种作业人员有特殊的要求，要求必须经过培训考核合格以后，获得特种作业人员的操作证才能够上岗操作。比如电工、焊工、起重机的操作工，还有锅炉工，矿山相关的通风工、爆破工、提升工等等，这些工作人员必须要参加特种作业人员的培训，并且通过政府有关部门的考核，最后获得操作证书才能够上岗操作，否则就是无证上岗，出了事故以后要追究相关人员的责任。而且特种人员的操作培训，是以实用的操作为主要目的。

安全提示：

很多建筑施工企业对安全教育不够重视，导致工程事故频发，所以必须按要求严格进行安全教育，杜绝人为因素事故的发生。

基础与工程技能训练

一、单选题

1. 我国安全生产方针是（　　）。
   A. 高高兴兴上班来，平平安安回家去　　B. 以人为本，安全第一
   C. 安全第一，预防为主　　D. 管生产的必须管安全
2. 机械设备使用中"三定"制度是指（　　）。
   A. 定人、定机、定岗位责任　　B. 定人、定期限、定措施
   C. 定人、定机、定措施　　D. 定人、定期限、定岗位责任

二、多选题

1. 文明施工的意义包括（　　）。
   A. 文明施工能促进企业综合管理水平的提高
   B. 文明施工是适应现代化施工的客观要求
   C. 文明施工有利于员工的身心健康，有利于培养和提高施工队伍的整体素质
   D. 文明施工代表企业形象
   E. 文明施工的管理费用高，不利于企业的成本核算
2. 加强文明施工的宣传和教育（　　）。
   A. 在坚持岗位练兵基础上，要采取派出去、请进来、短期培训、上技术课、登黑板报、广播、看录像、看电视等方法狠抓教育工作
   B. 要特别注意对临时工的岗前教育
   C. 张贴宣传画、广告词，加大力度宣传
   D. 专业管理人员应熟悉掌握文明施工的规定
   E. 施工管理人员要亲自实施
3. 文明施工的资料包括（　　）。
   A. 上级关于文明施工的标准、规定、法律法规等资料
   B. 施工组织设计中对文明施工的管理规定，各阶段施工现场文明施工的措施
   C. 施工组织设计（方案）和进度计划
   D. 个人岗位责任制、经济责任制、安全检查制度的相关资料
   E. 文明施工教育、培训、考核计划的资料，文明施工活动各项记录资料

三、判断题

1. 安全色中蓝色表示注意、警告。（　　）

2. 安全色中绿色表示通行、安全和提供信息。（   ）

3. 安全生产的日常教育包括安全生产宣传教育、普及安全生产知识宣传教育、适时教育。（   ）

4. "五牌一图"，即工程概况牌、管理人员名单及监督电话牌、消防保卫（防火责任）牌、安全生产牌、文明施工牌和施工现场平面图。（   ）

四、案例题

某建筑工程，地下 2 层，地上 12 层。总建筑面积 30 000 m²，首层建筑面积 2 300 m²，建筑红线内占地面积 6 000 m²。该工程位于闹市中心，现场场地狭小。

施工单位为了降低成本，现场只设置了一条 3.3 m 宽的施工道路兼作消防通道。现场平面呈长方形，在其斜对角布置了两个临时消火栓，两者之间相距 88 m。

为了迎接上级单位的检查，施工单位临时在工地大门入口处的临时围墙上悬挂了"五牌"、"二图"，检查小组离开后，项目经理立即派人将之拆下运至工地仓库保管，以备再查时用。

（1）该工程设置的消防通道是否合理？请说明理由。

（2）该工程对现场"五牌"、"二图"的管理是否合理？请说明理由。

（3）编制此工程"五牌二图"的管理措施。

模块7
建筑施工安全生产技术

模块概述

要想提高施工安全水平和构建文明施工场地,就必须建立和完善建筑施工安全技术与防护对策,只有这样,才能预防及减少施工现场伤亡事故,才能够实现建筑施工安全生产标准化、规范化,才能够确保建筑企业职工的安全和健康。

在施工过程中,积极做好安全管理工作,以建筑施工安全技术与防护对策为支撑,提高工人的安全生产意识和安全操作技术,严禁"三违"现象,采取各种措施消除安全隐患,势必会消除或减少安全事故的发生,从而保障人民的生命和财产安全,促进建筑行业的良性发展,也就有利于社会经济的快速发展和构建和谐社会目标的早日实现。

学习目标

1. 掌握基坑(槽)和管沟工程安全要求与技术,进行基坑(槽)和管沟工程的安全管理和控制。掌握模板工程安全要求与技术,掌握模板工程安全与技术,能对模板工程施工实施安全管理和控制。
2. 掌握各种脚手架的搭设要求和安全注意事项,能对脚手架工程实施安全管理的控制,能对脚手架进行安全检查、验收和评分。
3. 掌握高处作业安全要求与技术,掌握临边作业、洞口作业和悬空作业防护构造设施的构造及材质要求,掌握"三宝"(安全帽、安全带、安全网)的使用,了解《建筑施工安全检查标准》对"三宝"、"四口"(通道口、预留洞口、楼梯口、电梯口)防护安全检查的要求。
4. 了解施工现场临时用电安全技术要求,了解《建筑施工安全检查标准》对施工现场临时用电防护安全检查的要求。了解常用施工机械的安全使用要求与技术,了解《建筑施工安全检查标准》对施工机械安全检查的要求。掌握建筑拆除安全技术的基本要求和管理要求,了解起重机械及焊接技术的操作技术要求。

能力目标

1. 通过职业活动训练教学环节,具备基坑(槽)和管沟工程现场安全管理和控制的能力,能够编制基坑(槽)和管沟工程施工方案,能够根据《建筑施工安全检查标准》中基坑支护安全检查评分表进行检查及评分。
2. 讲解脚手架搭设、使用和拆除安全要求与安全技术,使学生熟识各脚手架专项施工方案的内容及编制方法,能指导施工人员正确安装、使用及拆除各种脚手架,为学生毕业后从事现场施工技术管理工作奠定基础。
3. 让学生了解施工现场临时用电安全技术、安全检查和安全管理的要求,能按照施工现场临时用电安全技术,正确指导外电防护施工,能对施工用电进行安全检查和评分及安全管理和控制。对于触电事故,能够采取正确方法进行应急救援。能正确指导工人安全使用施工机具、龙门架、井架、塔吊、起重机械,并能进行安全检查评分及安全管理和控制。
4. 能按照拆除工程施工安全要求与技术,正确指导工人拆除工程施工。

课时建议

10课时

7.1 土方工程

7.1.1 土方开挖与回填的施工安全技术措施

① 基坑（槽）开挖时，两人操作间距应大于 2.5 m。多台机械开挖，挖土机间距应大于 10 m。在挖土机工作范围内，不允许进行其他作业。挖土应由上而下，逐层进行，严禁先挖坡脚或逆坡挖土。

② 土方开挖不得在危岩、孤石的下边或贴近未加固的危险建筑物的下面进行。施工中应防止地面水流入坑、沟内，以免发生边坡塌方。

③ 基坑周边严禁超荷载堆放。在坑边堆放弃土、材料和移动施工机械时，应与坑边保持一定的距离，当土质良好时，要距坑边 1 m 以外，堆放高度不能超过 1.5 m。

④ 基坑（槽）开挖应严格按要求进行放坡。施工时应随时注意土壁的变化情况，如发现有裂纹或部分坍塌现象，应及时进行加固支撑或放坡，并密切注意支撑的稳固和土壁的变化。当采取不放坡开挖时，应设置临时支护，各种支护应根据土质及基坑深度经计算确定。

⑤ 采用机械多台阶同时开挖时，应验算边坡的稳定，挖土机离边坡应保持一定的安全距离，以防塌方，造成翻机事故。

⑥ 在有支撑的基坑（槽）中使用机械挖土时，应防止碰坏支撑。在坑槽边使用机械挖土时，应计算支撑的强度，必要时应加强支撑。

⑦ 开挖至坑底标高后坑底应及时封闭并进行基础工程施工。

⑧ 在进行基坑（槽）和管沟回填土时，其下方不得有人，所使用的打夯机等要检查电器线路，防止漏电、触电，停机时要切断电源。

⑨ 在拆除护壁支撑时，应按照回填顺序，从下而上逐步拆除。更换护壁支撑时，必须先安装新的，再拆除旧的。

7.1.2 特殊地段（区）土方开挖施工安全技术措施

① 斜坡坡度要根据工程地质和土坡高度，结合当地同类土体的稳定坡度值确定。土方开挖宜从上至下、分层分段分次进行，并随时做成一定的坡势以利泄水，且不应在影响边坡稳定的范围内积水。

在斜坡上方弃土时，应保证挖方边坡的稳定。弃土堆应连续设置，其顶面应向外倾斜，以防山坡水流入挖方场地。当坡度大于 200 或在软土地区，禁止在挖方上侧弃土。在挖方下侧弃土时，要将弃土堆表面整平，并向外倾斜，弃土表面要低于挖方场地的设计标高，或在弃土堆与挖方场地间设置排水沟，防止地表水流入挖方场地。

② 爆破施工前，严防因爆破震动产生滑坡。抗滑挡土墙要尽量在旱季施工，基槽开挖应分段进行，并加设支撑，开挖一段就要做好这段的挡土墙。开挖过程中如发现滑坡迹象（如裂缝、滑动等）时，应暂停施工，必要时，所有人员和机械要撤至安全地点。滑坡地段挖方不宜雨季施工。

③ 湿土地区挖方。施工前，需要做好地面排水和降低地下水位的工作，若为人工降水时，要降至坑底 0.5~1.0 m 时，方可开挖，采用明排水时可不受此限。相邻基坑和管沟开挖时，要先深后浅，并要及时做好基础。挖出的土不应堆放在坡顶上，应立即转运至规定的距离以外。

④ 膨胀土地区挖方。开挖前，要做好排水工作，防止地表水、施工水和生活废水浸入施工现场或冲刷边坡。开挖后的基土不许受日暴晒或水浸泡。开挖、作垫层、基础施工和回填等要连续进行。采用砂地基时，要先将砂浇水至饱和后再铺填夯实，不能在基坑（槽）或管沟内浇水使砂沉落的方法施工。

⑤ 落石与岩堆地段挖方。先清理危石和设置拦截设施后再进行开挖。开挖坡度应按设计进行，

坡面上松动石块应边挖边清除。

⑥岩溶地区、沼泽地段挖方。岩溶地区挖方施工，应认真处理岩溶水的涌出，以免导致突发性的坍塌。泥沼地段挖方施工，应有必要的防范措施，避免人、机下陷。挖出的废土应堆在合适的地方，以防汛期造成人为的泥石流。

7.2 基坑工程

7.2.1 基坑工程概述

随着我国城市化进程的加快，城市建筑向天空（高层）向地下（地下室）要空间成为必然。越来越深的基坑工程在给城市提供宝贵的建筑空间的同时，与基坑有关的安全事故也时有发生：轻者基坑边坡位移，周边道路建筑物开裂；重者基坑整体失稳破坏，倾覆坍塌，人员伤亡。深基坑带来的安全隐患和事故已经引起建设主管部门和业内人士的高度关注。

1. 基本规定

国家住建部《危险性较大的分部分项工程安全管理办法》确定的深基坑工程是指"开挖深度超过5 m的基坑，以及开挖深度虽未超过5 m，但地质条件、周边环境和地下管线复杂，或影响毗邻建筑物安全的基坑工程"。在东部沿海城市，由于地质多属淤泥质土质，城市建筑、地下管线及城市道路又比较密集，建议按3 m为限。

2. 深基坑工程安全事故的主要表现形式和原因

深基坑工程施工中的安全事故主要表现在：一是围护结构整体失稳坍塌；二是围护结构局部或部分破坏；三是围护结构体系滞水功能失效，基坑大量进水或涌砂（泥）；四是基坑底土严重隆起；五是由于基坑支护结构严重位移或破坏引起基坑周边道路、地下管线建筑物破坏等。

引起基坑上述事故的主要原因有以下几个方面：一是基坑施工单位对基坑工程没有给予足够的重视，施工前没有按相关规定编制切实可行的施工方案而随意施工；二是施工单位编制的施工方案存在着严重的缺陷，按此方案施工，事故不可避免；三是施工前提供的有关基坑地质勘察资料不准确，据此编制的方案不可能完善；四是施工单位虽编制了切实可行的施工方案，但在施工中为了压造价赶工期而不按方案实施；五是在基坑工程施工中遇到突发事故没有切实可行的应急处理方案，或应急处理不当；六是其他不可预知的因素或不可抗力引起的基坑事故。

3. 深基坑工程的安全控制要点

① 基坑施工单位在施工准备期间要详细收集确认有关基坑施工中需要了解的基础数据信息。如基坑岩土参数，周边地下管线、道路以及建筑（构筑）物结构的详细情况（如基础形式、埋深等）；施工单位的技术能力、施工经验、拟进入施工现场的施工设备配备情况等。

② 施工单位技术人员根据以上基坑参数和信息，在吃透本工程地下室结构图的基础上，编制切实可行的基坑施工方案；并报单位技术负责人和总监理工程师审批。

③ 任何方案都是用来指导生产的，如果施工中不按方案实施，那么再好的方案也只是摆设。因此基坑施工方案一旦得到批准，施工中就要严格据此实施，要坚决杜绝为了赶工期而抛开方案随意施工的行为，同时也要避免随意变更原方案的做法。

④ 施工过程中遇到突发事件时，按照应急预案的内容采取应对措施；当应急预案内容顾及不到时，在保证人员和基坑安全的前提下，及时提请有关技术人员和专家会商，制定和采取相应的对应措施。

⑤ 施工中加强基坑边坡稳定性的监测工作。施工单位在基坑方案中应根据基坑等级确定监控方案和措施，基坑施工过程中严格进行监控，当发现有异常情况时，及时采取措施，避免事态扩大。

⑥ 充分发挥监理的现场监督作用。现场监理人员要加强责任心，利用旁站巡视等措施监督施工单位按审批过的方案组织施工；当发现施工单位违规作业时，要及时以联系单、通知单、指令单等形式责令施工单位整改；必要时可以责令施工单位局部停工，或向建设单位和主管部门报告。

7.2.2 基坑开挖监测

基坑开挖监测是检验基坑工程设计正确与否的手段，又是指导安全施工的必要措施，因此，在基坑施工过程中，应该对可能出现的险情及时预报，当有异常情况时立即采取必要的补救措施，将险情控制在萌芽状态，确保施工安全。基坑工程施工过程中的监测应包括对支护结构的监测。前者指对支护结构桩、墙及其支撑系统的内力、变形的监测；后者指对影响区域内的建筑（构）物、地下管线的变形监测。

1. 基坑开挖监控规定

① 基坑开挖前应制订系统的开挖监控方案，监控方案应包括：监控目的；监测项目；监控报警值；监测方法及精度要求；监测点的布置；监测周期；工序管理和记录制度以及信息反馈系统等。

② 监测点的布置应满足监控要求，从基坑边缘以外 1~2 倍开挖深度范围内的需要保护物体均为监控对象。

③ 基坑工程监测项目可按基坑工程安全等级选择。

④ 位移观测基准点数量不应少于两点，且应设在影响范围以外。

⑤ 监测项目在基坑开挖前测得初始值，且不应少于两次。

⑥ 基坑监测项目的监控报警值应根据监测对象的有关规范及支护结构设计确定。

⑦ 各项监测的时间间隔可根据施工进程确定。当变形超过有关标准或监测结果变化速率较大时，应加密观测次数。当有事故征兆时，应连续监测。

⑧ 基坑监测过程中，应根据设计要求提交阶段性监测结果报告。工程结束时，应提交完整的监测报告，报告内容应包括：工程概况；监测项目和测点的平面和立面布置图；采用的仪器设备和监测方法；监测数据处理方法和监测结果过程曲线；监测结果评价。

2. 监测结果分析

通过基坑分析工程监测获得准确数据之后，进行定量分析与评价，并及时进行险情预报，提出建议和措施，进一步加固处理直到问题解决。

分析内容：对支护结构顶部水平位移分析；对沉降和沉降速率进行计算分析，沉降要分区由支护结构水平位移引起或由于地下水位移变化引起；根据各项监测结果，进行综合分析并相互验证和比较，判断原有设计和施工方案的合理性；全面分析基坑开挖对周围环境影响和支护的效果，预测后续工程开挖中可能出现的新问题；经过分析评价、险情报警之后，应及时提出处理措施，调整方案、排除险情、并跟踪监测加固处理后的效果。

7.2.3 深基坑土石方开挖

1. 有支护结构的基坑土石方开挖

① 整个土方开挖顺序，必须与支护结构的设计工况严格一致。要遵循开槽支撑、先撑后挖、分层开挖、严禁超挖的原则。

② 挖土时，除支护结构允许外，挖土机和运土机车辆不得直接在支撑上行走和操作。

③ 为减少时间效应的影响，挖土时应尽量缩短围护墙无支撑的暴露时间。一般对一、二级基坑，每一工况挖至规定标高后，钢支撑的安装周期不宜超过一昼夜，混凝土支撑的完成时间不宜超过两昼夜。

④ 对面积较大的基坑，为减少空间效应的影响，基坑土方宜分层、分块、对称、限时进行开挖，土方开挖顺序要为尽可能早的安装支撑创造条件。

⑤ 挖土机挖土时严禁碰撞工程桩、支撑、立柱和降水的井点管。分层挖土时，高不宜过大，以

免土方侧压力过大使工程桩变形倾斜,在软土地区尤为重要。

⑥ 同一基坑内当深浅不同时,土方开挖宜先从浅基坑处开始,如条件允许可待基坑浇筑后,再开始开挖较浅基坑的土方。

⑦ 如两个深浅不同的基坑同时挖土,土方开挖宜先从较深基坑开始,待较深基底板浇筑后,再开始较浅基坑的土方。

⑧ 如基坑底部有局部加深的电梯井、水池等,如深度较大宜先对其边坡进行加固处理后再进行开挖。

2. 深基坑土方开挖施工安全技术措施

① 在深基坑土方开挖前,应制定土方工程施工方案,对施工准备、开挖方法、放坡、排水、边坡支护应根据有关规范要求进行设计,边坡支护要有设计计算书。

② 人工挖基坑时,操作人员之间要保持安全距离,一般大于 2.5 m;多台机械开挖,挖土机间距应大于 10 m,挖土要自上而下,逐层进行,严禁先挖坡脚的危险作业。

③ 挖土方前对周围环境要认真检查,不能在危险岩石或建筑物下面进行作业。

④ 深基坑周围设防护栏,人员上下要有专用爬梯。

⑤ 运土道路的坡度、转弯半径要符合有关安全规定。

⑥ 施工机械进场前必须经过验收,合格后方能使用。

⑦ 机械挖土,应严格控制开挖面坡度和分层厚度,防止边坡和挖土机下的土体滑动。挖土机作业半径内不得有人进入。司机必须持证上岗作业。

⑧ 弃土应及时运出,如需要临时堆土,或留作回填土,堆土坡脚至坑边距离应按挖坡深度、边坡坡度和土的类别确定,在边坡支护设计时应考虑堆土附加的侧压力。

⑨ 为防止基坑坑底的土被扰动,基坑挖好后要尽量减少暴露时间,及时进行下一道工序的施工。如不能立即进行下一道工序,要预留 20~30 cm 厚覆盖土层,待基础施工时再挖去。

3. 其他施工安全应注意事项

(1) 基坑周边的安全

深度超过 2m 的基坑周边应设置不低于 1.2 m 高的固定防护栏杆。基坑周边的堆载不能超过基坑工程设计时所考虑的允许附加荷载。大型机械设备若要行至坑边或停放在坑边,必须征得基坑工程设计人员的同意,方可实施。

(2) 行人支撑上的护栏

合理选择部分支撑,并采取一定的防护措施,作为坑内架空便道。其他支撑上一律不得行人,并采取措施将其封堵。

(3) 合理设置基坑内扶梯

为方便施工,保证作业人员的安全,有利于特殊情况下采取应急措施,基坑内须合理设置上下行人扶梯或其他形式的通道,其平面应考虑不同位置的作业人员上下方便。

(4) 大体积混凝土施工的防火安全

为避免大体积混凝土产生温差裂缝,有的使用蓄热法来控制混凝土表面与中心的温差在 25℃ 范围内,亦通常采用的混凝土表面先铺盖一层塑料薄膜,再覆盖 2~3 层干草包。因此,应特别注意对大面积干草包的防火工作,不得用碘钨灯烘烤混凝土表面,同时,周围严禁烟火,并配备一定数量的灭火器材。

(5) 钢筋混凝土支撑爆破安全

钢筋混凝土支撑的爆破施工必须由取得政府有关管理部门批准的资质企业承担,其爆破拆除方案必须经工程所在地政府消防管理部门的审批,按《建筑工程安全生产管理条例》规定,爆破施工必须编制专项施工方案,施工现场必须采取一定的防护措施,包括:支撑最大时,要合理分块分批施爆,以减少一次爆破时使用的炸药用量,减少噪音和振动;在所要爆破的支撑范围内搭设防护棚;在所要爆破的支撑三面覆盖几层湿草包或湿麻袋；必要时在基坑周边搭设防护挡板；选择适当的爆破时间，减轻其噪音对周围居民或过往行人的影响等。

(6) 对邻近建（构）物、地下管线的保护措施

对邻近建筑（构造）物的保护措施，主要采用跟踪注浆法、压密注浆法、搅拌桩、静力锚杆压桩等加固保护措施。其中，采用跟踪注浆法时，注浆孔布置可在围护墙背及建筑（构）物前各布置一排，两排注浆孔间则适当布置，注浆深度应在地表至坑底以下2~4 m范围，具体可根据工程条件确定。施工时，应控制好注浆压力。

对邻近地下管线的保护措施主要有两种方法：一是打设封闭桩或开挖隔离沟。对邻近地下管线离开基坑较远，但开挖后引起的位移或沉降又较大的情况，可在邻近管线靠基坑设置封闭桩。在管线边开挖隔离沟亦可控制位移，隔离沟应与管线有一定距离，其深度宜与管线埋深接近或略深，在靠管线一侧还应做出一定坡度。二是管线架空。对地下管线离基坑较近的情况，设置隔离桩或隔离沟既不容易实施也无明显效果，此时采用管线架空方法。管线架空后与围护墙后的主体基本分离，土体的位移与沉降对它影响很小。

7.3 模板工程

7.3.1 模板分类

①按其所用的材料不同分为木模板、钢模板、钢木模板、钢竹模板、胶合板模板、塑料模板、铝合金模板等。

②按其结构的类型不同分为基础模板、柱模板、楼板模板、墙模板、壳模板和烟囱模板等。

③按其形式不同分为整体式模板、定型模板、工具式模板、滑升模板、胎模等。

7.3.2 模板安装的安全要求

1. 一般安全要求

(1) 模板安装的一般要求

① 模板安装必须按模板的施工设计进行，严禁任意变动。

② 楼层高度超过4 m或二层及二层以上的建筑物，安装和拆除钢模板时，周围应设安全网或搭设脚手架和加设防护栏杆。在临街及交通要道地区，尚应设警示牌，并设专人维持安全，防止伤及行人。

③ 现浇整体式的多层房屋和构筑物安装上层楼板及其支架时，应符合下列要求：

a. 下层楼板混凝土强度达到1.2 MPa以后，才能上料具。料具要分散堆放，不得过分集中。

b. 下层楼板结构的强度要达到能承受上层模板、支撑系统和新浇筑混凝土的重量时，方可进行。否则下层楼板结构的支撑系统不能拆除，同时上下层支柱应在同一垂直线上。

c. 如采用悬吊模板、桁架支模方法，其支撑结构必须要有足够的强度和刚度。

④ 当层间高度大于5 m时，若采用多层支架支模，则在两层支架立柱间应铺设垫板，且应平整，上下层支柱要垂直，并应在同一垂直线上。

⑤ 模板及其支撑系统在安装过程中，必须设置临时设施，严防倾覆。

⑥ 模板的支柱纵横向水平、剪刀撑等应按设计的规定布置，当设计无规定时，一般支柱的网距不宜大于2 m，纵横向水平的上下步距不宜大于1.5 m，纵横向的垂直剪刀撑间距不宜大于6 m。

当支柱高度小于4 m时，应设上下两道水平撑和垂直剪刀撑。以后支柱每增高2 m再增加一道水平撑，水平撑之间还需增加剪刀撑一道。

当楼层高度超过10 m时，模板的支柱应选用长料，同一支柱的连续接头不宜超过2个。

⑦ 采用分节脱模时，底模的支点应按设计要求设置。
⑧ 承重焊接钢筋骨架和模板一起安装时，应符合下列要求：
a. 模板必须固定在承重焊接钢筋骨架的节点上。
b. 安装钢筋模板组合体时，吊索应按模板设计的吊点位置绑扎。
⑨ 预拼装组合钢模板采用整体吊装方法时，应注意以下要点：
a. 拼装完毕的大块模板或整体模板，吊装前应按设计规定的吊点位置，先进行试吊，确认无误后，方可正式吊运安装。
b. 使用吊装机械安装大块整体模板时，必须在模板就位并连接牢靠后，方可脱钩。并严格遵守吊装机械使用安全有关规定。
c. 安装整块柱模板时，不得将柱子钢筋代替临时支撑。
⑩ 在架空输电线路下面安装和拆除组合钢模板时，吊机起重臂、吊物、钢丝绳、外脚手架的操作人员等与架空线路的最小安全距离应符合表7.1的要求。如不符合表7.1的要求时，要停电作业；不能停电时，应有隔离防护措施。

施工设施和操作人员与架空线路的最小安全距离如下：

表 7.1 外电显露电压与最小安全距离

外电显露电压 /kV	1 以下	1 ~ 10	3 ~ 110	15 ~ 220	330 ~ 500
最小安全操作距离 /m	4	6	8	10	15

（2）模板拆除的一般要求
① 拆除时应严格遵守各类模板拆除作业的安全要求。
② 拆模板，应经施工技术人员按试块强度检查，确认混凝土已达到拆模强度时，方可拆除。
③ 高处、复杂结构模板的拆除，应有专人指挥和切实可靠的安全措施，并在下面标出作业区，严禁非操作人员进入作业区。操作人员应配挂好安全带，禁止站在模板的横拉杆上操作，拆下的模板应集中吊运，并多点捆牢，不准向下乱扔。
④ 工作前，应检查所使用的工具是否牢固，扳手等工具必须用绳链系挂在身上，工作时思想要集中，防止钉子扎脚和从空中滑落。
⑤ 拆除模板一般采用长撬杠，严禁操作人员站在正拆除的模板下。在拆除楼板模板时，要注意防止整块模板掉下，尤其是用定型模板做平台模板时更要注意，防止模板突然全部掉下伤人。
⑥ 拆模间歇时，应将已活动的模板、拉杆、支撑等固定牢固，严防突然掉落、倒塌伤人。
⑦ 已拆除的模板、拉杆、支撑等应及时运走或妥善堆放，严防操作人员因扶空、踏空坠落。
⑧ 在混凝土墙体、平板上有预留洞时，应在模板拆除后，随即在墙洞上做好安全护栏，或将板的洞盖严。

2. 安装注意事项
① 单片柱模板吊装时，应采用卸扣（卡环）和柱模连接，严禁用钢筋钩代替，以避免柱模翻转时脱钩造成事故，待模板立稳后并拉好支撑，方可摘除吊钩。
② 支撑应按工序进行，模板没有固定前，不得进行下道工序。
③ 支设4 m以上的立体模板和梁模板时，应搭设工作台，不足4 m的，可使用马凳操作，不准站在柱模板上和在梁模板上行走，更不允许利用拉杆、支撑攀登上下。
④ 墙模板在未装对拉螺栓前，板面要向内倾斜一定角度并撑牢，以防倒塌。安装过程要随时拆换支撑或增加支撑，以保持墙板处于稳定状态。模板未支撑稳固前不得松动吊钩。
⑤ 安装墙模板时，应从内、外角开始，向互相垂直的两个方向拼装，连接模板的U形卡要正反交替安装，同一道墙（梁）的两端模板应同时组合，以便确保安装时的稳定。当模板采用分层支模

时，第一层模板拼装后，应立即将内、外钢楞、穿墙螺栓、斜撑等全部安设坚固稳定。当下一层模板不能独立安设支承件时，必须采用可靠的临时固定措施，否则禁止进行上一层模板的安装。

⑥ 用钢管和扣件搭设双排立柱支架支承梁模时，扣件应拧紧，且应检查扣件螺栓的扭力矩是否符合规定，当扭力矩不能达到规定值时，可放两个与原扣件挨紧。横杆步距按设计规定，严禁随意增大。

⑦ 平板模板安装就位时，要在支架搭设稳固，板下楞与支架连接牢固后进行。U形卡要按设计规定安装，以增强整体性，确保模板结构安全。

⑧ 其余高处作业与输电线路的安全距离等有关安全要求，可参照"高处作业"和"临时用电"内有关条文执行。

7.4 拆除工程

7.4.1 拆除工程施工准备

① 拆除工程的建设单位与施工单位在签订施工合同时，应签订安全生产管理协议，明确双方的安全管理责任。建设单位、监理单位应对拆除工程施工安全负检查督促责任；施工单位应对拆除工程的安全技术管理负直接责任。

② 建设单位应向施工单位提供以下资料：
a. 拆除工程的有关图纸和资料。
b. 拆除工程涉及区域的地上、地下建筑及设施分布情况资料。

③ 建设单位应负责做好影响拆除工程安全施工的各种管线的切断、迁移工作。当建筑外侧有架空线路或电缆线路时，应与有关部门取得联系，采取防护措施，确认安全后方可施工。

④ 施工单位应全面了解拆除工程的图纸和资料，进行实地勘察，并应编制施工组织设计或方案和安全技术措施。

⑤ 施工单位应对从事拆除作业的人员依法办理意外伤害保险。

⑥ 拆除工程必须制定生产安全事故应急救援预案，成立组织机构，并应配备抢险救援器材。

⑦ 当拆除工程对周围相邻建筑安全可能产生危险时，必须采取相应保护措施，并应对建筑内的人员进行撤离安置。

⑧ 拆除工程施工区应设置硬质围挡，围挡高度不应低于1.8 m，非施工人员不得进入施工区。当临街的被拆除建筑与交通道路的安全距离不能满足要求时，必须采取相应的安全隔离措施。

⑨ 在拆除作业前，施工单位应检查建筑内各类管线情况，确认全部切断后方可施工。

⑩ 在拆除工程作业中，发现不明物体，应停止施工，采取相应的应急措施，保护现场并应及时向有关部门报告。

7.4.2 拆除工程安全施工管理

1. 人工拆除

① 当采用手动工具进行人工拆除建筑时，施工程序应从上至下，分层拆除，作业人员应在脚手架或稳固的结构上操作，被拆除的构件应有安全的放置场所。

② 拆除施工应分段进行，不得垂直交叉作业。作业面的孔洞应封闭。

③ 人工拆除建筑墙体时，不得采用掏掘或推倒的方法。楼板上严禁多人聚集或堆放材料。

④ 拆除建筑的栏杆、楼梯、楼板等构件，应与建筑结构整体拆除进度相配合，不得先行拆除。建筑的承重梁、柱，应在其所承载的全部构件拆除后，再进行拆除。

⑤ 拆除横梁时，应确保其下落能有效控制时，方可切断两端的钢筋，逐端缓慢放下。

⑥ 拆除柱子时，应沿柱子底部剔凿出钢筋，使用手动倒链定向牵引，采用气焊切割柱子三面钢筋，保留牵引方向正面的钢筋。

⑦ 拆除管道及容器时，必须查清其残留物的种类、化学性质，采取相应措施后，方可进行拆除施工。

⑧ 楼层内的施工垃圾，应采用封闭的垃圾道或垃圾袋运下，不得向下抛掷。

2. 机械拆除

① 当采用机械拆除建筑时，应从上至下、逐层、逐段进行；应先拆除非承重结构，再拆除承重结构。对只进行部分拆除的建筑，必须先将保留部分加固，再进行分离拆除。

② 施工中必须由专人负责监测被拆除建筑的结构状态，并应做好记录。当发现有不稳定状态的趋势时，必须停止作业，采取有效措施，消除隐患。

③ 机械拆除时，严禁超载作业或任意扩大使用范围，供机械设备使用的场地必须保证足够的承载力。作业中不得同时回转、行走。机械不得带故障运转。

④ 当进行高处拆除作业时，对较大尺寸的构件或沉重的材料，必须采用起重机具及时吊下。拆卸下来的各种材料应及时清理，分类堆放在指定场所，严禁向下抛掷。

⑤ 拆除框架结构建筑，必须按楼板、次梁、主梁、柱子的顺序进行施工。

⑥ 桥梁、钢屋架拆除应符合下列规定：

a. 先拆除桥面的附属设施及挂件、护栏。

b. 按照施工组织设计选定的机械设备及吊装方案进行施工。不得超负荷作业。

c. 采用双机抬吊作业时，每台起重机载荷不得超过允许载荷的80%，且应对第一吊进行试吊作业，作业过程中必须保持两台起重机同步作业。

d. 拆除吊装作业的起重机司机，必须严格执行操作规程。信号指挥人员必须按照现行最新的国家标准《起重吊运指挥信号》的规定作业。

e. 拆除钢屋架时，必须采用绳索将其拴牢，待起重机吊稳后，方可进行气焊切割作业。吊运过程中，应采用辅助绳索控制被吊物处于正常状态。

⑦ 作业人员使用机具时，严禁超负荷使用或带故障运转。

3. 爆破拆除

① 爆破拆除工程应根据周围环境条件、拆除对象类别、爆破规模，并应按照现行国家标准《爆破安全规程》分为A、B、C三级。爆破拆除工程设计必须经当地有关部门审核，做出安全评估批准后方可实施。

② 从事爆破拆除工程的施工单位，必须持有所在地有关部门核发的《爆炸物品使用许可证》，承担相应等级或低于企业级别的爆破拆除工程。爆破拆除设计人员应具有承担爆破拆除作业范围和相应级别的爆破工程技术人员作业证。从事爆破拆除施工的作业人员应持证上岗。

③ 爆破拆除所采用的爆破器材，必须向当地有关部门申请《爆破物品购买证》，到指定的供应点购买。严禁赠送、转让、转卖、转借爆破器材。

④ 运输爆破器材时，必须向所在地有关部门申请领取《爆破物品运输证》。应按照规定路线运输，并应派专人押送。

⑤ 爆破器材临时保管地点，必须经当地有关部门批准。严禁同室保管与爆破器材无关的物品。

⑥ 爆破拆除的预拆除施工应确保建筑安全和稳定。预拆除施工可采用机械和人工方法拆除非承重的墙体或不影响结构稳定的构件。

⑦ 对烟囱、水塔类构筑物采用定向爆破拆除工程时，爆破拆除设计应控制建筑倒塌时的触地振动。必要时应在倒塌范围铺设缓冲材料或开挖防震沟。

⑧ 为保护临近建筑和设施的安全，爆破震动强度应符合现行国家标准《爆破安全规程》的有关

规定。建筑基础爆破拆除时，应限制一次同时爆破的用药量。

⑨ 建筑爆破拆除施工时，应对爆破部位进行覆盖和遮挡防护，覆盖材料和遮挡设施应牢固可靠。

⑩ 爆破拆除应采用电力起爆网路和非电导爆管起爆网路。必须采用爆破专用仪表检查起爆网路电阻和起爆电源功率，并应满足设计要求；非电导爆管起爆应采用复式交叉封闭网路。爆破拆除工程不得采用导爆索网路或导火索起爆方法。装药前，应对爆破器材进行性能检测。试验爆破和起爆网路模拟试验应选择安全部位和场所进行。

安全提示：
爆破拆除时，应注意爆破震动对周围建筑物和居民的影响，保证周围建筑物的安全和居民正常生产生活。

⑪ 爆破拆除工程的实施应在当地政府主管部门领导下成立爆破指挥部，并应按设计确定的安全距离设置警戒。

4. 静力破碎及基础处理

① 静力破碎方法适用于建筑基础或局部块体的拆除。

② 采用静力破碎作业时，灌浆人员必须戴防护手套和防护眼镜。孔内注入破碎剂后，严禁人员在注孔区行走，并应保持一定的安全距离。

③ 静力破碎剂严禁与其他材料混放。

④ 在相邻的两孔之间，严禁钻孔与注入破碎剂施工同步进行。

⑤ 拆除地下构筑物时，应了解地下构筑物情况，切断进入构筑物的管线。

⑥ 建筑基础破碎拆除时，挖出的土方应及时运出现场或清理出工作面，在基坑边沿 1m 内严禁堆放物料。

⑦ 建筑基础暴露和破碎时，发生异常情况，必须停止作业。查清原因并采取相应措施后，方可继续施工。

⑧ 安全防护措施

拆除施工采用的脚手架、安全网，必须由专业人员搭设，由有关人员验收合格后，方可使用，拆除施工严禁立体交叉作业。水平作业时，各工位间应有一定的安全距离。安全防护设施验收时，应按类别逐项查验，并应有验收记录。作业人员必须配备相应的劳动保护用品，并应正确使用。在生产经营场所，应按照现行国家标准《安全标志》的规定，设置相关的安全标志。

7.4.3 拆除工程安全技术管理

① 拆除工程开工前，应根据工程特点、构造情况、工程量编制安全施工组织设计或方案。爆破拆除和被拆除建筑面积大于 1 000 ㎡ 的拆除工程，应编制安全施工组织设计；被拆除建筑面积小于等于 1 000 ㎡ 的拆除工程，应编制安全技术方案。

② 拆除工程的安全施工组织设计或方案，应由技术负责人审核，经上级主管部门批准后实施。施工过程中，如需变更安全施工组织设计或方案，应经原审批人批准，方可实施。

③ 项目经理必须对拆除工程的安全生产负全面领导责任。项目经理部应设专职或兼职安全员，检查落实各项安全技术措施。

④ 进入施工现场的人员，必须配戴安全帽。凡在 2 m 及以上高处作业无可靠防护设施时，必须使用安全带。在恶劣的气候条件下，严禁进行拆除作业。

⑤ 当日拆除施工结束后，所有机械设备应停放在远离被拆除建筑的地方。施工期间的临时设施，应与被拆除建筑保持一定的安全距离。

⑥ 拆除工程施工现场的安全管理应由施工单位负责。从业人员应办理相关手续，签订劳动合同，进行安全培训，考试合格后，方可上岗作业。特种作业人员必须持有效证件上岗作业。

⑦ 拆除工程施工前，必须对施工作业人员进行书面安全技术交底。

⑧拆除工程施工必须建立安全技术档案，并应包括下列内容：拆除工程安全施工组织设计或方案；安全技术交底；脚手架及安全防护检查验收记录；劳务用工合同及安全管理协议书；机械租赁合同及安全管理协议书。

⑨施工现场临时用电必须按照国家现行标准《施工现场临时用电安全技术规范》的有关规定执行。夜间施工必须有足够照明。

⑩电动机械和电动工具必须装设漏电保护器，其保护零线的电气连接应符合要求。对产生振动的设备，其保护零线的连接点不应少于2处。

⑪拆除工程施工过程中，当发生重大险情或生产安全事故时，应及时排除险情、组织抢救、保护事故现场，并向有关部门报告。

⑫施工单位必须依据拆除工程安全施工组织设计或方案，划定危险区域。施工前应发出告示，通报施工注意事项，并应采取可靠的安全防护措施。

7.4.4 拆除工程文明施工管理

①清运渣土的车辆应在指定地点停放。清运渣土的车辆应封闭或采用苫布覆盖，出入现场时应有专人指挥。清运渣土的作业时间应遵守有关规定。

②对地下的各类管线，施工单位应在地面上设置明显标志。对检查井、污水井应采取相应的保护措施。

③拆除工程施工时，设专人向被拆除的部位洒水降尘。

④拆除工程完工后，应及时将施工渣土清运出场。

⑤施工单位必须落实防火安全责任制，建立义务消防组织，明确责任人，负责施工现场的日常防火安全管理工作。

⑥根据拆除工程施工现场作业环境，应制定相应的消防安全措施；并应保证充足的消防水源，配备足够的灭火器材。

⑦施工现场应建立健全用火管理制度。施工作业用火时，必须履行用火审批手续，经现场防火负责人审查批准，领取用火证后，方可在指定时间、地点作业。作业时应配备专人监护，作业后必须确认无火源危险后方可离开作业地点。

⑧拆除建筑时，当遇有易燃、可燃物及保温材料时，严禁明火作业。

⑨施工现场应设置消防车道，并应保持畅通。

7.5 脚手架工程

7.5.1 脚手架分类和脚手架的常用术语

1. 脚手架分类

脚手架是为建筑施工或安装施工而搭设的上料、堆料以及施工作业用的临时结构架。

（1）按所用的材料

分为木脚手架、钢脚手架和软梯。

（2）按是否可移动

分为移动脚手架和固定脚手架。

（3）按施工的性质

分为建筑脚手架和安装脚手架。

（4）按搭接形式和使用用途

①单排脚手架（单排架）：只有一排立杆，横向水平杆的一端搁置在墙体上的脚手架。

②双排脚手架（双排架）：由内外两排立杆和水平杆等构成的脚手架。
③结构脚手架：用于砌筑和结构工程施工作业的脚手架。
④装修脚手架：用于装修工程施工作业的脚手架。
⑤悬挑脚手架：应于设备安装或检修悬挑作业的脚手架。
⑥模板支架：用于支撑模板的、采用脚手架材料搭设的架子。

（5）按遮挡大小
①敞开式脚手架：仅设有作业层栏杆和挡脚板，无其他遮挡设施的脚手架。
②局部封闭脚手架：遮挡面积小于30%的脚手架。
③半封闭脚手架：遮挡面积占30%～70%的脚手架。
④全封闭脚手架：沿脚手架外侧全长和全高封闭的脚手架。
⑤开口型脚手架：沿建筑周边非交圈设置的脚手架。
⑥封圈型脚手架：沿建筑周边交圈设置的脚手架。

（6）按脚手架的支固方式
①落地式脚手架。
②悬挑脚架手架（简称"挑脚手架"）。
③附墙悬挂脚手架（简称"挂脚架"）。
④悬吊脚手架（简称"吊脚手架"）。
⑤附着升降脚手架（简称"爬架"）。

2. 脚手架的常用术语
（1）连接件、垫件
①扣件：采用螺栓紧固的扣接连接件。
②直角扣件：用于垂直交叉杆件间连接的扣件。
③旋转扣件：用于平行或斜交杆件间连接的扣件。
④对接扣件：用于杆件对接连接的扣件。
⑤防滑扣件：根据抗滑要求增设的非连接用途扣件。
⑥连墙件：连接脚手架与建筑物的构件。
⑦刚性连墙件：采用钢管、扣件或预埋件组成的连墙件。
⑧柔性连墙件：采用钢筋作拉筋构成的连墙件。
⑨底座：设于立杆底部的垫座。
⑩固定底座：不能调节支垫高度的底座。
⑪可调底座：能够调节支垫高度的底座。
⑫垫板：设于底座下的支承板。

（2）杆件名称
①立杆：脚手架中垂直于水平面的竖向杆件。
②外立杆：双排脚手架中离开墙体一侧的立杆，或单排架立杆。
③内立杆：双排脚手架中贴近墙体一侧的立杆。
④角杆：位于脚手架转角处的立杆。
⑤双管立杆：两根并列紧靠的立杆。
⑥主立杆：双管立杆中直接承受顶部荷载的立杆。
⑦副立杆：双管立杆中分担主立杆荷载的立杆。
⑧水平杆：脚手架中的水平杆件。
⑨纵向水平杆：沿脚手架纵向设置的水平杆。
⑩横向水平杆：沿脚手架横向设置的水平杆。

⑪ 扫地杆：贴近地面，连接立杆根部的水平杆。
⑫ 纵向扫地杆：沿脚手架纵向设置的扫地杆。
⑬ 横向扫地杆：沿脚手架横向设置的扫地杆。
⑭ 横向斜撑：与双排脚手架内、外立杆或水平杆斜交呈之字形的斜杆。
⑮ 剪刀撑：在脚手架外侧面成对设置的交叉斜杆。
⑯ 抛撑：与脚手架外侧面斜交的杆件。

（3）度量名称
① 连墙件间距：脚手架相邻连墙件之间的距离。
② 连墙件竖距：上下相邻连墙件之间的垂直距离。
③ 连墙件横距：左右相邻连墙件之间的垂直距离。
④ 脚手架高度：自立杆底座下皮至架顶栏杆上皮之间的垂直距离。
⑤ 脚手架长度：脚手架纵向两端立杆外皮间的水平距离。
⑥ 脚手架宽度：双排脚手架横向两侧立杆外皮之间的水平距离，单排脚手架为外立杆外皮至墙面的距离。
⑦ 立杆步距（步）：上下水平杆轴线间的距离。
⑧ 立杆间距：脚手架相邻立杆之间的轴线距离。
⑨ 立杆纵距（跨）：脚手架立杆的纵向间距。
⑩ 立杆横距：脚手架立杆的横向间距，单排脚手架为外立杆轴线至墙面的距离。
⑪ 主节点：立杆、纵向水平杆、横向水平杆三杆紧靠的扣接点。
⑫ 作业层：上人作业的脚手架铺板层。

7.5.2 脚手架设置的一般要求

1. 搭设前的准备

① 技术人员要对脚手架搭设及现场管理人员进行技术、安全交底，未参加交底的人员不得参与搭设作业；脚手架搭设人员须熟悉脚手架的设计内容。

② 对钢管、扣件、脚手板、爬梯、安全网等材料的质量、数量进行清点、检查、验收，确保满足设计要求，不合格的构配件不得使用，材料不齐时不得搭设，不同材质、不同规格的材料、构配件不得在同一脚手架上使用。

③ 清除搭设场地的杂物，在高边坡下搭设时，应先检查边坡的稳定情况，对边坡上的危石进行处理，并设专人警戒。

④ 根据脚手架的搭设高度、搭设场地地基情况，对脚手架基础进行处理，确认合格后按设计要求放线定位。

⑤ 对参与脚手架搭设和现场管理人员的身体状况要进行确认，凡有不适合从事高处作业的人员不得从事脚手架的搭设和现场施工管理工作。

2. 搭设要求

① 脚手架的搭设必须按照经过审批的方案和现场交底的要求进行，严禁偷工减料，严格遵守搭设工艺，不得将变形或校正过的材料作为立杆。

② 脚手架搭设过程中，现场须有熟练的技术人员带班指导，并有安全员跟班检查监督。

③ 脚手架搭设过程中严禁上下交叉作业。要采取切实措施保证材料、配件、工具传递和使用安全，并根据现场情况在交通道口、作业部位上下方设安全哨监护。

④ 脚手架须配合施工进度搭设，一次搭设高度不得超过相邻连墙件（锚固点等）以上两步。

⑤ 脚手架搭设中，跳板、护栏、连墙件（锚固、揽风等）、安全网、交通梯等必须同时跟进。

3. 技术要求

（1）安全要求

脚手架在满足使用要求的构架尺寸的同时，应满足以下安全要求：

① 构架结构稳定，构架单元不缺基本的稳定构造杆部件；整体按规定设置斜杆、剪刀撑、连墙件或撑、拉、提件；在通道、洞口以及其他需要加大尺寸（高度、跨度）或承受超规定荷载的部位，根据需要设置加强杆件或构造。

② 联结节点可靠，杆件相交位置符合节点构造规定；联结件的安装和紧固力符合要求。

③ 脚手架钢管按设计要求进行搭接或对接，端部扣件盖板边缘至杆端距离不应小于 100 mm，搭接时应采用不少于 2 个旋转扣件固定，无设计说明时搭接长度不应小于 50 cm（模板支撑架立杆搭接长度不应小于 1 m）。

（2）基础（地）和拉撑承受结构

① 脚手架立杆的基础（地）应平整夯实，具有足够的承载力和稳定性，设于坑边或台上时，立杆距坑、台的边缘不得小于 1 m，且边坡的坡度不得大于土的自然安息角，否则应做边坡的保护和加固处理。

② 脚手架立杆之下不平整、坚实或为斜面时，须设置垫座或垫板。

③ 脚手架的连墙点（锚固点）、撑拉点和悬空挂（吊）点必须设置在能可靠地承受撑拉荷载的结构部位，必要时须进行结构验算，设置尽量不能影响后续施工，以防在后续施工中被人为拆除。

（3）单排脚手架不适用于下列情况

① 墙体厚度小于或等于 180 mm。

② 建筑物高度超过 24 m。

③ 空斗砖墙、加气块墙等轻质墙体。

④ 砌筑砂浆强度等级小于或等于 M1.0 的砖墙。

4. 安全防护

脚手架上的安全防护设施应能有效地提供安全防护，防止架上的物件发生滚落、滑落，防止发生人员坠落、滑倒、物体打击等。

① 作业现场应设安全围护和警示标志，禁止无关人员进入施工区域；对尚未形成或已失去稳定结构的脚手架部位加设临时支撑或其他可靠安全措施；在无可靠的安全带扣挂物时，应设安全带母线或挂设安全网；设置材料提上或吊下的设施，禁止投掷。

② 脚手架的作业面的脚手板必须铺满并绑扎牢固，不得留有空隙和探头板，脚手板与墙面间的距离一般不大于 20 cm；作业面的外侧立面的防护设施根据具体情况确定，可采用立网、护栏、跳板防护。

③ 脚手架外侧临空（街）面根据具体情况采用安全立网、竹跳板、篷布等完全封闭，临空（街）面视具体情况设置安全通道，并搭设防护棚。

④ 贴近或穿过脚手架的人行和运输通道必须设置防护棚；上下脚手架有高度差的出入口应设踏步和护栏；脚手架的爬梯踏步在必要时采取防滑措施，爬梯须设置扶手。

5. 材料要求

① 钢管外径应为 48～51 mm，壁厚 3～3.5 mm，长度以 4～6.5 m 和 2.1～2.8 m 为宜，有严重锈蚀、弯曲、裂纹、损坏的不得使用。

② 扣件应有出厂合格证明，凡脆裂、变形、滑丝的不得使用。

③ 钢制脚手板应采用厚 2～3 mm 的 3 号钢钢板，以长度 1.4～3.6 m、宽度 23～25 cm、肋高 5 cm 为宜，两端应有连接装置，板面有防滑孔，凡有裂纹、扭曲的不得使用。

④ 铁丝：$8^{\#}$～$10^{\#}$ 铁丝。

⑤ 软梯用的绳子：麻绳或棕绳，直径 $\phi 30$ 以上，承载力满足要求。

⑥ 严禁使用木架杆和木脚手板。

7.5.3 脚手架的破坏种类、原因、预防措施及卸荷措施

1. 脚手架的破坏种类

各种施工安全事故也层出不穷。其中，脚手架、模板支撑架倒塌事故占了不小的一部分。总的来讲，造成脚手架、模板支撑架倒塌事故的主要原因都是由于管理不善，模板与脚手架没有经过设计、计算、支撑系统强度不足，稳定性差而造成的。

2. 原因

脚手架和模板没有经过设计计算、支撑强度不足、整体稳定性较差以及工程管理等方面存在问题。其中稳定性问题最突出，大多数高支架系统的倒塌，并非由于钢管承载能力不足造成，而是由钢管支撑系统整体失稳或杆件局部失稳造成。钢管支撑系统整体失稳是由于斜杆（剪刀撑）和横向拉干约束数量不足或布置不合理造成的。斜撑使由杆件组成的脚手架形成一个稳固的整体，成为几何不变体系；可以在压杆上形成"支点"，减小压杆的柔度，对控制局部失稳是有效的。

（1）材料问题

用作脚手架和模板支撑架的材料，主要是钢管。按标准要求，用于扣件式脚手架的钢管应采用外径 48 mm，壁厚 3.5 mm 的焊接普通钢管。目前，许多钢管生产厂家为了抢占市场，低价竞争，生产的钢管壁厚为 3.0～3.2 mm，与用户结算时仍按壁厚 3.5 mm 的理论重量计算，每吨钢管实际重量为 860～920 kg。

由于钢管租赁是按长度计价，不是按重量计价，因此租赁单位还是愿意购买壁厚为 3.0～3.2 mm 的低价钢管。但是，这种钢管的惯性矩损失 10% 左右，如果经过多年施工应用后，钢管锈蚀使壁厚减薄，钢管惯性矩还要减少，所以，这些钢管将是今后脚手架安全的隐患。

另外，根据《建筑施工安全检查标准》规定，应禁止使用竹脚手架，原因是国家规程规定作为脚手架的竹材质，必须为 4 年生长期和竹杆梢直径不小于 7.5 cm 的竹材，而目前各地搭脚手架的材质远远达不到这一要求，直接影响了脚手架的承载能力。

> **安全提示：**
> 目前，南方很多高层和多层建筑施工工程中仍然大量采用竹脚手架，这种脚手架的安全很难保证，施工中应尽量采用性能可靠的钢脚手架。

（2）设计问题

脚手架的模架倒塌的主要原因是支撑失稳，由于施工施工企业在模板工程施工前，没有进行模板设计和刚度验算，只靠经验来进行支撑系统布置，使支撑系统的刚度和稳定性考虑不足。另外，目前在模板支撑系统或脚手架设计计算时，其计算简图采用钢结构的铰接节点，各杆件交于一点，而钢筋搭设是用扣件连接，钢管受力是偏心荷载，因此，现场实际情况与设计计算有相当大的差距，需要充分重视此环节。还有的钢管材料锈蚀或磨损严重，有的局部弯曲或开焊等，使钢管实际承受荷载能力减弱很多，在现场管理不严的情况下，极易发生模板支撑失稳现象。

（3）应用问题

实际工作中，有不少施工工地的技术负责人，不重视对操作工人进行详细的安全技术交底的情况时有发生，加上有些工人素质较低，难免发生应用问题：如有的模架倒塌事故是由于操作工人没有按设计要求设置剪力撑或纵横水平拉杆的间距，造成模架稳定性不足；有的事故是因为工人私自拆除脚手架与建筑物之间的连接拉杆，导致脚手架失稳整体倒塌；还有的事故是因为在脚手架和模架上集中堆放建筑材料、预制构件或施工设备等，造成局部杆件超载失稳，引起整体倒塌。

施工现场管理混乱，操作人员没有严格按设计要求安装和拆除支撑，也是造成倒塌事故的重要原因。

3. 预防措施

（1）加强施工现场管理

在模板工程施工前，应严格检查脚手架钢筋，对变形或磨损严重的钢管严禁使用。脚手架和模

板支撑架的搭设、拆除方案必须经过审批，在实施前应向操作工人进行安全技术交底。操作人员应严格按施工技术方案进行施工，不得随意要求设计的要求，经验收检查合格后，方可投入使用。

（2）必须完善设计

设计内容应包括支撑系统自身及支撑模板支撑架的楼、地面能承受的强度计算、构造措施、材料类别及规格选用等，使支撑系统具有足够的强度、刚度和稳定性。设计不仅要有计算书，而且要对细部构造绘制大样图，对材料选用、规格尺寸、接头方法、横杆布置间距和剪力撑设置要求等均应在设计中详细注明。

（3）合理选用支撑材料

要特别强调禁止使用竹外脚手架，对模板支撑的空间高度小于 4 m 的可以采用竹立柱，但竹立柱不得有接头。选用普碳钢管作扣件式脚手架时，应选用外径 48 mm、壁厚 3.5 mm 钢管规格，不可选用壁厚为 3.0～3.2 mm 的普碳钢管。由于低合金钢管比普碳钢管的屈服强度可提高 46%，重量减轻 27%，使用寿命提高 25%，因而提倡选用壁厚为 2.5～3.0 mm 的低合金钢管，替代普碳钢管，替代普碳钢管用作脚手架和模板支撑架。

（4）严格规范操作

当整体失稳破坏时，脚手架呈现出内、外立杆与横向水平杆组成的横向框架，沿垂直主体结构方向大波鼓曲现象，波长均大于步距，并与连墙体的竖向间距有关。整体失稳破坏始于无连墙体的、横向刚度较差或初弯曲较大的横向框架。一般情况下，整体失稳是脚手架的主要破坏形式

当局部失稳破坏时，立杆在步距之间发生小变形弯曲，波长与步距相近，内、外立杆变形方向可能一致，也可能不一致。当脚手架以相等步距、纵距搭设、连墙体设置均匀时，在均布施工荷载作用下，立杆局部稳定的临界荷载高于整体稳定的临界荷载，脚手架破坏形式为整体失稳。当脚手架以不等步距、纵距搭设，或连墙件设置不均匀，或立杆负荷不均匀时，两种形式的失稳破坏均有可能。为防止局部立杆段失稳，规范除将底层步距限制在 2 m 以下外，还规定对可能出现的薄弱的立杆段应进行稳定性计算。

影响脚手架整体稳定性的因素：在一定扭力矩范围内（≤50 Nm），扭力矩愈大则脚手架节点刚性愈强，承载能力也可相应得到提高，试验证明，扣件螺栓拧紧扭力矩达 40～50 Nm 时，脚手架节点才具有必要、稳定的抗转动刚度。

纵向剪刀撑、横向和水平支撑的设置均可增强脚手架的整体刚度，对脚手架稳定起到有利作用，其中，由于横向支撑的设置对脚手架横向整体刚度的提高幅度最大，因而对脚手架整体稳定承载力的提高也最明显。

4. 高层脚手架卸荷措施

高层脚手架卸荷措施包括挑脚手架卸荷、斜支撑脚手架卸荷和吊拉脚手架卸荷。

（1）挑脚手架卸荷

在高层框架式结构的卸荷层楼面上预埋钢筋吊环，将工字钢挑梁后端插入吊环，前端伸挑出支托脚手架大横杆（要贴近立杆），使上部荷载通过大横杆与立杆的联结扣件，部分地传给悬挑梁，再传给建筑结构，以达到卸荷的目的。

（2）斜支撑脚手架卸荷

在高层框架式结构的卸荷层楼面上预埋短钢管，将斜支撑钢管下端扣件与预埋短钢管联结，斜支撑钢管顶在建筑结构的立柱上，上端用扣件与大横杆连接，使上部荷载通过大横杆、连接扣件、斜支撑钢管传给建筑结构，以达到卸荷目的。

（3）吊拉脚手架卸荷

用钢丝绳把将卸荷处的大横杆与立杆的联结点向上吊拉于上部梁、板或立柱的预埋吊环上，以达到卸荷的目的。每根钢丝绳应吊拉大横杆与立杆相临水平方向上的两个连接点。钢丝绳卡子至少应卡 3 个。

7.6 现场临时用电

7.6.1 概述

按照《施工现场临时用电安全技术规范》的规定："临时用电设备在5台及5台以上或设备总容量在50kW及50kW以上者，应编制临时用电施工组织设计"。编制临时用电施工组织设计是施工现场临时用电管理的主要技术文件。一个完整的施工用电组织设计应包括现场勘测、负荷计算、变电所设计、配电线路设计、配电装置设计、接地设计、防雷设计、外电防护措施、安全用电与电气防火措施、施工用电工程设计施工图等。

7.6.2 外电防护与接地接零保护

1. 外电防护

外电线路主要指不为施工现场专用的原来已经存在的高压或低压配电线路，外电线路一般为架空线路，个别现场也会遇到地下电缆。由于外电线路位置已经固定，所以施工过程中必须与外电线路保持一定安全距离，当因受现场作业条件限制达不到安全距离时，必须采取屏护措施，防止发生因碰触造成的触电事故。

① 《施工现场临时用电安全技术规范》（以下简称《规范》）规定在架空线路的下方不得施工，不得建造临时建筑设施，不得堆放构件、材料等。

② 当在架空线路一侧作业时，必须保持安全操作距离《规范》规定了最小安全操作距离见表7.2。

表 7.2 外电线路电压与最小安全操作距离

外电线路电压 /kV	1以下	1~10	35~110
最小安全操作距离 /m	4	6	8

这里面主要考虑了两个因素：

a. 必要的安全距离。尤其是高压线路，由于周围存在的强电场的电感应所致，使附近的导体产生电感应，附近的空气也在电场中被极化，而且电压等级越高电极化就越强，所以必须保持一定安全距离，随电压等级增加，安全距离也相应加大。

b. 安全操作距离。考虑到施工现场作业属动态管理，不像建成后的建筑物与线路距离为静态。施工现场作业过程，特别像搭设脚手架，一般立杆、大横杆钢管长6.5m，如果距离太小，操作中的安全无法保障，所以这里的"安全距离"在施工现场就变成"安全操作距离"了，除了必要的安全距离外，还要考虑作业条件因素，所以距离又加大了。

③ 当由于条件所限不能满足最小安全操作距离时，应设置防护性遮拦、栅栏并悬挂警告牌等防护措施。

a. 在施工现场一般采取搭设防护架，其材料应使用木质等绝缘性材料，当使用钢管等金属材料时，应作良好的接地。防护架距线路一般不小于1 m，必须停电搭设（拆除时也要停电）。防护架距作业区较近时，应用硬质绝缘材料封严，防止脚手管、钢筋等误穿越触电。

b. 当架空线路在塔吊等起重机的作业半径范围内时，其线路的上方也应有防护措施，搭设成门型，其顶部可用5 cm厚木板或相当5 cm木板强度的材料盖严。为警示起重机作业，可在防护架上端间断设置小彩旗，夜间施工应有彩泡（或红色灯泡），其电源电压应为36 V。

2. 接地接零保护

为了防止意外带电体上的触电事故，根据不同情况应采取保护措施。保护措施接地和保护接零是防止电气设备意外带电造成触电事故的基本技术措施。

（1）接地及其作用

① 工作接地。将变压器中性点直接接地叫工作接地，阻值应小于 4 Ω。有了这种接地可以稳定系统的电压，防止高压侧电源直接窜入低压侧，造成低压系统的电气设备被摧毁不能正常工作的情况发生。

② 保护接地。将电气设备外壳与大地连接叫保护接地，阻值应小于 4 Ω。有了这种接地可以保护人体接触设备漏电时的安全，防止发生触电事故。

③ 保护接零。将电气设备外壳与电网的零线连接叫保护接零。保护接零是将设备的碰壳故障改变为单相短路故障，保护接零与保护切断相配合，由于单相短路电流很大，所以能迅速切断保险或自动开关跳闸，使设备与电源脱离，达到避免发生触电事故的目的。

④ 重复接地。所谓重复接地，就是在保护零线上再作的接地就叫重复接地，其阻值应小于 10 Ω。重复接地可以起到保护零线断线后的补充保护作用，也可降低漏电设备的对地电压和缩短故障持续时间。在一个施工现场中，重复接地不能少于三处（始端、中间、末端）。

在设备比较集中地方如搅拌机棚、钢筋作业区等应做一组重复接地；在高大设备处如塔吊、外用电梯、物料提升机等也要作重复接地。

（2）保护接地与保护接零比较

在低压电网已作了工作接地时，应采用保护接零，不应采用保护接地。因为用电设备发生碰壳故障时，第一采用保护接地时，故障点电流太小，对 1.5 kW 以上的动力设备不能使熔断器快速熔断，设备外壳将长时间有 110 V 的危险电压；而保护接零能获取大的短路电流，保证熔断器快速熔断，避免触电事故。第二每台用电设备采用保护接地，其阻值达 4 Ω，也是需要一定数量的钢材打入地下工费材料；而采用保护接零敷设的零线可以多次周转使用，从经济上也是比较合理的。

但是在同一个电网内，不允许一部分用电设备采用保护接地，而另外一部分设备采用保护接零，这样是相当危险的，如果采用保护接地的设备发生漏电碰壳时，将会导致用保护接零的设备外壳同时带电。

（3）关于"TT"与"TN"的符号含义

TT——第一个字母 T，表示工作接地；第二个字母 T，表示采用保护接地。

TN——第一个字母 T，表示工作接地；第二个字母 N，表示采用保护接零。

TN-C——保护零线 PE 与工作零线 N 合一的系统，（三相四线）。

TN-S——保护零线 PE 与工作零线 N 分开的系统，（三相五线）。

TN-CS——在同一电网内，一部分采用 TN-C，另一部分采用 TN-S。

（4）应采用 TN-S，不要采用 TN-C

《规范》规定，"在施工现场专用的中性点直接接地的电力线路中必须采用 TN-S 接零保护系统"。

因为 TN-C 有缺陷：如三相负载不平衡时，零线带电；零线断线时，单相设备的工作电流会导致电气设备外壳带电；对于接装漏电保护器带来困难等。而 TN-S 由于有专用保护零线，正常工作时不通过工作电流；三相不平衡也不会使保护零线带电；由于工作零线与保护零线分开，可以顺利接装漏电保护器等。由于 TN-S 具有的优点，克服了 TN-C 的缺陷，从而给施工用电提高了本质安全。

（5）工作零线与保护零线分设

工作零线与保护零线必须严格分开。在采用了 TN-S 系统后，如果发生工作零线与保护零线错接，将导致设备外壳带电的危险。

① 保护零线应由工作接地线处引出，或由配电室（或总配电箱）电源侧的零线处引出。

② 保护零线严禁穿过漏电保护器，工作零线必须穿过漏电保护器。

③ 电箱中应设两块端子板（工作零线 N 与保护零线 PE），保护零线端子板与金属电箱相连，工作零线端子板与金属电箱绝缘。

④ 护零线必须做重复接地，工作零线禁止做重复接地。

⑤护零线的统一标志为绿/黄双色线，在任何情况下不准使用绿/黄双色线作负荷线。

（6）采用 TN 系统还是采用 TT 系统，依现场的电源情况而定

《规范》规定："当施工现场与外电线路共用同一供电系统时，电气设备应根据当地要求作保护接零，或作保护接地。不得一部分设备作保护接零，另一部分设备作保护接地"。

① 当施工现场采用电业部门高压侧供电，自己设置变压器形成独立电网的，应作工作接地，必须采用 TN-S 系统。

② 当施工现场有自备发电机组时，接地系统应独立设置，也应采用 TN-S 系统。

③ 当施工现场采用电业部门低压侧供电，与外电线路同一电网时，应按照当地供电部门的规定采用 TT 或采用 TN。例如上海、天津、浙江等地供电部门规定做接地保护，施工现场也要采用 TT 系统，不得采用 TN 系统。

④ 当分包单位与总包单位共用同一供电系统时，分包单位应与总包单位的保护方式一致，不允许一个单位采用 TT 系统而另外一个单位采用 TN 系统。

7.6.3 配电系统

施工现场的配电箱是电源与用电设备之间的中枢环节，而开关箱是配电系统的末端，是用电设备的直接控制装置，它们的设置和运用直接影响着施工现场的用电安全。

1. 关于"三级配两级保护"

① 配电箱应作分级设置，即在总配电箱下，设分配电箱，分配电箱以下设开关箱，开关箱以下就是用电设备，形成三级配电。这样配电层次清楚，既便于管理又便于查找故障。同时要求，照明配电与动力配电最好分别设置，自成独立系统，不致因动力停电影响照明。

② "两级保护"主要指采用漏电保护措施，除在末级开关箱内加装漏电保护器外，还要在上一级分配电箱或总配电箱中再加装一级漏电保护器，总体—形成两级保护。

2. 关于加装漏电保护器

施工现场所有用电设备，除作保护接零外，必须在设备负荷线的首端处设置漏电保护装置。

施工现场虽然改 TN-C 为 TN-S 后，提高了供电安全，但由于仍然存在着保护灵敏度有限问题，对于大容量设备的碰壳故障不能迅速切断保险，对于较小电流的漏电故障又不能切断保险，而这种漏电电流对作业人员仍然有触电的危险，所以还必须加装漏电保护器进行保护。在加装漏电保护器时，不得拆除原有的保护接零（接地）措施。

3. 关于漏电保护器的主要参数

① 额定漏电动作电流。当漏电电流达到此值时，保护器动作。

② 额定漏电动作时间。指从达到漏电动作电流时起，到电路切断为止的时间。

③ 额定漏电不动作电流。漏电电流在此值和此值以下时，保护器不应动作，其值为漏电动作电流的 1/2。

④ 额定电压及额定电流。与被保护线路和负载相适应。

4. 参数的选择与匹配

（1）两级漏电保护器应匹配

总配电箱和开关箱中两级漏电保护器的额定漏电动作电流和额定漏电动作时间应合理配合，使之具有分级分段保护功能。

"两级保护"是指将电网的干线与分支线路作为第一级，线路末端作为第二级。第一级漏电保护区域较大，停电后影响也大，漏电保护器灵敏度不要求太高，其漏电动作电流和动作时间应大于后面的第二级保护，这一级保护主要提供间接保护和防止漏电火灾，如果选用参数过小就会导致误动作影响正常生产。

漏电保护器的漏电不动作电流应大于供电线路和用电设备的总泄漏电流值 2 倍以上，在电路末

端安装漏电动作电流小于30 mA的高速动作型漏电保护器，这样形成分级分段保护，使每台用电设备均有两级保护措施。

分级保护时，各级保护范围之间应相互配合，应在末端发生事故时，保护器不会越级动作和当下级漏电保护器发生故障时，上级漏电保护器动作以补救上级失灵的意外情况。

（2）总分配电箱（第一级保护）

总分配电箱一般不宜采用漏电掉闸型，总电箱电源一经切断将影响整个低压电网用电，使生产和生活遭受影响，漏电保护器灵敏度不要求太高，可选用中灵敏度漏电报警和延时型保护器。漏电动作电流应按干线实测泄漏电流2倍选用，一般可选漏电动作电流值为300~1 000 mA。

（3）分配电箱（第二级保护）

分配电箱装设漏电保护器不但对线路和用电设备有监视作用，同时还可以对开关箱起补充保护作用。分配电箱漏电保护器主要提供间接保护作用，参数选择不能过于接近开关箱，应形成分级分段保护功能，当选择参数太大会影响保护效果，但选择参数太小会形成越级跳闸，分配电箱先于开关箱跳闸。

人体对电击的承受能力，除了和通过人体的电流大小有关外，还与电流在人体中持续的时间有关。根据这一理论，国际上把设计漏电保护器的安全限值定为30 mA·s，即使电流达到100 mA，只要漏电保护器在0.3 s之内动作切断电源，人体尚不会引起致命的危险。这个值也是提供间接接触保护的依据。

分配电箱漏电保护器主要提供间接保护，其参数按支线上实测泄漏电流值的2.5倍选用，一般可选漏电动作电流值为100~200 mA（不应超过30mA·s限值）。

（4）开关箱（第三级保护）

开关箱内的漏电保护器其额定漏电动作电流应不大于30 mA，额定漏电动作时间应小于0.1 s。

使用于潮湿和有腐蚀介质场所的漏电保护器应采用防溅型产品，其额定漏电动作应不大于15 mA，额定漏电动作时间应小于0.1 s。

开关箱是分级配电的末级，使用频繁危险性大，应提供间接接触防护和直接接触防护，主要用来对有致命危险的人身触电防护。

虽然设计漏电保护器的安全界限值为30 mA·s，但当人体和相线直接接触时，通过人体的触电电流与所选择的漏电保护器的动作电流无关，它完全由人体的触电电压和人体在触电时的人体电阻所决定（人体阻抗随接触电压的变化而变化），由于这种触电的危险程度往往比间接触电的情况严重，所以临电规范及国标都规定："用于直接接触电击防护时，应选用高灵敏度、快速动作型的漏电保护器，动作电流不超过30 mA"。所指快速动作型即动作时间小于0.1 s。由此用于直接接触防护漏电保护器的参数选择即为30 mA×0.1s=3 mA·s。这是发生直接接触触电事故时，从电流值考虑应不大于摆脱电流；从通过人体电流的持续时间上，小于一个心搏周期，而不会导致心室颤动。当在潮湿条件下，由于人体电阻的降低，所以又规定了漏电动作电流不应大于15 mA。

5. 漏电保护器的测试

测试内容分两项，第一项测试联锁机构的灵敏度，其测试方法为按动漏电保护器的试验按钮三次；带负荷分、合开关三次，均不应有误动作；第二项测试特性参数，测试内容为：漏电动作电流、漏电不动作电流和分断时间。其测试方法应用专用的漏电保护器测试仪进行。以上测试应该在安装后和使用前进行，漏电保护器投入运行后定期（每月）进行，雷雨季应增加次数。

6. 隔离开关

① 隔离开关一般多用于高压变配电装置中《规范》考虑了施工现场实际情况，强调电箱内设置电源隔离开关，其主要用途，是在检修中保证电气设备与其他正在运行的电气设备隔离，并给工作人员有可以看见的在空气中有一定间隔的断路点，保证检修工作的安全。隔离开关没有灭弧能力，绝对不可以带负荷拉闸或合闸，否则触头间所形成的电弧，不仅会烧毁隔离开关和其他邻近的电气设备，而且也可能引起相间或对地弧光造成事故，因此必须在负荷开关切断以后，才能拉开隔离开关，只有

先合上隔离开关后，再合负荷开关。

② 总配电箱、分配电箱以及开关箱中，都要装设隔离开关，满足"能在任何情况下都可以使用电设备实行电源隔离"的规定。

③ 空气开关不能用作隔离开关。自动空气断路器简称空气开关或自动开关，是一种自动切断线路故障用的保护电器，可用在电动机主电路上作为短路、过载和欠压保护作用，但不能用作电源隔离开关。主要由于空气开关没有明显可见的断开点、断开点距离小易击穿，难以保障可靠的绝缘以及触点有时发生黏合现象，鉴于以上情况，一般可将刀开关、刀形转换开关和熔断器用作电源隔离开关。刀开关和刀形转换开关可用于空载接通和分断电路的电源隔离开关，也可用于直接控制照明和不大于 5.5 kW 的动力电路。熔断器主要用作电路的短路保护，也可作为电源隔离开关使用。

7."一机一闸一漏一箱"

每台用电设备应有各自专用的开关箱，这就是"一箱"，不允许将两台用电设备的电气控制装置合置在一个开关箱内，避免发生误操作等事故。

必须实行："一机一闸"制，严禁同一个开关电器直接控制二台及二台以上用电设备（含插座）。这就是一机一闸，不允许二闸多机或一闸控制多个插座的情况，主要也是防止误操作等事故发生。

开关箱中必须装设漏电保护器这就是"一漏"，因为规范规定每台用电设备都要加装漏电保护器，所以不能有一个漏电保护器保护二台或多台用电设备的情况，否则容易发生误动作和影响保护效果。另外还应避免发生直接用漏电保护器兼作电器控制开关的现象，由于将漏电保护器频繁动作，将导致损坏或影响灵敏度失去保护功能。（漏电保护器与空气开关组装在一起的电器装置除外）。

8. 电箱的安装位置

① 总配电箱应设在靠近电源的地区。分配电箱应装设在用电设备或负荷相对集中的地区，分配电箱与开关箱的距离不得超过 30 m。开关箱与其控制的固定式用电设备的水平距离不宜超过 3 m。主要考虑当发生电气及机械故障时，可以迅速切断电源，减少事故持续时间，另外也便于管理。

② 配电箱、开关箱应装设在干燥、通风及常温场所、周围应有足够二人同时工作的空间和通道。应装设端正、牢固，移动式配电箱，开关箱应装设在坚固的支架上。固定式配电箱、开关箱的下底与地面的垂直距离应为 1.3~1.5 m；移动式分配电箱、开关箱的下底距地面大于 0.6 m，小于 1.5 m。

③ 不允许使用木质电箱和金属外壳木质底板。配电箱内的电器应首先安装在金属或非木质的绝缘电器安装板上，然后整体紧固在配电箱体内。箱内的连接线应采用绝缘导线，接头不得有外露部分。进、出线应加护套分路成束并做防水弯，导线束不得与箱体进、出口直接接触。移动式配电箱和开关箱的进、出线必须采用橡皮绝缘电缆。

9. 所有配电箱均应标明其名称、用途，并作出分路标记

10. 所有配电箱门应配锁，配电箱和开关箱应由专人负责

施工现场停止作业一小时以上时，应将动力开关箱断电上锁。

7.6.4 现场照明和电气防火

1. 现场照明

（1）照明灯具的金属外壳必须做保护接零

单相回路的照明开关箱内必须装设漏电保护器。由于施工现场的照明设备也同动力设备一样有触电危险，所以也应照此规定设置漏电保护器。

（2）照明装置在一般情况下其电源电压为 220 V

但在如下情况下应使用安全电压的电源：

①室外灯具距地面低于 3 m，室内灯具距地面低于 2.4 m 时，应采用 36 V。

②使用行灯具电源的电压不超过 36 V。

③隧道、人防工程电源电压应不大于36 V。
④在潮湿和易触及带电体场所电源电压就得大于24 V。
⑤在特别潮湿场所和金属容器内工作照明电源电压不得大于12 V。

（3）安全电压

为防止触电事故而采用的由特定电源供电的电压系列。安全电压额定值的等级为42 V、36 V、24 V、12 V、6 V。当采用24 V以上的安全电压时，其电器及线路应采取绝缘措施。

安全电压的数值不是"50 V"一个电压等级而是一个系列，其等级如何选用是与作业条件有关的。我们国家在1983年以前一直没有单独的安全电压标准，过去习惯上多引用行灯电压36 V，对于36 V的安全是有条件的，允许触电持续时间为3~10 s，而不是长时间直接接触也不会有危险，所以规定了在采用超过24 V的安全电压时，必须有相应的绝缘措施。对安全电压应该正确理解：第一架设36 V的电线时，也应遵守一般220 V架线规定，不能乱拉乱扯，应用绝缘子沿墙布线，接头应包扎严密；第二应按作业条件选择安全电压等级，不能一律采用36 V，在特别潮湿及金属容器内，应采用24 V以下及12 V电压的电源。

（4）碘钨灯

碘钨灯是一种石英玻璃灯管充以碘蒸气的白炽灯，由于它具有体积小、使用时间长、光效高的特点，所以经常被施工现场作为照明灯具来用。碘钨灯有220 V和36 V两种，220 V只适用作固定式灯具，安装高度不低于3 m，倾斜不大于4°，外壳应做保护接零，由于工作温度可达1 200 ℃以上，所以应距易燃物30 m以上。当作移动式照明灯具时，应采用36 V碘钨灯，按行灯对待。当移动不频繁时，也可采用220 V碘钨灯，但应按I类手持式电动工具要求，除外壳做保护接零外，应加装漏电保护器，移动人员应穿戴绝缘防护用品。

（5）配电线路

① 架空线路必须采用绝缘铜线或绝缘铝线。这里强调了必须采用"绝缘"导线，由于施工现场的危险性故严禁使用裸线。导线和电缆是配电线路的主体，绝缘必须良好，是直接接触防护的必要措施，不允许有老化、破损现象，接头和包扎都必须符合规定。

② 电缆干线应采用埋地或架空敷设，严禁沿地面明敷，并应避机械伤害和介质腐蚀。穿越建筑物、构筑物、道路、易受机械损伤的场所及电缆引出地面从2 m高度至地下0.2 m处，必须加设防护套管，施工现场不但对电缆干线应该按规定敷设，同时也应注意对一些移动式电气设备所采用的橡皮绝缘电缆的正确使用，应采用钢索架线，不允许长期浸泡在水中和穿越道路不采取防范措施的现象。

2. 电气防火

在电气装置相对集中的场所，如变电所、配电室、发电机室等配置绝缘灭火器材等，并禁止烟火加强电气设备相间和相一地间绝缘，防止闪烁。

① 合理配置、整定、更换各种保护电器，对电器和设备的过载、短路故障进行可靠的保护。
② 在电气装置和线路周围不堆放易燃、易爆和强腐蚀介质，不使用火源。
③ 在电气装置相对集中的场所，如变电所、配电室、发电机室等配置绝缘灭火器材等，并禁止烟火。
④ 加强电气设备相间和相一地间绝缘，防止闪烁。

7.7 垂直运输机械

在施工现场用于垂直运输的机械主要有三种：塔式起重机、施工升降机和物料提升机。

7.7.1 塔式起重机

塔式起重机（简称塔吊），在建筑施工中已经得到广泛的应用，成为建筑安装施工中不可缺少的建筑机械。

由于塔吊的起重臂与塔身可成相互垂直的外形,故可把起重机靠近施工的建筑物安装,塔吊的有效工作幅度优越于履带、轮胎式起重机,其工作高度可达 100～160 m。

塔吊优于其他起重机械,再加上其操作方便、变幅简单等特点,是今后建筑业的起重、运输、吊装作业的主导机械。

按工作方法分类,塔吊可分为固定式塔吊和运行式塔吊。

按旋转方式分类,塔吊可分为上旋式和下旋式。

按变幅方法分类,塔吊可分为动臂变幅和小车运行变幅。

按起重性能分类,塔吊可分为轻型塔吊、中型塔吊和重型塔吊。

起重机的基本参数有 6 项:起重力矩、起重量、最大起重量、工作幅度、起升高度和轨距,其中起重力矩确定为衡量塔吊起重能力的主要参数。

使用塔吊的安全操作注意事项:

塔吊司机和信号人员,必须经专门培训持证上岗;实行专人专机管理,机长负责制,严格交接班制度;新安装的或经大修后的塔吊,必须按说明书要求进行整机试运转;塔吊距架空输电线路应保持安全距离;司机室内应配备适用的灭火器材;提升重物前,要确认重物的真实重量,要做到不超过规定的荷载,不得超载作业;两台塔吊在同一条轨道作业时,应保持安全距离;沿轨道行走的塔吊,处于 90°弯道上,禁止起吊重物;操作中遇大风(六级以上)等恶劣气候,应停止作业,将吊钩升起,夹好轨钳。当风力达十级以上时,吊钩落下钩住轨道,并在塔身结构架上拉四根钢丝绳,固定在附近的建筑物上。

7.7.2 施工升降机

① 收集和整理技术资料,建立健全施工升降机档案。
② 建立施工升降机使用管理制度。
③ 操作人员必须了解施工升降机的性能,熟悉使用说明书。
④ 使用前,做好检查工作,确保各种安全保护装置和电气设备正常。
⑤ 操作过程中,司机要随时注意观察吊笼的运行通道有无异常情况,发现险情立即停车排除。

7.7.3 物料提升机

1. 物料提升机的分类

① 按结构形式的不同,物料提升机可分为龙门架式物料提升机和井架式物料提升机。

a. 龙门架式物料提升机:以地面卷扬机为动力,由两根立柱与大梁构成门架式架体、吊篮(吊笼)在两立柱间沿轨道作垂直运动的提升机。

b. 井架式物料提升机:以地面卷扬机为动力,由型钢组成井字架体、吊笼(吊篮)在井孔内或架体外侧沿轨道作垂直运动的提升机。

2. 物料提升机的结构及其稳定

① 物料提升机的结构:架体(底架、立柱、导轨和天梁)、提升机传动机构(卷扬机、滑轮与钢丝绳、导轨和吊笼)。

② 物料提升机的稳定因素:基础、附墙架、缆风绳、地锚。

3. 物料提升机的安全使用规定

① 建立物料提升机的使用管理制度。物料提升机应有专职机构和专职人员管理。
② 组装后应进行验收。并进行空载、动载和超载试验。

a. 空载试验:即不加荷载,只将吊篮按施工中各种动作反复进行,并试验限位灵敏程度。

b. 动载试验:即按说明书中规定的最大荷载进行动作运行。

c. 超载试验：一般只在第一次使用前，或经大修后按额定载荷的 125% 加荷进行。

③ 物料提升机司机应经专门培训，人员要相对稳定，每班开机前，应对卷扬机、钢丝绳、地锚、缆风绳进行检验，并进行空车运行。

④ 严禁载人。物料提升机主要是运送物料的，在安全装置可靠的情况下，装卸料人员才能进入吊篮作业，严禁各类人员乘吊篮升降。

⑤ 禁止攀登架体和从架体下面穿越。

⑥ 司机在通讯联络信号不明时不得开机，作业中不论任何人发出紧急停车信号应立即执行。

⑦ 缆风绳不得随意拆除。凡需临时拆除的，应先行加固，待恢复缆风绳后，方可使用升降机；缆风绳改变位置，要重新埋设地锚，待新缆风绳拴好后，原来的缆风绳方可拆除。

⑧ 严禁超载运行。

⑨ 司机离开时，应降下吊篮并切断电源。

7.8 起重机械

7.8.1 索具设备

7.8.1.1 钢丝绳

钢丝绳是由多层钢丝捻成股，再以绳芯为中心，由一定数量股捻绕成螺旋状的绳。钢丝绳的强度高、自重轻、工作平稳、不易骤然整根折断，工作可靠。

1. 钢丝绳破坏及其原因

（1）钢丝绳的破坏过程

钢丝绳在使用过程中经常受到拉伸、弯曲，钢丝绳容易产生"金属疲劳"现象，多次弯曲造成的弯曲疲劳是钢丝绳破坏的主要原因之一。

（2）钢丝绳破坏原因

造成钢丝绳损伤及破坏的原因是多方面的。概括起来，钢丝绳损伤及破坏的主要原因大致有四个方面：

① 截面积减少：钢丝绳截面积减少是因钢丝绳内外部磨损、损耗及腐蚀造成的。

② 质量发生变化：钢丝绳由于表面疲劳、硬化及腐蚀引起质量变化。

③ 变形：钢丝绳因松捻、压扁或操作中产生各种特殊形变引起钢丝绳变形。

④ 突然损坏。

2. 钢丝绳的报废

钢丝绳在使用过程中会不断的磨损、弯曲、变形、锈蚀和断丝等，不能满足安全使用时应予报废，以免发生危险。

3. 钢丝绳的安全使用与管理

为保证钢丝绳使用安全，必须在选用、操作维护方面做到下列各点：

① 选用钢丝绳要合理，不准超负荷使用。

② 经常保持钢丝绳清洁，定期涂抹无水防锈油或油脂。钢丝绳使用完毕，应用钢丝刷将上面的铁锈、脏垢刷去，不用的钢丝绳应进行维护保养，按规格分类存放在干净的地方。在露天存放的钢丝绳应在下面垫高，上面加盖防雨布罩。

③ 钢丝绳在卷筒上缠绕时，要逐圈紧密地排列整齐，不应错叠或离缝。

7.8.1.2 吊具

1. 吊钩

起重机械中最常见的一种吊具。吊钩常借助于滑轮组等部件悬挂在起升机构的钢丝绳上。吊钩

在作业过程中常受冲击，须采用韧性好的优质碳素钢制造。

（1）一般技术要求

① 购置吊钩应有制造厂的合格证等技术文件方可使用，否则应经检验。

② 吊钩不得有影响安全使用性能的缺陷；吊钩缺陷不得焊补；吊钩表面应光滑，不得有裂纹、折叠、锐角、毛刺、剥裂、过烧等缺陷；不得在吊钩上钻孔或焊接。

③ 可在吊钩开口最短距离处选定二个适当位置打印不易磨损的标志，测出标志的距离，作为使用中检测开口度是否发生变化的依据。

④ 吊钩材料可选用20号优质碳素钢锻造制成，严禁使用铸造吊钩。板钩的材料一般应用A3、C3普通碳素钢，或16Mn低合金钢。

⑤ 自制吊钩的技术条件应符合相关规范规定。

⑥ 板钩钩片的纵轴，必须位于钢板的轧制方向，且钩片不允许拼接。

⑦ 板钩钩片应用沉头铆钉连接，而在板钩与起吊物吊点接触的高应力弯曲部位不得用铆钉连接。

⑧ 板钩叠片间不允许全封闭焊接，只允许有间断焊。

⑨ 对已进行过超负荷试验的吊钩应作报废处理。

（3）报废标准

吊钩出现下列情况之一时应予报废：

① 裂纹。

② 危险断面磨损达原尺寸的10%。

③ 开口度比原尺寸增加15%。

④ 钩身扭转变形超过10°。

⑤ 吊钩危险断面或吊钩颈部产生塑性变形。

⑥ 吊钩螺纹被腐蚀。

⑦ 片钩衬套磨损达原尺寸的50%时，应更换衬套。

⑧ 片钩心轴磨损达原尺寸的5%时，应更换心轴。

（4）安全检验

① 人力驱动的起升机构用的吊钩，以1.5倍额定载荷作为检验载荷进行试验。

② 动力驱动的起升机构用的吊钩，以2倍额定载荷作为检验载荷进行试验。

③ 吊钩卸去检验载荷后，不应有任何明显的缺陷和变形，开口度的增加量不应超过原尺寸的0.25%。

④ 检验合格的吊钩，应在吊钩低应力区打印标记，包括额定起重量、厂标或厂名、检验标志、生产编号等内容。

2. 吊索（千斤绳）

金属吊索具主要有：钢丝绳吊索类、链条吊索类、吊装带吊索索、卸扣类、吊钩类、吊（夹）钳类、磁性吊具类等。

吊索具安全使用：

① 严禁超负荷使用。

② 无标记的吊索具未经确认，不得使用。

③ 吊索具组合部件上的部件按组合部件要求定期检查。

④ 不得采用锤击的方法纠正已扭曲的吊具。

⑤ 吊索具禁止抛掷。

⑥ 不要从重物下面拉拽或让重物在吊索具上滚动。

外购置的吊索具必须是专业厂家按国家标准规定生产、检验、具有合格证和维护、保养说明书的产品。在产品明显处必须有不易磨损的额定起重量、生产编号、制造日期、生产厂名等标志。使用单位应根据说明书和使用环境特点编制安全使用规程和维护保养制度。

3. 卸扣（卸甲、卡环）

国内市场上常用的卸扣，按生产标准一般分为国标、美标、日标三类；其中美标的最常用，因为其体积小承载重量大而被广泛运用。按种类可分为G209（BW），G210（DW），G2130（BX），G2150（DX），按型式可分为弓型（欧米茄形）弓型带母卸扣和D型（U型或直型）D型带母卸扣；按使用场所可分为船用和陆用两种。安全系数有4倍、5倍、6倍，甚至8倍（如瑞典GUNNEBO超级卸扣）。其材质，常见的有碳钢、合金钢、不锈钢、高强度钢等。一般要求：

① 卸扣应光滑平整，不允许有裂纹、锐边、过烧等缺陷。
② 严禁使用铸铁或铸钢的卸扣。扣体可选用镇静钢锻造，轴销可棒料锻后机加工。
③ 不应在卸扣上钻孔或焊接修补。扣体和轴销永久变形后，不得进行修复。
④ 使用时，应检查扣体和插销，不得严重磨损、变形和疲劳裂纹。
⑤ 使用时，横向间距不得受拉力，轴销必须插好保险销。
⑥ 轴销正确装配后，扣体内宽不得明显减少，螺纹连接良好。
⑦ 卸扣的使用不得超过规定的安全负荷。

4. 横吊梁

横吊梁常用于柱子和屋架等构件及细长物件的吊装和搬运。采用横吊梁柱子，柱身容易保持垂直，吊屋架时可降低起吊高度及吊索拉力和吊索对构件的压力，构件不会出现变形损坏。

横吊梁常用有滑轮横吊梁、钢板横吊梁、桁架铁扁担及钢管横吊梁等。钢板横吊梁主要用于吊装吨位较大的柱子。吊装屋架时，应采用钢管横吊梁，长度一般为 6～12 m，钢管应采用无缝钢管。当屋架翻身或跨度很大时，需多点起吊时，应采用三角形桁架式横吊梁。

7.8.1.3 起重机具

1. 卷扬机

卷扬机是起重作业的动力设备，也是一种基本的起重机械，广泛用于设备吊装作业。它具有牵引力大、速度快、结构紧凑、操作方便、安全可靠等特点。卷扬机可分为慢速与快速两种。大型起重作业中常用的是慢速卷扬机，其中最大牵引力（起重能力）达 500 kN。

卷扬机使用注意事项：

① 卷扬机应定期进行维修保养，使其处于性能良好状态。选定卷扬机时，应使其牵引力和容绳量同时满足工艺要求。
② 卷扬机应使用双绳地锚妥善稳固，并有良好接地装置。
③ 卷筒到最近一个导向滑车的距离，不得小于卷筒长度的25倍，以保证偏角 $\alpha < 2°$。
④ 余留在卷筒上的钢丝绳不得少于3圈。
⑤ 钢丝绳应顺序逐层缠紧在卷筒上，其最外层高度应低于卷筒两端凸缘高度一个绳径。
⑥ 同一工艺的卷扬机应集中设置，并采取雨棚、垫木等防护措施。

2. 滑车

滑车在起重作业中使用十分广泛，它主要由滑轮、轮轴、轴承、挡板组成。最大起重量为460 t。

滑车按制作的材质分为铁制和钢制；按轮数可分为单轮、双轮和多轮等类型；按使用方法则可分为定滑车、动滑车和滑车组。

目前，使用较多的是H系列含油轴承的定型产品滑车。

滑车使用注意事项：

① 使用前应进行解体检查加注润滑脂。对没有铭牌或更换重要部件的滑车，应进行试验和必要的验算，符合要求后方可使用。
② 滑轮直径与绳径之比和各部件磨损程度应符合起重规范的要求。
③ 跑绳进、出滑车的偏角不得大于15°。
④ 滑车组两滑车之间的净距离不宜小于轮径的5倍。

3. 手拉葫芦

手拉葫芦又称倒链、链式起重机、神仙葫芦，它是一种轻便省力的手动起吊机具，起重量最大可达 20 t，起重高度可达 5 m。

手拉葫芦使用注意事项：

① 使用前应进行外观检查，转动部分必须灵活。不允许超负荷使用。
② 使用时受力必须合理，保证两钩受力在一条直线上，严禁多人强拉硬拽。
③ 手拉葫芦松放时，链条不得放尽，一般应留三个扣环以上。
④ 使用手拉葫芦吊装作业时，应逐渐拉紧，经检查无问题后再行起吊。
⑤ 手拉葫芦如需工作暂停或将工件悬吊空中时，必须将拉链封好以防打滑。

4. 千斤顶

千斤顶主要用于顶升重物和校正工件的安装偏差变形。工作行程一般为 100～400mm，最大起重量为 500 t。

按构造和工作原理不同，千斤顶可分为齿条式、螺旋式和油压式三种。

千斤顶的优点是便于携带，使用轻便，工作时无冲击。缺点是行程短，只能短距离作业。

使用注意事项：

① 千斤顶底部应有足够的支承面积，并使作用力通过承压中心，顶部应有足够的接触面积。
② 使用千斤顶时，应随着工作的升降，随时调整保险垫块的高度。
③ 用多台千斤顶同时工作时，其规格型号宜相同，且载荷应合理分布，每台千斤顶的计算载荷不得超过其额定起重量 80%。

5. 地锚

地锚也称锚点、拖拉坑。主要用于固定桅杆拖拉绳、卷扬机、滑车组及导向滑车。地锚设置的可靠性直接关系到起重作业的安全，必须特别重视。

（1）地锚常采用如下结构形式

① 全埋式地锚适用于具有一定厚度的黏性土层的场合。
② 压重式地锚适用于地下水位较高、土质松软、土层较薄或有地下障碍物的部位。
③ 锚固式地锚适用于山区，应锚固在岩石上。

（2）地锚设置安全注意事项

① 地锚应按吊装方案的位置、型式和规格进行设置。
② 地锚基坑的前方，在坑深 2.5 倍范围内不得有地沟、电缆、地下管道等。
③ 地锚回填土前，应组织有关人员检查，并作好隐蔽工程记录。
④ 地锚回填时，应用净土分层（每层 250～300 mm）回填并夯实，回填土应高出地面 400 mm。
⑤ 卷扬机地锚和重要导向滑车地锚，应按使用负荷进行预拉。
⑥ 利用设备基础或构筑物为地锚时，应进行强度验算并采取可靠的防护措施。

7.8.2 行走式起重机械

起重机以其起重杆能否回转，可以分为不能回转的起重机和能回转的起重机两种。不能回转的起重机有缆索式起重机、桥式起重机、龙门起重机等。能回转的起重机有履带式起重机、汽车式起重机、轮胎式起重机和铁路式起重机等。

1. 起重机械安全规程

① 司机接班时，应对制动器、吊钩、钢丝绳和安全装置进行检查。发现性能不正常时，应在操作前排除。
② 开车前，必须鸣铃或报警。操作中接近时，亦应给以断续铃声或报警。
③ 操作应按指挥信号进行。对紧急停车信号，不论何人发出，都应立即执行。

④当起重机上或其周围确认无人时，才可以闭合主电源。当电源电路装置上加锁或有标牌时，应由有关人员除掉后才可闭合主电源。

⑤闭合主电源前，应使所有的控制器手柄置于零位。

⑥工作中突然断电时，应将所有的控制器手柄扳回零位。在重新工作前，应检查起重机工作是否都正常。

⑦在轨道上露天作业的起重机，当工作结束时，应将起重机锚定住，当风力大于6级时，一般应停止工作，并将起重机锚定住。对于在沿海工作的起重机，当风力大于7级时，应停止工作，并将起重机锚定住。

⑧司机进行维护保养时，应切断主电源并挂上标志牌或加锁，如存在未消除的故障，应通知接班司机。

2. 使用单位应当履行下列安全职责

①根据不同施工阶段、周围环境以及季节、气候的变化，对建筑起重机械采取相应的安全防护措施。

②制定建筑起重机械生产安全事故应急救援预案。

③在建筑起重机械活动范围内设置明显的安全警示标志，对集中作业区做好安全防护。

④设置相应的设备管理机构或者配备专职的设备管理人员。

⑤指定专职设备管理人员、专职安全生产管理人员进行现场监督检查。

⑥建筑起重机械出现故障或者发生异常情况的，立即停止使用，消除故障和事故隐患后，方可重新投入使用。

使用单位应当对在用的建筑起重机械及其安全保护装置、吊具、索具等进行经常性和定期的检查、维护和保养，并做好记录。

使用单位在建筑起重机械租期结束后，应当将定期检查、维护和保养记录移交出租单位。

建筑起重机械在使用过程中需要附着的，使用单位应当委托原安装单位或者具有相应资质的安装单位按照专项施工方案实施，并按照相关规定组织验收。验收合格后方可投入使用。

建筑起重机械在使用过程中需要顶升的，使用单位委托原安装单位或者具有相应资质的安装单位按照专项施工方案实施后，即可投入使用。

禁止擅自在建筑起重机械上安装非原制造厂制造的标准节和附着装置。

7.8.3 结构吊装

吊装作业开工前须制定吊装方案，关键是选用合适的吊点和起重机具。合理布置施工场地，确定机械运行路线和构件堆放地点，铺设道路及机械运行轨道，测定建筑物轴线和标高，安装吊装机械，准备各种索具、吊具和工具。

1. 吊装机械的选择

机械的种类繁多（见起重机械）。吊装机械的选择须使所选起重机的主要技术参数（起重量、回转半径、起重高度）能满足结构或构件外形尺寸、重量、安装位置等要求。一般工业厂房可选用履带式起重机、轮胎式起重机或汽车式起重机。多层或高层建筑可采用塔式起重机或自升式塔式起重机，也可以采用爬升式起重机随建筑物的高度增高而升高。桅杆起重机适用于重量和起重高度特别大的吊装工程，但机动性能差，工作效率低，需要纤绳等，一般情况下不常采用。

2. 吊装过程

包括绑扎、起吊、就位、临时固定、校正和最后固定等几个主要工序。绑扎要求既牢靠又便于安装和绑拆，并确保构件在吊装过程中不产生永久变形。当构件细长，而且某一侧面刚度小，仅绑扎一点吊装构件易产生严重变形或损坏时，应改用多点绑扎，以减小吊点处的弯矩，保证安全。须注意使绑扎点的连线或绑扎中心（各吊索拉力的合力作用点）处于构件重心的上方，以防构件倾翻。多点绑扎时，吊索宜用滑轮串通，各吊点的受力可保持平衡，吊装过程中构件位置改变时，各吊点索长能自行调整。构件起吊、吊升或下降时应平稳，避免紧急制动和冲击。重型构件吊离地面约30厘米时应停车，经检查后再起吊。构件在起吊时的受力状态和使用状态不一致时，需要对结构及构件强度、稳定性、变形和裂缝开展情况进行验算。

构件就位后应先临时固定和校正，校正时采用撬棍、楔子、丝杠、千斤顶或纤绳等。构件经校正后即可最后固定。固定的方法有螺栓连接、预埋件焊接、灌筑混凝土等。

3. 吊装方法

依据构件的分解和组装程度，结构吊装可分为单件吊装、分解吊装（高空拼装）、扩大组装和整体吊装。

①单件吊装。有分件安装和综合安装两种方法。分件安装法是起重机械每次运行只安装一种构件，吊具更换次数少，操作多次重复。综合安装法是起重机械在每一个工位上将各类构件依次吊装、校正并固定后再行移位。

②分解吊装。当网架等重大结构或构件没有条件采用整体提升时，可采用分解吊装法将网架分片分段预制，吊至高空再总装。

③扩大组装。对于构件单件小、高空作业量大的构筑物，可以根据起重机能力，将各种构件在地面上先组装成扩大吊装单元，一次吊装就位。采用此法必须核算组合吊装单元的刚度，必要时采取加固措施，以保证组装单元的几何尺寸。

④整体吊装。特大结构如网架屋盖或石油化工塔类结构均可采用整体吊装方法。

4. 安全技术要点

① 凡参加施工的全体人员都必须遵守安全生产"六大纪律"、"十个不准"的有关安全生产规程。

② 吊装作业人员都必须持有上岗证，有熟练的钢结构安装经验，起重人员持有特种人员上岗证，起重司机应熟悉起重机的性能、使用范围，操作步骤，同时应了解钢结构安装程序、安装方法，起重范围之内的信号指挥和挂钩工人应经过严格的挑选和培训，必须熟知本工程的安全操作规程，司机与指挥人员吊装前应相互熟悉指挥信号，包括手势、旗语、哨声等。

③ 起重机械行走的路基及轨道应坚实平整、无积水。

④ 起重机械要有可靠有效的超高限位器和力矩限位器，吊钩必须有保险装置。

⑤ 应经常检查起重机械的各种部件是否完好，有变形、裂纹、腐蚀情况，焊缝、螺栓等是否固定可靠。吊装前应对起重机械进行试吊，并进行静荷载及动荷载试验，试吊合格后才能进行吊装作业，起重机械不得带病作业，不准超负荷吊装，不准在吊装中维修，遵守起重机械"十不吊"。

⑥ 在使用过程中应经常检查钢丝绳的各种情况：

a. 磨损及断丝情况，锈蚀与润滑情况，根据钢丝绳程度及报废标准进行检查。

b. 钢丝绳不得扭劲及结扣，绳股不应凸出，各种使用情况安全系数不得小于标准。

c. 钢丝绳在滑轮与卷筒的位置正确，在卷筒上应固定可靠。

⑦吊钩在使用前应检查：

a. 表面有无裂纹及刻痕。

b. 吊钩吊环自然磨损不得超过原断面直径的10%。

c. 钩胫是否有变形。

d. 是否存在各种变形和钢材疲劳裂纹。

⑧ 检查绳卡、卡环、花篮螺丝、铁扁担等是否有变形、裂纹、磨损等异常情况。

⑨ 检查周围环境及起重范围内有无障碍，起重臂、物体必须与架空电线的距离符合以下规定（见表7.3）。

表7.3 距输电线电压的安全距离

输电线路电压 /kV	1以下	1～20	35～110	154	220
允许与输电线路的最近距离 /m	1.5	2	4	5	6

⑩ 在吊装作业时，吊物不允许在民房街巷和高压电线上空及施工现场办公设施上空旋转，如施工条件所限必须在上述范围吊物旋转，需对吊物经过的范围采取严密而妥善的防护措施。

⑪ 吊起吊物离地面 20~30 cm 时，应指挥停钩检查设备和吊物有无异常情况，有问题应及时解决后再起吊。

⑫ 吊物起吊悬空后应注意以下几点：

a. 出现不安全异常情况时，指挥人员应指挥危险部位人员撤离，而后指挥吊车下落吊物，排除险情后再起吊。

b. 吊装过程中突然停电或发生机械故障，应指挥吊车将重物慢慢的落在地面或楼面适当的位置，不准长时间悬在空中。

⑬ 使用手拉葫芦提升重物时，应以一人拉动为止，决不允许两人或多人一起拉动。

⑭ 在使用多台千斤顶时，应尽量选择同种型号的千斤顶，各台千斤顶顶升的速度尽量保持一致。

7.9 高处作业

7.9.1 高处作业的含义

高处作业是指人在一定位置为基准的高处进行的作业。国家标准 GB/T 3608—2008《高处作业分级》规定："凡在坠落高度基准面 2 m 以上（含 2 m）有可能坠落的高处进行作业，都称为高处作业"。

脚手架、井架、龙门架、施工用电梯和各种吊装机械设备在施工中使用时所形成的高处作业，其安全问题，都是各工程或设备的安全技术部门各自作出规定加以处理。

对操作人员而言，当人员坠落时，地面可能高低不平。上述标准所称坠落高度基准面，是指通过最低的坠落着落点的水平面。而所谓最低的坠落着落点，则是指当在该作业位置上坠落时，有可能坠落到的最低之处。这可以看作是最大的坠落高度。因此，高处作业高度的衡量，以从各作业位置到相应的坠落基准面之间的垂直距离的最大值为准。

坠落高度基准面：通过最低坠落着落点的水平面，称为坠落高度基准面。

最低坠落着落点：在作业位置可能坠落到的最低点，称为该作业位置的最低坠落着落点。

高处作业高度：作业区各作业位置至相应坠落高度基准面之间的垂直距离中的最大值，称为该作业区的高处作业高度。

其可能坠落范围半径 R，根据高度 h（作业位置至其底部的垂直距离）不同分别是：

① 当高度 h 为 2~5 m 时，半径 R 为 2 m。
② 当高度 h 为 5~15 m 时，半径 R 为 3 m。
③ 当高度 h 为 15~30 m 时，半径 R 为 4 m。
④ 当高度 h 为 30 m 以上时，半径 R 为 5 m。

7.9.2 高处作业分级

① 高处作业高度为 2~5 m 时，称为一级高处作业。
② 高处作业高度为 5~15 m 时，称为二级高处作业。
③ 高处作业高度为 15~30 m 时，称为三级高处作业。
④ 高处作业高度为 30 m 以上时，称为特级高处作业。

7.9.3 高处作业的种类和特殊高处作业的类别

高处作业的种类分为一般高处作业和特殊高处作业两种。

特殊高处作业包括以下几个类别：

① 在阵风风力六级（风速 10.8 m/s）以上的情况下进行的高处作业，称为强风高处作业。

② 在高温或低温环境下进行的高处作业，称为异温高处作业。

③ 降雪时进行的高处作业，称为雪天高处作业。

④ 降雨时进行的高处作业，称为雨天高处作业。

⑤ 室外完全采用人工照明时进行的高处作业，称为夜间高处作业。

⑥ 在接近或接触带电体条件下进行的高处作业，统称为带电高处作业。

⑦ 在无立足点或无牢靠立足点的条件下进行的作业，统称为悬空高处作业

⑧ 对突然发生的各种灾害事故，进行抢救的高处作业，称为抢救高处作业。

一般高处作业系指除特殊高处作业以外的高处作业。

> **注意事项：**
> 高处作业的分级，以级别、类别和种类标记。一般高处作业标记时，写明级别和种类；特殊高处作业标记时，写明级别和类别，种类可省略不写。

7.9.4 高空作业基本类型

（1）高空作业

建筑施工中的高处作业主要包括临边、洞口、攀登、悬空、交叉等五种基本类型，这些类型的高处作业是高处作业伤亡事故可能发生的主要地点。

（2）临边作业

临边作业是指：施工现场中，工作面边沿无围护设施或围护设施高度低于 80 cm 时的高处作业。下列作业条件属于临边作业：

基坑周边，无防护的阳台、料台与挑平台等；无防护楼层、楼面周边；无防护的楼梯口和梯段口；井架、施工电梯和脚手架等的通道两侧面；各种垂直运输卸料平台的周边。

（3）洞口作业

洞口作业是指孔、洞口旁边的作业。在水平方向的楼面、屋面、平台等上面短边小于 25 cm（大于 2.5 cm）的称为孔，等于或大于 25 cm 的称为洞。在垂直于楼面、地面的垂直面上，则高度小于 75 cm 的称为孔，高度等于或大于 75 cm，宽度大于 45 cm 的均称为洞。凡深度在 2 m 及 2 m 以上的桩孔、沟槽与管道等孔洞边沿上的高处作业都属于洞口作业。

建筑物的楼梯口、电梯口及设备安装预留洞口等（在未安装正式栏杆，门窗等围护结构时），还有一些施工需要预留的上料口、通道口、施工口等。凡是在 2.5cm 以上，洞口若没有防护时，就有造成作业人员高处坠落的危险；或者若不慎将物体从这些洞口坠落时，还可能造成下面的人员发生物体打击事故。

（4）攀登作业

攀登作业是指：借助建筑结构或脚手架上的登高设施或采用梯子或其他登高设施在攀登条件下进行的高处作业。

在建筑物周围搭拆脚手架、张挂安全网，装拆塔机、龙门架、井字架、施工电梯、桩架，登高安装钢结构构件等作业都属于这种作业。

进行攀登作业时作业人员由于没有作业平台，只能攀登在可借助物的架子上作业，要借助一手攀，一只脚勾或用腰绳来保持平衡，身体重心垂线不通过脚下，作业难度大，危险性大，若有不慎就可能坠落。

（5）悬空作业

悬空作业是指：在周边临空状态下进行高处作业。其特点是在操作者无立足点或无牢靠立足点

条件下进行高处作业。

建筑施工中的构件吊装，利用吊篮进行外装修，悬挑或悬空梁板、雨棚等特殊部位支拆模板、扎筋、浇砼等项作业都属于悬空作业，由于是在不稳定的条件下施工作业，危险性很大。

（6）交叉作业

交叉作业是指：在施工现场的上下不同层次，于空间贯通状态下同时进行的高处作业。

现场施工上部搭设脚手架、吊运物料、地面上的人员搬运材料、制作钢筋，或外墙装修下面打底抹灰、上面进行面层装饰等等，都是施工现场的交叉作业。交叉作业中，若高处作业不慎碰掉物料，失手掉下工具或吊运物体散落，都可能砸到下面的作业人员，发生物体打击伤亡事故。

7.9.5 高处坠落事故的具体预防、控制

高处坠落事故的具体预防、控制，是依据不同类型高处坠落事故的具体原因，有针对性地提出了对每类高处坠落事故进行具体预防、控制要点。

① 洞口坠落事故的预防、控制要点：预防留口、通道口、楼梯口、电梯口、上料平台口等都必须设有牢固、有效的安全防护设施（盖板、围栏、安全网）；洞口防护设施如有损坏必须及时修缮；洞口防护设施严禁擅自移位、拆除；在洞口旁操作要小心，不应背朝洞口作业；不要在洞口旁休息、打闹或跨越洞口及从洞口盖板上行走；同时洞口还必须挂设醒目的警示标志等。

② 脚手架上坠落事故的预防、控制要点：要按规定搭设脚手架、铺平脚手板，不准有探头板；防护栏杆要绑扎牢固，挂好安全网；脚手架载荷不得超过 270 kg/m^2；脚手架离墙面过宽应加设安全防护；并要实行脚手架搭设验收和使用检查制度，发现问题及时处理。

③ 悬空高处作业坠落事故的预防、控制要点：加强施工计划和各施工单位、各工种配合，尽量利用脚手架等安全设施，避免或减少悬空高处作业；操作人员要加倍小心避免用力过猛，身体失稳；悬空高处作业人员必须穿软底防滑鞋，同时要正确使用安全带；身体有病或疲劳过度、精神不振等不宜从事悬空高处作业。

④ 屋面檐口坠落事故的预防、控制要点：在屋面上作业人员应穿软底防滑鞋；屋面坡度大于 25°应采取防滑措施；在屋面作业不能背向檐口移动；使用外脚步手架工程施工，外排立杆要高出檐口 1.2 m，并挂好安全网，檐口外架要铺满脚手板；没有使用外脚手架工程施工，应在屋檐下方设安全网。

7.9.6 高处坠落事故的综合预防、控制

高处坠落事故的综合预防、控制，是依据高处坠落事故的不同类别和系列的原因规律，而提出的对高处坠落事故进行综合预防、控制的要点。

① 对从事高处作业人员要坚持开展经常性安全宣传教育和安全技术培训，使其认识掌握高处坠落事故规律和事故危害，牢固树立安全思想和具有预防、控制事故能力，并要做到严格执行安全法规，当发现自身或他人有违章作业的异常行为，或发现与高处作业相关的物体和防护措施有异常状态时，要及时加以改变使之达到安全要求，从而为预防、控制高处坠落事故发生。

② 高处作业人员的身体条件要符合安全要求。如，不准患有高血压病、心脏病、贫血、癫痫病等不适合高处作业的人员，从事高处作业；对疲劳过度、精神不振和思想情绪低落人员要停止高处作业；严禁酒后从事高处作业。

③ 高处作业人员的个人着装要符合安全要求。如，根据实际需要配备安全帽、安全带和有关劳动保护用品；不准穿高跟鞋、拖鞋或赤脚作业；如果是悬空高处作业要穿软底防滑鞋。不准攀爬脚手架或乘运料井字架吊篮上下，也不准从高处跳上跳下。

④ 要按规定要求支搭各种脚手架。如：架子高度达到 3 m 以上时，每层要绑两道护身栏，设一道档脚板，脚手板要铺严，板头、排木要绑牢，不准留探头板。

使用桥式脚手架时，要特别注意桥桩与墙体是否拉顶牢固、周正。升桥降桥时，均要挂好保险绳，并保持桥两端升降同步。升降桥架的工人，要将安全带挂在桥架的立柱上。升桥的吊索工具均要符合设计标准和安全规程的规定。

使用吊篮架子和挂架子时，其吊索具必须牢靠。吊篮架子在使用时，还要挂好保险绳或安全卡具。升降吊篮时，保险绳要随升降调整，不得摘除。吊篮架子与挂架子的两侧面和外侧均要用网封严。吊篮顶要设头网或护头棚，吊篮里侧要绑一道护身栏，并设档脚板。

提升桥式架、吊篮用的倒链和手板葫芦必须经过技术部门鉴定合格后方可使用。倒链最少应用2 t的，手板葫芦最少应用3 t的，承重钢丝绳和保险绳应用直径为12.5 mm以上的钢丝绳。另外使插口架、吊篮和桥式架子时，严禁超负荷。

⑤ 要按规定要求设置安全网，凡4 m以上建筑施工工程，在建筑的首层要设一道3~6 m宽的安全网。如果高层施工时，首层安全网以上每隔四层还要支一道3 m宽的固定安全网。如果施工层采用立网做防护时，应保证立网高出建筑物1 m以上，而且立网要搭接严密。并要保证规格质量，使用安全可靠。

⑥ 要切实做好洞口处的安全防护。具体方法，同洞口坠落事故的预防、控制措施相同。

⑦ 使用高凳和梯子时，单梯只许上1人操作，支设角度以60°~70°为宜，梯子下脚要采取防滑措施，支设人字梯时，两梯夹角应保持40°，同时两梯要牢固，移动梯子时梯子上不准站人。使用高凳时，单凳只准站1人，双凳支开后，两凳间距不得超过3m。如使用较高的梯子和高凳时，还应根据需要采取相应的安全措施。

⑧ 在没有可靠的防护设施时，高处作业必须系安全带，否则不准在高处作业。同时安全带的质量必须达到以上使用安全要求，并要做到高挂低用。

⑨ 登高作业前，必须检查脚踏物是否安全可靠，如脚踏物是否有承重能力；木电杆的根部是否腐烂。严禁在石棉瓦，刨花板、三合板顶棚上行走。

⑩ 不准在六级强风或大雨、雪、雾天气从事露天高处作业。另外，还必须做好高处作业过程中的安全检查，如发现人的异常行为、物的异常状态，要及时加以排除，使之达到安全要求，从而控制高处坠落事故发生。

7.10 建筑机械

7.10.1 土石方机械

土石方机械包括挖掘机、装载机、推土机、铲运机等，其使用全安操作如下：

① 土石方机械的内燃机、电动机和液压装置的使用，要严格按照内燃机和电动机安全使用交底操作。

② 机械进入现场前，应查明行驶路线上的桥梁、涵洞的上部净空和下部承载能力，保证机械安全通过。

③ 土方机械作业对象是土壤，因此需要充分了解施工现场的地面及地下情况，以便采取安全和有效的作业方法，避免操作人员和机械以及地下重要设施遭受损害。作业前，应查明施工场地明、暗设置物（电线、地下电缆、管道、坑道等）的地点及走向，并采用明显记号表示。严禁在离电缆1m距离以内作业。

④ 作业中，应随时监视机械各部位的运转及仪表指示值，如发现异常，应立即停机检修。

⑤ 机械运行中，严禁接触转动部位和进行检修。在修理（焊、铆等）工作装置时，应使其降到最低位置，并应在悬空部位垫上垫木。

⑥对于施工场地中不能取消的电杆等设施,要采取防护措施。在电杆附近取土时,对不能取消的拉线、地垄和杆身,应留出土台。上台半径:电杆应为1.0~1.5 m,拉线应为1.5~2.0 m。并应根据土质情况确定坡度。

⑦桥梁的承载能力有一定限度,履带式机械行走时振动大,通过桥梁要减速慢行,在桥上不要转向或制动,是为了防止由于冲击载荷超过桥梁的承载能力而造成事故。机械通过桥梁时,应采用低速档慢行,在桥面上不得转向或制动。承载力不够的桥梁,事先应采取加固措施。

⑧以下情况是土方施工中常见的危害安全生产的情况。在施工中遇下列情况之一时应立即停工,必要时可将机械撤离至安全地带,待符合作业安全条件时,方可继续施工:

a. 填挖区土体不稳定,有发生坍塌危险时。
b. 气候突变,发生暴雨、水位暴涨或山洪暴发时。
c. 在爆破警戒区内发出爆破信号时。
d. 地面涌水冒泥,出现陷车或因雨发生坡道打滑时。
e. 工作面净空不足以保证安全作业时。
f. 施工标志、防护设施损毁失效时。

⑨土方机械作业时,都要求有一定的配合人员随机作业,所以一定要保持人机间的安全距离,以防止机械作业中发生伤人事故。配合机械作业的清底、平地、修坡等人员,应在机械回转半径以外工作。当必须在回转半径以内工作时,应停止机械回转并制动好后,方可作业。

⑩雨季施工,机械作业完毕后,应停放在较高的坚实地面上。

⑪当挖土深度超过5 m或发现有地下水以及土质发生特殊变化等情况时,应根据土的实际性能计算其稳定性,再确定边坡坡度。

⑫当对石方或冻土进行爆破作业时,所有人员、机具应撤至安全地带或采取安全保护措施。

7.10.1.1 单斗挖掘机

单斗挖掘机的使用全安技术如下:

①作业时,应查明施工场地明、暗设置物(电线、地下电缆、管道、坑道等)的地点及走向,并采用明显记号表示。严禁在离电缆1 m距离以内作业。

②作业前重点检查项目应符合下列要求:

a. 照明、信号及报警装置等齐全有效。
b. 燃油、信号及报警装置等齐全有效。
c. 各铰接部分连接可靠。
d. 液压系统无泄漏现象。
e. 轮胎气压符合规定。

③作业时,挖掘机应保持水平位置,将行走机构制动住,并将履带或轮胎楔紧。

④作业时,应待机身停稳后再挖土,当铲斗未离开工作面时,不得作回转、行走等动作。回转制动时,应使用回转制动器,不得用转向离合器反转制动。

⑤作业中,当液压缸伸缩将达到极限位时,应动作平稳,不得冲撞极限块。

⑥作业中,当需要制动时,应将变速阀置于低速位置。

⑦作业中不得打开压力表开关,且不得将工况选择阀的操纵手柄放在高速档位置。

⑧作业中,履带式挖掘机作短距离行走时,主动轮应在后面,斗臂应在正前方与履带平行。

⑨轮胎式挖掘机行驶前,应收回支腿并固定好,监控仪表和报警信号灯应处于正常显示状态、气压表压力应符合规定,工作装置应处于行驶方向的正前方,铲斗应离地面1 m。长距离行驶时,应采用固定销将回转平台锁定,并将回转制动板踩下后锁定。

⑩机械运行中,严禁接触转动部位和进行检修。在修理(焊、铆等)工作装置时,应使其降到最低位置,并应在悬空部位垫上垫木。

⑪ 利用铲斗将底盘顶起进行检修时，应使用垫木将抬起的轮胎垫稳，并用木楔将落地轮胎楔牢，然后将液压系统卸荷，否则严禁进入底盘下工作。

7.10.1.2 装载机

1. 轮胎式装载机使用安作技术

① 装载机工作距离不宜过大，超过合理运距时，应由自卸汽车配合装运作业。自卸汽车的车箱容积应与铲斗容量相匹配。

② 装载机不得在倾斜度超过出厂规定的场地上作业。作业区内不得有障碍物及无关人员。

③ 装载机作业场地和行驶道路应平坦。在石方施工场地作业时，应在轮胎上加装保护链条或用钢质链板直边轮胎。

④ 作业前重点检查项目应符合下列要求：照明、音响装置齐全有效；燃油、润滑油、液压油符合规定；各连接件无松动；液压及液力传动系统无泄漏现象；转向、制动系统灵敏有效。

⑤ 启动内燃机后，应急速空运转，各仪表指示值应正常，各部管路密封良好，待水温达到 55 ℃、气压达到 0.45 MPa 后，可起步行驶。

⑥ 起步前，应先鸣声示意，宜将铲斗提升离地 0.5 m。行驶过程中应测试制动器的可靠性，并避开路障或高压线等。除规定的操作人员外，不得搭乘其他人员，严禁铲斗载人。

⑦ 高速行驶时应采用前两轮驱动；低速铲装时，应采用四轮驱动。行驶中，应避免突然转向。铲斗装载后升起行驶时，不得急转弯或紧急制动。

⑧ 在向自卸汽车装料时，铲斗不得在汽车驾驶室上方越过。当汽车驾驶室顶无防护板，装料时，驾驶室内不得有人。

⑨ 在向自卸汽车装料时，宜降低铲斗及减小卸落高度，不得偏载、超载和砸坏车箱。

⑩ 在边坡、壕沟、凹坑卸料时，轮胎离边缘距离应大于 1.5 m，铲斗不宜过于伸出。在大于 3°的坡面上，不得前倾卸料。

⑪ 作业时，内燃机水温不得超过 90 ℃，变矩器油温不得超过 110 ℃，当超过上述规定时，应停机降温。

⑫ 作业后，装载机应停放在安全场地，铲斗平放在地面上，操纵杆置于中位，并制动锁定。

⑬ 装载机转向架未锁闭时，严禁站在前后车架之间进行检修保养。

⑭ 装载机铲臂升起后，在进行润滑或调整等作业之前，应装好安全销，或采取其他措施支住铲臂。

⑮ 停车时，应使内燃机转速逐步降低，不得突然熄火；应防止液压油因惯性冲击而溢出油箱。

2. 挖掘装载机使用安全技术

① 采用液压悬挂装置的挖掘机，应锁住两个悬挂液压缸。履带式挖掘机的驱动轮应置于作业面的后方。

② 挖掘机正铲作业时，除松散土壤外，其最大开挖高度和深度，不应超过机械本身性能规定。在拉铲或反铲作业时，履带距工作面边缘距离应大于 1.0 m。并测试各制动器，确认正常后，方可作业。

③ 作业前重点检查项目应符合下列要求：

a. 照明、信号及报警装置等齐全有效。

b. 燃油、润滑油、液压油符合规定。

c. 各铰接部分连接可靠。

d. 液压系统无泄漏现象。

e. 轮胎气压符合要求。

④ 作业时，满载的铲斗要举高、升出并回转，机械将产生振动，重心也随之变化。因此，挖掘机要保持水平位置，履带或轮胎要与地面楔紧，以保持各种工况下的稳定性。挖掘机应保持水平位置，将行走机构制动住，并将履带楔紧。

⑤ 在机身未停稳时挖土，或铲斗未离开工作面就回转，都会造成斗臂侧向受力而扭坏；机械回

转时采用反转来制动，就会因惯性造成的冲击力而使转向机构受损。作业时，应待机身停稳后再挖土，当铲斗未离开工作面时，不得作回转、行走等动作。回转制动时，应使用回转制动器，不得用转向离合器反转制动。

⑥ 向运土车辆装车时，宜降低挖铲斗，减小卸落高度，不得偏装或砸坏车厢。在汽车未停稳或铲斗需越过驾驶室而司机未离开前不得装车。

⑦ 作业中不得打开压力表开关，且不得将工况选择阀的操纵手柄放在高速档位置。

⑧ 保养或检修挖掘机时，除检查内燃机运行状态外，必须将内燃机熄火，并将液压系统卸荷，铲斗落地。

⑨ 挖掘机检修时，可以利用斗杆升缩油缸使铲斗以地面为支点将挖掘机一端顶起，顶起后如不加以垫实，将存在因液压变化而下降的危险性。利用铲斗将底盘顶起进行检修时，应使用垫木将抬起的轮胎垫稳，并用木楔将落地轮胎楔牢，然后将液压系统卸荷，否则严禁进入底盘下工作。

7.10.2 桩工机械

1. 桩工机械的分类

蒸汽锤打桩机；柴油锤打桩机；振动锤打桩机；静力压桩机；转盘式钻孔机；长螺旋钻孔机；旋挖钻机；潜水钻孔机。

2. 桩工机械使用安全技术

① 打桩机所配置的电动机、内燃机、卷扬机、液压装置等的使用应按照相应装置的安全技术交底要求操作。

② 打桩机类型应根据桩的类型、桩长、桩径、地质条件、施工工艺等综合考虑选择。打桩作业前，应由施工技术人员向机组人员进行安全技术交底。

③ 施工现场应按地基承载力不小于 83 kPa 的要求进行整平压实。在基坑和围堰内打桩，应配置足够的排水设备。

④ 打桩机作业区内应无高压线路。作业区应有明显标志或围栏，非工作人员不得进入。桩锤在施打过程中，操作人员必须在距离桩锤中心 5 m 以外监视。

⑤ 机组人员作登高检查或维修时，必须系安全带；工具和其他物件应放在工具包内，高空人员不得向下随意抛物。

⑥ 水上打桩时，应选择排水量比桩机重量大 4 倍以上的作业船或牢固排架，打桩机与船体或排架应可靠固定，并采取有效的锚固措施。当打桩船或排架的偏斜度超过 30 时，应停止作业。

⑦ 安装时，应将桩锤运到立柱正前方 2 m 以内，并不得斜吊。吊桩时，应在桩上拴好拉绳，不得与桩锤或机架碰撞。

⑧ 严禁吊桩、吊锤、回转或行走等动作同时进行。打桩机在吊有桩和锤的情况下，操作人员不得离开岗位。

⑨ 插桩后，应及时校正桩的垂直度。桩入 3 m 以上时，严禁用打桩机行走或回转动作来纠正桩的倾斜度。

⑩ 拔送桩时，不得超过桩机起重能力。起拔载荷应符合以下规定：

a. 打桩机为电动卷扬机时，起拔载荷不得超过电动机满载电流。

b. 打桩机卷扬机以内燃机为动力，拔桩时发现内燃机明显降速，应立即停止起拔；每米送桩深度的起拔载荷可按 40 kN 计算。

⑪ 卷扬钢丝绳应经常润滑，不得干摩擦。钢丝绳的使用及报废参见起重吊装机械安全交底相关规定；作业中，当停机时间较长时，应将桩锤落下垫好。检修时不得悬吊桩锤。

⑫ 遇有雷雨、大雾和六级及以上大风等恶劣气候时，应停止一切作业。当风力超过七级或有风暴警报时，应将打桩机顺风向停置，并应增加缆风绳，或将桩立柱放倒地面上。立柱长度在 27 m 及

以上时，应提前放倒。

⑬ 作业后，应将打桩机停放在坚实平整的地面上，将桩锤落下垫实，并切断动力电源。

7.10.3 混凝土机械

用机器取代人工把水泥、河沙、碎石、水按照一定的配合比进行搅拌，生产出建筑工程等生产作业活动所需的混凝土的机械设备，常用的设备有混凝土泵车，水泥仓，配料站等。

7.10.3.1 混凝土搅拌机

1. 混凝土搅拌机事故隐患

设备本身在安装、防护装置上存在问题，造成对操作人员安全的威胁；施工现场用电不安全，存在漏电现象，从而造成触电事故；施工人员违反操作规程，违章作业而造成的人身伤害。由于搅拌机挤人、搅人、砸人事故时有发生，因此我们要对事故发生的原因进行认真细致地研究分析，找出事故的原因，提出应有的预防措施，采取行之有效的科学手段，对搅拌机工作中容易发生的事故进行防治，实现安全生产的目的。

2. 混凝土搅拌机使用安全技术

① 混凝土搅拌机安装必须平稳牢固，轮胎必须架空或卸下另行保管，并必须搭设防雨、防砸或保温的工作棚。操作地点经常保持整洁，棚外应挖设排除清洗机械废水的沉淀池。

② 混凝土搅拌机的电源接线必须正确，必须要有可靠的保护接零（或保护接地）和漏电保护开关，布线和各部绝缘必须符合规定要求（由电工操作）。

③ 操作司机必须是经过培训，并经考试合格，取得操作证者，严禁非司机操作。

④ 司机必须按清洁、紧固、润滑、调整、防腐的十字作业法，每次对搅拌机进行认真的维护与保养。

⑤ 每次工作开始时，应认真检查各部件有无异常现象。开机前应检查离合器、制动器和各防护装置是否灵敏可靠，钢丝绳有无破损，轨道、滑轮是否良好，机身是否平衡，周围有无障碍，确认没有问题时，方能合闸试机。以 2～3 min 试运转，滚筒转动平衡，不跳动，不跑偏，运转正常，无异常声响后，再正式生产操作。

⑥ 机械开动后，司机必须思想集中，坚守岗位，不得擅离职守。并须随时注意机械的运转情况，若发现不正常现象或听到不正常的声响，必须将筒内的存料放出，停机进行检修。

⑦ 搅拌机在运转中，严禁修理和保养，并不准用工具伸到筒内扒料。

⑧ 上料不得超过规定时，严禁超负荷使用。

⑨ 料斗提升时，严禁在料斗的下方工作或通行。料斗的基坑需要清理时，必须事先与司机联系，待料斗用安全挂钩挂牢固后方准进行。

⑩ 检修搅拌机时，必须切断电源，如需进入滚筒内检修时，必须在电闸箱上挂有"有人工作，禁止合闸"的标示牌，并设有专人看守，要绝对保证能够避免误送电源事故的发生。

⑪ 停止生产后，要及时将筒内外刷洗干净，严防混凝土黏结，工作结束后，将料斗提升到顶上位置，用安全挂钩挂牢。离开现场前拉下电闸并锁好电闸箱

7.10.3.2 混凝土泵及泵车

1. 概述

混凝土泵车由泵体和输送管组成，是一种利用压力将混凝土沿管道连续输送的机械，主要应用于房建、桥梁及隧道施工。目前主要分为闸板阀混凝土输送泵和 S 阀混凝土输送泵。再一种就是将泵体装在汽车底盘上，再装备可伸缩或屈折的布料杆，而组成的泵车。

混凝土泵按其移动方式可分为拖式、固定式、臂架式和车载式等，常用的为拖式；按其驱动方法可分为活塞式、挤压式和风动式，其中活塞式又可分为机械式和液压式。

混凝土泵车按其底盘结构可分为整体式、半挂式和全挂式，使用较多的是整体式。

2. 混凝土泵及泵车使用安全技术

① 泵车就位地点应平坦坚实，周围无障碍物，上空无架空输电线。泵车不得停放在斜坡上。

② 就位后，泵车应显示停车灯，避免碰撞。

③ 作业前检查项目应符合下列要求：

a. 燃油、润滑油、液压油、水箱添加充足，轮胎气压符合规定，照明和信号指示灯齐全良好。

b. 液压系统工作正常，管道无泄漏。

c. 清洗水泵及设备齐全良好搅拌斗内无杂物，料斗上保护格网完好并盖严。

d. 输送管路连接牢固，密封良好。

④ 布料杆所用配管和软管应按出厂说明书的规定选用，不得使用超过规定直径的配管，装接的软管应拴上防脱安全带。

⑤ 伸展布料杆应按出厂说明书的顺序进行。布料杆升离支架后方可回转。严禁用布料杆起吊或拖拉物件。

⑥ 不得在地面上拖拉布料杆前端软管；严禁延长布料配管和布料杆。当风力在六级及以上时，不得使用布料杆输送混凝土。

⑦ 敷设向下倾斜的管道时，应在输出口上加装一段水平管，其长度不应小于倾斜管高低差的5倍。当倾斜度较大时，应在坡度上端装设排气活阀。

⑧ 泵送管道敷设后，应进行耐压试验。

⑨ 泵送前，当液压油温度低于150 ℃时，应采用延长空运转时间的方法提高油温。

⑩ 泵送时应检查泵和搅拌装置的运转情况，监视各仪表和指示灯，发现异常，应及时停机处理。

⑪ 泵送混凝土应连续作业。当因供料中断被迫暂停时，停机时间不得超过30 min。暂停时间内应每隔5~10 min（冬季3~5 min）作2~3个冲程反泵—正泵运动，再次投料泵送前应先将料搅拌。当停泵时间超限时，应排空管道。

⑫ 泵送中当发现压力表上升到最高值，运转声音发生变化时，应立即停止泵送，并应采用反向运转方法排除管道堵塞；无效时，应拆管清洗。

⑬ 作业后，应将管道和料斗内的混凝土全部输出，然后对料斗、管道等进行冲洗。当采用压缩空气冲洗管道时，管道出口端前方10 m内严禁站人。

⑭ 作业后，各部位操纵开关、调整手柄、手轮、控制杆、旋塞等均应复位，液压系统应卸荷，并应收回支腿，将车停放在安全地带，关闭门窗。冬季应放净存水。

7.10.3.3 混凝土振动器

1. 概述

混凝土振动器是通过一定动力装置作为振源产生频繁的振动，并使这种振动传给混凝土，以振动捣实混凝土的设备。

混凝土振动器的分类：按传递振动方式不同可分为内部式（插入式）、外部式（附着式）、平板式等；按振源的振动子形式可分为行星式、偏心式、往复式等。

2. 插入式振动器使用安全技术

① 插入式振动器的电动机电源上，应安装漏电保护装置，接地或接零应安全可靠。

② 操作人员应经过用电教育，作业时应穿戴绝缘胶鞋和绝缘手套。

③ 电缆线应满足操作所需的长度。电缆线上不得堆压物品或让车辆挤压，严禁用电缆线拖拉或吊挂振动器。

④ 使用前，应检查各部并确认连接牢固，旋转方向正确。

⑤ 振动器不得在初凝的混凝土、地板、脚手架和干硬的地面上进行试振。在检修或作业间断时，应断开电源。

⑥ 作业时，振动棒软管的弯曲半径不得小于500 m，并不得多于两个弯，操作时应将振动棒垂

直地沉入混凝土，不得用力硬插、斜推或让钢筋夹住棒头，也不得全部插入混凝土中，插入深度不应超过棒长的 3/4，不宜触及钢筋、芯管及预埋件。

⑦ 振动棒软管不得出现断裂，当软管使用过久使长度增长时，应及时修复或更换。

⑧ 作业停止需移动振动器时，应先关闭电动机，再切断电源。不得用软管拖拉电动机。

⑨ 作业完毕，应将电动机、软管、振动棒清理干净，并应按规定要求进行保养作业。振动器存放时，不得堆压软管，应平直放好，并应对电动机采取防潮措施。

3. 附着式、平板式振动器使用安全技术

① 附着式、平板式振动器轴承不应承受轴向力，在使用时，电动机轴应保持水平状态。

② 在一个模板上同时使用多台附着式振动器时，各振动器的频率应保持一致，相对面的振动器应错开安装。

③ 作业前，应对附着式振动器进行检查和试振。试振不得在干硬土或硬质物体上进行。安装在搅拌站料仓上的振动器，应安置橡胶垫。

④ 安装时，附着式振动器底板安装螺孔的位置应正确，应防止地脚螺栓安装扭斜而使机壳受损。地脚螺栓应紧固，各螺栓的紧固程度应一致。

⑤ 附着式振动器使用时，引出电缆线不得拉得过紧，更不得断裂。作业时，应随时观察电气设备的漏电保护器和接地或接零装置并确认合格。

⑥ 附着式振动器安装在混凝土模板上时，每次振动时间不应超过 1min，当混凝土在模内泛浆流动或成水平状即可停振，不得在混凝土初凝状态时再振。

⑦ 装置附着式振动器的构件模板应坚固牢靠，其面积应与振动器额定振动面积相适应。

⑧ 平板式振捣器的电动机与平板应保持紧固，电源线必须固定在平板上，电器开关应装在手把上。

⑨ 平板式振动器作业时，应使平板与混凝土保持接触，使振波有效地振实混凝土，待表面出浆，不再下沉后，即可缓慢向前移动，移动速度应能保证混凝土振实出浆。在振的振动器，不得搁置在已凝或初凝的混凝土上。

⑩ 用绳拉平板振捣器时，拉绳应干燥绝缘，移动或转向时，不得用脚踢电动机。作业转移时电动机的导线应保持有足够的长度和松度。严禁用电源线拖拉振捣器。

⑪ 作业后必须做好清洗、保养工作。振捣器要放在干燥处。

7.10.4 钢筋加工机械

钢筋机械事故隐患主要包括：

① 机械漏电，发生触电事故。

② 工作时操作方法不当，钢筋末端摇动或弹击伤人。

③ 用手抹除钢屑、钢末时划伤手，或用嘴吹时，落入眼睛使眼睛受伤。

④ 操作人员不慎，被切伤手指或传动装置咬伤手指。

⑤ 调直机调直块未固定，防护罩未盖好就开机，导致调直块飞出伤人。

⑥ 剪切、调直或弯曲超过规格的钢筋或过硬的钢筋使机械损坏。

7.10.4.1 钢筋切断机、调直切断机、弯曲机

1. 钢筋切断机、调直切断机使用安全技术

① 接送料的工作台面和切刀下部保持水平，工作台的长度可根据加工材料长度确定。

② 启动前，应检查并确认切刀无裂纹，刀架螺栓紧固，防护罩牢靠。然后用手转动皮带轮，检查齿轮啮合间隙，调整切刀间隙。

③ 启动后，应先空运转，检查各传动部分及轴承运转正常后，方可作业。

④ 机械未达到正常转速时，不得切料。切料时，应使用切刀的中下部位，紧握钢筋对准刃口迅速投入，操作者应站在固定刀片一侧用力压住钢筋，应防止钢筋末端弹出伤人。严禁用两手在刀片两

边握住钢筋俯身送料。

⑤ 不得剪切直径及强度超过机械铭牌规定的钢筋和烧红的钢筋。一次切断多根钢筋时，其总截面面积应在规定范围内。

⑥ 剪切低合金钢时，应更换高硬度切刀，剪切直径应符合机械铭牌规定。

⑦ 切断短料时，手和切刀之间的距离应保持150mm以上，如手握端小于400mm时，应采用套管或夹具将钢筋短头夹住或夹牢。

⑧ 运转中，严禁用手直接清除切刀附近的断头和杂物。钢筋摆动周围和切刀周围不得停留非操作人员。已切断的钢筋堆放要整齐，防止切口突出，误踢割伤。

⑨ 当发现机械运转不正常，有异响或切刀歪斜时，应立即停机检修。

⑩ 作业后，应切断电源，用钢刷清除切刀间的杂物，进行整机清洁润滑。

⑪ 液压传动式切断机作业前，应检查并确认液压油位及电动机旋转方向符合要求。启动后，应空载运转，松开放油阀，排尽液压缸体内的空气，方可进行切筋。

⑫ 手动液压式切断机使用前，应将放油阀按顺时针方向旋紧，切割完毕后，应立即按逆时针方向旋松。作业中，手应持稳切断机，并戴好绝缘手套。

2. 钢筋弯曲机使用安全技术

① 工作台和弯曲机应保持水平，作业前应准备好各种芯轴及工具。

② 应按加工钢筋的直径和弯曲半径要求，装好相应规格的芯轴和成型轴、挡铁轴。芯轴直径应为钢筋直径的2.5倍。挡铁轴向有轴套。

③ 挡铁轴的直径和强度不得小于被弯钢筋的直径和强度。不直的钢筋，不得在弯曲机上弯曲。

④ 应检查并确认芯轴、挡铁轴、转盘等无裂纹和损伤，防护罩坚固可靠，空载运转正常后，方可作业。

⑤ 作业时，应将钢筋需弯曲一端插入在转盘固定销的间隙内；另一端紧靠机身固定销，并用手压紧，应检查机身固定销，确认安放在挡住钢筋的一侧，方可开动。

⑥ 作业中，严禁更换轴芯、销子和变换角度以及调速，也不得进行清扫和加油。

⑦ 对超过机械铭牌规定直径的钢筋严禁进行弯曲。在弯曲未经冷拉或带有锈皮的钢筋时，应戴防护镜。

⑧ 弯曲高强度或低合金钢筋时，应按机械铭牌规定换算最大允许直径并应调换相应的芯轴。

⑨ 在弯曲钢筋的作业半径内和机身不设固定销的一侧严禁站人。弯曲好的半成品，应堆放整齐，弯钩不得朝上。

⑩ 转盘换向时，应待停稳后进行。

⑪ 作业后，应及时清洗转盘及插入孔内的铁锈、杂物等。

7.10.4.2 钢筋焊接机械

1. 钢筋焊接机械事故隐患

① 由于外界环境因素，如雨雪气候、潮湿、高温等，电焊机仍在使用，又未采取相应的安全防范措施，造成人体触电伤害等。

② 电焊机及相关设备本身存在安全隐患而造成对操作人员的伤害事故。

③ 因操作人员违章或未采取自我安全防护措施而造成对人体的伤害。

2. 钢筋焊接机械使用安全技术

（1）对焊机

① 对焊机工应遵守电焊工的一般要求。

② 焊机应放置在工作方便且不影响通道畅通的位置。

③ 焊机电源线应靠边拉设，不得在作业现场乱拉，以防绊人或损坏，并应经常检查。

④ 开机前，必须对脚踏板、开关、电源插头、插座、设备的接地（零）线、及电极等部位进行

检查，确认无误后再进行作业。

⑤作业时，必须戴好手套和护目镜。

⑥对接焊丝时，操作人员必须清理干净脚下杂物，脚不准站在蛇形钢丝圈内和钢丝与设备之间操作。

（2）点焊机

①焊机工作时，气路、水冷却系统畅通。气体不应含有水分。排水温度不超过40 ℃，流量按规定调节。

②轴承铰链和气缸的活塞、衬环应定期润滑。

③上电极的工作行程调节螺母（气缸体下面）必须拧紧。电极压力可根据焊接规范的要求，通过旋转减压阀手柄来调节。

④严禁在引燃电路中加大熔断器，以防引燃管和硅整流器损坏。当负载过小，引燃管内电弧不能发生时，严禁闭合控制箱的引燃电路。

7.11 焊接工程

7.11.1 电焊、气焊、气割

1. 电焊

（1）定义

利用电能，通过加热加压，使两个或两个以上的焊件熔合为一体的工艺。

（2）原理

电焊的基本工作原理是我们通过常用的220 V电压或者380 V的工业用电，通过电焊机里的减压器降低了电压，增强了电流，并使电能产生巨大的电弧热量融化钢铁。而焊条的融入使钢铁之间的融合性更高。

（3）电弧焊分类

电弧焊是目前应用最广泛的焊接方法，它包括：手弧焊、埋弧焊、钨极气体保护电弧焊、等离子弧焊、熔化极气体保护焊等。

2. 气焊

（1）定义

利用可燃气体与助燃气体混合燃烧生成的火焰为热源，熔化焊件和焊接材料使之达到原子间结合的一种焊接方法。

（2）设备

助燃气体主要为氧气，可燃气体主要采用乙炔、液化石油气等。所使用的焊接材料主要包括可燃气体、助燃气体、焊丝、气焊熔剂等。特点设备简单不需用电。设备主要包括氧气瓶、乙炔瓶（如采用乙炔作为可燃气体）、减压器、焊枪、胶管等。由于所用储存气体的气瓶为压力容器、气体为易燃易爆气体，所以该方法是所有焊接方法中危险性最高的。

3. 气割

（1）定义

气割就是用氧-乙炔（或其他可燃气体，如丙烷、天然气等）火焰产生的热能对金属（如钢板、碳钢，合金钢是切割不了的、型钢或铜锭）的切割。气割所用的可燃气体主要是乙炔、液化石油气和氢气。

（2）原理

是利用可燃气体与氧气混合燃烧的火焰热能将工件切割处预热到一定温度后，喷出高速切割氧流，使金属剧烈氧化并放出热量，利用切割氧流把熔化状态的金属氧化物吹掉，而实现切割的方法。金属的气割过程实质是铁在纯氧中的燃烧过程，而不是熔化过程。

7.11.2 焊接工程安全管理及事故预防

1. 焊工的要求

① 焊工必须经安全技术培训、考核，持证上岗。

② 作业时应穿戴工作服、绝缘鞋、电焊手套、防护面罩、护目镜等防护用品，高处作业时系安全带。

③ 焊接作业现场周围 10 m 范围内不得堆放易燃易爆物品。

④ 雨、雪、风力六级以上（含六级）天气不得露天作业。雨、雪后应清除积水、积雪后方可作业。

⑤ 作业前应检查焊机、线路、焊机外壳保护接零等，确认安全后方可作业。

⑥ 严禁在易燃易爆气体或液体扩散区域内、运行中的压力管道和装有易燃易爆物品的容器内以及受力构件上焊接和切割。

⑦ 焊接曾储存易燃、易爆物品的容器时，应根据介质性质进行多次置换及清洗，并打开所有孔口，经检测确认安全后方可作业。

⑧ 在密封容器内施焊时，应采取通风措施。间歇作业时焊工应到外面休息。容器内照明电压不得超过 12 V，焊工身体应用绝缘材料与焊件隔离。焊接时必须设专人监护，监护人应熟知焊接操作规程和抢救方法。

⑨ 焊接铜、铝、铅、锌等合金金属时，必须佩戴防护用品，在通风良好的地方作业。在有害介质场所进行焊接时，应采取防毒措施，必要时进行强制通风。

⑩ 施焊地点潮湿，焊工应在干燥的绝缘板或胶垫上作业，配合人员应穿绝缘鞋或站在绝缘板上。应定期检查绝缘鞋的绝缘情况。

⑪ 焊接时临时接地线头严禁浮搭，必须固定、压紧，用胶布包严。

⑫ 工作中遇下列情况应切断电源：改变电焊机接头；移动二次线；转移工作地点；检修电焊机；暂停焊接作业。

⑬ 高处作业时，必须符合下列要求：

a. 与电线的距离不得小于 2.5 m。

b. 必须使用标准的防火安全带，并系在可靠的构架上。

c. 必须在作业点正下方 5m 外设置护栏，并设专人值守。

d. 必须清除作业点下方区域易燃、易爆物品。

e. 必须使用盔式面罩。

f. 焊接电缆应绑紧在固定处，严禁绕在身上或搭在背上作业。

g. 必须在稳固的平台上作业。

h. 焊机必须放置平稳、牢固，设良好的接地保护装置。

⑭ 焊接时二次线必须双线到位，严禁用其他金属物作二次线回路。

⑮ 焊接电缆通过道路时，必须架高或采取其他保护措施。

⑯ 焊把线不得放在电弧附近或炽热的焊缝旁。不得碾轧焊把线。应采取防止焊把线被利器物损伤的措施。

⑰ 清除焊渣时应佩戴防护眼镜或面罩。焊条头应集中堆放。

⑱ 下班后必须拉闸断电，必须将地线和把线分开。

2. 电焊设备安全操作

① 电焊设备的安装、修理和检查必须由电工进行。焊机和线路发生故障时，应立即切断电源，并通知电工修理。

② 使用电焊机前，必须检查绝缘及接线情况，接线部分不得腐蚀、受潮及松动。

③ 电焊机必须安放在通风良好、干燥、无腐蚀介质、远离高温高湿和多粉尘的地方。露天使用的焊机应设防雨棚，焊机应用绝缘物垫起，垫起高度不得小于 20 cm，按要求配备消防器材。

④ 电焊机的配电系统开关、漏电保护装置等必须灵敏有效，导线绝缘必须良好。

⑤ 电焊机必须设单独的电源开关、自动断电装置。电源开关、自动断电装置必须放在防雨的闸箱内，装在便于操作之处，并留有安全通道。

⑥ 电焊机的外壳必须有可靠的保护接零。必须定期检查电焊机的保护接零线。

⑦ 电焊机电源线必须绝缘良好，长度不得大于 5 m。

⑧ 电焊机焊接电缆线必须使用多股细铜线电缆，其截面应根据电焊机使用要求选用。电缆外皮必须完好、柔软，其绝缘电阻不小于 1 MΩ。焊接电缆线长度不得大于 30 m。

⑨ 电焊机内部应保持清洁，定期吹净尘土。清扫时必须切断电源。

⑩ 电焊机启动后，必须空载运行一段时间。调节焊接电流及极性开关应在空载下进行。直流焊机空载电压不得超过 90 V，交流焊机空载电压不得超过 80 V。

⑪ 严禁用拖拉电缆的方法移动焊机，移动电焊机时，必须切断电源。焊接中途突然停电，必须立即切断电源。

⑫ 使用交流电焊机作业应按照下列要求进行操作：多台焊机接线时三相负载应平衡，初级线上必须有开关及熔断保护器。电焊机应绝缘良好。焊接变压器的一次线圈绕组与二次线圈绕组之间、绕组与外壳之间的绝缘电阻不得小于 1 MΩ。电焊机必须安装一、二次线接线保护罩。电焊机的工作应依照设计规定，不应超载运行。作业中应经常检查电焊机的温升，超过 A 级 60 ℃、B 级 80 ℃时必须停止运转。

⑬ 使用硅整流电焊机作业应按照下列要求进行操作：使用硅整流电焊机时，必须开启风扇，运转中应无异响，电压表指示值应正常。应经常清洁硅整流器及各部件，清洁工作必须在关机断电后进行。

3. 氩弧焊机作业

① 工作前必须检查管路，气管、水管不得受压、泄漏。

② 氩气减压阀、管接头不得沾有油脂。安装后应试验，管路应无障碍、不漏气。

③ 水冷型焊机冷却水应保持清洁，焊接中水流量应正常，严禁断水施焊。

④ 高频引弧焊机，必须保证高频防护装置良好，不得发生短路。

⑤ 更换钨极时，必须切断电源。磨削钨极必须戴手套和口罩。磨削下来的粉尘应及时清除。钍、铈钨极必须放置在密闭的铅盒内保存，不得随身携带。

⑥ 氩气瓶内氩气不得用完，应保留 98～226 kPa。氩气瓶应直立、固定放置，不得倒放。

4. 二氧化碳气体保护焊机作业

① 作业前预热 15 min，开气时，操作人员必须站在瓶嘴的侧面。

② 二氧化碳气体预热器端的电压不得高于 36 V。

③ 二氧化碳气瓶应放在阴凉处，不得靠近热源。最高温度不得超过 30 ℃，并应放置牢靠。

5. 埋弧自动、半自动焊机作业

作业前应进行检查，送丝滚轮的沟槽及齿纹应完好，滚轮、导电嘴（块）必须接触良好，减速箱油槽中的润滑油应充量合格。软管式送丝机构的软管槽孔应保持清洁，定期吹洗。

6. 电焊安全操作规程

① 电焊工必须经过专业训练，考试合格后并持有安全操作证方准进行独立操作（在学徒训练期间可逐步在师傅监护下进行操作）。

② 电焊工必须按规定穿着工作服和使用防护用品（包括绝热手套、绝缘胶靴、面罩）工作场所压符合安全要求。

③ 工作前要详细检查电焊机是否正常，绝缘是否良好，电焊机的外壳，必须有良好的接地。

④ 电源线与二次线路必须完整，绝缘良好，不得用其他物件代替。严禁在设备、钢缆、管道、容器以及厂房金属结构上。

⑤ 在禁火区与有易燃易爆可能性的部位或有毒的地方动火必须办理手续和完备的动火许可证。

经分析合格批准后方可施工。

⑥ 焊钳必须绝缘良好，接线要牢固且包好，避免松脱引起触电。

⑦ 在焊接工作场所不得存放易燃易爆物品并应有防止焊渣飞落，引起其他危险的措施。

⑧ 接线或电气设备发生故障，应由电工进行检修，其他人员禁止乱动。

⑨ 打火前应告诉辅助人员避开弧光。

⑩ 进行一般检修时，临时照明行灯电压应为 36 V 以下，在低洼潮湿地方或金属容器内焊接时，其照明电压应为 12 V。

⑪ 在容器内焊接时，需办理《容器内作业许可证》外面必须有专人监护并有良好的通风。不得同时进行电焊和气焊工作，如需要时必须采取一定的安全措施。

⑫ 发现触电者应立即拉下电闸，并用木棒胶管等使其脱离电源，迅速进行人工呼吸，在未切断电源前，不准直接用手拉人体裸露部分。

⑬ 严禁焊接未经清洗、置换、分析合格的装过有毒易燃易爆物品的容器、管道等以及带电带压设备。

⑭ 在多人工作，多层作业或固定场所施焊时，应设防护屏障。

⑮ 下雨天气不准露天焊接。必要时必须采取有效的防护措施方可进行。在低洼地方和金属容器内焊接时，除穿戴绝缘鞋、绝缘手套外，并应设有绝缘垫板。

⑯ 在清除铁锈、焊接时，应戴防护眼镜。

⑰ 移动电焊机时，应先切断电源。

⑱ 高处焊接（2 m 以上）应办理高处作业许可证和遵守高处作业安全操作规程。

⑲ 电焊机在有水易潮处应垫高于地面，露天放置应设防雨棚，夏季应设在通风处，使用时温度不超过 60 ℃。

⑳ 焊接时，工件要放稳，并有防止歪倒和坠落的措施。

㉑ 工作中断和下班时要切断电源，整理设备场地，收好工件，熄灭火种。

㉒ 电焊机应有专人管理，按时检查维护，电焊工应定期进行体格检查。

㉓ 检修转动设备或进入设备内，必须事先办理检修证和进入设备作业证，联系操作工同意后，通知电工切断电源，采取安全措施，并按规定设专人监护方可施工。

7. 防触电安全操作

① 进入金属容器、井下、地沟等处作业时，严禁将电焊机和照明用的行灯变压器带入，防止一次电压引发触电事故。

② 作业期间特别是更换焊条时必须按规定戴好电焊绝缘手套。

③ 在潮湿环境作业应穿绝缘鞋或站在干燥的木板上。工作服、工作鞋、手套要保持干燥，才能保证绝缘性能不会降低。

④ 拆除电源线、消除电焊机故障、移动电焊机及焊工离开现场时切记将电源开关断开。

⑤ 焊接作业现场照明不足时应使用行灯，禁止使用 220 V 照明灯，在潮湿环境或金属容器内使用的行灯电压不得超过 12 V。

⑥ 雨雪天必须在室外露天进行电焊作业时，一定要采取防雨雪措施（如防雨棚等），防止雨水淋湿焊机、导线及焊把，造成漏电伤人事故。

8. 事故预防

焊接过程中发生火灾和爆炸事故的原因是多方面的。一是焊接时向四周飞溅火花、熔融金属和熔渣的赤热颗粒，将附近易燃易爆物品引燃而造成火灾和爆炸；二是由于电焊机的软线长期在地上拖拉，致使绝缘损坏破裂短路而引起火灾；三是电焊地线乱接乱搭引发火灾；四是电焊机本身和电源线绝缘损坏，造成短路发热而起火；五是焊修盛装过易燃易爆物品容器时由于未清洗置换施焊，容器受热而发生爆炸。另外在储存易燃易爆的仓库内施焊，由于没有采取可行的预防措施，也可酿成爆炸事故。

因此，焊接作业时应加强如下预防措施：

① 焊接作业时，其场所附近 5 m 以内不得放置易燃易爆物品，应距离氧气瓶和乙炔瓶 10 m 以上；高空施焊时，应清除下方的易燃易爆物品，防止炽热的飞溅物和发热的焊条头落入其中而引发火灾和爆炸事故。

② 电焊机软线应尽量避免在地上拖拉，若需拖拉，也须轻轻地拖拉，避免软线被坚硬带刺的物体划破。发现软线绝缘层破损或者老化，应及时包扎或更新。焊机地线不可乱接乱搭。若发现电焊机本身绝缘损坏，也应及时修理更换。

③ 焊接容器时，首先应弄清容器内是否盛装过易燃易爆物品，若盛装过，则应彻底清洗置换后方能施焊，严禁焊接带有液体压力、气体压力及带电的容器和设备。

④ 不得在储存易燃易爆物品的房间和场地进行焊接作业，若需焊接必须先将易燃易爆物品移出，有困难的应采取严格隔离措施，防止焊接火花及赤热颗粒飞溅引发火灾爆炸事故。

⑤ 焊接作业时不得用木板、木砖做衬垫，以免引起木质材料发热燃烧而起火，应采用铁板衬垫。

基础与工程技能训练

一、单选题

1. 在悬空部位作业时，操作人员应（　　）。
   A. 遵守操作规定　　B. 进行安全技术交底　　C. 戴好安全帽　　D. 系好安全带
2. 钢丝绳在破断前一般有（　　）预兆，容易检查，便于预防事故。
   A. 表面光亮　　B. 生锈　　C. 断丝　　D. 表面有泥
3. 建筑拆除工程的施工方法有人工拆除、机械拆除、（　　）三种。
   A. 工具拆除　　B. 爆炸拆除　　C. 爆破拆除
4. 施工单位应对拆除工程的（　　）管理负直接责任。
   A. 安全技术
   C. 在建工程的经济合同
   B. 在建工程的安全生产
   D. 在建工程的施工进度
5. 脚手架底层步距不应（　　）。
   A. 大于 2 m　　B. 大于 3 m　　C. 大于 3.5 m　　D. 大于 4.5 m

二、多选题

1. 模板工程的实施必须经过（　　）。
   A. 支撑杆的设计计算
   C. 制订相应的施工安全技术措施
   E. 编制安全专项施工方案
   B. 绘制模板施工图
   D. 编制安全专项施工方案
2. 起重机作业中常用的起重机械主要有（　　）。
   A. 塔式起重机
   C. 轮胎式起重机
   B. 履带式起重机
   D. 汽车式起重机
3. （　　）是建筑施工常见的垂直运输设备。
   A. 塔式起重机
   C. 施工升降机
   E. 龙门架及井架物提升机
   B. 搅拌机
   D. 打桩机
4. 高架提升机应设置（　　）装置。
   A. 安全停靠
   B. 断绳保护

C. 通讯　　　　　　　　　　　　D. 下极限限位器
E. 缓冲器

5. 焊接或者切割的基本特点是（　　）。
A. 高温　　　　B. 高压　　　　C. 易燃
D. 易爆　　　　E. 易烫

三、判断题

1. 电缆接头的拆除与装配必须切断电源方可作业。（　　）
2. 基坑（槽）施工中一般不防止地面水流入坑沟内。（　　）
3. 钢丝绳可以作任意选用，且可超负荷使用。（　　）
4. 无论哪种千斤顶都不准超负荷使用。（　　）
5. "十不吊"是吊装作业必须遵守的原则。（　　）
6. 切断机运转中，应用手清除附近断头和杂物。（　　）
7. 司机对任何人发出的紧急停止信号，均应服从。（　　）
8. 悬挑式钢平台的搁支点与上部拉结点，宜设置在脚手架等施工设施上。（　　）

四、案例题

【案例1】某建筑工地将挖基坑的弃土堆放在离基坑10 m以外的一道砖围墙，围墙头的外侧是一所小学操场，土堆高于围墙。一场大雨过后，一天，小学生课余在操场活动时，突然围墙倒塌，将正在玩耍的4名小学生压死在围墙底下。

请判断下列说法是否正确：
（1）挖基坑的堆土不应堆在围墙边。（　　）
（2）小学生不应在围墙下边玩耍。（　　）
（3）挖土单位违反操作规程。（　　）
（4）挖基坑（槽）应按规定堆土。（　　）

【案例2】某工地在3层楼施工，工人在搬运砖块时，由于该作业层未满铺脚手板，而只有部分脚手板，并且有的接头处未固定，工人李某在搬了三次砖后，一脚踏在一块未固定的探头板上，立时倾翻，李某坠落，造成大腿骨骨折。

请判断下列说法是否正确：
（1）作业层脚手板未铺满，而且接头处未固定。（　　）
（2）对脚手架未验收。（　　）
（3）作业层脚手板下没有搭设安全平网，未能避免人员坠落。（　　）
（4）李某作业中未系安全带。（　　）

【案例3】某建筑工地进行主体施工，脚手架外侧未挂设密目式安全网，当日风很大，张某从楼底下经过，突然从五楼楼板边缘处掉下一块1 m长，4 cm×6 cm的木方，正好击中张某头部（未戴安全帽），经送医院抢救无效死亡。

请判断下列说法是否正确：
（1）主要是风太大风吹落方木所致。（　　）
（2）脚手架外侧未按规定挂设密目式安全网。（　　）
（3）张某违章未戴安全帽。（　　）
（4）违反高处作业中所有物料均放平稳的规定。（　　）

【案例4】某住宅建筑采用双排钢管式脚手架施工，当施工进入外装修阶段，时节正是连阴雨季节，由于脚手架地基回填土处理不好，无排水设施，立杆直接立在地基上，夜里突然地基下沉，造成大面积脚手架倒塌，幸好无人施工，没有造成人员伤亡。

请判断下列说法是否正确：

（1）脚手架基础没按规定进行加固、夯实，承载力不满足要求。（　　）

（2）脚手架验收不到位。脚手架底部无排水措施，违反了脚手架地面标高应高于自然地坪 50 mm 的规定。（　　）

（4）脚手架搭设未经主管部门审批。（　　）

【案例 5】某报社工地，加夜班浇筑条型混凝土基础，一个工人将混凝土振捣器接好后就下班了，当混凝土工把混凝土填到基槽里后，刘某上来拿振捣器，刚拿起振捣器就喊着哎呀……又一工人喊："触电了，快断电源。"另一个工人用木把铁锹将振捣器电线铲断，刘某才脱离电源，送到医院经抢救无效死亡。

请判断下列说法是否正确：

（1）振捣器的电源线和工作零线接反了使外壳带电，而开关箱中又没有安装漏电保护器，当刘某手拿振捣器时，触电死亡。（　　）

（2）工地没有对工人进行安全教育，所以，当发生触电事故时，工人不去开闸断电，而是违章用木把铁锹将电源线铲断。（　　）

（3）工地没设专职维修电工，而使用了一位不懂电的工人充当电工。（　　）

（4）工地管理不到位，夜班施工没有安排维修电工值班。（　　）

模块8
建筑工程安全管理资料

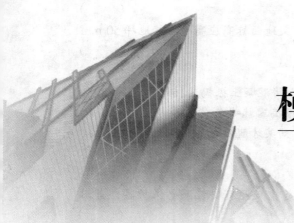

模块概述

建筑施工企业安全管理资料是在安全生产活动过程中，形成的具有保存价值的文件材料，是建筑施工企业档案的一个重要组成部分。在当前竞争激烈的市场经济中，建立完整、准确、系统的安全管理资料，对于全面反映建筑施工企业的安全生产信息，为领导层的安全决策，制定安全管理目标和措施，摸索安全生产规律，积累经验提供参考和依据，是全面提高安全管理水平的一个有力手段。

学习目标

1. 熟悉建筑工程安全资料管理的分类；熟悉安全生产责任制和安全生产目标管理。
2. 掌握安全施工组织设计的编制内容与审批；掌握分部（分项）工程安全技术交底；掌握安全检查和安全教育的内容、方法。
3. 了解班组班前的安全活动和特种作业人员上岗规定；熟悉工伤事故的等级及处理原则；了解安全标志。
4. 熟悉建筑工程安全资料的编制要求及原则；熟悉安全资料管理和保管；了解计算机在安全资料管理中的应用。

能力目标

1. 能够运用所学初步具备编制安全施工组织设计的能力；
2. 能够编制分部（分项）工程安全技术交底；
3. 对各种安全资料应能够按要求进行分类管理。

课时建议

6课时

8.1 建筑工程安全资料分类

建筑工程安全管理资料是证明施工现场满足国家、地方相关安全法律、法规、规定、规程、规范和标准，行业、企业的规章制度、标准及企业安全生产操作规程安全要求程度的文件，安全管理资料是项目部对施工现场安全生产实施全过程管理的主要记录，是安全监督部门对工程项目进行安全检查、安全生产管理考核的主要内容，是平时安全监督活动中的具体对象，也是处理安全生产事故，分清责任必不可少的资料。

施工现场安全资料检查表格按照 JGJ 59—2011《建筑施工安全检查标准》中"建筑施工安全检查评分汇总表"的内容（见表8.1），大体可分为十个项目，每个项目的具体检查内容见表8.2至表8.13。

表8.1 建筑施工安全检查评分汇总表

工程名称					监理单位					
施工单位					建筑面积/m²			结构类型		
总计得分（满分分值为100分）	项目名称及分值									
	安全管理（满分分值为10分）	文明施工（满分分值为20分）	脚手架（满分分值为10分）	基坑支护与模板工程（满分分值为10分）	"三宝""四口"防护（满分分值为10分）	施工用电（满分分值为10分）	物料提升机与外用电梯（满分分值为10分）	塔吊（满分分值为10分）	起重吊装（满分分值为5分）	施工机具（满分分值为5分）
施工单位检查结果	项目经理：								年 月 日	
监理单位检查意见	总监理工程师（或专业监理工程师）：								年 月 日	

> **技术提示：**
> 安全检查评分按照《建筑施工安全检查标准》进行阶段评价检查，应由总监理工程师签署意见，施工企业单独组织的日常检查也可用于此表。

表 8.2 安全管理检查评分表

序号	检查项目		扣分标准	应得分数	扣减分数	实得分数
1	保证项目	安全生产责任制	未建立安全责任制，扣 10 分 各级各部门未执行责任制，扣 4~6 分 经济承包中无安全生产指标，扣 10 分 未制定各工种安全技术操作规程，扣 10 分 未按规定配备专（兼）职安全员，扣 10 分 管理人员责任制考核不合格，扣 5 分	10		
2		目标管理	未制定安全管理目标（伤亡控制指标和安全达标、文明施工目标），扣 10 分 未进行安全责任目标分解，扣 10 分 无责任目标考核规定，扣 8 分 考核办法未落实或落实不好，扣 5 分	10		
3		施工组织设计	施工组织设计中无安全措施，扣 10 分 施工组织设计未经审批，扣 10 分 专业性较强的项目，未单独编制专项安全施工组织设计，扣 8 分 安全措施不全面，扣 2~4 分 安全措施无针对性，扣 6~8 分 安全措施未落实，扣 8 分	10		
4		分部（分项）工程安全技术交底	无书面安全技术交底，扣 10 分 交底针对性不强，扣 4~6 分 交底不全面，扣 4 分 交底未履行签字手续，扣 2~4 分	10		
5		安全检查	无定期安全检查制度，扣 5 分 安全检查无记录，扣 5 分 检查出事故隐患整改做不到定人、定时间、定措施，扣 2~6 分 对重大事故隐患整改通知书所列项目未如期完成，扣 5 分	10		
6		安全教育	无安全教育制度，扣 10 分 新入厂工人未进行三级安全教育，扣 10 分 无具体安全教育内容，扣 6~8 分 变换工种时未进行安全教育，扣 10 分 每有一人不懂本工种安全技术操作规程，扣 2 分 施工管理人员未按规定进行年度培训，扣 5 分 专职安全员未按规定进行年度培训考核或考核不合格，扣 5 分	10		
		小计		60		

续表 8.2

序号	检查项目		扣分标准	应得分数	扣减分数	实得分数
7	一般项目	班前安全活动	未建立班前安全活动制度,扣10分 班前安全活动无记录,扣2分	10		
8		特种作业持证上岗	一人未经培训从事特种作业,扣4分 一人未持操作证上岗,扣2分	10		
9		工伤事故处理	工伤事故未按规定报告,扣3~5分 工伤事故未按事故调查分析规定处理,扣10分 未建立工伤事故档案,扣4分	10		
10		安全标志	无现场安全标志布置总平面图,扣5分 现场未按安全标志总平面图设置安全标志,扣5分	10		
		小计		40		
检查项目合计				100		

检查单位	单位名称					
	检查人	1	姓名		职务岗位	(签章) 检查日期: 年 月 日
		2				
		3				

被检查项目负责人:

表 8.3 文明施工检查评分表

序号	检查项目		扣分标准	应得分数	扣减分数	实得分数
3	保证项目	现场围挡	在市区主要路段的工地周围未设置高于2.5m的围挡,扣10分 一般路段的工地周围未设置高于1.8m的围挡,扣10分 围挡材料不坚固、不稳定、不整洁、不美观,扣5~7分 围挡没有沿工地四周连续设置,扣3~5分	10		
2		封闭管理	施工现场进出口无大门,扣3分 无门卫和无门卫制度,扣3分 进入施工现场不佩戴工作卡,扣3分 门头未设置企业标志,扣3分	10		
3		施工场地	工地地面未做硬化处理,扣5分 道路不畅通,扣5分 无排水设施、排水不通畅,扣4分 无地主止泥浆、污水、废水外流或堵塞下水道和排水河道措施,扣3分 工地有积水,扣2分 工地未设置吸烟处、随意吸烟,扣2分 温暖季节无绿化布置,扣4分	10		

续表 8.3

序号	检查项目		扣分标准	应得分数	扣减分数	实得分数
4	保证项目	材料堆放	建筑材料、构件、料具不按总平面布局堆放，扣 4 分 料堆未挂名称、品种、规格等标牌，扣 2 分 堆放不整齐，扣 3 分 未做到工完场地清，扣 3 分 建筑垃圾放不整齐、未标出名称、品种，扣 3 分 易燃易爆物品未分类存放，扣 4 分	10		
5		现场住宿	在建工程兼做住宿，扣 8 分 施工作业区与办公、生活区不能明显划分，扣 6 分 宿舍无保暖和防煤气中毒措施，扣 5 分 宿舍无消暑和防蚊虫叮咬措施，扣 3 分 无床铺、生活用品放置不整齐，扣 2 分 宿舍周围环境不卫生、不安全，扣 3 分	10		
6		现场防火	无消防措施、制度或无灭火器材，扣 10 分 灭火器材配置不合理，扣 5 分 无消防水源（高层建筑）或不能满足消防要求，扣 8 分 无动火审批手续和动火监护，扣 5 分	10		
		小计		60		
7	一般项目	班前安全活动	未建立班前安全活动制度，扣 10 分 班前安全活动无记录，扣 2 分	10		
8		特种作业持证上岗	一人未经培训从事特种作业，扣 4 分 一人未持操作证上岗，扣 2 分	10		
9		工伤事故处理	工伤事故未按规定报告，扣 3～5 分 工伤事故未按事故调查分析规定处理，扣 10 分 未建立工伤事故档案，扣 4 分	10		
10		安全标志	无现场安全标志布置总平面图，扣 5 分 现场未按安全标志总平面图设置安全标志，扣 5 分	10		
11		社区服务	无防粉尘、防噪音措施，扣 5 分 夜间未经许可施工，扣 8 分 现场焚烧有毒、有害物质，扣 5 分 未建立施工不扰民措施，扣 5 分			
		小计		40		
检查项目合计				100		

表 8.4.1 落地式外脚手架检查评分表

序号	检查项目		扣分标准	应得分数	扣减分数	实得分数
1	保证项目	施工方案	脚手架无施工方案，扣 10 分 脚手架高度超过规范规定无设计计算书或未审批，扣 10 分 施工方案，不能指导施工，扣 5~8 分	10		
2		立杆基础	每 10 延长米立杆基础不平、不实、不符合方案设计要求，扣 2 分 每 10 延长米立杆缺少底座、垫木，扣 5 分 每 10 延长米无扫地杆，扣 5 分 每 10 延长米木脚手架立杆不埋地或无扫地杆，扣 5 分 每 10 延长米无排水措施，扣 3 分	10		
3		架体与建筑结构拉结	脚手架高度在 7m 以上，架体与建筑结构拉结，按规定要求每少一处扣 2 分 拉结不坚固，每一处扣 1 分	10		
4		杆件间距与剪刀撑	每 10 延长米立杆、大横杆、小横杆间距超过规定要求每一处扣 2 分 不按规定设置剪刀撑，每一处扣 5 分 剪刀撑未沿脚手架高度连续设置或角度不符合要求，扣 5 分	10		
5		脚手板与防护栏杆	脚手板不满铺，扣 7~10 分 脚手板材质不符合要求，扣 7~10 分 每有一处探头板，扣 2 分 脚手架外侧未设置密目式安全网或网间不严密，扣 10 分	10		
6		交底与验收	脚手架搭设前无交底，扣 5 分 脚手架搭设完毕未办理验收手续，扣 10 分 无量化的验收内容，扣 5 分	10		
		小计		60		
7	一般项目	小横杆设置	不按立杆与大横杆交点处设置小横杆，每有一处扣 2 分 小横杆只固定一端，每一处扣 1 分 单排架子小横杆插入 24 cm，每有一处扣 2 分	10		
8		杆件搭接	木立杆、大横杆每一处搭接小于 1.5 m，扣 1 分 钢管立杆采用搭接，每一处扣 2 分	5		

续表8.4.1

序号	检查项目		扣分标准	应得分数	扣减分数	实得分数
9	一般项目	架体内封闭	施工层以下每隔10m未用平网或其他措施封闭，扣5分 施工层脚手架内立杆与建筑物之间未进行封闭，扣5分	5		
10		脚手架材质	木杆直径、材质不符合要求，扣4~5分 钢管弯曲、锈蚀严重，扣4~5分	5		
11		通道	架体不设上下通道，扣5分 通道设置不符合要求，扣1~3分	5		
12		卸料平台	卸料平台未经设计计算，扣10分 卸料平台搭设不符合设计要求，扣10分 卸料平台支撑系统与脚手架连接，扣8分 卸料平台无限定荷载标牌，扣3分	10		
		小计		40		
	检查项目合计			100		

表8.4.2 悬挑式脚手架检查评分表

序号	检查项目		扣分标准	应得分数	扣减分数	实得分数
1	保证项目	施工方案	脚手架无施工方案、设计计算书或未经上级审批，扣10分 施工方案中搭设方法不具体，扣6分	10		
2		悬挑梁及架体稳定	外挑杆件与建筑结构连接不牢固，每有一处扣5分 悬挑梁安装不符合设计要求，每有一处扣5分 立杆底部固定不牢，每有一处扣3分 架体未按规定与建筑结构拉结，每有一处扣5分	20		
3		脚手板	脚手板铺设不严、不牢，扣7~10分 脚手板材质不符合要求，扣7~10分 每有一处探头板，扣2分	10		
4		荷载	脚手架荷载超过规定，扣10分 施工荷载堆放不均匀每有一处，扣5分	10		
5		交底与验收	脚手架搭设不符合方案要求，扣7~10分 每段脚手架搭设后，无验收资料，扣5分 无交底记录，扣5分	10		
		小计				

续表 8.4.2

序号	检查项目		扣分标准	应得分数	扣减分数	实得分数
6	一般项目	杆件间距	每 10 延长米立杆间距超过规定，扣 5 分 大横杆间距超过规定，扣 5 分	10		
7		架体防护	施工层外侧未设置 1.2 m 高防护栏杆和未设 18 cm 高的踏脚板，扣 5 分 脚手架外侧不挂密目式安全网或网间不严密，扣 7~10 分	10		
8		层间防护	作业层下无平网或其他措施防护，扣 10 分 防护不严密，扣 5 分	5		
9		脚手架材质	杆件直径、型钢规格及材质不符合要求，扣 7~10 分	5		
		小计		40		
检查项目合计				100		

表 8.4.3 门型脚手架检查评分表

工程名称		建设单位	
施工单位		项目经理	
监理单位		项目总监	

序号	检查项目		扣分标准	应得分数	扣减分数	实得分数
1	保证项目一般项目	施工方案	脚手架无施工方案、设计计算书或未经上级审批，扣 10 分 施工方案中搭设方法不具体的扣 6 分	10		
2		悬挑梁及架体稳定	外挑杆件与建筑结构连接不牢固，每有一处扣 5 分 悬挑梁安装不符合设计要求，每有一处扣 5 分 立杆底部固定不牢，每有一处扣 3 分 架体未按规定与建筑结构拉结，每有一处扣 5 分	10		
3		脚手板	脚手板铺设不严、不牢，扣 7~10 分 脚手板材质不符合要求，扣 7~10 分 每有一处探头板，扣 2 分	10		
4		荷载	脚手架荷载超过规定，扣 10 分 施工荷载堆放不均匀，每有一处扣 5 分	10		
5		交底与验收	脚手架搭设不符合方案要求，扣 7~10 分 每段脚手架搭设后，无验收资料，扣 5 分 无交底记录，扣 5 分	10		
6		杆件间距	脚手架搭设无交底，扣 6 分 未办理分段验收手续，扣 4 分 无交底记录，扣 5 分	10		
		小计		60		

续表 8.4.3

序号	检查项目		扣分标准	应得分数	扣减分数	实得分数
7	一般项目	架体防护	脚手架外侧未设置 1.2 m 高防护栏杆和 18 cm 高的挡脚板扣 5 分 架体外侧未挂密目式安全网或网间不严密，扣 7~10 分	10		
8		材质	杆件变形严重，扣 10 分 局部开焊，扣 10 分 杆件锈蚀未刷防锈漆，扣 5 分	10		
9		荷载	施工荷载超过规定，扣 10 分 脚手架荷载堆放不均匀，每有一处扣 5 分	10		
10		通道	不设置上下专用通道，扣 10 分 通道设置不符合要求，扣 5 分	10		
		小计		40		
检查项目合计				100		
检查人			检查组组长			

表 8.4.4 挂脚手架检查评分表

工程名称		建设单位	
施工单位		项目经理	
监理单位		项目总监	

序号	检查项目		扣分标准	应得分数	扣减分数	实得分数
1	保证项目	施工方案	脚手架无施工方案、设计计算书，扣 10 分 施工方案未经审批，扣 10 分 施工方案措施不具体、指导性差，扣 5 分	10		
2		制作组装	架体制作与组装不符合设计要求，扣 17 ~ 20 分 悬挂点无设计或设计不合理，扣 20 分 悬挂点部件制作及埋没不合设计要求，扣 15 分 悬挂点间距超过 2 m 每有一处，扣 20 分	20		
3		材质	材质不符合设计要求、杆件严重变形、局部开焊扣 12 分 杆件、部件锈蚀未刷防锈漆，扣 4 ~ 6 分	10		
4		脚手板	脚手板铺设不满、不牢，扣 8 分 脚手板材质不符合要求，扣 6 分 每有一处探头板，扣 8 分	10		
5		交底与验收	脚手架进场无验收手续，扣 12 分 第一次使用前未经荷载试验，扣 8 分 每次使用前未经检查验收或资料不全，扣 6 分 无交底记录，扣 5 分	10		
		小计		60		

续表 8.4.4

	检查项目		扣分标准	应得分数	扣减分数	实得分数
6	一般项目	荷载	施工荷载超过 1 kN，扣 5 分 每跨（不大于 2 m）超过 2 人作业，扣 10 分	15		
7		架体防护	施工层外侧未设置 1.2 m 高防护栏杆和未作 18 cm 高的踏脚板，扣 5 分 脚手架外侧未用密目式安全网封闭或封闭不严，扣 12～15 分 脚手架底部封闭不严密，扣 10 分	15		
8		安装人员	安装脚手架人员未经专业培训，扣 10 分 安装人员未系安全带，扣 10 分	10		
		小计		40		
检查项目合计				100		
检查人				检查组组长		

表 8.4.5 吊篮脚手架检查评分表

工程名称		建设单位	
施工单位		项目经理	
监理单位		项目总监	

序号	检查项目		扣分标准	应得分数	扣减分数	实得分数
1	保证项目	悬挑机构	悬挑机构的连接销轴规格与安装孔不相符，并未用锁定销可靠锁定，扣 10 分 悬挑机构不稳定，前支架受力点不平整，结构强度不满足要求，扣 20 分 悬挑机构抗倾覆系数小于 2，配重铁不足量，安放不稳，锚固点结构强度不满足要求，扣 20 分	20		
2		吊蓝平台	吊蓝平台组装不符合产品说明书要求，扣 10 分 吊蓝平台明显变形和严重锈蚀及大量附着物，连接螺栓遗漏未拧紧，扣 10 分	10		
3		操控系统	供电系统不符施工现场临时用电安全技术规范要求，扣 5 分 电气控制柜各种安全保护装置不齐全，不可靠，控制器件不灵敏可靠，扣 5 分 电缆破损裸露，收放不自如，扣 5 分	5		
4		安全装置	安全锁不灵敏可靠，不在标定有效期内，离心触发式制动距离大于 200 mm，摆臂防倾达不到 3°～8° 锁绳，扣 15 分 未独立设置锦纶安全绳，锦纶绳直径小于 16 mm，锁绳器不符合要求，安全绳与结构固定点连接不可靠，扣 20 分 行程限位装置不正确不稳固，不灵敏可靠，扣 10 分 超高限位器止挡未安装在距顶端 80cm 处固定，扣 10 分	20		

续表 8.4.5

序号	检查项目		扣分标准	应得分数	扣减分数	实得分数
5	保证项目	钢丝绳	动力钢丝绳、安全钢丝绳及索具的规格型号不符合产品说明书要求,扣 5 分 钢丝绳断丝、断股、松散、硬弯、锈蚀,有油污和附着物,扣 5 分 钢丝绳的安装不稳妥可靠,扣 5 分	5		
		小计		60		
6	一般项目	技术资料	未有吊蓝安装施工组织设计方案,扣 30 分 安装操作人员未持资格证书,扣 20 分 未有防护架钢结构构件产品合格证,扣 20 分 产品标牌内容不完整(产品名称、主要技术性能、制造日期、出厂编号、制造厂名称),扣 20 分	30		
7		防护	施工现场安全防护措施未落实,未划定安全区,未设置安全警示标识,扣 5 分	10		
		小计		40		
检查项目合计				100		
检查人				检查组组长		

表 8.4.6 附着式升降脚手架(整体提升架或爬架)检查评分表

工程名称		建设单位	
施工单位		项目经理	
监理单位		项目总监	

序号	检查项目	扣分标准	应得分数	扣减分数	实得分数
1	保证项目	使用条件、支承结构与工程结构连接处混凝土强度	未经建设部组织鉴定并发放生产和使用证的产品,扣 10 分 不具有当地建筑安全监督管理部门发放的准用证,扣 10 分 无专项施工组织设计,扣 10 分 安全施工组织设计未经上级技术部门审批,扣 10 分 各工种无操作规程,扣 10 分 混凝土强度达不到 C10,扣 5 分	10		
2		附墙支座设置情况	每个竖向主框架所覆盖的每一楼层处未设置一道附墙支架,附墙支座上未设有完整的防坠、防倾、导向装置,扣 10 分	10		
3		升降装置设置情况	整体升降式未采用电动葫芦或液压设备,扣 10 分 单跨升降式未采用手动葫芦,升降装置工作不正常,扣 10 分	10		

续表 8.4.6

序号	检查项目		扣分标准	应得分数	扣减分数	实得分数
4	保证项目	防坠落装置设置情况	防坠落装置未设置在竖向主框架处，未附着在建筑结构上，扣8分 每一升降点不得小于一个，在使用和升降工况下都未起作用，扣6分 防坠落装置与升降设备未分别独立固定在建筑结构上，扣5分 未具有防尘防污染的措施，设置方法及部位不正确，不灵敏可靠，扣5分 钢吊杆式防坠落装置，钢吊杆规格未经计算确定，钢吊杆直径小于φ25mm，扣8分	10		
5		防倾覆装置设置情况	防倾覆装置中未包括导轨和两个以上与导轨连接的可滑动的导向件，扣10分 在防倾导向件的范围内未设置防倾覆导轨，且未与竖向主框架可靠连接，扣6分	10		
6		防倾覆设置情况	在升降和使用两种工况下，最上和最下两个导向件之间的最小间距小于2.8m或架体高度的1/4，扣10分	10		
		小计		60		
7	一般项目	建筑物的障碍物清除情况	无障碍物阻碍外架的不正常滑升，扣5分	5		
8		架体构上的连墙杆	未全部拆除，扣5分	5		
9		塔吊或工电梯附装置	不符合专项施工方案规定，扣5分	5		
10		操作人员	未经过安全技术交底并持证上岗，扣8分	8		
11		运行指人员、通讯备	人员未到位，设备工作不正常，扣7分	7		
12		监督检人员	总包单位和监理单位人员未到场，扣5分	5		
21		电缆线路、开关箱	不符合现行行业标准《施工现场临时用电安全技术规范》JGJ中的对线路负荷的计算要求；未设置专用的开关箱，扣5分	5		
		小计		40		
检查项目合计				100		
检查人			检查组组长			

表 8.5 基坑支护安全检查评分表

序号	检查项目		扣分标准	应得分数	扣减分数	实得分数
1	保证项目	施工方案	基础施工无支护方案,扣 20 分 施工方案针对性差不能指导施工,扣 12~15 分 基坑深度超过 5M 无专项支护设计,扣 20 分 支护设计及方案未经上级审批,扣 15 分	20		
2		临边防护	深度超过 2M 的基坑施工无临边防护措施,扣 10 分 临边及其他防护不符合要求,扣 5 分	10		
3		坑壁支护	坑槽开挖设置安全边坡不符合安全要求,扣 10 分 特殊支护的作法不符合设计方案,扣 5~8 分 支护设施已产生局部变形又未采取措施调整,扣 6 分	10		
4		排水措施	基坑施工未设置有效排水措施,扣 10 分 深基施工采用坑外降水,无防止临近建筑危险沉降措施,扣 10 分	10		
5		坑边荷载	积土、料具堆放距槽边距离小于设计规定,扣 10 分 机械设备施工与槽边距离不符合要求,又无措施,扣 10 分	10		
		小计		60		
6	一般项目	上下通道	人员上下无专用通道,扣 10 分 设置的通道不符合要求,扣 6 分	10		
7		土方开挖	施工机械进场未经验收,扣 5 分 挖土机作业时,有人员进入挖土机作业半径内,扣 6 分 挖土机作业位置不牢、不安全,扣 10 分 司机无证作业,扣 10 分 未按规定程序挖土或超挖,扣 10 分	10		
8		基坑支护变形监测	未按规定进行基坑支护变形监测,扣 10 分 未按规定对毗邻建筑物和重要管线和道路进行沉降观测,扣 10 分	10		
9		作业环境	基坑内作业人员无安全立足点,扣 10 分 垂直作业上下无隔离防护措施,扣 10 分 光线不足未设置足够照明,扣 5 分	10		
		小计		40		
检查项目合计				100		

表 8.6 模板工程安全检查评分表

序号	检查项目		扣分标准	应得分数	扣减分数	实得分数
1	保证项目	施工方案	模板工程无施工方案或施工方案未经审批,扣10分 未根据混凝土输送方法制定有针对性安全措施,扣8分	10		
2		支撑系统	现浇混凝土模板的支撑系统无设计计算,扣6分 支撑系统不符合设计要求,扣10分	10		
3		立柱稳定	支撑模板的立柱材料不符合要求,扣6分 立柱底部无执行板或用砖块垫高,扣6分 不按规定设置纵横向支撑,扣4分 立柱间距不符合规定,扣10分	10		
4		施工荷载	模板上施工荷载超过规定,扣10分 模板上堆料不均匀,扣5分	10		
5		模板存放	大模板存放无防倾倒措施,扣5分 各种模板存放不整齐、过高等不符合安全要求,扣5分	10		
6		支拆模板	2m以上高处作业无可靠立足点,扣8分 拆除区域未设置警戒线且无监护人,扣5分 留有未拆除的悬空模板,扣4分	10		
		小计		60		
7	一般项目	模板验收	模板拆除前未经拆模申请批准,扣5分 模板工程无验收手续,扣6分 一验收单无量化验收内容,扣4分 支拆模板未进行安全技术交底,扣5分	10		
8		混凝土强度	模板拆除前无混凝土强度报告,扣5分 砼强度未达规定提前拆模,扣8分	10		
9		运输道路	在模板上运输混凝土无走道垫板,扣7分 走道垫板不稳不牢,扣3分	10		
10		作业环境	作业面孔洞及临边无防护措施,扣10分 垂直作业上下无隔离防护措施,扣10分	10		
		小计		40		
检查项目合计				100		

表 8.7 "三宝"、"四口"防护检查评分表

序号	检查项目	扣分标准	应得分数	扣减分数	实得分数
1	安全帽	有一人不戴安全帽,扣 5 分 安全帽不符合标准,每发现一项扣 1 分 不按规定佩戴安全帽,有一人扣 1 分	20		
2	安全网	在建工程外侧未用密目式安全网封闭,扣 25 分 安全网规格材质不符合要求,扣 25 分 安全网未取得建筑安全监督管理部门准用证,扣 25 分	25		
3	安全带	每有一人未系安全带,扣 5 分 有一人安全带系挂不符合要求,扣 3 分 安全带不符合标准,每发现一条扣 2 分	10		
4	楼梯口、电梯井口防护	每一处无防护措施,扣 6 分 每一处防护措施不符合要求或不严密,扣 3 分 防护设施未形成定型化、工具化,扣 6 分 电梯井内每隔两层(不大于 10 m)少一道平网,扣 6 分	12		
5	预留洞口、坑井防护	每一处无防护措施,扣 7 分 防护设施未形成定型化、工具化,扣 6 分 每一处防护措施不符合要求或不严密,扣 3 分	13		
6	通道口防护	每一处无防护棚,扣 5 分 每一处防护不来,扣 2~3 分 每一处防护棚不牢固、材质不符合要求,扣 3 分	10		
7	阳台、楼板、屋面等临边防护	每一处临边无防护,扣 5 分 每一处临边防护不严、不符合要求,扣 3 分	10		
检查项目合计			100		

表 8.8 施工用电检查评分表

序号	检查项目		扣分标准	应得分数	扣减分数	实得分数
1	保证项目	外电防护	小于安全距离又无防护措施,扣 20 分 防护民措施不符合要求、封闭不严密,扣 5~10 分	20		
2		接地与接零保护系统	工作接地与重复接地不符合要求,扣 7~10 分 未采用 TN-S 系统,扣 10 分 专用保护零线设置不符合要求,扣 5~8 分 保护零线与工作零线混接,扣 10 分	10		

续表 8.8

序号	检查项目		扣分标准	应得分数	扣减分数	实得分数
3	保证项目	配电箱开关箱	不符合"三级配电两级保护"要求,扣10分 开关箱(末级)无漏电保护或保护器失灵,每一处扣5分 漏电保护装置参数不匹配,每发现一处扣2分 电箱内无隔离开关,每一处扣2分 违反"一机、一闸、一箱",每一处扣5~7分 安装位置不当、周围杂物多等不便操作,每一处扣5分 闸具损坏、闸具不符合要求,每一处扣5分 配电箱内多路配电箱无标记,每一处扣5分 电箱下引出线混乱,每一处扣2分 电箱无门、无锁、无防雨措施,每一处扣2分	20		
4		现场照明	照明专用回路无漏电保护,扣5分 灯具金属外壳未作接零保护,每1处扣2分 室内线路及灯具安装高度低于2.4 m未使用安全电压供电,扣10分 潮湿作业未36 V以下安全电压,扣10分 使用36 V安全电压照明线路混乱和接头处未用绝缘布包扎,扣5分 手持照明灯未使用36 V及以下电源供电,扣10分	10		
		小计		60		
5	一般项目	配电线路	电线老化、破皮未包扎,每一处扣10分 线路过道无保护,每一处扣5分 电杆、横担不符合要求,扣5分 架黑社会线路不符合要求,扣7~10分 未使用五芯线(电缆),扣10分 使用四芯电缆外加一根线替代五芯电缆,扣10分 电缆架设或不符合要求,扣7~10分	15		
6		电器装置	闸具、熔断器参数与设备容量不匹配、安装不合要求,每一处扣3分 用其他金属丝代替熔丝,扣10分	10		
7		变配电装置	不符合安全规定的扣3分	5		
8		用电档案	无专项用电施工组织设计,扣10分 封锁地极阻摇测记录,扣4分 无电工、巡视维修记录或填写不真实,扣4分 档案乱、内容不全、无专人管理,扣3分	10		
		小计		60		
检查项目合计				100		

表 8.9 物料提升机（龙门架、井字架）检查评分表

序号	检查项目		扣分标准	应得分数	扣减分数	实得分数
1	保证项目	架体制作	无设计计算书或未经上级审批，扣9分 架体制作不符合设计要求和规范要求，扣7~9分 使用厂家生产的产品，无建筑安全监督管理部门准用证，扣9分	9		
2		限位保险装置	吊篮无停靠装置，扣9分 停靠装置未形成定型化，扣5分 无超高限位装置，扣9分 使用摩擦式卷扬机超高限位采用断电方式，扣9分 高架提升机无下极限位器、缓冲器或无超载限制器，每一项扣3分	9		
3		架体稳定 缆风绳	架高20 m以下时设一组，20~30 m设二组，少一组，扣9分 缆风绳不使用钢丝绳，扣9分 钢丝绳直径小于93mm或角度不符合45°~60°，扣4分 地锚不符合要求，扣4~7分	9		
		与建筑结构连接	连墙杆的位置不符合规范要求，扣5分 连墙杆连接不牢，扣5分 连墙杆与脚手架连接，扣9分 连墙杆材质或连接做法不符合要求，扣5分			
4		钢丝绳	钢丝绳磨损已超过报废标准，扣8分 钢丝绳锈蚀、缺油，扣2~4分 绳卡不符合规定，扣2分 钢丝绳无过路保护，扣2分 钢丝绳拖地，扣2分	8		
5		楼层卸料平台防护	卸料平台两侧无防护栏杆或防护不严，扣2~4分 平台脚手板搭设不严、不牢，扣2~4分 平台无防护门或不起作用，每一处扣2分 防护门未形成定型化、工具化，扣4分 地面进料口无防护棚或不符合要求，扣2~4分	8		
6		吊篮	吊篮无安全门，扣8分 安全门未形成定型化、工具化，扣4分 高架提升机不用吊笼，扣4分 违章乘坐吊篮上下，扣8分 吊篮提升使用单根钢丝绳，扣8分	8		
7		安装验收	无验收手续和责任人签字，扣9分 验收单无量化验收内容，扣5分	9		
		小计		60		

续表8.9

序号	检查项目	扣分标准	应得分数	扣减分数	实得分数
8	架体	架体安装拆除无施工方案，扣5分 架体基础不符合要求，扣2~4分 架体垂直偏差超过规定，扣5分 架体与吊篮间隙超过规定，扣3分 架体外侧无立网防护或防护不严，扣4分 摇臂把杆未经设计的或安装不符合要求或无保险绳，扣8分 井字架开口处未加固，扣2分	10		
9	传动系统	卷扬机地锚不牢固，扣2分 卷筒钢丝绳缠绕不整齐，扣2分 第一个导向滑轮距离小于15倍卷筒宽度，扣2分 滑轮翼缘破损或与架体柔性连接，扣3分 卷筒上无防止钢丝绳滑脱保险装置，扣5分 滑轮与钢丝绳不匹配，扣2分	9		
10	联络信号	无联络信号，扣7分 信号方式不合理、不准确，扣2~4分	7		
11	卷扬机操作棚	卷扬机无操作棚，扣7分 操作棚不符合要求，扣3~5分	7		
12	避雷	防雷保护范围以外无避雷装置，扣7分 避雷装置不符合要求，扣4分	7		
	小计		40		
	检查项目合计		100		

表8.10 外用电梯（人货两用电梯）检查评分表

序号	检查项目	扣分标准	应得分数	扣减分数	实得分数
1	保证项目 安全装置（10分）	电梯无相关部门登记注册，扣10分 梯笼安全防坠落器失效或过期，扣10分 梯笼门限位失效或不使用，扣5分 梯笼上、下限位及上、下极限限位缺少或失效，扣5~12分 底笼门限位失效或不使用，扣5分 门连锁装置不起作用，扣5分	10		
2	安全防护（10分）	地面梯笼出入口无防护棚，扣10分 防护棚材质搭设不符合要求，扣6分 每层卸料口无防护门，每缺少一个扣2分 防护门不使用，每处扣2分 卸料台口搭设不符合要求，扣6分	10		

续表 8.10

序号	检查项目		扣分标准	应得分数	扣减分数	实得分数
3	保证项目	司机（10分）	司机无证上岗作业，扣10分 证件过期，扣6分 司机证件复印件未贴在驾驶室内，扣3分 每班作业前不按规定试车，扣3分 不按规定交接班或无交接记录，扣3分	10		
4		荷载（10分）	未设置9人限载人数标志，扣10分 超过规定重量无控制措施，扣10分 未加配重载人，扣10分	10		
5		安装与拆卸（10分）	安装前未进行网上注册，扣10分 未制定安装拆卸方案，扣10分 安拆方案无针对性，扣2~5分 拆装队伍没有取得资格证书，扣10分 安拆人员无证操作，扣5~10分 安拆时无技术交底或交底有带签字，扣5分	10		
6		安装验收（10分）	电梯安装后无安装单位自检报告，扣10分 联合验收缺少相关部门签字、盖章，每处扣5分 安装完毕未到相关部门进行检测，扣5分 检测合格后未到相关部门进行注册，扣5分 验收单上无量化验收内容，扣5分	10		
		小计		60		
7	一般项目	架体稳定（10分）	架体垂直度超过说明书规定，扣7~10分 架体与建筑结构附着不符合要求，扣7~10分 附着安装间距不符合要求，扣7~10分 顶端自由高度超出说明书，扣7~10分 最低附着点超出说明书，扣7~10分	10		
8		联络信号（10分）	无联络信号，扣10分 信号不准确，扣6分	10		
9		电气安全（5分）	电气安装不符合要求，扣5分 电气控制无漏电保护装置，扣5分	10		
10		避雷（5分）	在避雷保护范围外无避雷装置，扣5分 避雷装置不符合要求，扣5分	10		
		小计		40		
	检查项目合计			100		

表 8.11 塔式起重机检查评分表

工程名称			塔吊型号		出厂编号		
序号	检查项目		扣分标准	应得分数	扣减分数	实得分数	
1	保证项目	力矩限制器	无力矩限制器，扣13分 力矩限位器不灵敏，扣13分	13			
2		限位器	无超高、变幅、行走限位，每项扣5分 限位器不灵敏，每项扣5分	13			
3		保险装置	吊钩无保险装置，扣5分 卷扬机滚筒无保险装置，扣5分 上人爬梯无护圈或护圈不符合要求，扣5分	7			
4		附墙装置与夹轨钳	塔吊高度超过规定不安装附墙装置，扣10分 附墙装置安装不符合说明书要求，扣7分 无夹轨钳，扣10分 有夹轨钳不用，每一处扣3分	10			
5		安装于拆卸	未制定安装拆卸方案，扣10分 作业队伍没有取得资格证，扣10分	10			
6		塔吊指挥	司机无证上岗，扣7分 指挥无证上岗，扣4分 塔吊指挥不使用旗语或对讲机，扣7分	7			
		小计		60			
7	一般项目	路基与轨道	路基不坚实、不平整、无排水措施，扣3分 枕木铺设不符合要求，扣3分 道钉与接头螺栓数量不足，扣3分 轨道偏差超过规定，扣2分 轨道无极限位置阻挡器，扣5分 高塔基础部符合设计要求，扣10分	10			
8		电器安全	行走塔吊无卷线器或失灵，扣6分 塔吊与架空线路小于安全距离又无防护措施，扣10分 防护措施不符合要求，扣5分 轨道无接地、接零，扣4分 接地、接零不符合要求，扣2分	10			
9		多塔作业	两台以上塔吊作业无防碰撞措施，扣10分 措施不可靠，扣7分	10			
10		安装验收	安装完毕无验收资料或负责人签字，扣10分 验收单上无量化验收内容，扣5分	10			
		小计		40			
检查项目合计				100			
总包单位：（章） 负责人签字： 年 月 日			使用单位：（章） 负责人签字： 年 月 日		监理单位：（章） 负责人签字： 年 月 日		

表 8.12　起重吊装安全检查评分表

序号	检查项目			扣分标准	应得分数	扣减分数	实得分数
1	保证项目	施工方案		起重吊装作业无方案，扣10分 作业方案未经上级审批或方针针对性不强，扣5分	10		
2		起重机械	起重机	起重机无超高和力矩限制器，扣10分 吊钩无保险装置，扣5分 起重机未取得准用证，扣20分 起重机安装后未经验收，扣15分	10		
			起重机扒杆	起重扒杆无设计计算书或未经审批，扣20分 扒杆组装不符合设计要求，扣17～20分 扒杆使用前未经试吊，扣10分			
3		钢丝绳与地锚		起重钢丝绳磨损、断丝超标，扣10分 滑轮不符合规定，扣4分 缆风绳安全系数小于3.5倍，扣8分 地锚埋设不符合设计要求，扣5分	10		
4		吊点		不符合设计规定位置，扣5～10分 索具使用不合理、绳径倍数不够，扣5～10分	10		
5		司机、指挥		司机无证上岗，扣10分 非本机型司机操作，扣5分 指挥无证上岗，扣5分 高处作业无信号传递，扣10分	10		
		小计			60		
6	一般项目	地耐力		起重机作业路面地耐力不符合说明书要求，扣5分 地面铺垫措施达不到要求，扣3分	5		
7		起重作业		被吊物体重量不明就吊装，扣3～6分 有超载作业情况，扣6分 每次作业前未经试吊检查，扣3分	6		
8		高处作业		结构吊装未设置防坠落措施，扣9分 作业人员不系安全带或安全带无牢靠悬挂点，扣9分 人员上下无专设爬梯、斜道，扣5分	9		
9		作业平台		起重吊装人员作业无可靠立足点，扣5分 作业平台临边防护不符合规定，扣2分 作业平台脚手板不满铺，扣3分	5		
10		构件堆放		楼板堆放超过1.6 m高度，扣2分 其他物件堆放高度不符合规定，扣2分 大型构件堆放无稳定措施，扣3分	5		
11		警戒		起重吊装作业无警戒标志，扣3分 未设专人警戒，扣2分	5		
12		操作工		起重工、电焊工无安全操作证上岗，每人扣2分	5		
		小计			40		
	检查项目合计				100		

表 8.13 施工机具检查评分表

序号	检查项目	扣分标准	应得分数	扣减分数	实得分数
1	平刨	电锯安装后无验收合格手续，扣 5 分 无护手安全装置，扣 5 分 传动部位无防护罩，扣 5 分 未作保护接零、无漏电保护器，各扣 5 分 无人操作时未切断电源，扣 3 分 使用平刨和圆盘锯合用一台电机的多功能木工机具，平刨和圆盘锯两项扣 20 分	10		
2	圆盘锯	电锯安装后无验收合格手续，扣 5 分 无锯盘护罩、分料器、防护挡板安全装置和传动部位无防护，每缺一项扣 5 分 未作保护接零、无漏电保护器，各扣 5 分 无人操作时未切断电源，扣 3 分	10		
3	手持电动工具	I 类手持电动工具无保护接零，扣 10 分 使用 I 类手持电动工具不按规定穿戴绝缘用品，扣 5 分 使用手持电动工具随意接长电源线或更换插头，扣 5 分	10		
4	钢筋机械	机械安装后无验收合格手续，扣 5 分 未作保护接零、无漏电保护器，各扣 5 分 钢筋冷拉作业区及对焊作业区无防护措施，扣 5 分 传动部位无防护，扣 3 分	10		
5	电焊机	机械安装后无验收合格手续，扣 5 分 未作保护接零、无漏电保护器，各扣 5 分 无二次空载降压保护器或无触电保护器，扣 5 分 一次线长度超过规定或不穿管保护，扣 5 分 电源不使用自动开关，扣 3 分 焊把线接头超过三处或绝缘老化，扣 5 分 电焊机无防雨罩，扣 4 分	10		
6	搅拌机	搅拌机安装后无验收合格手续，扣 5 分 未做保护接零、无漏电保护器，扣 5 分 离合器、制动器、钢丝绳达不到要求，每项扣 3 分 操作手柄无保险装置，扣 3 分 搅拌机无防雨棚和作业台不安全，扣 4 分 料斗无保险挂钩或挂钩不使用，扣 3 分 传动部位无防护罩，扣 4 分 作业平台不稳定，扣 3 分	10		
7	气瓶	各种气瓶无标准色标，扣 5 分 气瓶间距小于 5 m、距明火小于 10 m 有无隔离措施，各扣 5 分 乙炔瓶使用或存放时平放，扣 5 分 气瓶存放不符合要求，扣 5 分 气瓶无防震圈和防护帽，每个扣 2 分	10		

序号	检查项目	扣分标准	应得分数	扣减分数	实得分数
8	翻斗车	翻斗车未取得准用证,扣5分 翻斗车制动装置不灵敏,扣5分 无证司机驾车,扣5分 行车载人或违章行车,每发现一次扣5分	10		
9	潜水泵	未做保护接零、无漏电保护器,扣5分 保护装置不灵敏、使用不合理,扣5分	10		
10	打桩机械	打桩机未取得准用证和安装后无验收合格手续,扣5分 打桩机无超高限位装置,扣5分 打桩机行走路线地耐力不符合说明书要求,扣5分 打桩违反操作规程,扣5分	10		
	检查项目合计		100		

8.1.1　安全生产责任制

建筑工程施工中,应贯彻落实党和国家有关安全生产的政策法规,明确施工项目各级人员的安全生产责任,保证施工生产过程中的人身安全和财产安全。根据国家及上级有关规定,应制定施工项目安全生产责任制。

1. 项目经理安全生产责任制

① 认真执行国家安全生产方针政策、法令、规章制度和上级的安全生产指令,组织编制并监督实施相关的施工组织设计和施工方案。

② 教育工人正确使用防护用品。

③ 对该施工项目的安全生产负有直接责任。

④ 在计划、布置、检查、总结、评比生产活动中,必须同时把安全工作贯穿到每个具体环节中去,督促各施工工序要做到有针对性的书面安全交底。

⑤ 遇到生产与安全发生矛盾时,生产必须服从安全。

⑥ 领导所属项目部搞好安全生产,组织项目班子人员学习安全技术操作规程和安全管理知识,对特殊作业人员按规定送出培训,坚持有证操作规定。

⑦ 有权拒绝不科学、不安全的生产指令,制订项目安全生产管理计划,并组织实施。

⑧ 经常组织相关人员检查施工现场的机械设备、安全防护装置、工具、材料、工作地点和生活用房的安全卫生,制止违章作业、冒险蛮干,消除事故隐患,保证安全生产。

⑨ 发生重大事故、重大未遂事故,要保护现场并立即上报,参加事故的调查、处理工作,拟定整改措施,督促检查贯彻实施。

2. 项目部副经理安全生产责任制

① 认真执行安全劳动保护方针政策、法规及公司安全管理制度。

② 加强安全管理教育,总结推广安全生产经验。

③ 发生重大事故或重大未遂事故,立即保护现场并上报。

④ 认真消除事故隐患,按"三定"方案实施并监督实行。

⑤ 督促各部门认真做好各种安全运行台账记录和安全技术交底。

⑥ 进行安全生产教育和遵章守纪教育,不违章指挥、冒险蛮干。

⑦ 组织好各项安全活动,定期、不定期的安全检查,开展安全竞赛活动。

⑧ 对施工现场防护和电气、机械设备等安全防护设施组织验收,合格后方可使用。

⑨ 安排工作计划,要把安全工作贯彻到每个环节中去,做好"安全生产,预防第一"的方针。

⑩ 对项目工程安全全面负责，督促各部门在自己工作范围内做好安全生产工作。
⑪ 参加事故调查、处理，分析事故原因，制订整改措施，督促有关人员认真贯彻执行，监督实施。

3. 工程项目技术负责人安全生产责任制

① 对职工进行经常性的安全技术教育。
② 参加重大事故调查，并做出技术方面的鉴定。
③ 在采用新技术、新工艺时，研究和采取安全防护措施。
④ 有权拒绝执行上级安排的严重危及安全生产的指令和意见。
⑤ 定期主持召开技术、质量、安全组负责人会议，分析本单位的安全生产形势，研究解决安全技术问题。
⑥ 贯彻上级有关安全生产方针、政策、法令和规章制度，负责组织制订本单位安全技术规程并认真贯彻执行。
⑦ 督促技术部门对新产品、新材料的使用、储存、运输等环节提出安全技术要求，组织有关部门研究解决生产过程中出现的安全技术问题。
⑧ 定期布置和检查安全部门的工作，协助组织安全大检查，对检查中发现的重大隐患，负责制订整改计划，组织有关部门实施。

4. 安全经理安全生产责任制

① 认真贯彻国家的安全生产方针政策和劳动保护法规及项目经理的安全生产方面的指示，协助项目经理把好安全生产大关，对项目部的安全生产负有一定的责任。
② 督促检查各制度、规程完善与实施。
③ 组织专题安全会议，协调各部门和基层的安全生产工作。
④ 建立安全机构和配备专职安全员，指导专职安全员的日常工作。
⑤ 建立健全项目部安全生产各项管理制度、章程、各责任制及规程。
⑥ 指导有关部门做好新工人三级教育、特殊工种安全技术培训，提高安全的可靠性，保障安全生产。
⑦ 对重大事故、重大未遂事故及时组织调查，分析事故原因，按"四不放过"的原则进行处理，拟定整改方案，落实整改措施。
⑧ 合理安排技术措施经费，专款专用，并组织力量，保证安全技术措施实施。
⑨ 参加各种安全检查活动，掌握安全生产情况，总结推广安全生产先进经验，及时表彰安全生产成绩突出者。

5. 项目专职安全员安全生产责任制

① 认真贯彻执行国家有关劳动保护、安全生产方针政策及上级领导指示，协助领导组织和推动公司的安全生产和监督检查工作。
② 进行工伤事故统计、分析、报告，参加工伤事故的调查和处理工作。
③ 对违反安全条例和安全法规行为，经说服劝阻无效，有权处理或越级上报。
④ 与有关部门做好新工人的安全生产三级教育，特殊工种安全技术培训、考核、复审工作。
⑤ 协助有关部门制订安全生产制度和安全操作规程，并对制度、规程的执行情况进行检查。
⑥ 协助有关部门制订安全生产措施，参加编制施工组织设计或施工方案，参与制订安全技术交底，督促有关部门实施。
⑦ 组织定期、不定期安全生产检查，制止违章指挥、违章作业，遇有严重险情，有权暂停生产，并报告主管领导处理。
⑧ 经常深入基层，指导下级安全员工作，掌握安全生产情况，调研生产中不安全因素，提出改进措施，总结推广安全生产经验。

6. 项目工长（施工员）安全生产责任制

① 认真执行国家安全生产方针、政策、规章制度和上级批准的施工组织设计、安全施工方案，如需修改，必须经过原编制、审批部门的批准。

② 在计划：布置、检查、总结、评比的生产活动中，必须同时把安全工作贯穿到每一个具体环节中去，特别是要做好有针对性的书面安全技术交底。

③ 遇到生产与安全发生矛盾时，生产必须服从安全。

④ 有权拒绝不科学、不安全的生产指令，不违章指挥；坚持有证操作规定。

⑤ 发生重大事故、重大未遂事故，保护现场并立即上报，同时采取防范措施。

⑥ 负责所管辖的施工现场环境卫生，以及一切安全防护设施，严格遵守、执行各项安全技术交底。

⑦ 领导所属班组搞好安全生产，组织班组学习安全技术操作规程，并检查执行情况；教育工人正确使用安全防护用品。

7. 班组长安全生产责任制

① 开好班前、班后的安全会议。

② 对新工人进行现场教育，并使其熟悉施工现场工作环境。

③ 班组长除了掌握施工技术、质量等问题外，还应负责本班组的安全生产。

④ 及时采纳安全员、兼职安全员的正确意见，发动班组共同搞好文明施工工作。

⑤ 组织本班组职工学习规程、规章制度，组织安全活动、检查执行规章制度的落实情况。

⑥ 听从专职安全人员的指导，教育班组职工坚守岗位，做好交接班和自检工作。

⑦ 认真遵守生产规程和有关安全生产制度，根据本班组的技术、思想等情况，合理安排工作，对本班组在生产中的安全负责。

⑧ 经常检查施工场地的安全情况，发现问题及时处理或上报，检查机械设备等是否处于良好状态，并消除一切可能引起事故的隐患，采取有效的安全防范措施。

⑨ 发生重大事故或重大未遂事故时，保护好现场，及时上报，并组织全班组人员认真分析，吸取教训，提出防范措施。

8.1.2 安全目标管理

项目制定安全生产目标管理计划时，要经项目分管领导审查同意，由主管部门与实行安全生产目标管理的单位签订责任书，将安全生产目标管理纳入各单位的生产经营或资产经营目标管理计划，主要领导人应对安全生产目标管理计划的制订与实施负第一责任。

安全生产目标管理还要与安全生产责任制挂钩。企业要对安全责任目标进行层层分解，逐级考核，考核结果应和各级领导及管理人员工作业绩挂钩，列入各项工作考核的主要内容。

1. 安全责任考核制度

各级管理人员安全责任考核制度文件的具体内容：企业（单位）建立各级管理人员安全责任的考核制度，旨在实现安全目标分解到人，安全责任落实、考核到人。

2. 项目安全管理目标

项目安全管理目标的具体内容：

① 根据上级安全管理目标的条款规定，制定项目级的安全管理目标。

② 确定目标的原则：可行性、关键性、一致性、灵活性、激励性、概括性。

③ 下级不能照搬照抄上级的目标，无论从定量或定性上讲，下级的目标总要严于或高于上级的目标，其保证措施要严格得多，否则将起不到自下而上的层层保证作用。

④ 安全管理目标的主要内容：

a. 伤亡事故控制目标：杜绝死亡重伤，一般事故应有控制指标。

b. 安全达标目标：根据工程特点，按部位制定安全达标的具体目标。

c. 文明施工目标：根据作业条件的要求，制定文明施工的具体方案和实现文明工地的目标。

3. 项目安全管理目标责任分解

项目安全管理目标责任分解的具体内容：把项目部的安全管理目标责任按专业管理层层分解到人，安全责任落实到人。

4. 项目安全目标责任考核办法

项目安全目标责任考核办法文件的具体内容：依据公司（分公司）的目标责任考核办法，结合项目的实际情况及安全管理目标的具体内容，对应按月进行条款分解，按月进行考核，制定详细的奖惩办法。

5. 项目安全目标责任考核

项目安全目标责任考核的具体内容及记录：按项目安全目标责任考核办法文件规定，结合项目安全管理目标责任分解，以评分表的形式按责任分解进行打分，奖优罚劣和经济收入挂钩，及时兑现。

8.1.3 安全施工组织设计

8.1.3.1 安全施工组织设计基本知识

1. 建筑工程安全施工组织设计的概念

安全施工组织设计是以施工项目为对象，用以指导工程项目管理过程中各项安全施工活动的组织、协调、技术、经济和控制的综合性文件；统筹计划安全生产，科学组织安全管理，采用有效的安全措施，在配合技术部门实现设计意图的前提下，保证现场人员人身安全及建筑产品自身安全，环保、节能、降耗。安全施工组织设计与项目技术部门、生产部门相关文件相辅相成，是用以规划、指导工程从施工准备贯穿到施工全过程直至工程竣工交付使用的全局性安全保证体系文件。安全施工组织设计要根据国家的安全方针、有关政策和规定，从拟建工程全局出发，结合工程的具体条件，合理组织施工，采用科学的管理办法，不断地革新管理技术，有效地组织劳动力、材料、机具等要素，安排好时间和空间，以期达到"零"事故、健康安全，文明施工的最优效果。

技术提示：

安全施工组织设计应在施工前进行编制，并经过批准后实施。

2. 编制安全施工组织设计的必要性

建筑产品不同于其他行业产品，有其特殊的生产特点：建筑产品形式多样，规则性较差；施工操作人员及其素质不稳定；产品体积庞大、露天作业多；产品本身具有固定性、作业流动性大；建筑产品生产周期长、人力物力投入量大；建筑产品涉及面广、综合性强；施工现场受天气、地理环境影响较大；建筑产品生产过程投入的设备较多、分布分散、管理难度较大等。由于建筑产品自身的上述特点，使得建筑产品生产过程受到各方面条件的限制，遇到不确定的因素较多，管理工作非常复杂。所以必须事前进行安全施工组织设计才能确保产品的安全生产。

另外，建筑施工的对象是不同类型的工业、民用、公共建筑物或构筑物，而每个建筑物或构筑物的施工，从开工到完工都要历经诸如土方、打桩、砌筑、钢筋混凝土、吊装、装饰等若干个分项流程，各个施工环节都具有不同的特点，各环节存在不同的安全隐患，需要针对工程的现场情况进行危险源辨识、评价与控制策划，并在实际工作中组织、实施针对性的防范措施。所以，在具有一定形态建筑产品的生产过程中，既要合理安排相关人力、物力、材料、机具等因素进行施工生产，又要用科学的管理方法组织策划相关人力、物力、材料、机具等因素之间的相互关系，确保建筑产品生产者以及使用者的健康与安全。

3. 安全施工组织设计的重要作用

安全施工组织设计是对项目工程施工过程实行安全管理的全局策划，根据建筑工程的生产特点，从安全管理、安全防护、脚手架、现场料具、机械设备、施工用电、消防保卫等方面进行合理地安排，并结合工程生产进度，在一定的时间和空间内，实现有步骤、有计划地组织实施相应的安全技术措施，以期达到"安全生产、文明施工"的最终目的。

建筑工程施工前必须要有针对本工程的安全管理目标策划，有相应的安全管理部署和相应的实施计划，有相应的管理预控措施。安全施工组织设计是在充分研究工程的客观情况并辨识各类危险源及不利因素的基础上编制的，用以部署全部安全活动，制订合理的安全方案和专项安全技术组织措施。安全施工组织设计作为决策性的纲领性文件，直接影响施工现场的生产组织管理、工人施工操作、成本费用。从总的方面看，安全施工组织设计具有战略部署和战术安排的双重作用。从全局出发，按照客观的施工规律，统筹安排相应的安全活动，从"安全"的角度协调施工中各施工单位、各班组之间，资源与时间之间，各项资源之间，在程序、顺序上和现场部署的合理关系。

8.1.3.2 安全施工组织设计编制内容与审批

1. 安全施工组织设计的主要内容

工程安全施工组织设计大纲（仅供参考）：

① 编制依据。
② 工程概况。
③ 现场危险源辨识及安全防护重点。
  a. 现场危险源清单。
  b. 现场重大危险源及控制措施要点。
  c. 项目安全防护重点部位。
④ 安全文明施工控制目标及责任分解。
⑤ 项目部安全生产管理机构及相关安全职责。
⑥ 项目部安全生产管理计划。
  a. 项目安全管理目标保证计划。
  b. 安全教育培训计划。
  c. 安全防护计划。
  d. 安全检查计划。
  e 安全活动计划。
  f. 安全资金投入计划。
  g. 季节性施工安全生产计划。
  h. 特种作业人员管理计划。
⑦ 项目部安全生产管理制度。
  a. 安全生产责任制度。
  b. 安全教育培训制度。
  c. 安全事故管理制度。
  d. 安全检查与验收制度。
  e. 安全物资管理制度。
  f. 安全文明施工资金管理制度。
  g. 劳务分包安全管理制度。
  h. 现场消防、保卫管理制度。
  i. 生活区安全管理制度。
  j. 职业健康管理制度。
⑧ 现场重大危险源控制措施。
  a. 物体打击事故控制措施。
  b. 高处坠落事故控制措施。
  c. 触电事故控制措施。
  d. 机械伤害事故控制措施。
  e. 坍塌事故控制措施。
⑨ 工程重点部位安全技术措施。
  a. 土石方工程专项安全技术措施。
  b. 基坑支护与降水工程安全技术措施。
  c. 高大模板工程安全技术措施。
  d. 脚手架工程安全技术措施。
  e. 起重吊装、垂直运输作业安全技术措施。

f. 施工用电安全措施。
g. 施工机械安全管理措施。
h. "四口"、"五临边"安全防护措施。
i. 季节性施工安全管理措施。
⑩ 各分部分项工程安全控制要点。
a. 地基与基础阶段安全控制要点。
b. 主体结构施工阶段安全控制要点。
c. 装饰装修施工阶段安全控制要点。
d. 设备安装施工阶段安全控制要点。
⑪ 文明施工保证措施。
a. 文明现场管理措施。
b. 职工生活区安全管理措施。
c. 现场、料具管理措施。
d. 环境保护管理措施。
e. 防污染、防扬尘管理措施。
f. 不扰民施工保证措施。
⑫ 现场紧急事故应急预案。
a. 物体打击事故应急预案。
b. 高处坠落事故应急预案。
c. 触电事故应急预案。
d. 机械伤害事故应急预案。
e. 坍塌事故应急预案。
f. 大面积中暑应急预案。
g. 食物中毒应急预案。
h. 火灾事故应急预案。
⑬ 相关附图。

2. 安全施工组织设计的审批

安全施工组织设计涉及各类危险源辨识与控制、各类安全技术措施、安全资金投入等各个方面，内容相当广泛，编制任务量很大。为了使安全施工组织设计编制的及时、适用，必须抓住重点，突出"组织"二字，对施工中的人力、物力和方法，时间与空间，需要与可能，局部与整体，阶段与全过程，前方和后方等给予周密的安排。

安全施工组织设计的编制，原则上由负责施工的工程项目部负责。应由项目经理主持、项目技术负责人组织有关人员完成其文本的编写工作，项目经理部有关部门参加。安全施工组织设计应在项目工程正式施工之前编制完成。施工组织设计应报上一级总工程师或经总工程师授权的专业技术负责人审批，之后报送项目监理部审批，并签署"项目工程安全技术文件报审表"。

8.1.4 分部（分项）工程安全技术交底

严格进行安全技术交底，认真执行安全技术措施，是贯彻安全生产方针，减少工伤事故，实现安全生产的重要保证。

1. 安全技术交底的分类

安全技术交底主要分为建筑工程施工现场各岗位工种安全技术交底、各分项（部）工程施工操作安全技术交底、施工机械（具）操作安全技术交底

技术提示：

安全技术交底的对象是施工一线的操作人员，交底必须让操作人员充分领会，认真填写安全交底单。

等。另外，针对采用新工艺、新技术、新设备、新材料施工的特殊项目，需结合建筑施工有关安全防护技术进行单独交底。就安全技术交底内容而言，除各操作人员及各施工流程常规防护措施外，还应包含照明及小型电动工机具防触电措施，梯子及高凳防滑措施；易燃物防火及有毒涂料、油漆等防护措施，立体交叉作业防护措施等内容。

2. 分部（分项）工程安全技术交底的编制

① 分部（分项）工程施工前，工地项目经理要组织施工员向实际操作的班组成员将施工方法和安全技术措施作详细讲解，并以书面形式下达班组。交底人和接受交底人应履行交接签字手续，责任落实到班组、个人。

② 安全技术交底必须在该交底对应项目施工前进行，并应为施工留出足够的准备时间。安全技术交底不得后补，安全技术交底应及时归档。

③ 班组长要在施工生产过程中认真落实安全技术交底，每天要对工人进行施工要求、作业环境的安全交底。

④ 两个以上施工队或工种配合施工时，工长（施工员）要按工程进度向班组长进行交叉作业的安全技术交底，履行签认手续。

⑤ 安全技术交底应根据施工过程的变化，及时补充新内容。施工方案、方法改变时也要及时进行重新交底。施工现场的生产组织者，不得对安全技术措施方案私自变更，如有合理的建议，应书面报总工程师批准，未批之前，仍按原方案贯彻执行。

⑥ 安全职能部门要以施工安全技术措施为依据，以安全法规和各项安全规章制度为准则，经常性地对工地实施情况进行检查，并监督各项安全技术措施的落实。

⑦ 分包单位应负责其分包范围内安全技术交底资料的收集整理，并应在规定时间内向总包单位移交。总包单位负责对各分包单位安全技术交底工作进行监督检查。

3. 安全技术交底记录

① 安全技术交底人进行书面交底后应保存安全技术交底记录和交底人与所有接受交底人员的签字。

② 安全技术交底完成后，交到项目安全员处，由安全员负责整理归档。

③ 交底人及安全员应在施工生产过程中随时对安全技术交底的落实情况进行检查，发现违章作业应立即采取相应措施。

④ 安全技术交底记录应一式三份，分别由交底人、安全员、接受交底人留存。

8.1.5 安全检查

1. 安全检查的内容

① 安全检查可分为：社会安全检查、公司级安全检查、分公司级安全检查、项目安全检查。

② 安全检查的形式：定期安全检查、季节性安全检查、临时性安全检查、专业性安全检查、群众性安全检查。

③ 安全检查的内容：查思想、查制度、查管理、查领导、查违章、查隐患。

④ 各级安全检查必须按文件规定进行，安全检查的结果必须形成文字记录；安全检查的整改必须做到"四定"，即定人、定时间、定措施、定复查人。

⑤《建筑施工安全检查标准》(JGJ 59—2011) 中检查评分表的作用：

a. "建筑施工安全检查评分表汇总表"的得分作为对一个施工现场安全生产情况的评价依据。

b. "安全管理检查评分表"是对施工单位安全管理工作的评价。

c. "文明施工检查评分表"是对施工现场文明施工的评价。

d. "脚手架检查评分表"是对落地式外脚手架、悬挑式脚手架等六种脚手架的安全评价。

e. "基坑支护安全检查评分表"是对施工现场基坑支护工程的安全评价。

f. "模板工程安全检查评分表"是对施工过程中模板工作的安全评价。

g. "三宝、四口防护检查评分表"是对"三宝"使用、"四口"及临边防护情况的评价。
h. "施工用电检查评分表"是对施工现场临时用电情况的评价。
i. "物料提升机检查评分表"是对物料提升机的设计制作、搭设和使用情况的评价。
j. "外用电梯检查评分表"是对施工现场外用电梯的安全状况及使用管理的评价。
k. "塔吊检查评分表"是对塔式起重机使用情况的评价。
l. "起重吊装安全检查评分表"是对施工现场起重吊装作业和起重吊装机械的安全评价。
⑥ "施工机具检查评分表"是对施工中使用的平刨、圆盘锯等十种施工机具安全状况的评价。

2. 定期安全检查

① 企业单位对生产中的安全工作,除进行经常检查外,每年还应该定期地进行二至四次群众性的检查,这种检查包括普遍性检查、专业性检查和季节性检查,这几种检查可以结合进行。

a. 企业单位安全生产检查由生产管理部门总负责,企业安全管理部门具体实施。
b. 定期检查时间:公司每季一次,分公司每月一次,项目每周六均应进行安全检查;班组长、班组兼职安全员,班前对施工现场、作业场所、工具设备进行检查,班中验证考核,发现问题立即整改。
c. 专业性检查:可突出专业的特点,如施工用电、机械设备等组织的专业性专项检查。
d. 季节性检查:可突出季节性的特点,如雨季安全检查,应以防漏电、防触电、防雷击、防坍塌、防倾倒为重点的检查;冬季安全检查应以防火灾、防触电、防煤气中毒为重点的检查。

② 开展安全生产检查,必须有明确的目的、要求和具体计划,并且必须建立由企业领导负责、有关人员参加的安全生产检查组织,以加强领导,做好这项工作。安全检查的内容:查思想、查制度、查管理、查领导、查违章、查隐患。

③ 安全生产检查应该始终贯彻领导与群众相结合的原则,边检查、边改进,并且及时总结和推广先进经验,抓好典型。

④ 对查出的隐患不能立即整改的,要建立登记、整改、检查、销项制度。要制定整改计划,定人、定措施、定经费、定完成日期。在隐患没有消除前,必须采取可靠的防护措施,如有危及人身安全的紧急险情,应立即停止作业。

2. 安全检查表格

安全检查记录表见表8.14。

表8.14 安全检查记录表

检查类型_____   编号:_____

单位名称		工程名称		检查时间	年 月 日
检查单位					
检查项目或部位					
参加检查人员					
检查记录:					
检查结论及要求:				检查负责人:	

>>>

注意事项:
检查类型可填写为:定期安全检查、专项安全检查、突击安全检查、隐患整改复查。

事故隐患整改记录表见表 8.15。

表 8.15 事故隐患整改记录表

施工单位		工程名称	
前次检查记录表编号			
整改内容及相关措施			
措施制定人		实施负责人		验收人	
整改复查意见：			
复查人员		复查日期	

8.1.6 安全教育

1. 安全教育的对象

安全是生产赖以正常进行的前提，安全教育又是安全管理工作的重要环节，是提高全员安全素质、安全管理水平和防止事故，从而实现安全生产的重要手段。

施工项目安全教育培训的对象包括以下五类人员：

① 工程项目经理、项目执行经理、项目技术负责人。工程项目主要管理人员必须经过上级部门组织的安全生产专项培训，经过考核合格后，持《安全生产资格证书》上岗。

② 工程项目基层管理人员。施工项目基层管理人员每年必须接受公司安全生产年审，经考试合格后上岗。

③ 分包负责人、分包队伍管理人员。必须接受政府主管部门或总包单位的安全培训，经考试合格后上岗。

④ 特种作业人员。必须经过专门的安全理论培训和安全技术实际训练，经理论和实际操作的双项考核，合格后持《特种作业操作证》上岗作业。

⑤ 操作工人。新入场工人必须经过三级安全教育，变换工种和应用新材料、新工艺、新设备要经过对新岗位和操作方法进行培训后上岗。

2. 安全教育的内容

安全教育主要包括安全思想教育、安全知识教育、安全技能教育和法制教育四个方面的内容。

（1）安全思想教育

安全思想教育的目的是为安全生产奠定思想基础。通常从加强思想认识、方针政策和劳动纪律教育等方面进行。

①思想认识和方针政策的教育。提高各级管理人员和广大职工群众对安全生产重要意义的认识。从思想上、理论上认识社会主义制度下搞好安全生产的重要意义，以增强关心人、保护人的责任感，树立牢固的群众观点。

通过安全生产方针、政策教育提高各级技术、管理人员和广大职工的政策水平，使他们正确全面地理解党和国家的安全生产方针、政策，严肃认真地执行安全生产方针、政策和法规。

②劳动纪律教育。主要是使广大职工懂得严格执行劳动纪律对实现安全生产的重要性，企业的劳动纪律是劳动者进行共同劳动时必须遵守的法则和秩序。反对违章指挥、反对违章作业、严格执行

安全操作规程、遵守劳动纪律是贯彻安全生产方针、减少伤害事故、实现安全生产的重要保证。

（2）安全知识教育

企业所有职工必须具备安全基本知识，因此，全体职工都必须接受安全知识教育和每年按规定学时进行安全培训。安全基本知识教育的主要内容是：企业的基本生产概况；施工（生产）流程、方法；企业施工（生产）危险区域及其安全防护的基本知识和注意事项；机械设备、厂（场）内运输的有关安全知识；有关电气设备（动力照明）的基本安全知识；高处作业安全知识；生产（施工）中使用的有毒、有害物质的安全防护基本知识；消防制度及灭火器材应用的基本知识；个人防护用品的正确使用知识等。

（3）安全技能教育

安全技能教育，就是结合本工种专业特点，实现安全操作、安全防护所必须具备的基本技术知识要求。每个职工都要熟悉本工种、本岗位专业安全技术知识。安全技能知识是比较专门、细致和深入的知识。它包括安全技术、劳动卫生和安全操作规程。国家规定建筑登高架设、起重、焊接、电气、爆破、压力容器、锅炉等特种作业人员必须进行专门的安全技术培训。

（4）安全法制教育

法制教育就是要采取各种有效形式，对全体职工进行安全生产法律和法规教育，从而提高职工遵纪守法的自觉性，以达到安全生产的目的。

3. 三级安全教育

三级安全教育是新工人必须进行的基本教育制度，对新工人必须进行公司、项目、作业班组三级安全教育，时间不少于40小时。三级安全教育由安全、教育和劳资等部门配合组织进行，经教育考试合格才准许进入生产岗位，不合格者必须补课、补考。对新工人的三级安全教育情况要建立档案，印制职工安全生产教育卡。新工人工作一个阶段后还应进行重复性的安全教育，加深对安全感性、理性知识的理解。

（1）公司安全教育

进行安全基本知识、法规、法制教育，主要内容有：

①党和国家的安全生产方针、政策。

②安全生产法规、标准和法制观念。

③本单位施工过程健全生产制度、安全纪律。

④本单位安全生产形势及历史上发生的重大事故及应吸取的教训。

⑤发生事故后如何抢救伤员、排险、保护现场和及时进行报告。

（2）项目安全教育

进行现场规章制度和遵章守法教育，主要内容有：

①本单位施工特点及施工安全基本知识。

②本单位（包括施工、生产现场）安全生产制度、安全注意事项。

③本工种安全技术操作规程。

④高处作业、机械设备、电气安全基本知识。

⑤防火、消毒、防尘、防暴知识及紧急情况安全处置和安全疏散知识。

⑥防护用品发放标准及使用基本知识。

（3）班组安全教育

进行本工种安全操作及班组安全制度、纪律教育，主要内容有：

①本班组作业特点及安全操作规程。

②班组安全活动制度及纪律。

③爱护和正确使用安全防护装置（设施）及个人劳动防护用品。

④本岗位易发生事故的不安全因素及防范对策。

⑤本岗位作业环境及使用的机械设备、工具的安全要求。

8.1.7 班前安全活动

1. 班组班前安全活动制度

①班组长应根据班组承担的生产和工作任务，科学地安排好班组班前生产日常管理工作。

②班前班组全体成员要提前15分钟到达岗位，在班组长的组织下，进行交接班，召开班前安全会议，清点人数，由班组长安排工作任务，针对工程施工情况、作业环境、作业项目，交代安全施工要点。

③班组长和班组兼职安全员负责督促检查安全防护装置。

④全体组员要在穿戴好劳动保护用品后，上岗交接班，熟悉上一班生产管理情况，检查设备和工况完好情况，按作业计划做好生产的一切准备工作。

⑤班组必须经常性地在班前开展安全活动，形成制度化，并做好班前安全活动记录。

⑥班组不得寻找借口，取消班前安全活动；班组组员决不能无原因不参加班前安全活动。

⑦项目经理及其他项目管理人员应分头定期不定期地检查或参加班组班前安全活动会议，以监督其执行或提高安全活动会议的质量。

⑧项目安全员应不定期地抽查班组班前安全活动记录，看是否有漏记，对记录质量状态进行检查。

2. 班组班前安全活动内容

①讲解现场一般安全知识。

②当前作业环境应掌握的安全技术操作规程。

③落实岗位安全生产责任制。

④设立、明确安全监督岗位，并强调其重要作用。

⑤季节性施工作业环境、作业位置安全。

⑥检查设备安全装置。

⑦检查工机具状况。

⑧个人防护用品的穿戴。

⑨危险作业的安全技术的检查与落实。

⑩作业人员身体状况、情绪的检查。

⑪禁止乱动、损坏安全标志，乱拆安全设施。

⑫不违章作业，拒绝违章指挥。

⑬材料、物资整顿。

⑭工具、设备整顿。

⑮活完场清工作的落实。

3. 班组班前安全活动记录

根据工程中各工种安排的需要，按工种不同分别填写班组班前安全活动记录。主要包括木工、架子工、钢筋工、混凝土工、瓦工、机械工、电工、水暖工、抹灰工、油工及其他班组。

8.1.8 特种作业上岗证

特种作业是指容易发生人员伤亡事故，对操作者本人、他人的生命健康及周围设施的安全可能造成重大危害的作业。直接从事特种作业的人员称为特种作业人员。特种作业人员必须接受与本工种相适应的、专门的安全技术培训、经安全技术理论考核和实际操作技能考核合格，取得特种作业操作证后，方可上岗作业；未经培训，或培训考核不合格者，不得上岗作业。

特种作业操作证，由国家安全生产监督管理局统一制作，各省级安全生产监督管理部门、煤矿安全监察机构负责签发。特种作业操作证在全国通用。特种作业操作证不得伪造、涂改、转借或转让。

特种作业人员培训考核实行教考分离制度，国家安全监督管理局负责组织制定特种作业人员培训大纲及考核标准，推荐使用教材。培训机构按照国家局制定的培训大纲和推荐使用教材组织开展培训。各省级安全生产监督管理部门、煤矿安全监察机构或其委托的有资质的单位根据国家局制定的考核标准组织开展考核。

8.1.9 工伤事故处理

1. 安全事故的定义与等级

安全事故是指生产经营单位在生产经营活动（包括与生产经营有关的活动）中突然发生的，伤害人身安全和健康，或者损坏设备设施，或者造成经济损失的，导致原生产经营活动（包括与生产经营活动有关的活动）暂时中止或永远终止的意外事件。

《生产安全事故报告和调查处理条例》第三条，根据生产安全事故（以下简称事故）造成的人员伤亡或者直接经济损失，将事故分为以下等级（"以上"包括本数，"以下"不包括本数）：

① 特别重大事故是指造成30人以上死亡，或者100人以上重伤（包括急性工业中毒，下同），或者1亿元以上直接经济损失的事故；

② 重大事故是指造成10人以上30人以下死亡，或者50人以上100人以下重伤，或者5 000万元以上1亿元以下直接经济损失的事故；

③ 较大事故是指造成3人以上10人以下死亡，或者10人以上50人以下重伤，或者1 000万元以上5 000万元以下直接经济损失的事故；

④ 一般事故是指造成3人以下死亡，或者10人以下重伤，或者1 000万元以下直接经济损失的事故。

2. 安全事故处理的原则

安全事故的处理应当"四不放过"的原则，即事故原因分析不清不放过，员工和事故责任者没受到教育不放过，事故隐患没整改不放过，事故责任人没受到处理不放过。

按照《生产安全事故报告和调查处理条例》的规定，安全事故的处理应符合以下规定：

① 重大事故、较大事故、一般事故，负责事故调查的人民政府应当自收到事故调查报告之日起15日内做出批复；特别重大事故，30日内做出批复，特殊情况下，批复时间可以适当延长，但延长的时间最长不超过30日。

② 有关机关应当按照人民政府的批复，依照法律、行政法规规定的权限和程序，对事故发生单位和有关人员进行行政处罚，对负有事故责任的国家工作人员进行处分。

③ 事故发生单位应当按照负责事故调查的人民政府的批复，对本单位负有事故责任的人员进行处理。负有事故责任的人员涉嫌犯罪的，依法追究刑事责任。

④ 事故发生单位应当认真吸取事故教训，落实防范和整改措施，防止事故再次发生。防范和整改措施的落实情况应当接受工会和职工的监督。

⑤ 安全生产监督管理部门和负有安全生产监督管理职责的有关部门应当对事故发生单位落实防范和整改措施的情况进行监督检查。

⑥ 事故处理的情况由负责事故调查的人民政府或者其授权的有关部门、机构向社会公布，依法应当保密的除外。

8.1.10 安全标志

1. 安全标志的分类

安全标志，是指由安全色、几何图形和图形符号构成，以此表达特定的安全信息。其目的是引起人们对不安全因素的注意，预防发生事故。安全标志分为禁止标志、警告标志、指令标志和提示标志四类。

① 禁止标志：禁止人们不安全行为。
② 警告标志：提醒人们注意周围环境，避免可能发生的危险。
③ 指令标志：强制人们必须作出某种动作或采用某种防范措施。
④ 提示标志：向人们提供某一信息，如标明安全设施或安全场所。

2. 安全标志的设置

① 安全标志应设置在与安全有关的明显地方，并保证人们有足够的时间注意其所表示的内容。
② 设立于某一特定位置的安全标志应被牢固地安装，保证其自身不会产生危险，所有的标志均应具有坚实的结构。
③ 当安全标志被置于墙壁或其他现存的结构上时，背景色应与标志上的主色形成对比色。
④ 对于那些所显示的信息已经无用的安全标志，应立即由设置处卸下，这对于警示特殊的临时性危险的标志尤其重要，否则会导致观察者对其它有用标志的忽视与干扰。

8.2 建筑工程安全资料编制

8.2.1 编制要求

施工现场安全技术资料主要包括安全生产管理制度、安全生产责任与目标管理、施工组织设计（包括各类专项施工方案）、分部（分项）工程安全技术交底、安全检查、安全教育、班组安全活动、工伤事故处理、安全日记、施工许可证和产品合格证、文明施工、分项工程安全技术要求和验收。在编制的过程中应满足以下要求：

① 施工现场安全资料的收集、整理应随工程进度同步进行，应真实反映工程的实际情况。
② 施工现场安全资料应保证字迹清晰，不乱涂乱改，不缺页或无破损。签字、盖章手续齐全。计算机形成的工程资料应采用内容打印、手写签字的方式。
③ 资料表格中各类名称、单位等应采用全称，不宜使用简称，资料表格应填写完整。
④ 施工现场安全资料应使用原件，因各种原因不能使用原件的，应在复印件上加盖原件存放单位的公章，注明原件存放处，并有经办人签字及时间。

8.2.2 编制的基本原则

① 施工现场安全资料必须按相关标准规范的具体要求进行编制。
② 卷内资料排列顺序依次为封面、目录、资料部分和封底，也可以根据卷内资料构成具体确定。组成的案卷应美观、整齐。
③ 案卷页号的编写应以独立卷为单位，在按卷内资料材料排列顺序确定后，对有书写内容的页面进行页号编写。
④ 可根据卷内资料分类进行分册，但是各分册资料材料的顺序编号应在本卷内连续编排。
⑤ 案卷封面要包括卷名、案卷题名、编制单位、安全主管、编制日期。

8.3 建筑工程安全资料管理

8.3.1 安全资料管理

安全资料是施工现场安全管理的真实记录，是对企业安全管理检查和评价的重要依据，可以是纸张、图片、录像、磁盘等。

① 项目经理部应建立证明安全管理系统运行必要的安全记录，其中包括台账、报表、原始记录等。资料的整理应做到现场实物与记录符合，行为与记录符合，以便更好地反映出安全管理的全貌和全过程。

② 项目设专职或兼职安全资料员，应及时收集、整理安全资料。安全记录的建立、收集和整理，应按照国家、行业、地方和上级的有关规定，确定安全记录种类、格式。

③ 当规定表格不能满足安全记录需要时，安全保证计划中应制定记录。

④ 确定安全记录的部门或相关人员，实行按岗位职责分工编写，按照规定收集、整理包括分包单位在内的各类安全管理资料的要求，并装订成册。

⑤ 对安全记录进行标识、编目和立卷，并符合国家、行业、地方或上级有关规定。

8.3.2 安全资料保管

安全资料的归档和完善有利于企业各项安全生产制度的落实和强化施工全过程、全方位、动态的安全管理，对加强施工现场管理，提高安全生产、文明施工管理水平起到积极的推动作用。有利于总结经验、吸取教训，为更好的贯彻执行"安全第一、预防为主"的安全生产方针，保护职工在生产过程中的安全和健康，预防事故发生提供理论依据。

① 安全资料按篇及编号分别装订成册，装入档案盒内。

② 安全资料集中存放于资料柜内，上锁并设专人负责管理，以防丢失损坏。

③ 工程竣工后，安全资料上交公司档案室保管，备查。

8.3.3 计算机安全资料管理系统简介

建筑工程安全管理资料是记载建筑工程施工活动的一项重要内容，目前国内建筑工程资料档案管理相对落后，资料表格的填写又是施工中的难点。由于填写不规范，不完整，使表格不能真正反映建筑工程的实际情况，给施工单位在工程竣工移交和评优时带来很多不必要的麻烦。计算机安全资料管理系统软件的应用为解决这一问题提供了很好的途径和方便。

由横智天成公司开发的《施工现场安全资料管理系统》是《建设工程安全监理规程》（DB11/382—2006）、《建设工程施工现场安全资料管理规程》（DB11/383—2006）、《建筑施工安全检查标准》（JGJ59—1999）的配套软件，该软件包含如下内容：

①《建设工程安全管理规程》（DB11/382—2006）全部配套表格、《建设工程施工现场安全资料管理规程》（DB11/383—2006）全部配套表格、《建筑施工安全检查标准》（JGJ59—1999）全部配套表格。

② 建筑安装工程技术、安全交底范例200多份。

③ 丰富的施工素材资料库。

④ 大量建筑工程施工安全方案。

⑤ 提供电子版建筑工程常用安全规范。

该软件的功能特点有：

① 基础信息自动导入功能。表格中所有的基础信息（施工单位、监理单位等）都可以自动导入及刷新。

② 安全表自动评分。可以自动根据国家有关标准对安全表格进行评分。

③ 填表范例功能。提供规范的填表示例，资料管理无师自通。用户可编辑示例资料形成新资料，打大大提高资料填写效率。

④ 图形编辑器功能。打印当天的资料，打印某一时间段的资料，可以根据需要预设不同资料的打印分数。

⑤ 导入、导出功能。实现移动办公，可以将数据从一台电脑导出到另一台电脑，不同专业资料

管理人员填写的资料,可以导入同一个工程,实现了网络版的功能。

⑥ 编辑扩充表格功能。允许用户自行修改原表,添加新表格并进行智能化设置。

⑦ 安全交底、方案编制功能。软件中提供了安全交底、安全方案编制模块和大量的相关素材,使用户在交底、方案编制过程中更加方便。

基础与工程技能训练

一、单选题

1. 以下关于项目专职安全员安全生产责任制的说法错误的是（　　）。
   A. 组织定期、不定期安全生产检查,制止违章指挥、违章作业,遇有严重险情,有权暂停生产,并报告主管领导处理
   B. 对违反安全条例和安全法规的行为,经说服劝阻无效,有权处理或越级上报
   C. 与有关部门做好新工人的安全生产三级教育,特殊工种安全技术培训、考核、复审工作
   D. 负责制订安全生产制度和安全操作规程

2. 下列关于事故处理"四不放过"的说法错误的是（　　）。
   A. 事故原因未查清不放过
   B. 事故责任人未受到处理不放过,事故责任人和相关人员没有受到教育不放过
   C. 未采取防范措施不放过
   D. 工程质量不达标不放过

3. 关于工程安全技术交底的说法错误的是（　　）。
   A. 安全技术交底书面通知可以在工程施工后进行后补,安全技术交底应及时归档
   B. 安全技术交底记录应一式三份,分别由交底人、安全员、接受交底人留存
   C. 交底人和接受交底人应履行交接签字手续,责任落实到班组、个人
   D. 安全技术交底应根据施工过程的变化,及时补充新内容

4. 下列人员不属于特种作业人员的是（　　）。
   A. 起重机司机　　B. 焊工　　C. 瓦工　　D. 电工

二、多选题

1. 安全教育主要包括（　　）等方面。
   A. 安全思想教育　　B. 安全知识教育　　C. 安全技能教育
   D. 安全法制教育　　E. 安全标志教育

2. 安全检查的整改必须做到"四定",即（　　）。
   A. 定人　　B. 定时间　　C. 定措施
   D. 定复查人　　E. 定机械

3. 三级安全教育是指（　　）。
   A. 项目安全教育　　B. 项目经理安全教育　　C. 施工员安全教育
   D. 班组安全教育　　E. 公司安全教育

4. 安全标志的种类包括（　　）。
   A. 禁止标志　　B. 警告标志　　C. 指令标志
   D. 等待标志　　E. 提示标志

三、判断题

1. 在使用机械设备时，应贯彻人机固定原则，实行定人、定机、定操作的"三定"制度。（　　）
2. 重大事故、较大事故、一般事故，负责事故调查的人民政府应当自收到事故调查报告之日起20日内做出批复；特别重大事故，30日内做出批复，特殊情况下，批复时间可以适当延长，但延长的时间最长不超过30日。（　　）
3. 重大事故是指造成15人以上30人以下死亡，或者50人以上100人以下重伤，或者3 000万元以上1亿元以下直接经济损失的事故。（　　）
4. 事故处理的情况由负责事故调查的人民政府或者其授权的有关部门、机构向社会公布，依法应当保密的除外。（　　）

四、简答题

1. 简述安全施工组织设计的主要内容。
2. 安全事故划分为哪几个等级，每个等级的划分标准是什么？
3. 安全检查的内容主要有哪些？
4. 安全标志的种类有哪些？
5. 施工班组班前安全活动的内容有哪些？
6. 建筑工程安全资料编制的要求和基本原则是什么？

五、案例题

【案例】某工程，建筑面积32 000 m²，建筑高度45 m，框架剪力墙结构。该工程由某建筑公司总承包，监理单位为某工程建设监理公司。施工机械由该建筑公司提供，垂直运输采用了人货两用的外用施工电梯。6月底主体工程施工完毕，7月15日电梯司机上午上班时间见无人使用电梯便回职工宿舍休息，且电梯没有拉闸上锁。此时有几名工人需乘坐电梯到顶层工作，因找不到司机，其中一名机械工便私自操作，当电梯运行至顶层后发生冒顶事故，从45 m高处出轨坠落，造成5人死亡，1人重伤的伤亡事故。

第一，分析解答：
（1）针对人货两用的外用施工电梯，安全检查的内容有哪些？
（2）确定该次事故的等级。
（3）该名机械工私自操作电梯是否正确？并说明理由。

第二，综合训练：
编制一份该工程电梯施工安全管理措施。

模块9 劳动保护管理与职业健康

模块概述

建筑施工是高风险行业,很容易发生一些重大的安全事故,给人民的生命财产造成严重的损失。建筑行业职业病危害因素种类繁多、复杂,几乎涵盖所有类型的职业病危害因素。相当多的建筑施工人员在环境恶劣的施工场所工作,接触各种有毒有害物质,对建筑施工人员的身心健康造成较大影响。劳动卫生与职业病涉及成千上万人的健康和生态环境的保护问题,只有高度重视职业危害因素,并进行科学有效的预防,才能更好地保护劳动者健康和生态环境。

因此,按照《安全生产法》要求,引进先进管理理念,建立和实施职业健康安全管理体系,从被动变为主动,有效地预防和控制事故,加强职业病防治,规范加强建筑施工企业的安全生产管理、职业健康安全管理与环境管理已势在必行。

学习目标

1. 掌握劳动保护的定义,建筑"三宝"的内容;职业病的定义;职业健康安全与环境管理的任务;职业安全健康管理体系;职业环境管理体系的含义。
2. 掌握劳动防护用品的规定;劳动防护用品发放要求;劳动防护用品使用原则;建筑"三宝"的安全使用要求;劳动防护用品安全管理;建筑职业病危害因素的识别;掌握防止职业危害的综合措施。
3. 了解职业危害因素;了解职业危害因素分类;了解职业病危害因素的预防控制;了解职业健康安全管理体系模式;了解环境管理体系运行模式。

能力目标

1. 能检查劳动保护用品和防护产品的质量,反馈使用信息。教育指导施工人员正确使用、爱护劳动保护用品。
2. 初步具备对施工人员的二级安全教育的能力。
3. 初步具备工程项目部安全生产保证体系要素的职能工作和内部安全审核工作的能力。
4. 具备工程的安全管理的全部资料的收集和整理的能力。

课时建议

4课时

9.1 劳动防护用品管理

9.1.1 劳动防护用品的定义

1. 劳动防护用品的定义

劳动保护用品,是指在劳动过程中为了保护劳动者免遭或减轻事故伤害和职业危害,而由用人单位无偿提供给个穿(佩)戴的用品,是保障职工安全和健康的一种预防性辅助措施。

劳动保护的主要措施是改善劳动条件,采取有效的安全、卫生技术措施,劳动防护用品的使用属于劳动保护的辅助性措施。不能因为使用和配备了有效的劳动防护用品就忽视了劳动条件的改善和安全、卫生技术措施的实施;同时,万一在工作中发生事故,劳动防护用品可以起到保护人体的目的。一般情况,对于大多数作业,大部分对人体的伤害可包含在劳动防护用品的安全限度以内。各种防护用品具有消除或减轻事故的作用。但防护用品对人的保护是有限度的,当伤害超过允许的防护范围时,防护用品就会失去其作用。

2. 劳动防护用品按照防护部位分为十类

① 安全帽类。是用于保护头部,防撞击、挤压伤害的护具。主要有塑料、橡胶、玻璃、胶纸、防寒和竹藤安全帽。

② 呼吸护具类。是预防尘肺和职业病的重要护品。

③ 眼防护具。用以保护作业人员的眼睛、面部,防止外来伤害。分为焊接用眼防护具、炉窑用眼护具、防冲击眼护具、微波防护具、激光防护镜以及防X射线、防化学、防尘等眼护具。

④ 听力护具。长期在90 dB(A)以上或短时在115 dB(A)以上环境中工作时应使用听力护具。听力护具有耳塞、耳罩和帽盔三类。

⑤ 防护工作服。用于保护职工免受劳动环境中的物理、化学因素的伤害。防护服分为特殊防护服和一般作业服两类。

⑥ 防护鞋。用于保护足部免受伤害。目前主要产品有防砸、绝缘、防静电、耐酸碱、耐油、防滑鞋等。

⑦ 防护手套。用于手部保护,主要有耐酸碱手套、电工绝缘手套、电焊手套、防X射线手套、石棉手套等。

⑧ 护肤用品。用于外露皮肤的保护。分为护肤膏和洗涤剂。

⑨ 防坠落具。用于防止坠落事故发生。主要有安全带、安全绳和安全网。

⑩ 面罩面屏。用于保护脸部的保护。有防护屏、防护面屏、ADF焊接头盔等。

3. 建筑"三宝"构造

安全帽、安全带、安全网统称为建筑"三宝"。

(1) 安全帽的构造

安全帽是防冲击的主要防护用品,由帽壳、帽衬和下颏带三部分组成。

① 帽壳。帽壳是安全帽的外壳,采用椭圆半球形,表面光滑,使物体落到帽壳时,易于滑走分散受力和产生一定变形吸收冲击力。帽壳包括帽舌、帽檐。帽舌是位于眼睛上部的帽壳伸出部分,长约10~55 mm;帽檐是帽壳周围的伸出部分(10~35 mm);帽舌、帽檐可起到分散落物和防水、遮阳的作用,帽顶中部一般设有增强顶筋,可起增强防冲击作用。帽壳可用玻璃钢、塑料、橡胶加布藤条等制作。安全帽所用的塑料,以高密度聚乙烯较好。

② 帽衬。帽衬是帽壳内部部件的总称,有帽箍、顶衬、后箍等,起吸收冲击力作用。帽箍是围

绕头围部分的固定衬带；顶衬是与头部接触的衬带；后箍是箍于佩戴者后枕骨部分的衬带。各种衬带、帽衬与帽壳必须牢固连接，帽衬不得紧贴帽壳，必须留出一定的安全缓冲距离，以避免头部与帽壳直接碰撞而产生伤害。

③下颏带。下颏带是为戴稳帽子而系在下颏上的带子，可用料带或棉织带制作。

（2）安全带的构造

安全带由腰带、背带、挂绳和金属配件组成。腰带不得接长，应由一整根制成，宽度40～51 mm。挂绳直径不应小于13 mm，绳长一般在3 m以内，但考虑架子工安全带有时限于作业条件要在自己足下悬挂，所以绳长限定在1.5～2 m。按照国家规范规定，架子工安全带有两种：一种是J，XY—架子工Ⅰ型悬挂单腰带式（大挂钩）；另一种是J，XY—架子工Ⅱ型悬挂单腰带式（小挂钩）。代号含义：J为架子工；X为悬挂作业，Y为单腰带式。

安全网的构造

（3）安全网的构造

安全网一般由网体、边绳、系绳和筋绳等组成。网体是由纤维绳或线编结而成，是具有菱形或方形网目的网状体。边绳是围绕网体的边缘，决定安全网公称尺寸的绳。系绳是把安全网固定在支撑物上的绳。筋绳是增加安全网强度的绳。此外，安全网还配置有供试验安全网材料老化变质情况用的试验绳。根据安装形式和使用目的不同，安全网可分为平网（大目网）和立网两类。平网主要用来接住坠落的人和物。主要用来防止人或物坠落。一般用P、L分别表示平网和立网，如P—3×6，表示宽3 m、长6 m的平网；L—4×6，表示高4 m、长6 m的立网。在镇江地区，平网不允许使用，一般都是立网与竹片、木脚手板等配合使用，常用的规格为L—1.8×6。

9.1.2 劳动防护用品安全管理

1. 劳动防护用品的规定

（1）选用原则

正确选用优质的防护用品是保证劳动者安全与健康的前提，选用的基本原则是：

① 根据国家标准、行业标准或地方标准选用。

② 根据生产作业环境、劳动强度以及生产岗位接触有害因素的存在形式、性质、浓度（或强度）和防护用品的防护性能进行选用。

③ 对特种劳动防护用品，国家实施安全生产许可证、产品合格证和安全鉴定证制度。

④ 劳动防护用品必须符合安全要求，且经济适用，并具有时装化的特点，使职工穿着舒服，佩戴方便，不妨碍作业活动。

⑤ 劳动防护用品外观要光洁，色泽均匀协调，且美观大方；各部、配件吻合严密、牢固，经济耐用。

（2）劳动防护用品发放要求

用人单位应当按照国家劳动防护用品配备标准有关标准，根据不同工种和劳动条件发给职工个人劳动防护用品。

用人单位的具体责任为：

① 用人单位应根据工作场所中的职业危害因素及其危害程度，按照法律、法规、标准的规定，为从业人员免费提供符合国家规定的护品。不得以货币或其他物品替代应当配备的护品。

② 用人单位应到定点经营单位或生产企业购买特种劳动防护用品。护品必须具有"三证"，即生产许可证、产品合格证和安全鉴定证。购买的护品须经本单位安全管理部门验收，并应按照护品的使用要求，在使用前对其防护功能进行必要的检查。

③ 用人单位应教育从业人员，按照护品的使用规则和防护要求正确使用护品。使职工做到"三会"：会检查护品的可靠性，会正确使用护品，会正确维护保养护品。用人单位应定期进行监督检查。

④ 用人单位应按照产品说明书的要求，及时更换、报废过期和失效的护品。

⑤ 用人单位应建立健全护品的购买、验收、保管、发放、使用、更换、报废等管理制度和使用档案，并进行必要的监督检查。

2. 劳动防护用品使用原则

① 使用劳动防护用品必须根据劳动条件，需要保护的部位和要求，科学合理地进行选型。

② 使用人员必须熟悉劳动防护用品的型号、功能、适用范围和使用方法。对于特殊防护用品，如防毒面具等还应经培训、实际操作考核合格。

③ 职工进入生产岗位、检修现场，必须按规定穿戴劳动防护用品，并正确使用劳动防护用品。

④ 劳动防护用品，必须严格按照规定正确使用。使用前，要认真检查，确认完好、可靠、有效，严防误用，或使用不符合安全要求的护具，禁止违章使用或擅自代用。

⑤ 不许穿戴（或使用）不合格的劳动防护用品，不许滥用劳动防护用品。对于易燃、易爆、烧灼及有静电发生的场所，明火作业的工人，禁止发放、使用化纤防护用品。防护服装的式样，应当以符合安全生产要求为主，做到适用美观、大方。

⑥ 劳动防护用品应妥加防护，不得拆改，应经常保持整洁、完好，起到有效的保护作用，如有缺损应及时处理。

3. 建筑"三宝"的安全使用要求

在建筑施工过程中，大部分施工事故都是与没有正确佩戴和使用建筑"三宝"有关的，施工操作时不戴安全帽、高空作业时不戴安全带、脚手架外围防护不及时挂设安全网，这样的危险随时可能发生，造成的后果不堪设想。所以正确对待安全问题，首先应该从最基本、最简单的建筑"三宝"防护做起。

（1）安全网的安全使用要求

① 新网必须有产品质量检验合格证、生产许可证、LA 标识等，再好点的网有建设厅颁发的准用证，旧网必须有允许使用的证明书或合格的检验记录。

② 安全网在安装时，在每个系结点上，边绳应与支撑物（架）靠紧，并用一根独立的系绳连接，系结点沿网边均匀分布，其距离不得大于 75 cm。安全网的支撑物必须有足够的强度、刚度，多张网连接使用时，相邻部分应靠紧或重叠，连接绳材料与网相同，强度不得低于其网绳强度。

③ 网的有效负载高度一般为 6 m，最大不超过 10 m。

④ 安装立网时，除必须满足上述的要求外；安装平面应与水平面垂直，立网底部必须与脚手架全部封严。

⑤ 要保证安全网受力均匀。必须经常清理网上落物，网内不得有积物。

⑥ 安全网安装后，必须设专人检查验收，合格签字后方能使用。

⑦ 拆除安全网必须在有经验人员的严密监督下进行。拆网应自上而下，同时要采取防坠落措施。

⑧ 安全网在储运中，必须通风、遮光、隔热，同时要避免化学品的腐蚀。搬运时，禁止使用钩子。

⑨ 在使用立网时，应该使用密目式安全网，其标准是：每 10 cm × 10 cm=100 cm^2 的面积上，有 2 000 个以上网目；做耐贯穿试验（将网与地面成 30º 夹角，在其中心上方 3 m 处，用 5 kg 重的钢管（管径 48 ~ 51 mm）垂直自由落下）不穿透。

（2）安全帽的安全使用要求

① 帽衬顶端与帽壳内顶必须保持 20 ~ 25 mm 的空间，有了这个空间，才能有效地吸收冲击能量，使冲击力分布在头盖骨的整个面积上，减轻对头部的伤害；

② 必须系好下颚带，戴紧安全帽。如果不系紧下颚带，一旦发生物体坠落打击事故，安全帽将

离开头部,导致发生严重后果;

③安全帽必须戴正。如果戴歪了,一旦头部受到打击,就不能减轻对头部的冲击;

④安全帽要定期检查。由于帽子在使用过程中,会逐渐损坏,所以要定期进行检查,发现帽体开裂、下门、裂痕和磨损等情况,应及时更换。

(3)安全带的使用要求

①安全带必须有产品检验合格证明,无证明的不能使用。

②在2 m以上的高处作业,都应系好安全带。

③安全带的带体上应缝有永久字样的商标、合格证和检验证。

④安全带使用时应垂直悬挂,高挂低用,注意防止摆动和碰撞。若安全带低挂高用,一旦发生坠落,将增加其冲击力,增加坠落危险。安全绳的长度控制在1.2~2 m,使用3 m以上的长绳应加缓冲器。不准将绳打结使用,也不准将钩直接挂在安全绳上使用,挂钩应挂在连接环上用。安全带上的各种部件不得任意拆掉。

⑤安全带的使用寿命一般为5年。使用2年后应抽验一次,以80 kg重量做自由坠落实验,若不破断,该批安全带可以继续使用。总之,要求在建筑施工过程中,只有正确佩戴安全帽、安全带、正确及时使用安全网等安全防护措施。才能消除隐患,保证安全,真正做到安全第一、预防为主;安全要防患于未然,才能防止事故的发生。

4. 劳动防护用品安全管理

①劳动防护用品的发放标准和发放周期,由企业的安全技术部门根据《劳动防护用品配备标准》,根据各工种的劳动环境和劳动条件,配备具有相应安全、卫生性能的劳动防护用品。

②对于生产中必不可少的安全帽、安全带、绝缘防护品、防毒面具、防尘口罩等职工个人特殊劳动防护用品,必须根据特定工种的要求配备齐全,并保证质量。

③用人单位应建立和健全劳动防护用品的采购、验收、保管、使用、更换、报废等管理制度,安技部门应对购进的劳动防护用品进行验收。安全技术部门和工会组织进行督促检查。

④用人单位采购、发放和使用的特种劳动防护用品必须具有安全生产许可证、产品合格证和安全鉴定证。对一般劳动防护用品,应该严格执行其相应的标准。

⑤凡是从事多种作业或在多种劳动环境中作业的人员,应按其主要作业的工种和劳动环配备劳动防护用品。如配备的劳动防护用品在从事其他工种作业时或在其他劳动环境中确实不能适用的,应另配或借用所需的其他劳动防护用品。

⑥防毒面具的发放应根据作业人员可能接触毒物的种类,准确地选择相应的滤毒罐(盒),每次使用前应仔细检查是否有效,并按国家标准规定,定期更换滤毒罐(盒)。

⑦生产管理、调度、保卫、安全部门等有关人员,应根据其经常进入的生产区域,配备相应的劳动防护用品。

⑧企业应有公用的安全帽、工作服、供外来参观、学习、检查工作人员临时借用。公用的劳动防护用品应保持整洁,专人保管。

⑨在生产设备受损或失效时,有毒有害气体可能泄漏的作业场所,除对作业人员配备常规劳动保护用品外,还应在现场醒目处放置必需的防毒护具,以备逃生、抢救时应急使用。用人单位还应有专人和专门措施,保证其处于良好的待用状态。

⑩用人单位应根据上级门规定的使用期限,结合企业经济条件,根据实际情况增发必需的劳动

安全警示:

工程施工过程中,为防止落物和减少污染,必须采用密目式安全网对建筑物进行全封闭。

防护用品，并规定使用期限。

⑪ 企业要建立和健全劳动防护用品发放登记卡片。按时记载发放劳动防护用品情况和办理调转手续。定时核对工种岗位劳动防护用品的种类和使用期限。

⑫ 凡发给车间、工段、班组公用的劳动防护用品，应指定人管理。如有丢失，要查清责任，折价赔偿。属于借用的，应按时交还。

⑬ 使用单位必须建立劳动防护用品定期检查和失效报废制度。

⑭ 禁止将劳动防护用品折合现金发给个人，发放的防护用品不准转卖。

9.2 建筑职业病及其防治

职业病是指劳动者在工作中，因为接触粉尘、放射性物质和其他有毒、有害物质等因素而引起的疾病。产生职业病的危害因素包括：各种有害的化学、物理、生物因素以及在工作过程中产生的其他有害因素。

作为建筑业，容易导致的职业病一般为：

① 矽肺（随时装运作业、喷浆作业）。
② 水泥尘肺（水泥搬运、搬料、拌和、浇捣作业）。
③ 电焊尘肺（手工电弧焊、气焊作业）。
④ 锰及其他化合物中毒（手工电弧焊作业）。
⑤ 氮氧化合物中毒（手工电弧焊、电渣焊、气割、气焊）。
⑥ 一氧化碳中毒（手工电弧焊、电渣焊、气割、气焊）。
⑦ 苯中毒（油漆作业）。
⑧ 甲苯中毒（油漆作业）。
⑨ 二甲苯中毒（油漆作业）。
⑩ 五氯酚中毒（装置装修作业）。
⑪ 中暑（高温作业）。
⑫ 手臂振动病（操作混凝土振动棒、风镐作业）。
⑬ 电光性皮炎（手工电弧焊。电渣焊、气割、气焊）。
⑭ 电光性眼炎（手工电弧焊。电渣焊、气割、气焊）。
⑮ 噪声聋（木工圆锯、平刨操作、无齿锯切割作业）。
⑯ 白血病（油漆作业）。

职业病危害因素种类繁多、复杂。建筑行业职业病危害因素来源多、种类多，几乎涵盖所有类型的职业病危害因素。既有施工工艺产生的危害因素，也有自然环境、施工环境产生的危害因素，还有施工过程产生的危害因素。既存在粉尘、噪声、放射性物质和其他有毒有害物质等的危害，也存在高处作业、密闭空间作业、高温作业、低温作业、高原（低气压）作业、水下（高压）作业等产生的危害，劳动强度大、劳动时间长的危害也相当突出。一个施工现场往往同时存在多种职业病危害因素，不同施工过程存在不同的职业病危害因素。

建筑施工类型有房屋建筑工程、市政基础设施工程、交通工程、通信工程、水利工程、铁道工程、冶金工程、电力工程、港湾工程等；建筑施工地点可以是高原、海洋、水下、室外、室内，箱体，城市、农村之荒原、疫区，小范围的作业点、长距离的施工线等；作业方式有挖方、掘进、爆破、砌筑、电焊、抹灰、油漆、喷砂除锈、拆除和翻修等，有机械施工等。施工工程和施工地点的多样化，导致职业病危害的多变性，受施工现场和条件的限制，往往难以采取有效的工程控制技术设施。

近年来，急性职业中毒有增多的趋势，如建筑工地以前是堆埋垃圾的场地，打桩时放出的甲烷气会使人马上死亡；在挖地沟时，不小心挖破了污水管，里面的硫化氢突然冒出来，也会使人马上死亡。就业者尤其要注意这种情况的发生。

9.2.1 建筑职业病的危害

1. 职业危害因素

职业危害因素是指与生产有关的劳动条件，包括生产过程、劳动过程和生产环境中，对劳动者健康和劳动能力产生有害作用的职业因素。

职业危害因素来源：

（1）与生产过程有关的职业性危害来源

主要来源于原料、中间产物、产品、机器设备的工业毒物、粉尘、噪声、振动、高温、电离辐射及非电离辐射、污染性因素等职业性危害因素，均与生产过程有关。

（2）与劳动过程有关的职业性危害来源

作业时间过长、作业强度过大、劳动制度与劳动组织不合理、长时间强迫体位劳动、个别器官和系统的过度紧张，均可造成对劳动者健康的损害。

（3）与作业环境有关职业性危害来源

① 厂房布局不合理，厂房狭小、车间内设备位置不合理、照明不良等。

② 生产过程中缺少必要的防护设施等。

③ 露天作业的不良气象条件。

2. 职业危害因素分类

（1）化学危害因素

① 工业毒物。如铅、苯、汞、锰、一氧化碳、氨、氯气等。

② 生产性粉尘。如矽尘、煤尘、石棉尘、水泥粉尘、有机性粉尘、金属粉尘等。

（2）物理危害因素

① 异常气象条件。如高温（中暑）、高湿、低温、高气压（减压病）、低气压（高原病）等。

② 电离辐射。有 X、α、β、γ 射线和中子流等。

③ 非电离辐射。如紫外线、红外线、高频电磁场、微波、激光等。

④ 噪声。

⑤ 振动。

（3）生物危害因素

皮毛的炭疽杆菌、蔗渣上的霉菌、布鲁杆菌、森林脑炎、病毒、有机粉尘中的真菌、真菌孢子、细菌等。如屠宰、皮毛加工、森林作业等。

3. 职业危害因素存在的状态

一般情况下，职业危害因素常以五种状态存在：

① 粉尘。漂浮于空气中的固体微粒，直径大于 0.1 mm，主要是机械粉碎、碾磨、开挖等作业时产生的固体物形成。

② 烟尘：又称烟雾或烟气，悬浮在空气中的细小微粒，直径小于 0.1 mm，多为某些金属熔化时产生的蒸汽在空气中氧化凝聚形成。

③ 雾。悬浮在空气中的液体微滴，多为蒸汽冷凝或液体喷散而形成。烟尘和雾又称为气溶胶。

④ 蒸汽。液体蒸发或固体物质升华而形成。如苯蒸气、磷蒸气等。

⑤ 气体。在生产场所的温度、气压条件下散发在空气中的气态物质。如二氧化硫、氮氧化物、一氧化碳、氨气、氯气等。

4. 职业病的范围

职业病通常是指由国家规定的在劳动过程中接触职业危害因素而引起的疾病。职业病与生活中的常见病不同，一般认为应具备下列三个条件：

① 致病的职业性。疾病与其工作场的生产性有害因素密切相关。

② 致病的程度性。接触有害因素的剂量，已足以导致疾病的发生。

③ 发病的普遍性。在受到同样生产性有害因素作用的人群中有一定的发病率，一般不会只出现个别病人。

职业病具有一定的范围，即国家规定的职业病。病人在治疗和休息期间，均应按劳动保险条例有关击规定给予劳保待遇。

应当注意，职业性多发病（又称与工作有关的疾病）与职业病是有区别的。

9.2.2 建筑职业病的防治

1. 建筑职业病危害因素的识别

（1）施工前识别

① 施工企业应在施工前进行施工现场卫生状况调查，明确施工现场是否存在排污管道、历史化学废弃物填埋、垃圾填埋和放射性物质污染等情况。

② 项目经理部在施工前应根据施工工艺、施工现场的自然条件对不同施工阶段存在的职业病危害因素进行识别，列出职业病危害因素清单。职业病危害因素的识别范围必须覆盖施工过程中所有活动，包括常规和非常规（如特殊季节的施工和临时性作业）活动、所有进入施工现场人员（包括供货方、访问者）的活动，以及所有物料、设备和设施（包括自有的、租赁的、借用的）可能产生的职业病危害因素。

（2）施工过程识别

项目经理部应委托有资质的职业卫生服务机构根据职业病危害因素的种类、浓度（或强度）、接触人数、频度及时间，职业病危害防护措施和发生职业病的危险程度，对不同施工阶段、不同岗位的职业病危害因素进行识别、检测和评价，确定重点职业病危害因素和关键控制点。当施工设备、材料、工艺或操作堆积发生改变时，并可能引起职业病危害因素的种类、性质、浓度（或强度）发生变化时，或者法律及其职业卫生要求变更时，项目经理部应重新组织进行职业病危害因素的识别、检测和评价。

同时还对粉尘、噪声、高温、密闭空间、化学毒物、建筑施工活动还存在紫外线作业、电离辐射作业、高气压作业、低气压作业、低温作业、高处作业和生物因素影响等进行识别。

2. 职业病危害因素的预防控制

（1）原则

项目经理部应根据施工现场职业病危害的特点，采取以下职业病危害防护措施：

①选择不产生或少产生职业病危害的建筑材料、施工设备和施工工艺；配备有效的职业病危害防护设施，使工作场所职业病危害因素的浓度（或强度）符合GBZ2.1T和GBZ2.2的要求。职业病防护设施应进行经常性的维护、检修，确保其处于正常状态。

②配备有效的个人防护用品。个人防护用品必须保证选型正确，维护得当。建立、健全个人防护用品的采购、验收、保管、发放、使用、更换、报废等管理制度，并建立发放台账。

③制定合理的劳动制度，加强施工过程职业卫生管理和教育培训。

④可能产生急性健康损害的施工现场设置检测报警装置、警示标识、紧急撤离通道和泄险区域等。

（2）粉尘危害预防措施

①技术革新。采取不产生或少产生粉尘的施工工艺、施工设备和工具，淘汰粉尘危害严重的施工工艺、施工设备和工具。

②采用无危害或危害较小的建筑材料。如不使用石棉、含有石棉的建筑材料。

③采用机械化、自动化或密闭隔离操作。如挖土机、推土机、刮土机、铺路机、压路机等施工

机械的驾驶室或操作室密闭隔离,并在进风口设置滤尘装置。

④采取湿式作业。如凿岩作业采用湿式凿岩机;爆破采用水封爆破;喷射混凝土采用湿喷;钻孔采用湿式钻孔;隧道爆破作业后立即喷雾洒水;场地平整时,配备洒水车,定时喷水作业;拆除作业时采用湿法作业拆除、装卸和运输含有石棉的建筑材料。

⑤设置局部防尘设施和净化排放装置。如焊枪配置带有排风罩的小型烟尘净化器;凿岩机、钻孔机等设置捕尘器。

⑥劳动者作业时应在上风向操作。

⑦建筑物拆除和翻修作业时,在接触石棉的施工区域设置警示标识,禁止无关人员进入。

⑧根据粉尘的种类和浓度为劳动者配备合适的呼吸防护用品,并定期更换。呼吸防护用品的配备应符合GB/T 18664的要求,如在建筑物拆除作业中,可能接触含有石棉的物质(如石棉水泥板或石棉绝缘材料),为接触石棉的劳动者配备正压呼吸器、防护板;在罐内焊接作业时,劳动者应佩戴送风头盔或送风口罩;安装玻璃棉、消音及保温材料时,劳动者必须佩戴防尘口罩。

⑨粉尘接触人员特别是石棉粉尘接触人员应做好戒烟/控烟教育。

⑩石棉尘的防护按照GBZ/T 193执行,石棉代用品的防护按照GBZ/T 198执行。

(3)噪声危害预防措施

① 尽量选用低噪声施工设备和施工工艺代替高噪声施工设备和施工工艺。如使用低噪声的混凝土振动棒、风机、电动空压机、电锯等;以液压代替锻压,焊接代替铆接;以液压和电气钻代替风钻和手提钻;物料运输中避免大落差和直接冲击。

② 对高噪声施工设备采取隔声、消声、隔振降噪等措施,尽量将噪声源与劳动者隔开。如气动机械、混凝土破碎机安装消音器,施工设备的排风系统(如压缩空气排放管、内燃发动机废气排放管)安装消音器,机器运行时应关闭机盖(罩),相对固定的高噪声设施(如混凝土搅拌站)设置隔声控制室。

③ 尽可能减少高噪声设备作业点的密度。

④ 噪声超过85 dB(A)的施工场所,应为劳动者配备有足够衰减值、佩戴舒适的护耳器,减少噪声作业,实施听力保护计划。

(4)高温危害预防措施

① 夏季高温季节应合理调整作息时间,避开中午高温时间施工。严格控制劳动者加班,尽可能缩短工作时间,保证劳动者有充足的休息和睡眠时间。

② 降低劳动者的劳动强度,采取轮流作业方式,增加工间休息次数和休息时间。如:实行小换班,增加工间休息次数,延长午休时间,尽量避开高温时段进行室外高温作业等。

③ 当气温高于37 ℃时,一般情况应当停止施工作业。

④ 各种机械和运输车辆的操作室和驾驶室应设置空调。

⑤ 在罐、釜等容器内作业时,应采取措施,做好通风和降温工作。

⑥ 在施工现场附近设置工间休息室和浴室,休息室内设置空调或电扇。

⑦ 夏季高温季节为劳动者提供含盐清凉饮料(含盐量为0.1%~0.2%),饮料水温应低于15 ℃。

⑧ 高温作业劳动者应当定期进行职业健康检查,发现有职业禁忌证者应及时调离高温作业岗位。

(5)振动危害预防措施

① 应加强施工工艺、设备和工具的更新、改造。尽可能避免使用手持风动工具;采用自动、半自动操作装置,减少手及肢体直接接触振动体;用液压、焊接、粘接等代替风动工具的铆接;采用化学法除锈代替除锈机除锈等。

② 风动工具的金属部件改用塑料或橡胶,或加用各种衬垫物,减少因撞击而产生的振动;提高工具把手的温度,改进压缩空气进出口方位,避免手部受冷风吹袭。

③ 手持振动工具(如风动凿岩机、混凝土破碎机、混凝土振动棒、风钻、喷砂机、电钻、钻孔

机、铆钉机、铆打机等）应安装防振手柄，劳动者应戴防振手套。挖土机、推土机、刮土机、铺路机、压路机等驾驶室应设置减振设施。

④ 手持振动工具的重量，改善手持工具的作业体位，防止强迫体位，以减轻肌肉负荷和静力紧张；避免手臂上举姿势的确振动作业。

⑤ 采取轮流作业方式，减少劳动者接触振动的时间，增加工间休息次数和休息时间。冬季还应注意保暖防寒。

> **检查措施：**
> 在检查工程安全的同时，检查落实作业场所的降噪音措施，工人佩戴防护耳塞，工作时间不超时。

（6）化学毒物预防措施

① 优先选用无毒建筑材料，用无毒材料替代有毒材料、低毒材料替代高毒材料。如尽可能选用无毒水性涂料；用锌钡白、钛钡白替代油漆中的铅白，用铁红替代防锈漆中的铅丹等；以低毒的低锰焊条替代毒性较大的高锰焊条；不得使用国家明令禁止使用或者不符合国家标准的有毒化学品，禁止使用含苯的涂料、稀释剂和溶剂。尽可能减少有毒物品的使用量。

② 尽可能采用可降低工作场所化学毒物浓度的施工工艺和施工技术，使工作场所的化学毒物浓度符合 GBZ2.1 的要求，如涂料施工时用粉刷或辊刷替代喷涂。在高毒作业场所尽可能使用机械化、自动化或密闭隔离操作，使劳动者不接触或少接触高毒物品。

③ 设置有效通风装置。在使用有机溶剂、稀料、涂料或挥发性化学物质时，应当设置全面通风或局部通风设施；电焊作业时，设置局部通风防尘装置；所有挖方工程、竖井、土方工程、地下工程、隧道等密闭空间作业应当设置通风设施，保证足够的新风量。

④ 使用有毒化学品时，劳动者应正确使用施工工具，在作业点的上风向施工。分装和配制油漆、防腐、防水材料等挥发性有毒材料时，尽可能采用露天作业，并注意现场通风。工作完毕后，有机溶剂、容器应及时加盖封严，防止有机溶剂的挥发。使用过的有机溶剂和其他化学品应进行回收处理，防止乱丢乱弃。

⑤ 使用有毒物品的工作场所应设置黄色区域警示线、警示标识和中文警示说明。警示说明应载明产生职业中毒危害的种类、后果、预防以及应急救援措施等内容。使用高毒物品的工作场所应当设置红色区域警示线、警示标识和中文警示说明，并设置通讯报警设备，设置应急撤离通道和必要的泄险区。

⑥ 存在有毒化学品的施工现场附近应设置盥洗设备，配备个人专用更衣箱；使用高毒物品的工作场所还应设置淋浴间，其工作服、工作鞋帽必须存放在高毒作业区域内；接触经皮肤吸收及局部作用危险性大的毒物，应在工作岗位附近设置应急洗眼器和沐浴器。

⑦ 接触挥发性有毒化学品的劳动者，应当配备有效的防毒口罩（或防毒面具）；接触经皮肤吸收或刺激性、腐蚀性的化学品，应配备有效的防护服、防护手套和防护眼镜。

⑧ 拆除使用防虫、防蛀、防腐、防潮等化学物（如有机氯 666、汞等）的旧建筑物时，应采取有效的个人防护措施。

⑨ 应对接触有毒化学品的劳动者进行职业卫生培训，使劳动者了解所接触化学品的毒性、危害后果，以及防护措施。从事高毒物品作业的劳动者应当经培训考核合格后，方可上岗作业。不得安排未成年工和孕期、哺乳期的女职工从事接触有毒化学品的作业。

⑩ 劳动者应严格遵守职业卫生管理制度和安全生产操作规程，严禁在有毒有害工作场所进食和吸烟，饭前班后应及时洗手和更换衣服。项目经理部应定期对工作场所的重点化学毒物进行检测、评价。检测、评价结果存入施工企业职业卫生档案，并向施工现场所在地县级卫生行政部门备案并向劳动者公布。

（7）紫外线预防措施

① 采用自动或半自动焊接设备，加大劳动者与辐射源的距离。

② 产生紫外线的施工现场应当使用不透明或半透明的挡板将该区域与其他施工区域分隔，禁止无关人员进入操作区域，避免紫外线对其他人员的影响。

③ 电焊工必须佩戴专用的面罩、防护眼镜，以及有效的防护服和手套。

④ 高原作业时，使用玻璃或塑料护目镜、风镜，穿长裤长袖衣服。

（8）高气压预防措施

① 应采用避免高气压作业的施工工艺和施工技术，如水下施工时采用管柱钻孔法替代潜涵作业，水上打桩替代沉箱作业等。

② 水下劳动者应严格遵守潜水作业制度工、减压规程和其他高气压施工安全操作规定。

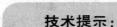

技术提示：

在检查工程安全的同时，检查落实作业场所的降噪音措施，工人佩戴防护耳塞，工作时间不超时。

（9）高处作业预防措施

① 重视气象预警信息，当遇到大风、大雪、大雨、暴雨、大雾等恶劣天气时，禁止进行露天高处作业。

② 劳动者应进行严格的上岗前职业健康检查，有高血压、恐高症、癫痫、晕厥史、梅尼埃病、心脏病及心电图明显异常（心律失常）、四肢骨关节及运动功能障碍等职业禁忌证的劳动者禁止从事高处作业。

③ 妇女禁忌从事脚手架的组装和拆除作业，在特殊不方便时期及怀孕期间禁忌从事高处作业。

（10）生物因素预防措施

① 施工企业在施工前应当进行施工场所是否为疫源地、疫区、污染区的识别，尽可能避免在疫源地、疫区和污染区施工。

② 劳动者进入疫源地、疫区作业时，应当接种相应疫苗。

③ 在呼吸道传染病疫区、污染区作业时，应当采取有效的消毒措施，劳动者应当配备防护口罩、防护面罩。

④ 在虫媒传染病疫区作业时，应当采取有效的杀灭或驱赶病媒措施，劳动者应当配备有效的防护服、防护帽，宿舍配备有效的防虫媒进入的门帘、窗纱和蚊帐等。

⑤ 在介水传染病疫区作业时，劳动者应当避免接触疫水作业，并配备有效的防护服、防护鞋和防护手套。

⑥ 在消化道传染病疫区作业时，采取"五管一灭一消毒"措施（管传染源、管水、管食品、管粪便、管垃圾，消灭病媒，饮用水、工作场所和生活环境消毒）。

⑦ 加强健康教育，使劳动者掌握传染病防治的相关知识，提高卫生防病知识。

⑧ 根据施工现场具体情况，配备必要的传染病防治人员。

（11）应急救援

① 项目经理部应建立应急救援机构或组织。

② 项目经理部应根据不同施工阶段可能发生的各种职业病危害事故制定相应的应急救援预案，并定期组织演练，及时修订应急救援预案。

③ 按照应急救援预案要求，合理配备快速检测设备、急救药品、通讯工具、交通工具、照明装置、个人防护用品等应急救援装备。

④ 可能突然泄漏大量有毒化学品或者易造成急性中毒的施工现场（如接触酸、碱、有机溶剂、危险性物品的工作场所等），应设置自动检测报警装置、事故通风设施、冲洗设备（沐浴器、洗眼器和洗手池）、应急撤离通道和必要的泄险区。除为劳动者配备常规个人防护用品外，还应在施工现场醒目位置放置必需的防毒用具，以备逃生、抢救时应急使用，并设有专人管理和维护，保证其处于良

好待用状态。应急撤离通道应保持通畅。

⑤ 施工现场应配备受过专业训练的急救员，配备急救箱、担架、毯子和其他急救用品，急救箱内应有明了的使用说明，并由受过急救培训的人员进行、定期检查和更换。超过200人的施工工地应配备急救室。

⑥ 应根据施工现场可能发生的各种职业病危害事故对全体劳动者进行有针对性的应急救援培训，使劳动者掌握事故预防和自救互救等应急处理能力，避免盲目救治。

⑦ 应与就近医疗机构建立合作关系，以便发生急性职业病危害事故时能够及时获得医疗救援援助。

（12）辅助设施

① 办公区、生活区与施工区域应当分开布置，并符合卫生学要求。

② 施工现场或附近应当设置清洁饮用水供应设施。

③ 施工企业应当为劳动者提供符合营养和卫生要求的食品，并采取预防食物中毒的措施。

④ 施工现场或附近应当设置符合卫生要求的就餐场所、更衣室、浴室、厕所、盥洗设施，并保证这些设施牌完好状态。

⑤ 为劳动者提供符合卫生要求的休息场所，休息场所应当设置男女卫生间、盥洗设施，设置清洁饮用水、防暑降温、防蚊虫、防潮设施，禁止在尚未竣工的建筑物内设置集体宿舍。

⑥ 施工现场、辅助用室和宿舍应采用合适的照明器具，合理配置光源，提高照明质量，防止炫目、照度不均匀及频闪效应，并定期对照明设备进行维护。

⑦ 生活用水、废弃物应当经过无害化处理后排放、填埋。

3. 防止职业危害的综合措施

职业危害的工程技术措施，仅是建筑行业已经推行的较好措施，但是，仍有大量的职业危害至今尚无有效的工程技术措施，必须针对各种职业危害具体条件、环境，研究采取综合性措施。

（1）加强职业卫生管理工作

① 各级建筑企业主管部门和建筑企业领导者，必须从思想上认识到职业危害是对职工的慢性杀害，后患严重。各级领导者，要把防止职业危害列入领导工作的重要议事日程，定期对职业卫生工作进行计划、布置、检查、总结，不断改善劳动条件，"使劳动条件更合乎卫生，使千百万人免除烟雾、灰尘和泥垢之苦，能很快把肮脏的让人厌恶的工作间变成清洁明净的适合人们工作的实验室"。

② 企业安全部门、人员，应高度重视职业危害工程技术治理工作，会同有关部门研究，制定职业工程技术措施、组织、监督实施。其所需费用，应列企业安全技术措施费中给以解决。

③ 企业要设置职业卫生专业人员，定期对职业危害场所进行测定，为改善劳动条件、治理作业环境提出数字依据。从事有职业危害的职工，要定期进行职业体检，早期发现职业病，早期治疗，减少职工的痛苦，要建立健全职业卫生档案，收集职业卫生的各种数据。为职业危害的防治提供信息资料。

④ 建立健全职业卫生管理制度，并认真贯彻执行，如：职业体检制度，职业危害点测定制度，有关危害物质的领取、保管、贮藏和运输制度，职业卫生宣传教育制度，职业卫生档案管理制度，消除职业危害的防护设备、装置检查维修制度，有害工种个人卫生保健制度等。

⑤ 加强职业卫生宣传教育工作，使广大职工充分认识到搞好职业卫生的重要性、迫切性。既要实事求是向职工讲清各种危害的严重性。又要说明职业危害是可以防止的，发动广大职工，群策群力，共同搞好职业卫生工作，保护职工生命安全和身体健康。同时还要对有害作业人员进行急性中毒急救知识的教育。

（2）个人卫生和个人防护

采取科学技术措施，是防止职业危害的治本措施。但是，由于科学技术水平或经济条件的限制，目前尚有一些超过国家标准界限值，直接或间接危害职工身体健康。因此，做好个人卫生和个人防护，也是一项极为重要的防护措施。

①根据危害的种类、性质、环境条件等，有针对性的发给作业人员有效的防护用品、用具，也是防止或减少职业危害的必要措施，如：配合电焊作业的辅助人员，必须佩戴有色护眼镜，防止电光性眼炎；在噪声环境下作业人员必须戴护耳塞（器）；从事有粉尘作业的人员戴纱布口罩，达不到滤尘目的，必须佩戴过滤式防尘口罩；从事苯、高锰作业人员，必须佩戴供氧式或送风式防毒面具；从事有机溶剂、腐蚀剂和其他损坏皮肤的作业，应使用橡皮或塑料专用手套，不能用粉尘过滤器代替防毒过滤器，因为有机溶剂蒸气，可以直接通过粉尘过滤器等等。

②对于从事粉尘、有毒作业人员，应在工地（车间）设置淋浴设施，工人下班必须淋浴后，换上自己的服装，以防止工人头发和衣服上的粉尘、毒物、辐射物带回家中，危害家人健康。有条件的单位，还应将有危害作业人员的防护服，每天集中洗涤干净，使每次从事有害作业前均穿上干净的防护用品。

③定期对有害作业职工进行体检，凡发现有不适宜某种有害作业的疾病患者，应及时调换工作岗位。

4. 全面预控建筑行业最常见的五大职业病

在我国，建筑业一直是职业危害极高的行业，许多建筑工人患有不同程度的职业病。究其原因，是由于建筑工人每天在环境恶劣的施工场所工作，接触并吸入各种有毒有害物质。那么建筑行业有哪些职业病危害因素，应该如何有效预防建筑业职业病呢？

（1）电焊工尘肺、眼病的预防控制措施

① 作业场所防护措施：为电焊工提供通风良好的操作空间。

② 个人防护措施：电焊工必须持证上岗，作业时佩戴有害气体防护口罩、眼睛防护罩，杜绝违章作业，采取轮流作业，杜绝施工操作人员的超时工作。

③ 检查措施：在检查项目工程安全的同时，检查落实工人作业场所的通风情况，个人防护用品的佩戴，8小时工作制，及时制止违章作业。

（2）油漆工、粉刷工接触有机材料散发不良气体引起的中毒预防控制措施

① 作业场所防护措施：加强作业区的通风排气措施。

② 个人防护措施：相关工种持证上岗，给作业人员提供防护口罩，采取轮流作业，杜绝作业人员的超时工作。

③ 检查措施：在检查工程安全的同时，检查落实作业场所的良好通风，工人持证上岗，佩戴口罩，工作时间不超时，并指导提高中毒事故中职工救人与自救的能力。

（3）各种粉尘，引起的尘肺病预防控制措施

① 作业场所防护措施：加强水泥等易扬尘材料的存放处、使用处的扬尘防护，任何人不得随意拆除，在易扬尘部位设置警示标志。

② 个人防护措施：落实相关岗位的持证上岗，给施工作业人员提供扬尘防护口罩，杜绝施工操作人员的超时工作。

③ 检查措施：在检查项目工程安全的同时，检查工人作业场所的扬尘防护措施的落实，检查个人扬尘防护措施的落实，每月不少于一次，并指导施工作业人员减少扬尘的操作方法和技巧。

（4）直接操作振动机械引起的手臂振动病的预防控制措施

① 作业场所防护措施：在作业区设置防职业病警示标志。

② 个人防护措施：机械操作工要持证上岗，提供振动机械防护手套，采取延长换班休息时间，杜绝作业人员的超时工作。

③检查措施：在检查工程安全的同时，检查落实警示标志的悬挂，工人持证上岗，防震手套佩戴，工作时间不超时等情况。

（5）接触噪声引起的职业性耳聋的预防控制措施

①作业场所防护措施：在作业区设置防职业病警示标志，对噪音大的机械加强日常保养和维护，减少噪音污染。

②个人防护措施：为施工操作人员提供劳动防护耳塞，采取轮流作业，杜绝施工操作人员的超时工作。

③检查措施：在检查工程安全的同时，检查落实作业场所的降噪音措施，工人佩戴防护耳塞，工作时间不超时。

9.3 职业健康安全与环境管理

9.3.1 职业健康安全与环境管理

1. 职业健康安全与环境管理的目的

① 建设工程项目的职业健康安全管理的目的是防止和减少生产安全事故，保护产品生产者的健康与安全，保障人民群众的生命与财产免受损失。

② 建设工程项目环境管理的目的是保护生态环境，使社会的经济发展与人类的生存环境相协调。

2. 职业健康安全与环境管理的任务

职业健康安全与环境管理的任务是建筑生产组织（企业）为达到建筑工程的职业健康安全与环境管理的目的而进行的组织、计划、控制、领导和协调的活动，包括7项管理任务，即组织机构、计划活动、职责、惯例、程序、过程和资源。

3. 建设工程职业健康安全与环境管理的特点

① 建筑产品的固定性和生产的流动性及受外部环境影响因素多，决定了职业健康安全与环境管理的复杂性。

② 产品的多样性和生产的单件性，决定了职业健康安全与环境管理的多变性。

③ 产品生产过程的连续性和分工性，决定了职业健康安全与环境管理的协调性。

④ 产品生产的阶段性决定了职业健康安全与环境管理的持续性。

⑤ 产品的时代性和社会性决定了职业健康安全与环境管理的多样性和经济性。

4. 职业健康安全和环境管理的基本手段

（1）制度约束

① 法律、法规规定了企业生产活动中满足职业健康安全和环境保护必须达到的最低限度要求，并规定了安全认证和许可制度、政府监督、事故处理和责任等内容。

② 法律、法规既保护员工在生产过程中享有健康安全条件的基本权益，保护公众不受不利环境影响的权益，也强制要求员工在生产过程中严格遵守法律法规和安全规程，不得损害他人的权益。

③ 企业应明确职业健康安全和环境管理责任制，确定责任人及其相应的职责和权限；制订一系列规程程序，员工的培训和持证上岗制度，要求员工严格按章操作；制订事故处理程序、事故应急计划和程序等。

（2）技术管理

技术管理的主要目的是降低或消除设备、材料造成的不利于职业健康安全和环境风险。

① 应加强对材料设备的维护和检查，避免由于材料设备缺陷引起事故的发生。

② 应合理配置相应的防护用具和设施，尽量减少事故造成的损失。
③ 应实施技术和工艺改进，降低不利于职业健康安全和环境的风险。

（3）改善环境

改善环境的目的是创造能使员工和相关人员安心和专心工作的、社会公众能够接受的环境。

① 应倡导文件明施工，建设安全文明的作业环境。
② 应坚持卫生防疫，保障员工的身体健康。
③ 应加强环境保护，尽量减少项目建设对生态环境的破示。

5. 职业健康安全和环境管理的专职机构

（1）专职机构的功能

① 对职业健康安全管理提供支持，包括建立和保持职业健康安全管理体系。
② 监督和检查职业健康安全计划的实施情况，及时发现和报告安全事故隐患，及时发现和纠正违章等不安全行为。
③ 向管理层提供职业健康安全专业的咨询和服务、对员工进行职业安全培训和教育。

（2）专职机构的独立性

应具有相对独立性，向最高管理者或其代表报告，并根据组织的授权，制止现场发生的不安全行为。

（3）专职人员的素质要求

应具备职业健康安全专业知识和经验、、善于发现敢于揭露安全隐患，勇于坚持原则。

6. 员工安全作业的权利

① 享有工伤社会保险的权利。
② 知情权利。有权了解其作业场所存在的危险因素、防范措施及事故应急措施。
③ 批评和拒绝违章指挥的权利。有权对本单位安全生产工作存在的问题提出批评、检举、控告、有权拒绝违章指挥和强令冒险作业。
④ 撤离危急场所的权利。
⑤ 获得赔偿的权利。

9.3.2 职业健康管理体系与环境管理体系

1. 职业健康安全管理体系

（1）概述

职业健康安全管理体系是用人单位全部管理体系中专门管理职业健康安全工作的部分，它规定了从事经济活动的各方面应明确承诺对职业健康与安全政策、法规的贯彻实施承担义务，包括为制定、实施、实现、评审和保持职业健康安全方针所需的组织机构、规划、活动、职责、制度、程序、过程和资源。

职业健康安全管理体系，是20世纪80年代后期在国际上兴起的现代安全生产管理模式，它与质量管理体系和环境管理体系等标准化管理体系一样被称为后工业化时代的管理方法。关注的主要是企业运行过程中对员工职业健康安全的影响，关注的焦点是人。其目的是为了减少雇员和其他人员职业健康安全的风险，改善企业行为、提高企业效益，帮助企业在市场中树立良好的形象。

作为一个职业健康安全管理体系，首先要以实施组织职业安全健康方针为目的，其次是要能够保证这一方针得以有效实施。它是一个动态的、自我调整和完善的管理系统、涉及组织职业健康安全的一切活动。它要求把组织职业健康安全管理中的计划、组织、实施和检查、监控等活动，集中、归纳、分解和转化为相应的文件化的目标、程序和作业文件。

（2）职业安全健康管理体系的基本内容

① 职业健康安全问题可归纳为人的不安全行为、物不安全状态、组织管理不利三个问题。GB/T 28001—2001《职业健康安全管理体系规范》的总体结构可以分为范围、引用标准、定义、职业健康安全管理体系要素四个组成部分。

② 职业健康管理体系的内容由 5 个一级要素和 17 个二级要素构成，见表 9.1。

表 9.1 职业健康安全管理体系一、二级要素表

	一级要素	二级要素
要素名称	1. 职业健康安全方针（4.2） 2. 规划（策划）（4.3） 3. 实施和运行（4.4） 4. 检查和纠正措施（4.5） 5. 管理评审（4.6）	1. 职业健康安全方针（4.2） 2. 对危险源辨识、风险评价和风险控制的策划（4.3.1） 3. 法规和其他要求（4.3.2） 4. 目标（4.3.3） 5. 职业健康安全管理方案（4.3.4） 6. 结构和职责（4.4.1） 7. 培训、意识和能力（4.4.2） 8. 协商和沟通（4.4.3） 9. 文件（4.4.4） 10. 文件和资料控制（4.4.5） 11. 运行控制（4.4.6） 12. 应急准备和响应（4.4.7） 13. 绩效测量和监视（4.5.1） 14. 事故、事件、不符合、纠正与预防措施（4.5.2） 15. 记录和记录管理（4.5.3） 16. 审核（4.5.4） 17. 管理评审（4.6）

为了更好地理解职业健康安全管理体系要素间的关系，可将其分为两类，一类是体现主体框架和基本功能的核心要素，另一类是支持体系主体框架和保证实现基本功能的辅助性要素。核心要素有 10 个，即职业健康安全方针，对危险源辨识、风险评价和风险控制的策划，法规和其他要求，目标，结构和职责，职业健康安全管理方案，运行控制，绩效测量和监视，审核，管理评审；辅助性要素有 7 个，即培训、意识和能力，协商和沟通，文件，文件和资料控制，应急准备和响应，事故、事件、不符合、纠正和预防措施，记录和记录管理。

在职业健康安全管理体系中，17 个要素的相互联系、相互作用共同有机地构成了职业健康安全管理体系的一个整体，如图 9.1 所示。

③ GB/T 28001—2001《职业健康安全管理体系规范》的总体结构图如图 9.2 所示。

④《职业健康安全管理体系规范》的模式：为适应现代职业健康安全管理体系的需要，GB/T 28001—2001《职业健康安全管理体系规范》在确定职业健康安全管理体系模式时，强调按系统理论管理职业健康安全及其相关事务，以达到预防和减少生产事故和劳动疾病的目的。具体采用了系统化的待命模型，即通过策划（Plan）、行动（Do）、检查（Check）和改进（Act）四个环节构成一个动态循环并螺旋上升的系统化管理模式。职业健康安全管理体系模式如图 9.3 所示。

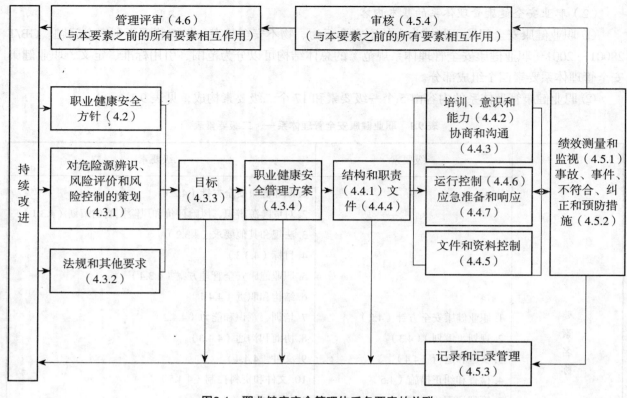

图9.1 职业健康安全管理体系各要素的关联

2. 环境管理体系

国际标准化组织（ISO）从1993年6月正式成立环境管理技术委员会（ISO/TC 207）开始，就遵照其宗旨：通过制定和实施一套环境管理的国际标准，规范企业和社会团体等所有组织的环境表现，使之与社会经济发展相适应，改善生态环境质量，减少人类各项活动所造成的环境污染，节约能源，促进经济的可持续发展。经过三年的努力到1996年推出了ISO 14000系列标准。同年，我国将其等同转换为国家标准GB/T 24000系列标准。

① GB/T 24001—2004《环境管理体系要求及使用指南》的总体结构包括范围、引用标准、定义、环境管理体系要素四个组成部分。

② GB/T 24001—2004（ISO 14001：2004）《环境管理体系要求及使用指南》的总体结构如图9.4所示。

③《环境管理体系要求及使用指南》的运行模式如图9.5所示。

④ 环境管理体系的内容：环境管理体系的基本内容由5个一级要素和17个2级要素构成。见表9.2。

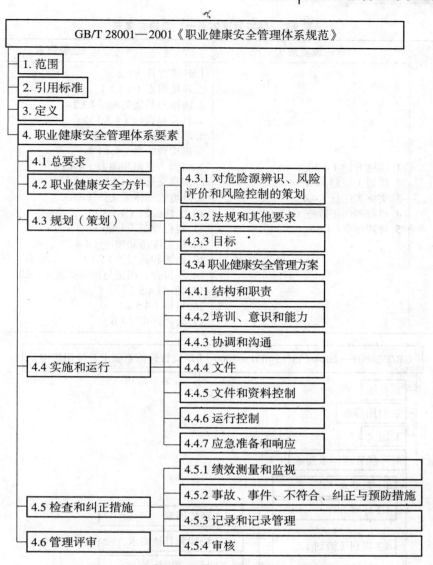

图9.2 《职业健康安全管理体系规范》总体结构图

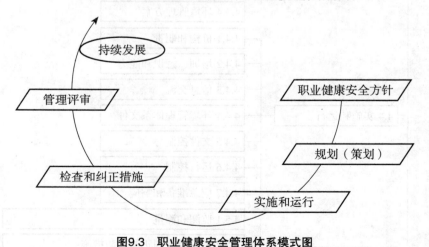

图9.3 职业健康安全管理体系模式图

表 9.2　环境管理体系一、二级要素表

	一级要素	二级要素
要素名称	1. 环境方针（4.2） 2. 规划（策划）（4.3） 3. 实施和运行（4.4） 4. 检查和纠正措施（4.5） 5. 管理评审（4.6）	1. 环境方针（4.2） 2. 环境因素（4.3.1） 3. 法律和其他要求（4.3.2） 4. 目标和指标（4.3.3） 5. 环境管理方案（4.3.4） 6. 机构和职责（4.4.1） 7. 培训、意识和能力（4.4.2） 8. 信息交流（4.4.3） 9. 环境管理体系文件（4.4.4） 10. 文件控制（4.4.5） 11. 运行控制（4.4.6） 12. 应急准备和响应（4.4.7） 13. 监测和测量（4.5.1） 14. 不符合、纠正与预防措施（4.5.2） 15. 记录（4.5.3） 16. 审核（4.5.4） 17. 管理评审（4.6）

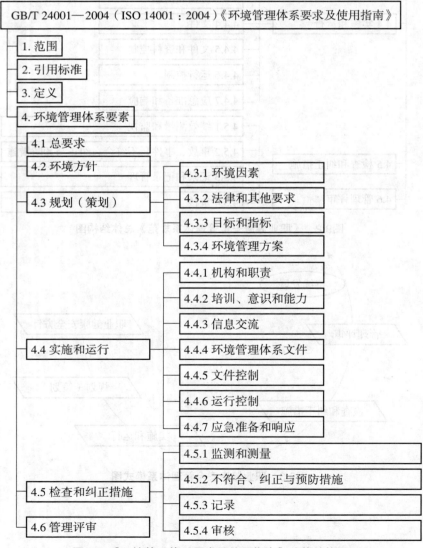

图 9.4　《环境管理体系要求及使用指南》总体结构图

模块9 劳动保护管理与职业健康

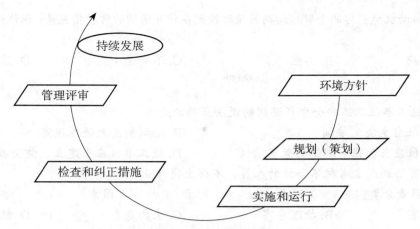

图9.5 环境管理体系模式图

从17个要素的内容及其内在关系来看，它们相互之间有一定的逻辑关系，如图9.6所示。

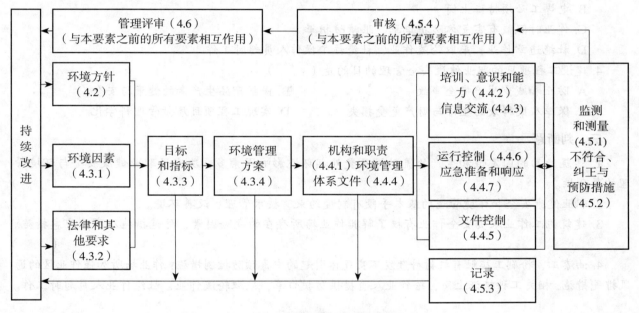

图9.6 环境管理体系要素关系图

基础与工程技能训练

一、单选题

1. 从业人员在作业过程中，应当严格遵守本单位的安全生产规章制度和操作规程，服从管理，正确佩戴和使用（　　）。

　　A. 劳动生产用品　　　　B. 劳动标识　　　　C. 劳动保护用品　　　　D. 劳动联系工具

2. 劳动保护用品，是指在劳动过程中为了保护劳动者免遭或减轻事故伤害和职业危害，而由用人单位无偿提供穿（佩）戴的用品，是保障职工（　　）的一种预防性辅助措施。

　　A. 安全和健康　　　　B. 健康　　　　C. 安全　　　　D. 方便工作

3. （　　）统称为建筑"三宝"。

　　A. 安全帽、手套、安全网
　　B. 安全帽、安全带、安全网
　　C. 安全帽、安全带、脚手架
　　D. 安全帽、安全带、口罩

4. 直接操作振动机械引起的手臂振动病的预防控制在作业场所的防护措施是：在作业区设置（   ）警示标志。

A. 防职业病　　　　B. 不宜　　　　C. 不安全　　　　D. 禁止

二、多选题

1. 下列关于施工单位职工安全生产培训的说法正确的是（   ）。
   A. 施工单位自主决定培训　　　　B. 培训制度无硬性规定
   C. 施工单位应当加强对职工的教育培训　　　　D. 施工单位应当建立、健全教育培训制度
   E. 未经教育培训或者考核不合格的人员，不得上岗作业

2. 职业危害因素分类：（   ）因素、（   ）因素、（   ）因素。
   A. 化学危害　　　B. 物理危害　　　C. 生物危害　　　D. 机械危害

3. 电焊工尘肺、眼病的预防控制措施是（   ）。
   A. 作业场所为电焊工提供通风良好的操作空间
   B. 电焊工必须持证上岗
   C. 作业时佩戴有害气体防护口罩、眼睛防护罩
   D. 杜绝违章作业，采取轮流作业，杜绝施工操作人员超时工作

4. 建设工程项目的职业健康安全管理的目的是（   ）。
   A. 防止和减少生产安全事故　　　　B. 保护产品生产者的健康与安全
   C. 保障人民群众的生命与财产免受损失　　　　D. 实现工程项目质量管理科学化

三、判断题

1. 建筑产品的固定性和生产的流动性及受外部环境影响因素多，决定了职业健康安全与环境管理的复杂性。（   ）
2. 职业健康安全和环境管理的基本手段有制度约束、技术管理、改善环境。（   ）
3. 建筑施工作业人员安全作业有权了解其作业场所存在的危险因素、防范措施及事故应急措施。（   ）
4. 油漆工、粉刷工接触有机材料散发不良气体引起的中毒预防控制措施：作业场所加强作业区的通风排气措施；相关工种持证上岗，给作业人员提供防护口罩，采取轮流作业，杜绝作业人员超时工作。（   ）

四、案例题

【案例】某市建筑装潢公司油漆工吴某、王某二人将无防滑包脚的竹梯放置在高 3 m 多的大铁门上。吴某爬上竹梯用喷枪向大门喷油漆，王某在下面扶梯子。工作一段时间后因油漆不够，吴某叫王某到存放油漆点调油漆，吴某在梯上继续工作。突然竹梯失重向右侧滑倒，导致吴某（未戴安全帽）坠落后脑着地，经抢救无效死亡。

第一，请判断下列事故原因分析的对错：
（1）竹梯无防滑措施。（   ）
（2）吴某未戴安全帽。（   ）
（3）王某离开，使无专人扶梯。（   ）
（4）吴某高处作业未使用安全带。（   ）

第二，综合训练：
（1）写一份事故分析报告。
（2）写一份类似工程加强施工安全管理措施。

参考文献

［1］周连起，刘学应．建筑工程质量与安全管理［M］．北京：北京大学出版社，2012．
［2］张瑞生．建筑工程质量与安全管理［M］．北京：科学出版社，2011．
［3］白锋．建筑工程质量检验与安全管理［M］．北京：机械工业出版社，2011．
［4］廖品槐．建筑工程质量与安全管理［M］．北京：中国建筑工业出版社，2005．
［5］刘廷彦，张豫锋．工程建设质量与安全管理［M］．北京：中国建筑工业出版社，2012．
［6］曾跃飞．建筑工程质量检验与安全管理［M］．北京：高等教育出版社，2005．
［7］卢扬．建筑工程质量检验［M］．北京：中国电力出版社，2009．
［8］王先恕．建筑工程质量控制［M］．北京：化学工业出版社，2009．
［9］杨生茂．建筑施工质量监督与验收简明手册［M］．北京：中国计划出版社，2005．
［10］杨南方，彭尙银，丛林．施工质量验收［M］．北京：中国建筑工业出版社，2004．
［11］建设部干部学院．建筑工程施工质量控制与验收［M］．武汉：华中科技大学出版社，2009．
［12］鲁辉，詹亚民．建筑工程施工质量检查与验收［M］．北京：人民交通出版社，2007．
［13］史美东，卢扬．建筑工程质量检验与安全管理［M］．郑州：黄河水利出版社，2010．
［14］建设部干部学院．建筑施工安全技术与管理［M］．武汉：华中科技大学出版社，2009．
［15］李林．建筑工程安全技术与管理［M］．北京：机械工业出版社，2010．
［16］廖亚立．建设工程安全管理小全书［M］．哈尔滨：哈尔滨工程大学出版社，2009．
［17］资料员一本通系列编委会．建筑安全资料员一本通［M］．哈尔滨：哈尔滨工程大学出版社，2008．
［18］廖亚立．建筑工程安全员培训教材［M］．北京：中国建材工业出版社，2010．